# Geschichte der gleichmäßigen Konvergenz

Klaus Viertel

# Geschichte der gleichmäßigen Konvergenz

## Ursprünge und Entwicklungen des Begriffs in der Analysis des 19. Jahrhunderts

Mit einem Geleitwort von Dr. Gert Schubring

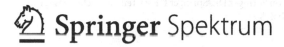

Springer Spektrum

Dr. Klaus Viertel
Bielefeld, Deutschland

ISBN 978-3-658-05938-5 ISBN 978-3-658-05939-2 (eBook)
DOI 10.1007/978-3-658-05939-2

Die Deutsche Nationalbibliothek verzeichnet diese Publikation in der Deutschen Nationalbibliografie; detaillierte bibliografische Daten sind im Internet über http://dnb.d-nb.de abrufbar.

Springer Spektrum


Gedruckt auf säurefreiem und chlorfrei gebleichtem Papier

Springer Spektrum ist eine Marke von Springer DE. Springer DE ist Teil der Fachverlagsgruppe Springer Science+Business Media.
www.springer-spektrum.de

# Geleitwort

Die Methodologie mathematikhistorischer Forschung hat sich erheblich verändert während den letzten Jahrzehnten; ein innovatives Buch zur Geschichte der Mathematik, *História da Matemática* (2012) der brasilianischen Forscherin Tatiana Roque drückt das in ihrem Untertitel aus *Uma visão crítica, desfazer mitos e lendas*: „Eine kritische Darstellung - Mythen und Legenden beseitigen". Es bildet einen traditionellen wirkungsträchtigen Mythos, die Mathematik des 19. Jahrhundert als die Epoche der Strenge zu werten, in Abgrenzung zur Analysis des 18. Jahrhunderts, die als naiv hinsichtlich ihrer Grundlagen abgestempelt wird, – und in ihr Cauchy als den Repräsentanten der neuen Strenge zu verklären.

Tatsächlich hatte Judith Grabiner schon 1974 ein wichtiges Stichwort geliefert mit ihrem Artikel „Is mathematical truth time-dependent?" und damit auf die Veränderbarkeit der Anforderungen an Strenge aufmerksam gemacht. Cauchy blieb aber noch einige Zeit von einer Neubewertung seiner Leistungen ausgenommen; vielmehr wurde versucht, ihn als Gründungsvater einer neuen mathematischen Disziplin, der Non-Standard Analysis, zu reklamieren, und so Kritiken an seiner Strenge zu entgehen.

Klaus Viertel prüft in seiner hier publizierten, methodologisch geleiteten Untersuchung unvoreingenommen mögliche Anteile von Cauchy an der Herausbildung des Begriffs der gleichmäßigen Konvergenz, dem eine paradigmatische Funktion für die Realisierung von Strenge in der Analysis zukommt. In den bisherigen historischen Arbeiten zur Geschichte der gleichmäßigen Konvergenz wurde versucht, den „Entdecker" dieses Begriffs zu finden und zu identifizieren. Es kam so zu einer unverbundenen Reihe von Entdeckern – sowohl eine innere Entwicklung des Begriffs als auch eventuelle konkurrierende Begrifflichkeiten wurden nicht untersucht. Der Autor konnte jedoch zeigen, dass das wesentliche Moment im mathematischen Problemfeld lag und dass mit dessen Veränderungen unterschiedliche begriffliche Mittel zur Lösung der mathematischen Probleme eingesetzt wurden. Auch Weierstraß ist nicht sofort mit einer fertigen Lösung mittels gleichmäßiger Konvergenz aufgetreten, und hat erst allmählich seinen charakteristischen Ansatz etabliert, im direkten Zusammenhang mit der Ausarbeitung seines funktionentheoretischen Forschungs-Programms.

Einen besonderen innovativen Verdienst der Untersuchung bildet die Analyse der Rezeption der verschiedenen begrifflichen Ansätze und speziell der von Weierstraß entwickelten Begrifflichkeit – und zwar nicht nur in Deutschland, sondern auch in Frankreich und in Italien.

Die umfassende Untersuchung der Entwicklung des Begriffsfeldes beruht nicht nur auf gründlichen und genauen Auswertungen von Publikationen, sondern auch auf Recherchen nach noch unbekannten Quellen in Archiven. Einen eindrucksvollen Abschluss bilden die sogenannten Exmatrikel, die Studienabgangszeugnisse vor allem von Autoren von Vorlesungsmitschriften, die uns einen aufschlussreichen Einblick in die Realität des Mathematik-Studiums im 19. Jahrhundert in Preußen geben.

Rio de Janeiro

Gert Schubring
Gastprofessor

## Vorwort

Der mathematische Begriff der gleichmäßigen Konvergenz wurde für die sich im 19. Jahrhundert durchsetzende Tendenz der Strenge charakteristisch und hat sich seit dieser Zeit zu einer wesentlichen Grundlage für die Forschungen in der modernen Analysis herausgebildet. Diese Forschungen beschränkten sich zu Beginn noch auf die Untersuchungen zum Verhalten von Reihenentwicklungen und wurden später, in der zweiten Hälfte des 19. Jahrhundert, vor allem durch Carl Weierstraß auf die Funktionentheorie ausgeweitet. Von A. L. Cauchy ist erstmals 1821 in seinem Lehrbuch *Cours d'analyse algébrique* ein einzelnes Theorem aufgestellt worden, das den Beginn der weiteren Entwicklung dieses Begriffs markiert. Die mathematikhistorische Forschung ist jedoch zunehmend darüber unsicher geworden, ob Cauchy in seinem *Summentheorem*, sowie in anderen Sätzen punktweise oder gleichmäßige Konvergenz im modernen Sinne zu Grunde gelegt hat. Neben der Kontroverse, ob sein Theorem falsch ist oder als richtig interpretiert werden kann, sind in der mathematikhistorischen Literatur weitere Mathematiker als mögliche Entdecker dieses Begriffs vorgestellt worden: Zunächst der Engländer George G. Stokes (1847) und fast gleichzeitig mit ihm der deutsche Philipp Ludwig Seidel (1848). Dann aber auch Carl Weierstraß mit einer Arbeit von 1841, die auf eine Schrift seines Lehrers Christoph Gudermann von 1838 zurückzuführen ist, aber erst 1894 publiziert wurde. Schließlich hat der Mathematikhistoriker Ivor Grattan-Guinness (1986) die Hypothese eines weiteren Entdeckers der gleichmäßigen Konvergenz, eines „fourth man", eingeführt. Hierbei handelt es sich um den weniger bekannten, schwedischen Mathematiker Emanuel G. Björling (1846/47). Der Schwerpunkt dieser Arbeit liegt auf einer gründlichen begrifflichen Analyse dieser verschiedenen Ansätze zur Begriffsentwicklung. Die Voraussetzung der bisherigen Analysen war dabei stets, dass der Begriff *fertig entwickelt*, d. h. in einer zur modernen Form äquivalenten Fassung eingeführt wurde.

Die Ausgangslage meiner Forschungen war das gleichzeitige Bestehen dieser gegensätzlichen Auffassungen, ohne einen Ansatz zu deren Klärung. Eine Ursache der ungeklärten Forschungssituation ist, dass die Begriffe der Stetigkeit und der Konvergenz selbst noch nicht mit den heutigen Begriffsverständnissen übereinstimmten, sondern sich im Prozess der Entwicklung befanden. In der Literatur ist die Klärung der zeitgenössischen Begriffsbedeutung nicht als primäre Aufgabe angegangen worden.

Neben der Konzentration auf die Begründer ist vernachlässigt worden zu untersuchen, wie der Begriff rezipiert und in welchen Anwendungen allgemein herausgestellt wurde. In der vorliegenden Arbeit bilden Rezeption und Anwendung wesentliche Elemente einer historischen Untersuchung.

Der Ansatz, Fachwissenschaft als ein Kommunikationssystem zu verstehen – ausgehend von den Untersuchungen zu *scientific communities* in Wissenschaftsgeschichte und Wissenschaftssoziologie –, hat zu vielen neuen Ergebnissen geführt. Die Differenzen und Gegensätze in mathematischen Begriffsbedeutungen wurden in Beziehung zu unterschiedlichen Problemauffassungen und -lösungskonzepten in unterschiedlichen *communities* gesetzt.

Bisher ist nicht klar gewesen, ob die von den „Entdeckern" gegebenen oder implizierten Begriffsbedeutungen deckungsgleich sind und inwieweit die jeweiligen Protagonisten der bisherigen historischen Darstellungen in einem *gemeinsamen* Kommunikationszusammenhang gestanden haben. Es ist also die implizite Unterstellung der gesamten bisherigen Literatur zu hinterfragen, dass die Mathematik im damaligen Europa einen gemeinsamen Kommunikationsraum und damit eine einheitliche *community* gebildet hat.

Die Analysen der jeweiligen Beiträge zu dem Begriffskontext haben ergeben, dass es tatsächlich eine lang andauerende und vielseitige Begriffsentwicklung der gleichmäßigen Konvergenz gab. Er hat sich dabei weder unmittelbar in der heutigen Form herausgebildet, noch konnte sich eine der verschiedenen Begriffsausprägungen sofort in allen fachlichen *communities* durchsetzen. Vielmehr hat der Begriff Veränderungen und Umformungen erfahren: Es wird gezeigt, dass der Begriff nicht direkt als bevorzugtes Konzept herangezogen wurde, um die zeitgenössischen mathematischen Fragestellungen zu lösen, sondern dass es zunächst noch verschiedene Begriffsbildungen gegeben hat.

Der wesentliche historische und zugleich auch methodische Ansatz ist daher, die jeweilige Begriffsbedeutung im begrifflichen Horizont der jeweiligen mathematischen *community* herauszuarbeiten und zu analysieren.

Dafür hat sich als besonders fruchtbar die Erforschung der Entwicklung der Ansätze von Weierstraß erwiesen. Neue Erkenntnisse zur Entwicklung der gleichmäßigen Konvergenz konnten insbesondere durch Ermittlung und Auswertung aller auffindbaren und überlieferten Mitschriften seiner Vorlesungen gewonnen werden, die Studenten im Anschluß an die gehörten Vorlesungen ausarbeiteten und die auch über die Grenzen von Deutschland hinaus in anderen mathematischen *communities* rezipiert wurden. Für die Ermittlung solcher Vorlesungsmitschriften wurden umfangreiche Archivrecherchen durchgeführt.

Dieses Buch ist als mathematikgeschichtliche Dissertation an der Fakultät für Mathematik der Universität Bielefeld entstanden.

Erläuternde Anmerkungen innerhalb der Zitate sind durch eckige Klammern gekennzeichnet. Das Lehrbuch *Cours d'analyse algébrique* von A. L. Cauchy lag in drei unterschiedlichen Übersetzungen vor, von denen zwei in Deutsch (1828 u. 1885) und die dritte in Englisch (2009) verfasst wurde. An dieser Stelle sei noch auf eine weitere, spanische Übersetzung (1994) verwiesen, die für dieses Buch allerdings nicht herangezogen wurde.

Kurz nach der Verteidigung meiner Dissertation erschien das Buch *Cauchy, Abel, Seidel, Stokes et la convergence uniforme* (2013) von Gilbert Arsac, der eine genaue Begriffsanalyse der Beiträge von Abel, Seidel und Stokes vom Standpunkt der modernen Mathematik vorlegt. Bei einigen der Begriffsanalysen konnte in Fußnoten noch auf seine Ergebnisse eingegangen werden.

Die Mehrzahl der Zitate aus dem *Cours* stammt aus der Übersetzung von Carl Itzigsohn, die wegen ihrer hohen Authenzität herangezogen wurde und dem Leser den Zugang zu diesen Quellen erleichtern sollte. Als bis dato aktuellste Übersetzung dieses wichtigen Grundlagenwerkes wurde außerdem die kommentierte englische Ausgabe von Bradley und Sandifer herangezogen. Mittels ihrer Kommentierung werden methodologische Probleme diskutiert, wie sie im ersten Kapitel für Interpretationen historischer Texte reflektiert werden. Alle weiteren Passagen sind dem französischen Originaltext entnommen.

Mein besonderer Dank gilt Gert Schubring für seine hervorragende Betreuung. Ich danke außerdem dem Mittag-Leffler Institut für ihre Mühen, mir die Schwarz-Mitschrift von 1861 zugänglich zu machen, den Archives de l'Académie des Sciences de Paris, die mir die Analyse des bedeutenden Briot-Bouquet Manuskript ermöglichten, das hier zum ersten Mal überhaupt mathematikhistorisch untersucht wurde, und Herrn Jesper Lützen für eine Vielzahl von Hinweisen zu meiner Dissertation, die für die Fertigstellung dieses Buches sehr hilfreich waren.

Klaus Viertel

# Inhaltsverzeichnis

## Abbildungsverzeichnis

# 1 Reflexionen zur Methodologie

## 1.1 Einleitung

Eine Methodenlehre ist in der Mathematikgeschichte von derselben weitreichenden Bedeutung wie in allen anderen wissenschaftlichen Disziplinen. Sie prägt maßgeblich das historische Verständnis und ist in der Lage, den wissenschaftlichen Horizont gleichermaßen einzuschränken wie zu erweitern. Gleichzeitig sind in keinem anderen Wissenschaftsgebiet die methodischen Ansätze so stark verschleiert und in ihren verschiedenen Ausprägungen und Wirkungen unsichtbar geblieben. Eine Diskussion um die Theorie der mathematischen Entwicklung wurde systematisch zum ersten Mal im 20. Jahrhundert geführt. In den Epochen zuvor wurde Mathematikgeschichte *einfach so*, d. h. nach mehr oder weniger akzeptierten, aber letztlich subjektiven und versteckten Kriterien betrieben.

Dieses Kapitel beginnt deshalb nicht direkt mit den Methodologien der Mathematikgeschichte, sondern zunächst mit einem klassischen Ansatz der Wissenschaftstheorie. Thomas Kuhn führt mit seiner Theorie der paradigmen-basierten Wissenschaft ein Modell vor, das hier als Anhaltspunkt zum Verständnis der Vorgänge und Mechanismen wissenschaftlicher Betätigung dienen kann. Statt einem fertigen Methodenkatalog gibt Kuhn erste Anreize und motivierende Einsichten.

Wissenschaftlicher Fortschritt unterliegt einer starken Wechselwirkung mit seiner Umwelt und ist demzufolge mannigfaltigen Einflüssen der Außenwelt unterworfen. Die Einbettung der Wissenschaft in einen gesellschaftlichen Gesamtkontext wird in Kuhns Konzeption ausgelassen. Gerade dieser Aspekt ist aber essentiell, denn ein mathematikgeschichtlicher Ansatz, der sich über die vielschichtigen Facetten der außer- und inner-wissenschaftlichen Wirkungen hinwegsetzt, ist vorbestimmt, Irrwege zu beschreiten.

Als wichtige Ergänzung zu Kuhn tritt die Merton-These auf, die auf eindrucksvolle Weise die Auswirkungen religiöser Konzepte auf Wissenschaft und Forschung untersucht und dabei auch den Effekt der Wechselwirkung zwischen Gesellschaft und Wissenschaft klar herausarbeitet.

Im Anschluss daran wird ein zentrales Konzept in Kuhns Werk aufgegriffen und erläutert. Seine *scientific revolutions* fungieren intrinsisch und in substanziellerer Weise als die eigentlichen *Katalysatoren* für wissenschaftlichen Fortschritt. Kuhns Postulat fortwährender Reformen durch Wissensrevolutionen wird für jedwedes Wissenschaftsfeld ausgesprochen und hat in der Folgezeit der Erstveröffentlichung von Kuhns Werk (trotz einer längeren Inkubationszeit) eine Debatte unter Mathematikhistorikern in den siebziger Jahren ausgelöst, die in der folgenden Darstellung die Fragen aufwirft, *ob* und *wie* man in der Mathematik von *scientific revolutions* sprechen kann. Die unternommenen Versuche, die Kuhnsche Konzeption anzuwenden oder abzulehnen, führten unweigerlich zu einer Neureflektion mathematikhistorischer Ereignisse, deren Ergebnis sich in den ausgewählten Standpunkten aus Donald Gillies' *Revolutions in mathematics* (1992) zeigt. Ergänzend dazu werden die späteren Nachworte der Autoren miteinbezogen, die die konzeptionelle Weiterentwicklung dokumentieren. Es wird die Frage erörtert: Was *charakterisiert* die Geschichte der mathematischen Forschung?

Im Resümee dieser Gegenüberstellung lassen sich bereits Ansätze zur mathematikhistorischen Forschung erkennen, jedoch bleibt eine gründliche Einführung einer Methodenlehre aus. Ivor Grattan-Guinness stellt die differierenden Konzepte der *history-* und *heritage-*Methoden vor. Damit tauft er zwei verbreitete und durch die wissenschaftliche Ausrichtung des Forschenden geprägte Herangehensweisen an Mathematikgeschichte und stellt wertungsfrei dar, welche Methoden Mathematiker und Historiker aus ihrem *Verständnis* von Mathematikgeschichte heraus zur Anwendung bringen. Die hieraus entstehenden Probleme werden erläutert. Als allgemeine Kritik an diesen Methoden stellt sich erneut die tendentiell nur fachwissenschaftliche Betrachtungsweise heraus. Obwohl Grattan-Guinness die allgemeine Relevanz einer Kontextualisierung hervorhebt, bleibt die Einbeziehung der sozialen, gesellschaftlichen und kulturellen Faktoren konzeptionell unberücksichtigt. Damit werden diese Ansätze den Erfordernissen einer umfassenden und ganzheitlichen Methodik der Mathematikgeschichte nicht gerecht.

Die Einleitung schließt infolgedessen mit einem Abriss einer hermeneutischen Methodologie, wie sie von Schubring ausgearbeitet worden ist, die als holistisches Konzept den Anforderungen der vorliegenden Studie am besten entspricht.

## 1.2 Methodologien der Wissenschaftsgeschichte im Allgemeinen

### *1.2.1 Eine Darstellung der Paradigmen-Theorie von Thomas Kuhn*

Thomas S. Kuhn erklärt wissenschaftliche Entwicklungen durch die Wechselbeziehung zwischen *normal sciences* und *scientific revolutions*. *Normale* Wissenschaft betreibe Forschung basierend auf mehreren wissenschaftlichen Errungenschaften, die die Mitglieder einer Forschungsgruppe als grundlegend ansehen. Zu diesen *achievements* (Kuhn) zählten früher große Klassiker wie der *Almagest,* eines der Hauptwerke der spätantiken Astronomie. Im Zuge des 19. Jahrhunderts nahmen Lehrbücher diesen Platz ein. Existiert eine Errungenschaft derart, dass sie eine fernab von den verschiedenen Formen des wissenschaftlichen Treibens beständige Anzahl von Anhängern besitzt, und zudem ausreichend *open-ended* ist, d. h. sie noch vielfältige Probleme zur Lösung offenlässt, so spricht man von einem *Paradigma*.

Dieser Begriff, der in der Gesamtheit seiner Aspekte auch als *disclinary matrix* bezeichnet wird, umfasst die Formalsprache einer Theorie, sei es ein Satz in mathematischer bzw. physikalischer Notation oder ein verbalisierter Ausdruck. Weiterhin gehören sowohl alle Übereinkünfte (*beliefs*) und Konventionen, die einer wissenschaftlichen Theorie zu Grunde liegen dazu, als auch alle Beispiele und vorgestellten Problemstellungen und –lösungen der Lehrbücher. Die normale Wissenschaft wiederum definiert sich über die herrschenden Paradigmen, die durch beständige Verbesserungen im Rahmen des Horizonts der normalen Wissenschaft verbessert werden. Anstöße für Entwicklungen liefern neue Entdeckungen, aber auch auftretende Widersprüche und *Anomalien*, die im Prozess des gewöhnlichen *puzzle-solving* auftauchen. Vermöge der Methoden des herrschenden Paradigmas werden solche Entdeckungen durch das Paradigma assimiliert und in den Wissensschatz der Theorie nach Möglichkeit widerspruchsfrei aufgenommen.

Der Grund für die Entstehung verschiedener Paradigmen liegt nach Kuhn in der Individualität des Forschens selbst: Naturwissenschaftliche Phänomene werden nicht einheitlich beschrieben und interpretiert. Diese anfänglichen Unterschiede werden in der Reifezeit einer wissenschaftlichen Disziplin kleiner und verschwinden gar, wenn sich eines der Paradigmen gegenüber den konkurrierenden Prä-Paradigmen erfolgreich durchsetzen konnte. Zur Verdeutlichung führt Kuhn Beispiele aus der Elektrizitätslehre und klassischen Mechanik vor. Damit stelle ein Paradigma ein wesentliches Kriterium für die Proklamation eines wissenschaftlichen Gebietes dar, unter dessen Banner sich die gesamte Forschung einer Gruppe einfindet.

Paradigmen sind in methodischer Hinsicht nicht mit einem festen Regelwerk zu vergleichen. Sie sind vielmehr eine Richtschnur für die Anwendung unter den sich verändernden Umständen. Im Gegenzug bestimmen die Methoden des Paradigmas auch den wissenschaftlichen Horizont der Forschung (Kuhn 1970, 23 f.). Der positive Effekt dieser Einschränkung ist eine tiefer gehende und detailreichere Untersuchung der vom Paradigma gegebenen Naturerscheinungen, die sonst unmöglich wäre.

Die eigentliche Aufgabe der *normal science* ist das *Problemlösen* innerhalb der bestehenden Grenzen des Paradigmas. Hierzu führt Kuhn für die Wissenschaftstheorie den Begriff des „*puzzle*“ ein: „Puzzles are [...] that special category of problems that can serve to test ingenuity or skill in solution“, (ibid., 36). Das Interesse an einem Puzzle ist ein Maßstab für dessen wissenschaftliche Relevanz, so Kuhn. Oftmals sind Probleme, die keine Lösung versprechen, in diesem Sinne keine *puzzles*: „Though intrinsic value is not a criterion for a puzzle, the assered existence of a solution is“ (ibid., 37). Auf diese Weise soll das Paradigma Kriterien an die Hand geben, lösbare Probleme bzw. *puzzles* aufzufinden. Damit sind die Problemstellungen der normalen Wissenschaft durch *puzzles* vorgegeben. Trotzdem können sich innerhalb der Forschung auch neue Aspekte eröffnen, an deren Entdeckung das Individuum aber „fast niemals“ allein beteiligt ist. Dazu zählen die im Problemlösungs-Prozess stark hervortretende Widersprüche, die die Entstehung einer neuen Theorie vorantreiben können. Sie sind die Reaktionen auf eine Krise des alten Paradigmas (ibid., 75). Wissenschaftliche Krisen erwachsen hierbei aus Probleme, die von der noch etablierten Theorie als gelöst deklariert wurden.

Die auslösende Rolle einer Anomalie wird oftmals nicht erkannt, was zur Folge hat, dass an einem kompromittierten Paradigma bis zu seinem „Sturz“ durch ein neues Paradigma festgehalten wird („To reject one paradigm without simultaneously substituting another is to reject science itself“, ibid., 79). Der Einstieg in die Krise und der Wandel der Paradigmen beschreibt Kuhn als *Rekonstruktion* der gesamten Theorie, wobei Grundlagen, Methoden und Anwendungen gleichermaßen einer umfassenden Veränderung unterliegen. Kuhns Ansicht zufolge wende sich Wissenschaft in Krisenzeiten der philosophischen Analyse zu, um die Rätsel ihres Gebiets zu entschlüsseln. „Scientists have not generally needed or wanted to be philosophers“ (ibid., 88). Kuhn gibt für diese These keine Beispiele an. Die Anzeichen für einen Übergang von normaler zu außerplanmäßiger Forschung umfassen die starke Zunahme konkurrierender *articulations, d*en Ausdruck von Missbehagen unter den Wissenschaftlern der Gruppe und die Rückkehr zur Philosophie, d. h. einer Debatte über die begrifflichen Fundamente und deren Aussichten auf weiteren Fortschritt.

*Normaler* Fortschritt wird im Zuge der normalen Wissenschaft allgemein durch den Prozess des *puzzle-solving gewährleistet.* Nach Kuhn liege der eigentliche Fortschritt aber nicht in der Akkumulation, sondern in der Ausdifferenzierung in Spezialgebiete und dem Wechsel von einfachen zu komplexen Strukturen (ibid., 170). Für diesen Effekt sorgen die einzelnen

Forschergruppen: „In the sciences there need not be progress of another sort." Er stellt eine Entwicklung dar, beginnend bei primitiven Grundlagen hin zu einem immer genauer werdenden Naturverständnis.

Und trotzdem gibt es keine *„evolution towards anything"*. Wissenschaftlicher Fortschritt sei nicht determiniert, wie am Beispiel der Evolutionstheorie von Charles Darwin deutlich werden soll. Kuhn sieht in Darwins Arbeit ein Analogon zu einer nicht-deterministischen, evolutionären Entwicklung vom Einfachen zum Komplexen:

> „Even such marvelously adapted organs as the eye and hand of man [...] were products of a process that moved steadily from primitive beginnings but toward no goal" (ibid., 172).

Seine Lehre zeige, dass die Evolution des Menschen kein gerichteter Prozess gewesen sei, der auf eine vorher existente Idee des Menschen abzielte oder die Realisierung eines schon bestehenden Plans beinhaltete. Gleiches gilt für die Entwicklung der Wissenschaft: Sie arbeite keinem entfernten Endziel entgegen.

### *1.2.2 Kuhns Kritik an der Tradition des Lehrbuchs*

Die Einsicht in Wissenschaft und deren Methoden wird seit jeher durch den Inhalt der Lehrbücher geprägt. Kuhns Ansicht nach führte der traditionelle Stil des Lehrbuchs als strukturelle Einführung zu einer Verfälschung der tatsächlichen, wissenschaftlichen Realität:

> „This essay attempts to show that we have been misled by them [den wissenschaftlichen Lehrbüchern] in fundamental ways. Its aim is a sketch of the quite different concept of science that can emerge from the historical record of the research itself" (ibid., 1).

Die geschichtswissenschaftliche Analyse sei durch die allgemeine Ansicht erschwert, wissenschaftliche Inhalte und Methoden seien in den Lehrbüchern, die die noch ungelösten Probleme vorgeben, verankert. Falls Wissenschaft, so Kuhn, ein Lehrbuch-Konstrukt ist, so können Wissenschaftler lediglich weitere Elemente hinzufügen. Dieser Effekt wird als der *evergrowing stockpile* beschrieben. Die Betrachtung von Wissenschaft als stetig wachsender Prozess sei aber problematisch und führe dazu, historische Konzepte und insbesondere solche, die verworfen wurden, auszublenden: „Out-of-date theories are not in principle unscientific because they have been discarded" (ibid., 2 f.). Kuhn formuliert einen Aufruf an die heutige Wissenschaftsgeschichte, sie solle die zeitgenössischen Umstände früherer Theorien und Konzepte mit untersuchen – „that gives those opinions the maximum internal coherence and the closest possible fit to nature" (ibid., 3).

Die Revision eines *textbook* nach einem Paradigmenwechsel verschleiere unweigerlich historische Tatsachen (ibid., 137) und hinterlässt den Eindruck einer kumulativen Wissenschaft. Zudem beziehen sich Lehrbücher in der Regel nur auf jene wissenschaftlichen Arbeiten, die unmittelbar mit den Problemstellungen des Lehrbuch-Paradigmas übereinstimmen – „Textbooks [...] being pedagogic vehicles for the perpetuation of normal science [...]" (ibid.). Die Intentionen der berücksichtigten Autoren werden im Kanon der Lehrbuchprobleme aufgeführt und zu diesem Zweck als *„scientific"* bezeichnet. Vom Ausgangspunkt des gegenwärtigen Forschungsstandes wird die Authentizität der historischen Konzepte dem Duktus des Lehrbuches untergeordnet, bzw. „the temptation to write history backward is both omnipresent and perennial" (ibid., 138).

Die pädogogische Zielsetzung übe sich gleichermaßen negativ aus. In reduzierten und effizienten Strukturen der naturwissenschaftlichen Lehrbücher werden Begriffe zwar exakt, aber wie aus dem Nichts heraus definiert. Sie werden also wie Axiome eingeführt und existieren, als pädagogisches Hilfsmittel, „einfach so". Ihre Entstehungs- und Ideengeschichte verliert sich in dieser Darstellung (ibid., 142 f.): „More than any other single aspect of science, that pedagogic form has determined our image of the nature of science and of the role of discovery and invention in its advance."

Kuhns Ansatz beschränkt sich auf die Darstellung und Erläuterung innerwissenschaftlicher Mechanismen, die die Entwicklung der Wissenschaften ermöglichen. Die fortwährende Interaktion zwischen wissenschaftlicher Alltagsarbeit (d. h. *normal science*) und Paradigmenwechsel in Folge außerplanmäßiger Entdeckungen wird detailliert vorgestellt, lässt aber eine Einbeziehung kultureller und sozialer Wirkungskreise vermissen.[1] Die weiteren, außerwissenschaftlichen Ebenen des gesellschaftlichen Lebens sind als Variablen in Kuhns Theorie nicht vorgesehen. Der Forderung an eine solche Einbeziehung wird im nächsten Abschnitt, am Beispiel der Merton-These, nachgegangen.

### *1.2.3 Motive wissenschaftlichen Forschens im Rahmen der Merton-These*

Der wissenschaftstheoretische Ansatz von Thomas Kuhn ist auf einem geschlossenen Wissenschaftskosmos gegründet, in dem die *scientific community* und deren Paradigmen ohne die Einflüsse der Außenwelt bestehen. Das Ziel der Wissensvermehrung und –vervollkommnung ist der omnipräsente Antrieb der forschenden Gemeinde, konkrete Motive nennt Kuhn allerdings nicht.

Vor Kuhn eröffnete der US-amerikanische Soziologe Robert K. Merton (1910-2003) in seiner Ph.D. Thesis von 1938[2] eine Darstellung der äußeren Einflüsse am Beispiel der Naturwissenschaften im England des 17. Jahrhunderts und sucht damit Antworten auf die Frage: *„What are the modes of interplay between society, culture and science?"*

Ein Grund für die enorme Popularität des Themas „Puritanismus und Wissenschaft" sieht Merton in der konfliktreichen Verbindung, die man zwischen Wissenschaft und Religion gefunden haben wollte.[3] Zu den Hauptthesen seiner Arbeit gehört, dass eine anhaltende und umfangreiche Entwicklung der Wissenschaft nur in den Gesellschaften auftritt, die dafür sowohl kulturelle als auch materielle Bedingungen schaffen können. Mit dem Wachstum der Wissenschaft mussten auch die „Ressourcen" ihrer Umgebung wachsen. Religion und Wirtschaft lieferten gemeinsam Argumente für den Nutzen der Wissenschaft, durch den sie letztlich etabliert werden konnte. Merton gibt eine Liste der vielfältigen „utilities", darunter „economic and military", „religious und „nationalistic utilities". Zu den letztgenannten finden sich Bei-

[1] Das Thema der scientific revolutions, einem zentralen Konzept in Kuhns Arbeit, wird an anderer Stelle diskutiert.

[2] Der Inhalt der Dissertation ist im Jahre 1970 in seinem *Buch Science, technology & society in seventeenth-century England* neu erschienen. Er entwickelte sie auf der Grundlage der berühmten Schrift *Die protestantische Ethik und der Geist des Kapitalismus* von Max Weber (1864–1920), die erstmalig 1904/05 erschien.

[3] Aus den geschichtlichen Belegen wurde schnell (im Sinne des Positivismus) eine logische Notwendigkeit hinein argumentiert. Eine andere vage These besagt, dass der Puritanismus unbeabsichtigter Weise zu einer Legitimierung der Wissenschaft als soziale Institution beigetragen hat. „It may be of cursory interest that the author did not begin with that hypothesis" (Merton 1970, 16). Merton will ebenso mit der Behauptung aufräumen, es hätte im England des 17. Jahrhunderts ohne den Puritanismus keine Entwicklung der modernen Wissenschaft geben können.

spiele aus der jüngeren Geschichte, wie der Wettstreit in der Raumfahrt während des Kalten Krieges. „Ethnocentric glory [...] provided a substantial basis for legitimatizing early modern science“ (Merton 1970, 22) Die hohen Ansprüche an die Nützlichkeiten der Wissenschaft – Merton nennt dies an anderer Stelle „the demand of practical payoffs“ – erwiesen sich als Vorboten ihrer Institutionalisierung.

Gegenstand der Untersuchung bilden die sozialen Hintergründe der Veränderungen in den Berufsfeldern. Zu Mertons Quellen zählt das *Dictionary of National Biography*, in der circa jede sechstausendste erwachsene Person eine Erwähnung findet. Die Personen wurden zunächst anhand ihrer Berufe in die Kategorien Musik, Drama, Historie, Militär usw. eingeteilt.[4] Man schätzte die „mathematical plainness“ so sehr, dass man versuchte Sprachen nach ihrem ruhmreichen Vorbild zu formulieren. „Language was to become an instrument of precision, rather than a blunted and inexact tool“ (ibid., 21).[5] Aus den gewonnen Statistiken des *Dictionary of National Biography* entnahm Merton, dass weiterhin die Wissenschaft (hier die Physik) ebenso wie die Medizin auf großes Interessen stießen. Zudem stellten die Bürgerkriege des 17. Jahrhunderts zusätzliche Forderungen sowohl an die Physik als auch an die Chirurgie.[6] Dagegen nahm das Interesse an Berufen in der Religion, wie auch das Ansehen der Glaubensträger langsam aber stetig ab. Die Entwicklung der Berufsgruppen und Interessengebiete im Laufe des gesamten Jahrhunderts skizziert Merton in folgender Weise: Zu Beginn des Jahrhunderts wurde Wissenschaft als Zeitvertreib betrachtet und nicht, wie zum Beispiel Literatur, als echte Lebensaufgabe. Hinzu kommt: „Mathematics was not considered to form any siginificant part of a liberal education“. Zur Mitte des Jahrhunderts wandelte sich das Sozialprestige zu Gunsten der Wissenschaft und Mathematik. Man begann sie durch die Augen des Utilitarismus zu betrachten und erkannte zunehmend ihren praktischen Nutzen in vielen Lebensbereichen. Mathematik wurde „salonfähig“ – „it was highly important as a symbolic representation of social esteem and enhanced value attributed to scientific inquiry“ (Merton 1970, 26 ff.). Zu Mertons These gehört, dass das erhöhte Interesse an Wissenschaft eine notwendige, wenn nicht sogar hinreichende Bedingung für ihren rasanten Fortschritt im späten 17. Jahrhundert darstellte. Das „angehäufte“ Interesse, das sich während den Bürgerkriegen nicht entfalten konnte, entlud sich danach in vermehrter Produktivität.[7]

---

[4] Dies ergab unter anderem das Ausbleiben großer Künstler im England des 17. Jahrhunderts. Erst durch ausländische Künstler wurde die einheimische Kunst genügend stimuliert um den Forderungen der Aristokratie gerecht zu werden. Die wachsende Bewegung des Utilitarismus (und Realismus) in England lehnte schöngeistige Arbeiten wie Poesie ab. Berühmte Philosophen wie Hobbes und Locke sprachen sich deutlich gegen solche Beschäftigungen aus (Merton 1970, 18). Im Gegenzug bestand ein großes Interesse an Prosa und Drama als weiteres Ausdrucksmittel der politischen Macht. Beide Gebiete beschäftigten sich mit Erscheinungen der physischen Welt, welche der Fiktion eindeutig vorgezogen wurde.

[5] Dieser Standpunkt machte den Fall der Poesie und den Aufstieg der Prosa zu dieser Zeit verständlich, so Merton.

[6] Die Englischen Bürgerkriege (1642-1649) wurden durch politische und religiöse Gegensätze angetrieben. Zum einen der absolutistische König Karl I. und das parlamentarische Unterhaus, zum anderen die Katholiken und die Gruppierungen der reformierten Kirche. Zum Ende des Krieges wurde das Commonwealth gegründet und die Republik England ausgerufen.

[7] Dafür zieht Merton eine weitere Quelle hinzu, das *Handbuch zur Geschichte der Naturwissenschaften und Technik* (Hrsg. Ludwig Darmstädter, 1908). Hierbei handelt es sich um eine nahezu vollständige (so Merton) chronologische Liste der wichtigsten Entdeckungen und Erfindungen. Was die wissenschaftliche Produktivität betrifft, so kommt er bald schnell zu dem Schluss: „there are threee times as many discoveries in the second half as in the first [century]“ (S. 40 f.). Den starken Einbruch in den vierziger Jahren führt Merton auf die Bürger-

Desweiteren untersucht Merton die Beziehungen zwischen Puritanismus und den wissenschaftlichen Veränderungen dieser Zeit. Das Prinzip der verdienstvollen Arbeit, wie es als Konzept im Protestantismus bekannt ist, existierte schon seit dem Mittelalter, kam dort aber auf Grund der Einschränkung auf das klösterliche Leben und der Orientierung auf das „Jenseits" nicht zur weiteren Verbreitung („For both medieval Catholicism and Calvinism, this world was evil ...", ibid., 58). Während die einen in der Abkehr vom Weltlichen und dem Rückzug ins Geistliche einen idealen Lebensweg sahen, hieß es für andere den diesseitigen Verlockungen der Physis durch beständige Arbeit zu entkommen.

Die Glorifizierung von Gott als Motiv menschlichen Handelns bekam im Puritanismus eine neue Bedeutung. Dabei wurde die Gottesehrung verschiedenartig praktisch ausgeübt, wobei der Nutzen für die Gemeinschaft aber einen besonders hohen Stellenwert einnahm. Die Argumentationsgrundlage war, dass „gute Arbeit" zwar von Gott nicht benötigt wurde, ihn aber erfreue, falls sie auf seinen Ruhm und das Gemeinwohl abziele. Aus einem dogmatischen Prinzip wird ein sozialer Utilitarismus.

Auf diesem Glauben aufbauend entstand der Eifer des Individuums Gott in Form von weltlicher und (gemein-)nützlicher Arbeit zu ehren. Gleichzeitig bewirkte der neue Arbeitseifer eine geringere Anfälligkeit gegenüber den verschiedenen Verlockungen und Ausschweifungen des Lebens. Es wurde eine sogenannte „innerweltliche Askese" gepredigt, die sich durch die Forderung des Puritanismus nach Teilnahme an weltlichen Angelegenheiten erklären lässt. Der Gemeinnutz drang auch in der Berufswahl als entscheidendes Kriterium vor: Die Beschäftigung, mit der man am besten Gott und dem Gemeinwohl dienlich ist, sollte bevorzugt werden. In der Folge wurde die Beschäftigung mit Literatur und Kunst als Zeitvergeudung und Schwelgerei missbilligt.[8] Stattdessen war die Mathematik der rationalistische und Physik der empirische Aspekt der puritanischen Wissenschaft („Physics, understood always as the study of God in his works, is the favorite Puritan scientific discipline" ibid., 69). Der Wert der Mathematik lag in ihrem Nutzen neues Wissen zu erschaffen und nach diesem Prinzip wurden andere Bereiche der Wissenschaft bewertet.

Die Rolle des Protestantismus in der Entwicklung der Wissenschaften will Merton aber nicht überbewerten. Forschungsanreize seien nicht stets von äußeren Faktoren bestimmt. Die Bedeutung der Religion lag vielmehr darin Wissenschaft zu sozialer Akzeptanz zu verhelfen, von einer anstößigen und zwielichtigen Beschäftigung hin zu einer lobenswerten Auseinandersetzung mit Gottes Schöpfung. Die Beziehung zwischen Religion und Wissenschaft ist vielmehr von reziproker Natur, in der kulturelle Variablen zu den beständigen Einflüssen der Wissenschaft gehören.[9]

---

kriege zurück. „It is hardly to be expected that at a time of such intense social disturbance as this, scientists would be able to work very effectively" (S. 41).

[8] Diese Ansicht wurde auch so in der Lehre vermittelt, in dem man die Jugend vor profaner Literatur wie Lyrik (love ballads) warnte.

[9] Merton möchte, wie später auch Kuhn, die inner-wissenschaftlichen Empfindungen nicht vollständig durch die äußeren Einflüsse ersetzt betrachten: „Specific discoveries and inventions belong to the internal history of science and are largely independent of factors other than the purely scientific" (Merton 1970, 75).
Obwohl der Puritanismus die Wissenschaftsentwicklung lediglich beeinflusst, statt sie in wesentlichen Teilen zu bedingen und zu lenken, wird diese Betrachtung von Merton fallweise wieder verschärft: „The Protestant ethic had pervaded the realm of science and had left its indelible stamp upon the attitude of scientists toward their work". Religion sei diesem Zuge eine „dominant force" (Merton 1970, 84).

Methodisch wurden wissenschaftliche Experimente vom Puritanismus besonders hoch geschätzt. Sie verkörpern alle auserlesenen Tugenden, symbolisieren die Auflehnung gegen den Aristotelismus bzw. Katholizismus, unterdrückten untätige Einkehr und versprachen praktischen Nutzen. Puritanismus mag keinem direkten Einfluss auf die wissenschaftliche Methodik gehabt haben, so Merton, aber er veränderte einerseits den Blinkwinkel auf Wissenschaft und Forschung und eröffnete andererseits ein neues, prestigeträchtiges Betätigungsfeld (ibid., 94). Gleichzeitig erscheint der Puritanismus im Licht einer manipulierenden und selbstgerechten Gewalt, die Wissenschaft nach ihren Vorstellungen zu gestalten und zu lenken trachtet.

### *1.2.4 Wissenschaftlicher Fortschritt durch* scientific revolutions *(Kuhn)*

Nachdem im letzten Abschnitt als Gegenentwurf zu Kuhn eine durch religiöse Motive vorangetriebene Wissenschaftsentwicklung vorgestellt wurde, wird nun der Begriff der wissenschaftlichen Revolution nach Kuhn genauer erläutert und anschließend diskutiert. Die bereits angesprochenen wissenschaftlichen Krisen können allein einen Paradigmenwechsel nicht auslösen. Es muss das Vertrauen in eine neue Theorie bestehen und dieses wird meist von enthusiastischen Forschern aufgebracht, welche in ihrer Rolle als Schlüsselfiguren einer wissenschaftlichen Revolution agieren (Kuhn 1970, 158).

Der Prozess der wissenschaftlichen Revolution erschaffe dabei ein zum vorigen inkompatibles, neues Paradigma, welches dessen Platz ausfüllt. Das sogenannte *paradigm-testing* setzt erst nach fortwährendem Scheitern und der Aussicht auf ein neues Paradigma ein. Das Testen selbst ist ein von Kuhn kaum konkretisierter Wettstreit zwischen konkurrierenden Paradigmen – ein Wettstreit um die „Gunst" der *scientific community* (ibid., 145).[10] Die Formulierung „Revolution" rühre daher, dass solche Umwälzungen gewisse Gemeinsamkeiten mit revolutionären Umstürzen (z. B. politischen Revolutionen) aufweisen (ibid., 95). Sie erwachsen aus dem Charakter der normalen Wissenschaft, einer kumulativen Wissensvermehrung, die ihren Erfolg aus der Fähigkeit der Wissenschaftler bezieht, Probleme mit den bekannten und bewährten Techniken zu lösen. Hierbei können neue Phänomene, die sich der Erwartung und den gebräuchlichen Lösungsstrategien entziehen, je nach „Schweregrad" die Saat zu einer neuen Theorie legen. Hierbei sind bereits dokumentierte oder auch nicht vollständig verstandene Erscheinungen nicht in dem Maße fruchtbar, wie solche, die sich bisher jeder Assimilierung durch ein bestehendes Paradigma erwehrten. Einzig die letzten können gänzlich neue Theorien hervorbringen: „This need to change the meaning of established and familiar concepts is central to the revolutionary impact of Einstein's theory" (ibid., 102). So präsentiert sich die Newton'sche Theorie als Spezialfall der Einstein'schen, denn Kuhn generalisiert: „[…] an out-of-date theory can always be viewed as a special case of its up-to-date successor […]" (ibid., 103). Nach Kuhns Ansicht wird kein Paradigma jemals im Stande sein, *alle* Prob-

[10] Kuhn unterscheidet in diesem Zusammenhang zwischen *research worker*, der innerhalb der Theorie Probleme bearbeitet, und dem *paradigm-tester*. Der erste zweifelt die Theorie und die Vorgaben des Paradigmas als solche nicht an, er arbeitet in ihr und mit ihr: „[…] the research worker is a solver of puzzles, not a tester of paradigms" (ibid., 144). In der Praxis lässt sich diese scharfe Trennung aber nicht durchführen. *Solving* und *testing* sind eng miteinander verwobene Verfahren, die letztlich dasselbe Ziel anstreben. Sie lassen sich geeigneter zu einem übergeordneten Prozess der Erkenntnisgewinnung zusammenführen, da diese Unterscheidung von Kuhn ungeeignet ist.

leme lösen zu können. Trotzdem strebt die Forschung eine Vervollkommnung des herrschenden Paradigmas an (ibid., 126).[11]

Der evolutionäre Prozess des Wandels zwischen alten und neuen Paradigmen erweckt den Anschein einer relativistisch-betrachteten Wissenschaftstheorie. Kuhn möchte jedoch als Befürworter eines wissenschaftlichen Fortschritts angesehen werden. Wenn ein Baum die Entwicklung der modernen Wissenschaft symbolisiere, so lassen sich Theorien entlang des Aufstiegs bis in die Verzweigungen so anordnen, dass ein Beobachter ihre Entwicklung erkennen kann. „That is not a relativist's position, and it displays the sense in which I am a convinced believer in scientific progress“ (ibid., 206). Man könne schließen, dass hierbei die aufeinander folgenden Theorien der Wahrheit bzw. dem, was *wirklich existiert* fortwährend näherkommen. Jedoch gibt es keine Theorie-übergreifende Sprache zur Beschreibung der Wirklichkeit.[12] Der Mensch könne die Wirklichkeit der Außenwelt niemals durch seine Ontologie übereinstimmend begreifen.

Obwohl Kuhn eine stetige Verbesserung und Optimierung sämtlicher Bereiche der Wissenschaft nicht leugnet, gibt es für ihn keine gemeinsame, zielgerichtete Entwicklung. Nach dem Modell der biologischen Evolution entwickle sich Wissenschaft nicht deterministisch, aber durch den Wettstreit der Paradigmen auf Fortschritt und Vervollkommnung hin ausgerichtet.

Wissenschaftsgeschichte soll also weder einen deterministischen Standpunkt vertreten noch von einer kumulativen Entwicklung ausgehen. Das Prinzip der Paradigmen gehorcht einem gewissen Darwinismus und setzt die jeweils lebensfähigste Theorie an die Spitze der *scientific community*. Wissenschaftsgeschichte ist nach Kuhn also ein endloser Prozess des Wandels von einem Paradigma zum nächsten, ein ewiger Wettstreit um eine zeitlich begrenzte Vormachtstellung.

### *1.2.5 Gibt es scientific revolutions in der Mathematik?*

Als Reaktion auf die allgemeine Wissenschaftstheorie nach Thomas S. Kuhn und insbesondere seiner These, wissenschaftliche Theorien und Konzepte durchleben in gewissen Abständen Umwälzungen, sogenannte *scientific revolutions*, erschien die Abhandlung *Ten Laws concerning patterns of change in the history of mathematics* (1975) des Mathematikers Michael J. Crowe. Hier vollzieht sich der Übergang von wissenschaftstheoretischer Betrachtung im Allgemeinen zu einem Anwendungsversuch auf eine spezielle Wissenschaftsgeschichte, die Mathematikgeschichte.

Dabei ist es bemerkenswert, dass Kuhns Paradigmen-Theorie, die erstmalig im Jahre 1962 publiziert wurde, erst dreizehn Jahre später einen wissenschaftlichen Diskurs in der Mathematikgeschichte herbeiführte. Den Ausgangspunkt bildet ein Nachdruck der ersten expliziten Diskussionen der Kuhn-Konzeption aus den siebziger Jahren. Dabei handelt es sich um *Revolutions in mathematics* (1992) und den darin enthaltenen Kommentierungen der Artikel durch die Autoren etwa fünfzehn Jahre später (s. Nachworte), die die konzeptionelle Entwicklung dokumentieren.

[11] So wie ein Kleinkind nicht nur lernt, was das Wort „Mama“ bedeutet, sondern auch dessen Bedeutung weiter verfeinert, so entwickelten z. B. die Anhänger des Kopernikus den Begriff „Planet“ durch eine Abgrenzung zu anderen Himmelskörpern weiter (ibid., 128 f.).

[12] „There is, I think, no theory-independent way to reconstruct phrases like 'really there'“, ibid., 206.

Crowe nimmt in seiner ersten Analyse eine Gegenposition zu Kuhn ein und entwirft im Rahmen seines Einspruchs zehn Grundsätze, denen die Entwicklung der Mathematik gehorchen soll. Er bestreitet das Auftreten revolutionärer Umbrüche in seinem zehnten Gesetz und entgegnet hier Kuhn: Es gibt keine Revolutionen in der Mathematik. Seine Argumentation basiert zum einen auf dem Inhalt des neunten Gesetzes: Hiernach besitzen Mathematiker seit je her ein geeignetes Repertoire an Methoden zur Lösung und Vermeidung logischer Widersprüche. Das Eintreten einer wissenschaftlichen Krise als Vorbedingung einer Revolution könne dadurch allzeit verhindert werden.

Zum anderen erkennt Crowe in den meisten wissenschaftlichen Umschwüngen der Mathematik *keine* Charakteristika einer Revolution. Vielmehr scheint es für ihn evident, dass es sich bei der Mathematik um eine kumulative Wissenschaft ohne revolutionäre Tendenzen handle. Um seiner These weiteren Nachdruck zu verleihen, zitiert Crowe einige bekannte Mathematiker, die sich gegen konzeptionelle Umstürze in der Mathematik aussprechen.[13]

Crowe begeht hier einen methodischen Fehler. Die herangezogenen Aussagen stammen von Mathematikern, die selbst, als Person und durch ihr Werk, ein lebendiges *Element* der Mathematikgeschichte verkörpern – Sie sind aber keine Mathematikhistoriker und können demnach keine übergeordnete Perspektive zur Mathematikentwicklung einnehmen. Crowe versucht jedoch, ihre Äußerungen als autoritative Urteile zur Mathematikentwicklung geltend zu machen.

An die Position der *scientific revolutions* setzt Crowe eine eigene begriffliche Einteilung: Wissenschaftliche Neuentdeckungen unterteilen sich nach ihren sichtbaren Auswirkungen in *transformational* und *formational discoveries*. Der Wandel vom Ptolemäischen zum Kopernikanischen Weltbild gehöre beispielhaft in die erste Kategorie, wobei andere Entdeckungen, die ihre wissenschaftliche Disziplin, ohne einen Umsturz herbeizuführen, erweitern, zu den formalen Entdeckungen zählen.

In dem auf das Jahr 1992 datierten Nachwort dieser Abhandlung (publ. in Gillies 1992) erläutert Crowe seine Revision der vorangegangenen These einer kumulativen Mathematik. Dabei hat der Herausgeber Donald Gillies die Autoren älterer Beiträge (wie die von Dauben und Mehrtens) um ein neues Nachwort gebeten und auch selbst neue Beiträge zur Thematik eingereicht.

Crowes zehn Gesetzmäßigkeiten beruhten auf früheren Annahmen zur Mathematikgeschichte und wurden später in weiten Teilen von ihm verworfen. Beispiele wie die Koexistenz von Euklidischer und nicht-Euklidischer Geometrie hielten die These einer kumulativen Mathematik aufrecht, wogegen die Quaternionenlehre eine aufgegebene Theorie darstellt, die nicht mehr auf den *ever-growing stockpile* des mathematischen Wissens gerechnet wird, so Crowe.

Seine Ansicht, nach der es keine wissenschaftlichen Revolutionen in der Mathematik gäbe, zieht Crowe zurück, kommt aber zu keinem abschließenden Urteil. Einerseits erkenne er in der Kuhn'schen Definition einer *scientific revolution* seine formulierten Kriterien an den Begriff wieder, andererseits distanziere er sich aber von einer klaren Stellungnahme: „The

[13] „This difficult science is formed slowly, but it preserves every principle it has once acquired; it grows and strengthens itself in the midst oft many variations and errors of the humand mind" (Fourier). „In mathematics alone each generation builds a new story to the old structure" (Hankel). „ […] in mathematics there has never yet been a revolution" (Truesdell).

question of whether revolutions occur in mathematics is in substantial measure definitional" (Crowe 1992, 316).

In dieser Tradition greift J. W. Dauben das weitere Auslegungsspektrum des Revolutionsbegriffs auf. Er gibt in seiner Abhandlung von 1984 zunächst ein ähnliches Urteil: Revolutionen sind durchaus möglich, denn Kuhns Ablehnung baue einzig auf einer zu restriktiven Definition von Revolutionen auf. Diese Einschränkungen hält Dauben für unnötig.[14] Im 18. Jahrhundert bezeichnete der Begriff der Revolution eine Lücke im Kontinuum, eine bedeutende Veränderung. Nach der französischen Revolution verschärfte sich die Bedeutung und bezeichnete fortan auch radikale Abstoßungen traditioneller oder akzeptierter Denkweisen. Sie galten als eindeutig bestimmte Brüche mit der Vergangenheit (Dauben 1984, 51).[15]

Für die Mathematik gelte: Eine alte Theorie werde nicht zwangsläufig verworfen und umgestürzt, sondern durch neue Ideen auf eine neue, tiefere Verständnisstufe gehoben. Ein revolutionärer Umbruch erweitere oder verallgemeinere also eine alte Theorie, ohne sie unweigerlich zu verdrängen. Eines seiner Beispiele ist die Auswirkung der transfiniten Mengenlehre nach Georg Cantor (1845-1918) auf den Unendlichkeitsbegriff. Vor seiner Lehre wurde das Aktual-Unendliche, das für Cantor gerade immanent zum Unendlichkeitsbegriff gehörte, nicht zuletzt von Carl Friedrich Gauß (1777-1855) abgelehnt. Dieses Konzept zeige, wie Revolutionen außerhalb der Theorie von Kuhn möglich sind: „Cantor's work managed to transform or to influence large parts of modern mathematics without requiring the displacement or rejection of previous mathematics" (Dauben 1984, 62).

Als Gegengewicht zu dieser Betrachtung steht die Eigenschaft wissenschaftlicher Revolutionen, Konzepte zu vereinen, zu vereinheitlichen und zu abstrahieren. Nach Dauben habe Hermann Hankel (1839-1873) dies in aller Kürze wie folgt formuliert: „In mathematics alone each generation builds a new storey to the old structure." (Crowe gebrauchte dasselbe Zitat als Hervorhebung für seine These einer „revolutionsfreien" Mathematik.)

Dauben gelangt dagegen durch seine *Aufweichung* der Definition von Revolution zu dem umgekehrten Schluss. Auf Crowes strittiges zehntes Gesetz antwortet er: „Revolutions obviously do occur within mathematics. Were this not the case, we would still be counting on our fingers" (Dauben 1984, 81).

Eine andere Sicht auf die Mathematik eröffnet sich durch Herbert Mehrtens. Er kommentiert die Gesetze von Crowe im Detail, wobei er einige anerkennt und erläutert, andere jedoch kritisiert (1976). Die Absage an die wissenschaftlichen Revolution in der Mathematik hält er für falsch: Aus seiner Sicht sei der mathematische Fortschritt durch den Gedanken an Nützlichkeit gelenkt. Mathematische Strenge spiele vor dem 19. Jahrhundert eine eher untergeordnete Rolle. Als Beispiel dient die Geschichte der komplexen Zahlen. Crowes Absage an die Revolutionsthese ist für ihn nicht plausibel, denn mathematische Aussagen befinden sich

[14] „it defines revolutions in such a way that they are inherently impossible within his conceptual framework" (Dauben 1984, 51).

[15] Der Begriff Revolution tauchte im Kontext der Mathematikgeschichte das erste Mal bei Bernard le Bovier de Fontenelle (1675-1757) auf, als er die Wirkung der Newtonschen und Leibnizschen Infinitesimalrechnung beschrieb. Auf Grund ihrer qualitativen Eigenschaften und ihrer Leistung, die Rechenart der euklidischen Geometrie noch zu übertreffen, war ihr revolutionärer Charakter unbestritten. Den tatsächlichen Beginn dieser Revolution sieht Fontenelle in einem Artikel von Guillaume F. A. l'Hospital (1661-1704) aus dem Jahre 1719. Damit habe er die Schwierigkeit einer scheinbar unmöglichen Datierung dieser Ereignisse überwunden, so Dauben (1984, 52).

durch Verallgemeinerung und Spezialisierung in einem kontinuierlichen, inhaltlichen Wandel. Dieser beeinflusst ihre äußere Gestalt und damit die formale Sprache der Mathematik als solche. Theorien werden selten verworfen, sondern vielmehr modifiziert und erweitert, so Merthens. Diese Ereignisse *könne* man bereits als Revolutionen bezeichnen (1976, 26). Die Möglichkeit von Revolutionen in der Mathematik begründe sich aus dem Revolutionspotenzial mathematischer Aussagen. Umbrüche, wie am Beispiel verschiedener Geometrie-Konzepte erklärt wird, führen keineswegs zu „wahreren" Konzepten, sondern zu unterschiedlichen Darstellungen der(selben) Wirklichkeit. In seinem Nachwort (*revolutions reconsidered*) thematisiert Mehrtens die Negativbeispiele einer Historiographie, die den Revolutionsansatz verfolgt. Sie könne zu einer Form der kontextlosen Heldenverehrung führen, die Personennamen wie „Newton" und „Einstein" zu Synonymen einer wissenschaftlichen Revolution erhebt, ohne den zeitgeschichtlichen Kontext zu erhalten.[16] Beispiele dieser Art erwecken den Eindruck, Revolution seien klar datierbare Ereignisse und bestehen ohne eine ideengeschichtliche Einbettung: „Such ruptures need not be dated – it may be of wide diachronical and synchronical extension" (ibid., 43). Beginn und Abschluss eines Umbruchs seien nicht eindeutig festzustellen und manche von ihnen dauern auch weiterhin an.

In Mehrtens' Revision seines Artikels wird der Aspekt der historischen Einbettung von Revolutionen erstmalig in dieser Debatte aufgegriffen. Revolutionäre Umbrüche, wie sie bisher in allgemeiner Weise von Thomas S. Kuhn und im speziellen für die Mathematik von Michael J. Crowe behandelt wurden, sind keine zeitlich beschränkten und klar abgrenzbare Ereignisse mehr.

Dies geht mit den Grenzen der gegenwartsbezogenen Wissenschaftshistoriographie einher, denn es ist unmöglich die zeitgenössischen Umstände beliebig genau abzubilden. Das Bewusstsein dieser Einschränkung für die Analyse historischer Texte muss geschärft werden: „We cannot return to a mental state of innocence [...] We have to be aware of this phenomenon [...] to be able to avoid the implicit teleology and the *presentism of traditional history of science* [Hervorhebung: K.V.]" (ibid., 44).

## 1.3 Methodologien der Mathematikgeschichte

Die Non-Standard Analysis nach Abraham Robinson gilt für Dauben als weiteres Beispiel einer *scientific revolution*.[17] Über einen Vertreter dieser historischen Neubetrachtung, Imre Lakatos, resümiert Dauben: „The second claim Lakatos made, however, is that non-standard analysis revolutionizes the historian's picture of the history of the calculus" (Dauben 1984, 77). Lakatos verfolge eine Methode der *„rational reconstruction"* für die Geschichte der Infinitesimalrechnung, in der die frühere Theorie des *calculus*, wie sie bei Cauchy praktiziert wurde, als Vorläufer der modernen Non-Standard Analysis interpretiert wird. Dauben zweifelt: Es fehle an Belegen, die diese Annahme tragen könnten.[18]

[16] Er schlägt zur Benennung solch fundamentaler Veränderungen den Begriff des epistemologischen Bruchs nach Bachelard (1939) und Foucault (1969) vor.

[17] Eine eingehende Diskussion dieser Theorie findet sich im vierten Kapitel.

[18] Nebenbei bemerkt Dauben zynisch, es sei sogar ein Erfolg von A. Robinson, dem Begründer der klassischen Nichtstandardanalysis, gewesen, seine eigene, schlechte Geschichtsinterpretation in diesem Werk offen dargelegt zu haben. („the poverty of this kind of historicism" (Dauben 1984, 78).

Die Vertreter der Non-Standard-Analysis beschritten nach Dauben durch ihre Neuinterpretation der Infinitesimalrechnung den Weg der sogenannten *whig history* („It is mathematical Whiggish to insist upon an interpretation of the history of mathematics as one of increasing rigour over mathematically unjustifiable infinitesimals […]", ibid., 78).[19] Im Allgemeinen wird eine Historiographie als *Whiggish* betrachtet, wenn sie Entwicklungen von der „Perspektive der Sieger" aus beurteilt.[20] Dazu nehme man ein modernes Konzept der Mathematik, wie das der mathematischen Strenge, und interpretiere deren Geschichte als eine einzig auf dieses Konzept zielgerichtete Entwicklung.[21] Die für diesen Begriff prägende Abhandlung stammt von dem britischen Historiker Herbert Butterfield (1900-1979), der diese Terminologie erstmalig in *The Whig Interpretation of History* (1931) bekannt machte.

### *1.3.1 Die history- und heritage-Methoden nach Grattan-Guinness*

Der britische Mathematikhistoriker I. Grattan-Guinness stellte in seiner Publikation *The mathematics of the past: distinguishing its history from our heritage* (2004) zwei standpunktabhängige Methoden vor, nach denen Mathematikgeschichte betrieben werden kann. Die von Mehrtens geprägte Bezeichnung des *presentism of traditional history of science* verweist auf die Herausforderung, historische Mathematik aus der Gegenwartsperspektive heraus *zu verstehen*. Auf diese Problem macht auch Grattan-Guinness aufmerksam: „Old results are modernized in order to show their current place; but the historical context is ignored and thereby often distored" (Grattan-Guinness 2004, 163). Das konzeptionelle Gegenmodell hierzu führt er wie folgt ein:

> „By ‚history' I refer to the details of the development of $N$;[22] its prehistory and concurrent developments; the chronology of progress, as far as it can be determinded; and maybe also the impact in the immediately following years and decades. History addresses the queston 'what happened in the past?' and gives. […] false starts, missed opportunities […], sleepers, and repeats are noted and maybe explained" (Grattan-Guinness 2004, 164).

Diese Herangehensweise steht der Methodik des klassischen Historikers sehr nah; hier sollen alte Konzepte der Mathematik als kontextsensitiv begriffen und behandelt werden. Fruchtlos gebliebene Entwicklungen und andere Umwege werden gleichberechtigt zu den wirksam gewordenen, *erfolgreichen* Theorien gestellt.

Der Gegenpol hierzu ist eine ergebnisorientierte Methode, nur die von Erfolg gekrönten Theorien zu extrahieren und deren Geschichte vom heutigen Standpunkt „rückwärts" (neu) zu schreiben. Die durch Grattan-Guinness geprägte *heritage-Methode* konzentriere die historische Untersuchung auf die äußere Form einer Theorie und ihren Wirkungen auf andere fachmathematische Gebiete. Im Fokus steht eine moderne Form einer mathematischen Theorie unter Berücksichtigung ihrer inner-wissenschaftlichen Entwicklung, d. h. w*ie sind wir hierhin gekommen?* (Grattan-Guinness)

---

[19] Der Interpretationsversuch der Nichtstandardanalysis zu den infinitesimalen Größen der frühen Analysis wird im vierten Kapitel vorgestellt.

[20] Bereits Kuhn hat sich in seiner Absage an den traditionellen Lehrbuchstil indirekt gegen die Tendenzen der *whig history* ausgesprochen.

[21] Das Wort *whig* bezeichnete ursprünglich eine der beiden parlamentarischen Parteien im England des 17. bis 19. Jahrhunderts.

[22] Das Symbol $N$ bezeichne die Mathmatik.

Der Schwerpunkt liegt auf dem mathematischen Inhalt als solchen, seine Geschichte wird aus der Perspektive eines Mathematikers betrachtet, mathematische Notationen werde als „abgeschlossen" angesehen und die Dynamik ihrer Entwicklung ausgeblendet: „the present is *photocopied* onto the past" (ibid., 165). Hierbei entsteht nicht nur erneut das Bild einer kumulativen Wissenschaft, wie es schon in der Revolutionsdebatte aufkam: Die *heritage*-Methode behalte die negativen Aspekte der *whig history* bei.

Die Beweggründe für eine Interpretation im Sinne der *whig history* seien besonders in der Mathematik verständlich, wie Michael N. Fried (2010) erklärt. „But to the extent that mathematics is continuous over time and place, a universal body of content, it is really a-historical and non-cultural [...]. With such an assumption in the background, it would be hard for a historian not to be Whiggish" (Fried 2010, 4). Dies leitet er daraus ab, dass vergangene Theorien oftmals in moderne mathematische Konzepte übersetzt werden und damit die Intentionen des einzelnen Wissenschaftlers ignoriert wird: „What one learns from the history of mathematics, in its Whiggish form, is, in short, mathematics" (ibid.). Sein Gegenvorschlag deckt sich mit Grattan-Guinness' *history*-Methode einer genauen Untersuchung der geschichtlichen Ereignisse und fordert zusätzlich: „[...] they must pay attention to the nuances of the text, its form, its particular way of putting things, participation in this great mathematical conversation is truly an historical enterprise" (Fried 2010, 11).

Die vorgestellten Methoden bergen nicht nur system-immanente Schwächen wie im Falle der *heritage*-Methode, sondern führen auch bei Vermischung verschiedener Ansätze zu Problemen der historischen Fehlinterpretation. Eine solche Vermischung kann nach Grattan-Guinness im Fall der Vervollständigung des Quadrats im II. Buch von Euklids *Elementen* beobachtet werden. In einer Abbildung findet man die Skizze eines Quadrats, dass in zwei unterschiedlich große Quadrate und zwei Rechtecke aufgeteilt ist. Im 19. Jahrhunderts entstand die Ansicht, Euklid als Algebraiker zu verstehen. Schließlich könne man aus der Zeichnung die Formel $(a+b)^2 = a^2 + 2\text{ab} + b^2$ ableiten. Aus der mathematikhistorischen Sicht kannte Euklid diesen Term nicht, sein Theorem, das nur die geometrischen Beziehungen dieser Quadrate und Rechtecke beschreibt, beinhaltet nicht einmal die Buchstaben $a$ und $b$. Er verwendete ebenso wenig arithmetischen Symbole irgendwelcher Art wie „+" oder „−" für Geraden, Längen und Flächen – „he never mulitplied geometrical magnitudes of any kind [...] Hence $a^2$ is already a historical distortion" (ibid., 167). Man kann jedoch sagen, dass die obige algebraische Formel das Konzept einer geometrischen Algebra beschreibt.

Ein anderes Beispiel für die Vermengung der Methodologien bilden die neuen Begriffe der Vektoren und Matrizen im 19. Jahrhundert. Die neuentwickelten Gebiete der Vektor- und Matrizen-Algebra sowie der Vektoranalysis wurden zu wichtigen Werkzeugen der Mathematik des 20. Jahrhundert. In dieser Zeit versuchte man frühere Arbeiten rückwirkend mit diesem neuen Wissen zu interpretieren. Das vorliegende Beispiel bezieht sich auf einen solchen, von Clifford Truesdell (1919–2000) unternommenen Versuch:

> „[...] in the spirit of heritage [...], he treated Euler as already familiar with vector analysis and some matrix theory, and also using derivatives as defined via the theory of limits [...]" (ibid., 177).

Grattan-Guinness fordert nicht nur, dass die Mechanik Eulers aus sich selbst heraus geklärt werde müsse, sondern auch: „The history of vectors and matrices needs to be clarified by noting the absence of these notions in Euler" (ibid.).

Die Frage nach dem geeigneten Ansatz zum Verständnis historischer Texte erwachse aus den historischen Gegebenheiten. Eine bekannte und völlig unbrauchbare Lösung sei die, nach der das Werk als solches und ohne zusätzliches Wissen gelesen wird („step into his shoes [...] and read his work with his eyes“, ibid., 179). Dieser Zustand sei nicht mehr rekonstruierbar und eine derartige Methode folglich nicht durchführbar.

In der Abhandlung von I. Grattan-Guinness wurden zwei gegensätzliche, hypothetische Methoden erläutert. Sie orientieren sich an der Subjektivität des Forschenden und gründen ihre Techniken auf dieser Grundlage. Der Historiker, nach dem die *history*-Methode benannt wurde, behandelt Mathematikgeschichte als eine chronologische Abfolge von Ereignissen. Er untersucht ihre Vorgeschichte, ihre Auswirkungen und die Verzweigungen ihrer Entwicklungen. Die *heritage*-Methode eröffnet einen Ansatz auf die Mathematikgeschichte, der sich aus der Perspektive des Mathematikers erklärt. Demnach folgt die Mathematik in erster Linie ihren eigenen Gesetzmäßigkeiten und ist losgelöst von fremden Einwirkungen. Ursachen und Wirkungen konzeptioneller Veränderungen und Neuerungen besitzen nur eine wissenschaftliche, keine kommunikative, soziale oder kulturelle Ebene.

Historische Theorien waren nach Kuhns These Elemente einer wissenschaftlichen, aber nicht zielgerichteten Evolution, die durch eine fortwährende und gesetzmäßige Umwälzung und Verbesserung des Bestehenden gekennzeichnet ist. Aus der Sicht der *heritage*-Methode sind mathematische Konzepte allzeit in Form und Inhalt nur Entwicklungsvorstufen der gegenwärtigen Mathematik, deren Vorgeschichte nach den Prinzipien von Linearität und Nützlichkeit *neugeschrieben* wird. Wenn die Konzepte zeitgenössischer Autoren aber ausschließlich nach ihrem qualitativen Beitrag zum Wissensstand der Gegenwart beurteilt werden, können sie nicht zum Verständnis der Entwicklungsgeschichte der Mathematik beitragen. Das Resultat ist eine verklärte Historiographie, die sich auch dem Vorwurf einer *whig history* stellen muss.

Ebenso ist eine konzentrierte Betrachtung auf der Basis der *history*-Methode schwierig: Ohne mathematische Betrachtung der historischen Quellen und einer Rückbeziehung auf andere mathematische Kontexte lassen sich keine Aussagen formulieren. Zugleich unternimmt Grattan-Guinness das Experiment einer Vermischung beider Methoden mit dem Verweis auf dadurch fehlgeschlagene Interpretationen. Die vorgestellten Methoden liefern also keine zufriedenstellenden Leitideen, da sie weder einzeln befriedigend sind (wie ich erklärt habe), noch in Kombination miteinander funktionieren (wie Grattan-Guinness deutlich macht).

### *1.3.2 Das Konzept einer objektiven Hermeneutik*

Um die Entwicklung und Entstehung von Konzepten zu verstehen, muss ein anderer Ansatz gefunden werden, bei dem sich in umgekehrter Weise die Methode des Forschers den Gegebenheiten der Mathematikgeschichte anpasst – statt aus einer subjektiven Perspektive ein Methodenkonstrukt auf die Mathematikgeschichte anzuwenden, wie dies in (Grattan-Guinness 2004) geschehen ist.

Als ein vielversprechender Ansatz für eine Analysis der Entwicklungen hat sich eine neuartige Methode auf der Basis einer objektiven Hermeneutik nach Friedrich August Wolf (1759-1824) und Friedrich Schleiermacher (1768-1834) herausgestellt. Wolfs hermeneutischer Ansatz konzentriert sich auf die Aufgabe, die Gedanken eines Anderen durch dessen Zeichen zu verstehen, und erfordert ein Mittel zur Durchdringung der Analogie der anderen

Denkweise, die die Grundsätze festlegt, nach denen Ideen darlegt werden (nach Schubring 2005, 3). Das Wissen um die zugrunde gelegte Fachsprache ist notwendig, aber allein nicht hinreichend, wie Wolf weiter erklärt:

> „Knowledge of language alone will not do, however. We must have knowledge of the customs of the period about which we read; we must have knowledge of its history and literature and must be familiar with the spirit of the times“ (Wolf 1839, nach Schubring 2005, 3).

Wolf fordert als wichtige Maßnahme eine breite Kontexterforschung um die hermeneutische Zielsetzung, das Verstehen mittels der Interpretation von Zeichen, erreichen zu können.

Eine umfassende Konzeptionalisierung setzte im 20. Jahrhundert in der Wissenschaftsgeschichte mit den Beiträgen des Historikers Peter Gay ein und wurde seitdem von G. Schubring fortgeführt und zu einer ganzheitlichen Methodenlehre für die Mathematikgeschichte weiterentwickelt. Hierbei werden weitere Ansätze herangezogen:[23] Mathematik sei kommunikationssensitiv, d. h. „the group is present in consciousness even when the individual is alone“ (zit. nach Schubring 2005, 6), und der Einfluss einer „*intellectual community*“ sei omnipräsent und spiegle sich in den Arbeiten des einzelnen Mathematikers in gleicher Weise wieder. Einer Idee von Krohn und Küppers[24] zufolge gehören mathematische Entwicklungen auf allgemeinerer Ebene zugleich einer *intrascientific* und *extrascientific enviroment* an („They [Krohn u. Küppers] understand scientific activity as an interaction between a system and its environment […]“, ibid., 6).

Folgende Schwerpunkte für der Untersuchung von mathematischen Konzepten werden gesetzt: Es muss untersucht werden, *wie* eine Idee oder ein Konzept begründet und wie es im ganzen Anwendungsfeld aufgenommen wird:

> „[…] the analysis […] must be conducted within the context of an entire concept *field* that determines how the respective concept was justified and applied“ (Schubring 2005, 7).

In der vorliegenden Arbeit umfassen solche Untersuchungen beispielsweise die Analyse der Rezeption einer spezifischen Begriffsentwicklung der gleichmäßigen Konvergenz. In der Analyse werde dabei einzelne Autoren nicht isoliert, sondern als Teil einer *cooperative mathematical community* betrachtet, wie es im Falle von A.-L. Cauchy und seinen Zeitgenossen im dritten Kapitel geschieht. Diese Richtlinie konkretisiert Kuhns vormalige und allgemeine Forderung nach „internal coherence“ durch Einbindung der zeitgenössischen (sozialen) Umstände in die historische Analyse. Den Fragen dieses Ansatzes muss auch konsequent bei scheinbar abgekapselten Individuen wie im Falle des schwedischen Mathematikers E. G. Björling nachgegangen werden (siehe Kapitel 5). „In a next step, developments within different cultural contexts must be compared to analyze how differing concepts from other communities and contexts were received, and what influence they may have had“ (ibid. 7). Hierdurch motiviert sich ein Teil des siebten Kapitels dieser Arbeit, in dem ein Vergleich der Begriffs-Rezeption in zeitgenössisch relevanten Lehrbüchern verschiedener Nationen angestrebt wurde. Unterschiedliche kulturelle Gegebenheiten und der Einfluss anderer *cooperative communities* haben unterschiedliche Rezeptionsleistungen hervorgebracht.

[23] Siehe: Randall Collins, *The sociology of philosophies: a global theory of intellectual change* (Cambridge, Mass.: Belknap Press of Harvard Univ. Press, 1998).

[24] Siehe: Wolfgang Krohn/Günter Küppers, *Die Selbstorganisation der Wissenschaft* (Frankfurt am Main: Suhrkamp, 1989).

Da das „system of science“ als wichtigen Teil auch die Bildung umfasst, eignen sich Lehrbücher besonders. Sie sind an ein größeres Publikum, statt nur an einen ausgewählten Kreis (wie die Leser einer wissenschaftlichen Zeitschrift) gerichtet und dokumentieren den als „belegt“ geltenden Wissensstand einer Theorie

Die letzte Forderung an diese Untersuchungen ist die Aufnahme und Berücksichtigung aller potenziell relevanten Überlieferungen, d. h.: „Sources must be explored in their entirety, including material from archives and from *Nachlässe*“ (ibid., 7). Letztere bilden das empirische Fundament des sechsten Kapitels und zeigen durch ihre Analyse, wie sie den Verstehensprozess einer Entwicklungsgeschichte vorantreiben können.

# 2 A. L. Cauchys Summentheorem

„[…] we do not want to leave the reader with the impression that Cauchy made modern distinctions that he did not actually make."
- Bradley & Sandifer 2009, 21.

## 2.1 Umberto Bottazzini: Mathematische Strenge als *historical concept*

Im Jahre 1784 wurde an der Berliner Akademie ein Preis auf diejenige Einsendung ausgeschrieben, welche die Grundlagen der Analysis klar und präzise beschreibe - ausgehend von den zwei gegensätzlichen Ansichten Eulers und d'Alemberts über das Unendliche in der Mathematik. Darüber hinaus wurde eine Erklärung gefordert, wie aus einer solch widersprüchlichen Annahme über das Infinitesimale so viele wahre Aussagen zu folgern möglich ist. Man verlangte die Substitution durch ein anderes, *echtes* mathematisches Prinzip. Trotz einer späteren Preisverleihung, konnten die genannten Anforderungen von niemandem erfüllt werden.

Bottazzini betont, dass für das 18. Jahrhundert vor allem der Briefwechsel der führenden Mathematiker (und weniger deren Publikationen) aufschlussreiche Quellen der Wissenschaftsforschung darstellen. „After the [french] revolution this situation changed radically […]" (Bottazzini 1986, 44). In Frankreich entstand die einflussreiche Ècole polytechnique. „The french ecoles were founded with the specific objective of creating a large class of engineers and technicians which could serve the military and economic needs of the revolutionary France …" (ibid., 46). Viele große Mathematiker der Zeit nahmen dort eine Lehrtätigkeit an, eine Entwicklung mit weitreichenden Folgen. „With the foundation of the *grandes écoles* the former academicians became the new professors, a change that caused an irreversible shift in the way of viewing and exercising the role of the mathematician." Abgesehen von Gauss, den Bottazzini noch als einen Geist des vergangenen Jahrhunderts bezeichnete, wurde die Lehre ein fester Bestandteil der mathematischen Arbeit. Dies und eine weiter zunehmende Verbreitung und Verschriftlichung in Form von „Fachzeitschriften" machte Paris zu einem bedeutenden Zentrum für Mathematiker in ganz Europa. Die aufstrebende Strenge der Mathematik im 19. Jahrundert, die als Folge dieser Entwicklung durch A. L. Cauchy vorangetrieben wurde, bewirkte, dass Lagranges Werk und sein Gebrauch unendlicher Reihen durch die Forderung nach Konvergenzbeweisen in die Kritik geriet. Seine „algebraic analysis" genügte den Ansprüchen des 19. Jahrhunderts nicht mehr.

In der Einführung zum *Cours d'analyse* gibt (Bottazzini 1992) einen Abriss der Mathematikgeschichte um die Jahrhundertwende im Hinblick auf die neuen Anforderungen an die Mathematik. An der Schwelle zum 19. Jahrhundert zeichneten sich folgende Probleme ab:

> „By about 1800 the mathematicians began to be concerned about the looseness in the concepts and proofs of the vast branches of analysis. The very concept of a function was not clear; the use of series without regard to convergence […] had produced paradoxes and disagreements" (Bottazzini 1992, XV).

Diese Unstimmigkeiten wurden durch Fouriers Ansatz der Darstellung durch trigonometrische Reihen noch verstärkt. All dies bekräftigte die Forderung nach einer strengen Fundierung der Analysis. Diese Strenge ist allerdings nicht mit dem heutigen modernen Standard zu vergleichen: „The point is that mathematical rigour is in itself a historical concept and therefore in process" (Bottazzini 1992, XV). Tatsächlich, so Bottazzini, hatten die Mathematiker des 18. Jahrhunderts (und ebenso ihre Kollegen hundert Jahre später) ihre eigene, kontextabhängige Strenge.[25] Hieraus formuliert Bottazzini seine historische Zielsetzung, die darin besteht, in der Arbeit der damaligen Wissenschaftler nicht die heute gewohnte Strenge zu suchen, sondern zu untersuchen, wie und weshalb *deren* Konzept von Strenge Veränderungen durchlebte. Die aus heutiger Sicht geläufige Unterscheidung von reiner und angewandter Mathematik könnte man demnach auch als *historical concept* verstehen. Der Versuch, diese Trennung für die Mathematik des 18. Jahrhunderts vorzunehmen, sei eine „interpretative" Anwendung moderner Kategorien, die es zum damaligen Zeitpunkt nicht gab („This distinction did not exist at this time, and would not do so for several decades to come", 1986, 59).

Damit spricht er sich auch aus methodologischer Sicht gegen eine zu stark gegenwartsbezogene Wissenschaftshistoriographie aus. Cauchys *Cours* sollte nach Bottazzini hierbei unter folgenden Fragestellungen beleuchtet werden:

- „What were in fact the connections of his work with previous mathematics?"
- „Was his work revolutionary?"
- „What should one think of his 'errors'?"

## 2.2 Beweise als Mittel zum Verständnis der Meta-Mathematik

Die Metaphysik oder Meta-Mathematik, die ein Mathematiker seiner Arbeit zugrunde legt, gehe nach Bottazzini am klarsten aus dessen Beweisen hervor: „[…] often the metaphysics presented in the introduction of a book looks quite different from the actual methods which are used in proving theorems and in obtaining results in the rest of the book" (1992, XXXVIII). Diese Methode soll auch für die Analyse der Mathematik Cauchys angewendet werden. Für das Themenfeld der Summentheoreme werden seine Beweise von 1821 und 1853 beleuchtet und diskutiert.

## 2.3 Zur Person A. L. Cauchy

In der Mathematikhistoriographie lässt man die Geschichte der gleichmäßigen Konvergenz traditionell mit dem Wirken des französischen Mathematikers Augustin Louis Cauchy (1789-1857) beginnen. Der junge Cauchy, der zu den bedeutendsten Mathematiker der Geschichte aufstieg (es wurden über neunhundert Abhandlungen von ihm veröffentlicht), wurde zunächst von seinem Vater unterrichtet und besuchte auf Anraten von Lagrange ab 1802 für zwei Jahre die École Centrale du Panthéon. 1805 bestand er die Aufnahmeprüfung der École Polytechnique. Er studierte bis zu seinem Abschluss im Jahre 1807 bei Lacroix, de Prony, Hachette und Ampère. Nach seinen praktischen Arbeitsjahren in Cherbourg, bei der er für die Marine Napoleons arbeiten musste, strebte Cauchy eine akademische Laufbahn an. Mit der Restauration der Monarchie 1815 konnte er wegen seiner ultra-katholischen Verbindung an der École polytechnique eingesetzt werden. Im Analysis-Kurs alternierte er mit André-Marie

[25] „Eighteenth-century mathematicians claimed to be rigourous and actually they were rigourous according to the standards of their time" (Bottazzini 1992, XV).

Ampère (1775-1836), der seit 1816 sein Kollege war.[26] Bis zu seinem freiwilligen Exil 1830 entstanden mehrere wichtige Lehrbücher, darunter auch das *Cours d'analyse* (1821), das als berühmtes Werk zum Richtmaß der neu entdeckten mathematischen Strenge aufstieg. Cauchy war der erste, der mit dieser Arbeit eine strenge Untersuchung der Konvergenzbedingungen unendlicher Reihen anstellte und auch (in gewissem Umfang, s. unten) erreichen konnte. Das Lehrbuch kann als Versuch angesehen werden den *calculus* und seine fundamentalen Theoreme streng zu entwickeln. Für die Lehre an der École Polytechnique konzipiert, galt es fortan als erste Realisierung der Strenge in mathematischer Begriffsbildung. Judith Grabiner legt dar, dass die „revolutionäre" Transformation von der Mathematik des 18. Jahrhunderts zur *strengen* des 19. Jahrhundert auf Cauchys Arbeiten beruhte (1981, 15). Nach Jesper Lützen habe sie in der Verbindung zwischen Begriffsdefinitionen und Beweisführung bei Cauchy die Ansätze der heutigen Epsilon-Delta-Notation erkannt.[27]

Hans Freudenthal hat speziell für den Stetigkeitsbegriff autoritativ erklärt: „Cauchy invented our notion of continuity" (Freudenthal 1970, 136). Die Bestrebung einer streng aufgebauten Analysis entsprach nicht der Lehr-Konzeption der École.

## 2.4 Der berühmte Satz über die Summation stetiger Glieder

In der folgenden Darstellung wird, neben der französischen Originalarbeit (Cauchy 1821), auch die deutsche Ausgabe (Itzigsohn 1885) und die kommentierte englische Übersetzung der Autoren R. E. Bradley und C. E. Sandifer (Bradley-Sandifer 2009) herangezogen. Cauchy führt unendliche Reihen und ihre Lehrsätze in Kapitel 6 ein.

### *2.4.1 Die Vorarbeit zu konvergenten Reihen*

Zu Beginn erklärt Cauchy seine Notation für Reihen, wie sie auch von J. Grabiner aufgegriffen und verwendet wurde. Im Detail sind dies die Bezeichnungen für Reihen, Partialsummen und deren Glieder. Die erste und von Cauchy als „the simplest series" bezeichnete Reihe ist die geometrische Progression (geometrische Reihe), deren Formel für die Partialsummen aufgestellt, aber nicht bewiesen wird. Es folgt eine größtenteils verbale Darstellung dessen, was wir heute unter dem *Cauchy'schen Konvergenzkriterium* verstehen. Im Anschluss gibt Cauchy genaue Angaben über die Konvergenzbedingung der geometrischen Progression und gibt zusätzlich ein Beispiel für eine Reihe, welche die notwendige, nicht aber die hinreichende Bedingung für Konvergenz erfüllt. Er zeigt, dass die harmonische Reihe nicht konvergiert (Itzigsohn 1885, 87 f.). Cauchy sieht darin einen *neuen* Beweis für die Divergenz dieser Reihe, die englischen Übersetzer dagegen schreiben:

---

[26] „Therefore it [Ampères Vorlesungen Précis *des leçons sur le calcul différentiel et le calcul intégral*] can properly be compared with the first part of Cauchy's Résumé." Dieser Vergleich wird durch fast identischen Begriffsgrundlagen beider Werke möglich, so Bottazzini (1992, LXXXIIIf.). Nach neueren Forschungen (Schubring) gibt es aber sowohl Analogien als auch deutliche Unterschiede.

[27] „[it] has been pointed out in particular by Grabiner all these ingredients are clearly present when Cauchy starts using his concepts in proofs" (Lützen 2003, 161).

„Cauchy may not be claiming originality for this ›new‹ proof. It was first given by Oresme[28] […], but Cauchy was probably not aware of it" (Bradley-Sandifer 2009, 88 f.).

### *2.4.2 „Satz und Beweis"*

Cauchy stellt vor der Aufstellung seines berühmten und gleichzeitig strittigen Theorems seinen Beweis vor, den er selbst nur als *remarque* betitelt. Der Beweis ist auf ein Minimum an formaler Notation beschränkt und umfasst nur verbale Argumentationen. Dieser Stil lässt bereits an der mathematischen Strenge zweifeln. Der Definitionsbereich der Veränderlichen $x$ bleibt unbekannt. Wir wissen nur, dass es möglich sein soll, gewisse Umgebungen (fr. *voisinages*) zu bilden. Eine Argumentschreibeweise der Art $f(x)$, wie sie Dirksen 1829 einführt, fehlt. Die deutsche Übersetzung dieses *Beweises* lautet:

„Wenn die Glieder der Reihe (1) [d. h. $u_0 + u_1 + \cdots + u_{n-1} + u_n + \cdots$] nur eine einzige Veränderliche $x$ enthalten, diese Reihe convergent ist und ihre verschiedenen Glieder in der Umgebung eines der Veränderlichen beigelegten besonderen Wertes stetige Functionen von $x$ sind, so werden auch
$s_n, r_n$ und $s$
drei Functionen der Veränderlichen $x$ sein, von denen die erste offenbar in der Umgebung des besonderen Wertes, um den es sich hier handelt, stetig in Beziehung auf $x$ ist. Unter diesen Voraussetzungen wollen wir untersuchen, welche Zunahmen diese drei Funktionen erfahren, wenn man $x$ um eine unendliche Zahlgrösse $\alpha$ wachsen lässt. Die Zunahme von $s_n$ ist für alle möglichen Werte von $n$ eine unendlich kleine Zahlgrösse, und die von $r_n$ wird kaum wahrnehmbar sein, wenn man dem $n$ in $r_n$ sehr grosse Werte beilegt. Die Zunahme der Funktion $s$ wird demnach nur eine unendlich kleine Zahlgrösse sein können" (Itzigsohn 1885, 90).

Cauchy betrachtet für seine Argumentation die Inkremente der beiden Teilreihen. Die Inkremente der Reihe $s_n$ werden unendlich klein, dies kann Cauchy für ein vorher gewähltes $x$ annehmen, da die Funktionen $u_0, \dots, u_n$ stetig sind. Der Ausdruck $s_n$ ist demnach stetig.

Wie gebraucht Cauchy die Konvergenz der Restreihe $r_n$ um letztlich zur Stetigkeit von $s$ zu gelangen? Für die Wahl der entsprechend großen Werte der Größe $n$ erscheint es legitim, eine untere Schranke $N \epsilon \mathbb{N}$ einzuführen, so dass der Sinn der Aussage „The increment of $r_n$, as well as $r_n$ itself, becomes infinitely small for very large values of $n$" nicht verfälscht wird. Das Inkrement soll den Funktionswert von $r_n$ für $x + \alpha$ bezeichnen und kann als $r_n(x + \alpha)$ verstanden werden. Dies vorausgesetzt, kann man den Versuch unternehmen, die folgende Konvergenzbedingung sinngemäß abzuleiten: *Sei x gegeben, dann existiert ein N derart, dass $r_n(x+\alpha)$ ausreichend klein wird, sobald n größer als N wird.*

Obwohl Cauchy die Funktionsargumente nicht formal angibt, könnte man $r_n$ als Größe ansehen, die schlechthin alle $x$-Werte annimt. Er könnte also gemeint haben: *Das Inkrement $r_n(x + \alpha)$ und $r_n(x)$ selbst (d. h. für sämtliche x) wird für beliebig große n unendlich klein.* Auch auf dieser Interpretationsgrundlage ist Gleichmäßigkeit nicht nachweisbar. Ein Maß für die kleiner werdenden $r_n$ (für das heute häufig ein Epsilon einsteht) und folglich die Abhängigkeitsverknüpfung zu der Wahl von $n$ fehlen vollständig: Eine Entscheidung zu Gunsten eines *streng* definierten Konvergenzbegriffes ist dadurch *per se* unmöglich. Cauchy bringt mit

[28] Nikolaus von Oresme (1330-1382) war ein französischer Bischof und ein bedeutender Naturwissenschaftler des 14. Jahrhundert. Sein Beweis in der dort angeführten lateinischen Quellen ist allerdings nur ein verbaler Beweis ohne die Benutzung von Symbolik.

dieser letzten Überlegung seinen Beweis zu Ende: „Die Zunahme der Funktion $s$ wird demnach nur eine unendlich kleine Zahlgrösse sein können" (Itzigsohn 1885, 90). So folgt die Behauptung seines Theorems.[29] In seiner ursprünglichen Form wurde dieser Satz wie nachstehend vorgetragen:

> *Lorsque les différents termes de la série*
>
> (1) $u_0, u_1, u_2, \ldots, u_n, u_{n+1}, \ldots$
>
> *sont des fonctions d'une même variable $x$, continues par rapport à cette variable, dans le voisinage d'une valeur particulière pour laquelle la série est convergente, la somme $s$ de la série est aussi, dans le voisinage de cette valeur particulière, fonction continue de $x$.*

**Abbildung 1:** Das erste Summentheorem von Cauchy. Quelle: Cauchy 1853.

Die Übersetzer Bradley und Sandifer kommentieren den kontrovers diskutierten Satz, ohne neue Denkanstöße zu liefern, mit der obligatorisch gewordenen Einschätzung, die Richtigkeit des Theorems könne wiederhergestellt werden, setze man den Begriff der gleichmäßigen Konvergenz voraus: „If we impose the additional condition of uniform convergence on the functions $s_n$, then it does hold. This theorem is controversial. Some have argued that Cauchy really had uniform convergence in mind" (2009, 90).[30]

Die darauffolgenden Theoreme dieses Paragraphen sind unter den folgenden, heute gebräuchlichen Namen zum Grundstoff der Reihenlehre geworden: Das Wurzel- und Quotientenkriterium, der *Logarithmic Convergence Test* und das Kriterium für alternierende Reihen.

### *2.4.3 Die binomische Erweiterung*

Wie U. Bottazzini (1986) in seiner Einleitung zum *Cours* schreibt, führt Cauchy zur Anwendung seines Summentheorems drei Problemstellungen ein, von denen das erste die Reihenentwicklungen des Terms $(1+x)^{\mu}$ liefern soll und zum Ergebnis des binomischen Lehrsatzes führt. Seine Anwendungen seien für Cauchy ein Grundpfeiler der reellen Analysis, d. h. „from this point of view one can better understand the role of the concepts Cauchy introduced all along his *Cours*" (Bottazzini). Isaac Newton erweiterte das binomische Theorem, das bereits für natürliche Zahlen $m$ bekannt war, auf rationale Zahlen:

$$(1+x)^m = 1 + \frac{m}{1}x + m\frac{(m-1)}{1 \cdot 2}x^2 + \cdots.$$

[29] In der Übersetzung von Bradley und Sandifer lautet der Satz: „*When the various terms of series* (1) $[u_0 + u_1 + \cdots + u_{n-1} + u_n + \cdots]$ *are functions of the same variable $x$, continuous with respect to this variable in the neighborhood of a particular value for which the series converges, the sum $s$ of the series is also a continuous function of $x$ in the neighborhood of this particular value*" (S. 90).

[30] Arsac kritisiert an Cauchys Beweis die fehlende Notation für Variablen und Ungleichungen. Als Schwierigkeit sieht er auch dessen „notion de limite associée", der die nötige mathematische Strenge vermissen lässt (Arsac 2013, 64). Damit entzieht Arsac ihm aus moderner Sicht die Grundlagen für die Kenntnis einer spezielleren Konvergenzform wie die der gleichmäßigen Konvergenz.

Seither hat man versucht die Gültigkeit für beliebige (reelle bis komplexe) Koeffizienten $\mu$ zu zeigen. Cauchy will dieses Ergebnis für reelle Größen $\mu$ weiterentwickeln: Die allgemeine Folge 1, $\frac{\mu}{1}x$, $\mu\frac{(\mu-1)}{1\cdot 2}x^2$, $\cdots$ ist für $x$-Werte zwischen $-1$ und $+1$ konvergent, so Cauchy. Als Anwendung seines Summentheorems (die Folgenglieder sind stetig in $\mu$) ist die Funktion $\varphi(\mu) = 1 + \frac{\mu}{1}x + \mu\frac{(\mu-1)}{1\cdot 2}x^2 + \cdots$stetig in $\mu$, und zwar zwischen beliebigen Grenzen von $\mu$. Nach einem früheren Theorem findet Cauchy für diese Summe die Eigenschaft $\varphi(\mu)\cdot\varphi(\mu') = \varphi(\mu+\mu')$ (Itzigsohn 1885, 109). Des Weiteren gilt $\varphi(1) = 1 + x$. Zusammen ergibt sich dann $\varphi(\mu) = \varphi(1)^\mu = (1+x)^\mu$ (ibid., 113). Für diesen Beweis des binomischen Lehrsatzes ist also der Gebrauch des problematischen Summentheorems zentral.

### *2.4.4 Mehrfachen Grenzwertprozessen bei Cauchy*

In der bisherigen Literatur ging man davon aus, Cauchy habe mehrfache Limesbildung bereits berücksichtigt und in moderner Weise mathemtisch streng behandelt. Das folgende Beispiel zeigt jedoch, dass diese Behauptung nicht zutreffend ist und Cauchy offenbar keine explizite Auseinandersetzung mit dieser für die Anwendung der gleichmäßigen Konvergenz so folgenreichen Unterscheidung vornimmt.

Im Jahre 1814 (1825 publ.) untersuchte Cauchy nicht-konvergente Integrale, bei denen die zu integrierenden Funktionen ihre Werte *plötzlich verändern* („d'une maniere brusque“, Cauchy 1814, 404) – sie besitzen, modern gesagt, Singularitäten. Im Abschnitt SUR LA CONVERSION DES INTÉGRALES INDÉFINIES EN INTÉGRALES DÉFINIES löst Cauchy diese Integrale durch den sogenannten *valeur principale*, der heute als Cauchyscher Hauptwert oder *Cauchy principal value* bezeichnet wird. Es ist ein gängiges Verfahren, einem divergenten Integral einen Wert durch Limesbildung zuzuordnen. In einer modernen Fassung mit $Z$ als die einzige Singulaität einer Funktion in dem betrachteten Intervall, bezeichnet dieser Begriff folgenden Grenzwert:

$$\mathcal{P}\int_{b'}^{b''} \varphi'(z)dz = \lim_{\xi\to 0+}\left(\int_{b'}^{Z-\xi} \varphi'(z)dz + \int_{Z+\xi}^{b''} \varphi'(z)dz\right).^{31}$$

Cauchy definiert die rechte Seite allerdings ohne eine entsprechende Limesnotation und schreibt stattdessen $\varphi(b'') - \varphi(b') - \Delta$. Der Grenzwertprozess verbirgt sich hinter der Größe $\Delta$; sie ist gleich $\varphi(Z+\zeta) - \varphi(Z-\zeta)$, wobei $\zeta$ als beliebig klein angenommen wird (ibid., 403; existieren im Integrationsbereich weitere Größen $Z', Z''$, ..., so muss der obige Term um entsprechende $\Delta'$, $\Delta''$, ... verringert werden).

Mit dieser Methode stellt Cauchy fest, dass der *valeur principale* von $\int_{-2}^{+4}\frac{dz}{z}$ und das bestimmte Integral $\int_{+2}^{+4}\frac{dz}{z}$ beide gleich $\ln 2$ sind und $\int_{-2}^{+2}\frac{dz}{z}$ folglich verschwinden muss (ibid., 405). Wenn wir das obige Integrationsintervall $[-2; 4]$ zu $[-a; 2a]$ verallgemeinern, erhalten wir folgenden *valeur principale* in der von Cauchy angegebenen Art:

---

31 Die „$\mathcal{P}$“-Notation ist eine von mehreren, gebräuchlichen Schreibweisen für den *Cauchy principal value*.

$$\int_{-a}^{+2a} \frac{dz}{z} = \ln(2a) - \ln(-a) - \Delta.$$

Die reche Seite ist nur dann definiert und gleich ln 2, wenn man zuerst $\xi$ unendlich klein werden lässt, bevor $a$ unendlich groß wird. Umgekehrt gilt $\int_{-a}^{+2a} \frac{dz}{z} \approx \int_{-a}^{+a} \frac{dz}{z} = 0$. Zu dem Ergebnis, dass die Vertauschung der Grenzwertprozesse nicht erlaubt ist, gelangt Cauchy nicht, obwohl er in (ibid., 405) bereits den entscheidenen Schritt geleistet hat.

## 2.5 Probleme der Modernisierung

### *2.5.1 Hat Cauchy absolute Konvergenz eingeführt?*

Im Abschnitt *Des Séries qui renferment des termes positifs et des termes négatifs* des sechsten Kapitels findet man den folgenden Satz, der zum Ausgangpunkt der Interpretation gemacht wird, Cauchy habe absolute Konvergenz in seinem Lehrbuch *Cours d'analyse* eingeführt:

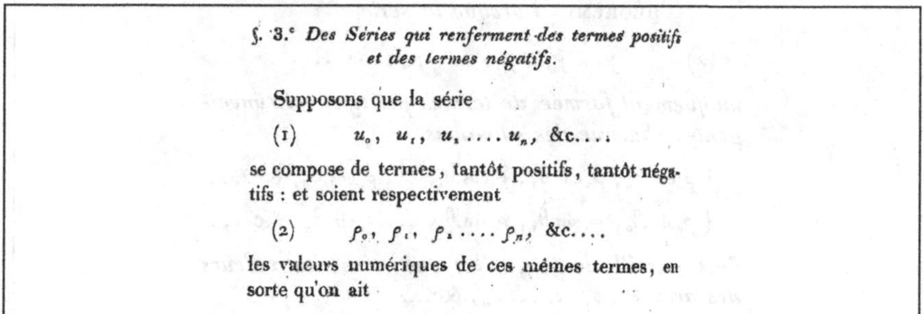

§. 3.$^e$ *Des Séries qui renferment des termes positifs et des termes négatifs.*

Supposons que la série

(1) $u_0,\ u_1,\ u_2 \ldots . u_n,$ &c....

se compose de termes, tantôt positifs, tantôt négatifs : et soient respectivement

(2) $\rho_0,\ \rho_1,\ \rho_2 \ldots . \rho_n,$ &c....

les valeurs numériques de ces mêmes termes, en sorte qu'on ait

$u_0 = \pm\rho_0,\ u_1 = \pm\rho_1,\ u_2 = \pm\rho_2, \ldots u_n = \pm\rho_n,$ &c...

La valeur numérique de la somme

$u_0 + u_1 + u_2 + \ldots + u_{n-1}$

ne pouvant jamais surpasser

$\rho_0 + \rho_1 + \rho_2 + \ldots . + \rho_{n-1},$

il en résulte que la convergence de la série (2) entrainera toujours celle de la série (1). On doit ajouter que la série (1) sera divergente, si quelques termes de la série (2) finissent par croitre au-delà de toute

**Abbildung 2:** Der *valeur numérique* einer Summe (Bottazzini 1992, 142).

Es lassen sich hier zwei Resultate erkennen. Zum einen, dass der numerische Wert der Reihe $u_0 + u_1 + u_2 + \cdots$ niemals die Summe der Reihe $\rho_0 + \rho_1 + \rho_2 + \cdots$ übersteigt, und zum anderen und als Konsequenz, dass die Konvergenz der letzten die der ersten Reihe nach sich zieht.

Die Übersetzer Bradley und Sandifer bemerken dazu, dass Cauchy, ohne absolute Konvergenz zu besitzen, aus dieser die „normale" Konvergenz folgert („Cauchy does not define absolute convergence, but has essentially shown here that absolute convergence implies con-

vergence“, S. 97). Diese Auslegung ist aus moderner Sicht richtig und mit der Definition der absoluten Konvergenz vereinbar.
Aus mathematikhistorischer Sicht existiert die Eigenschaft der absoluten Konvergenz aber hier nur in der Vorstellung der Übersetzer und deren Auslegung der Cauchy‘schen Arithmetik: Denn es gilt $u_j = \pm\rho_j \leq \rho_j$ im Kontext der Reihenlehre; um absolute Konvergenz nachweisen zu können, müsste in Cauchys Mathematik eine Unterscheidung zwischen verschiedenen Konvergenzformen getroffen worden sein. Dies ist aber nicht Fall und so ist eine Abgrenzung zur „normalen“ Konvergenz im Rahmen der Cauchy‘schen Begriffsbildung nicht möglich.

Ebenso existierte keine moderne Notation für absolute Konvergenz: Der Absolutbetrag war keine von Cauchy angewandte Symbolik und sie war allein wegen der Unterscheidung Cauchys zwischen Zahlen (*nombres*) und Größen (*quantités*) nicht erforderlich. Dessen ungeachtet sprechen Bradley und Sandifer von Cauchys Notation der absoluten Konvergenz. Dies geschieht explizit in der Kommentierung des folgenden Theorems:

> 4.e Théorème. *Lorsque la série*
>
> (2) $\rho_0,\ \rho_1,\ \rho_2,\ \ldots\ \rho_n,$ &c....,
>
> ***uniquement formée de termes positifs, est convergente, chacune des suivantes***
>
> $$(5)\begin{cases}\rho_0\cos.\theta_0,\ \rho_1\cos.\theta_1,\ \rho_2\cos.\theta_2,\ \ldots\ \rho_n\cos.\theta_n,\ \&c...,\\ \rho_0\sin.\theta_0,\ \rho_1\sin.\theta_1,\ \rho_2\sin.\theta_2,\ \ldots\ \rho_n\sin.\theta_n,\ \&c....\end{cases}$$
>
> ***l'est pareillement, quelles que soient les valeurs des arcs*** $\theta_0,\ \theta_1,\ \theta_2\ \ldots\ \theta_n,$ &c....

**Abbildung 3:** Ein Konvergenzkriterium für unendliche Reihen (Cauchy 1821, 146).

Die Konvergenz der Reihe der positiven Ausdrücke $\rho_0,\ \rho_1, \ldots, \rho_{n-1},\ \rho_n, \ldots$ führt zu der Konvergenz der Reihe $\rho_0\cos(\theta_0) + \rho_1\cos(\theta_1) + \cdots + \rho_{n-1}\cos(\theta_{n-1}) + \cdots$ . – „This is another implicit application of the Comparison Test and Cauchy’s notion of absolute convergence“ (S. 99).[32] Auch hier liegt nicht der Gebrauch der absoluten Konvergenz vor. Cauchy arbeitet hier auf der Basis seines Zahlbegriffes und der Unterscheidung zwischen Zahlen und Größen.

### *2.5.2 Gibt es den Limes superior in Cauchys Konvergenzkriterien?*

Im Sinne des modernen Quotientenkriteriums stellt Cauchy für Reihen mit Gliedern $u_n$ die folgende Konvergenzbedingung auf: Existiert der Grenzwert von $\frac{u_{n+1}}{u_n}$ für unendlich große $n$-Werte betrachtet, so entscheiden die Fälle „< 1“ oder „> 1“ über die Konvergenz der Reihe $\sum u_n$.

Im letzten Paragraphen (Des Séries Ordonnées Suivant Les Puissances Ascendantes Et Entières D‘Une Variable) überträgt er diese Idee auf Potenzreihen wie $a_0,\ a_1x,$

[32] Der sog. „Comparison Test“ ist ein weiteres Mittel zur Entscheidung, ob eine unendliche Reihe konvergiert oder nicht. Cauchy benennt diese Methode nicht und verwendet sie, wie Bradley und Sandifer auch anmerken, meist implizit. Das Verfahren ist heute unter dem Namen „Majorantenkriterium“ bekannt.

$a_2x^2, \ldots, a_nx^n, \ldots$ . Bradley und Sandifer schlagen als konfliktfreie Übersetzung den Ausdruck lim $\frac{a_{n+1}}{a_n}$ für den von Cauchy verbal eingeführten Grenzwert $A$ vor und behaupten darüber hinaus:

> „[…] his statements of theorems I and II below and the discussion in between suggest that he means $A = \limsup \sqrt[n]{|a_n|}$" (Bradley-Sandifer 2009, 102, FN 23).[33]

Cauchy bezeichnet mit $A$ den Limes der $n$-ten Wurzel aus dem betragsmäßig *größten* $a_n$ für fortlaufende Werte von $n$, so dass die entsprechende Potenzreihe für $x$-Werte zwischen $\pm\frac{1}{A}$ konvergiert. Auf dieser Grundlage entstand später der Begriff des Konvergenzradius, den Cauchy in einem Manuskript der beiden Mathematiker C. Briot und J.-C. Bouquet kennenlernte (1853). Kurze Zeit später und vermutlich als Reaktion hierauf formulierte Cauchy die Revision seines ursprünglichen Summentheorems. Hierüber wird im weiteren Verlauf noch zu sprechen sein.

> **Par suite, la série (1) sera convergente, si cette valeur numérique est inférieure à l'unité, c'est-à-dire, en d'autres termes, si la valeur numérique de la variable $x$ est inférieure à $\frac{1}{A}$. Au contraire, la série (1) sera divergente, si la valeur numérique de $x$ surpasse $\frac{1}{A}$. On peut donc énoncer la proposition suivante.**
>
> **1.er THÉORÈME.** ***Soit $A$ la limite vers laquelle converge, pour des valeurs croissantes de $n$, la racine $n$.me des plus grandes valeurs numériques de $a_n$. La série (1) sera convergente pour toutes les valeurs de $x$ comprises entre les limites***
>
> $$x = -\frac{1}{A}, \quad x = +\frac{1}{A},$$
>
> ***et divergente pour toutes les valeurs de $x$ situées hors des mêmes limites.***

**Abbildung 4:** Ein THÉORÈME über die Konvergenz von Potenzreihen (Cauchy 1821, 151).

Cauchy bezieht sich in Abbildung 4 auf die Reihe von $a_0 + a_1x + a_2x^2 + \cdots$. Er ist aber nicht ausreichend explizit, wenn er den Term $A$ beschreibt, und ein Beweis für THÉORÈME I wird nicht geliefert. Stattdessen gibt er Anwendungsbeispiele in der Gestalt von Korollar I und II. In Abbildung 5 erkennt man, dass Cauchy den Grenzwert $A$ für die Reihen von $(n+1)x^n$ und $\frac{x^n}{n}$ angibt. Die Folgen $1 + \frac{1}{n+1}$ und $\frac{1}{1+\frac{1}{n}}$ besitzen aber nur einen Häufungspunkt. Der *Limes superior* und der Grenzwert sind in beiden Fällen identisch. Damit bleibt unklar, ob Cauchy eine begriffliche Abgrenzung zum modernen *Limes superior* vorgenommen hat. Die Formulierung „… *des plus grandes* …" kann also nicht in dieser Weise interpretiert werden. Der von Bradley und Sandifer angeregte Vergleich kann durch das Original nicht belegt werden, sondern entsteht durch den Prozess der weit ausgelegten Modernisierung

[33] Cauchy benutzte das Wurzelzeichen. Es wird in einem Unterabschnitt der *Notes I* des *Cours d'analyse* für Zahlen eingeführt (PUISSANCES ET RACINES DES NOMBRES), s. Bottazini 1992, 414 ff.

allein in der Vorstellung der Übersetzer – durch den Abgleich mit den heute bekannten und modernen Formen.

*Corollaire 1.''* Prenons pour exemple la série

$$(3) \qquad 1,\ 2x,\ 3x^2,\ 4x^3, \ldots (n+1)x^n, \text{\&c...}$$

Comme on trouvera dans cette hypothèse

$$\frac{a_{n+1}}{a_n} = \frac{n+2}{n+1} = 1 + \frac{1}{n+1},$$

et par suite,

$$A = 1,$$

on en conclura que la série (3) est convergente pour toutes les valeurs de $x$ renfermées entre les limites

$$x = -1, \quad x = +1,$$

et divergente pour les valeurs de $x$ situées hors de ces limites.

*Corollaire 2.'* Prenons pour second exemple la série

$$(4) \qquad \frac{x}{1},\ \frac{x^2}{2},\ \frac{x^3}{3}, \ldots \frac{x^n}{n}, \text{\&c....}$$

dans laquelle le terme constant est censé réduit à zéro. On trouvera dans cette hypothèse

$$\frac{a_{n+1}}{a_n} = \frac{n}{n+1} = \frac{1}{1+\frac{1}{n}},$$

et par suite $A = 1$. La série (4) sera donc encore convergente ou divergente, suivant que la valeur numérique de $x$ sera inférieure ou supérieure à l'unité.

**Abbildung 5:** Zwei Korollare zu Potenzreihen (Cauchy 1821, 152 f.).

Die bekannten Resultate über Potenzreihen und Konvergenzradien werden ohne Rücksicht auf den tatsächlichen Entwicklungsstand und die historische Authentizität auf Cauchys Ergebnisse projiziert. Dies ist die Folge eines noch immer nachwirkenden Zerrbildes von der mathematischen Strenge bei Cauchy.

## 2.6 Cauchy und die Etablierung der Strenge in der Mathematik

Die unverhältnismäßige Modernisierung ist eng mit dem Aspekt der mathematischen Strenge verbunden. Modern interpretiert wird vor allem das, was an einem zu hoch angesetzten Strenge-Niveau gemessen wird. Dies ist auch bei Cauchys Arbeiten der Fall und in den zum Teil fehlgeschlagenen Modernisierungsversuchen durch Bradley und Sandifer sichtbar. Hierbei wird auch angenommen, dass Cauchy dem Anspruch allgemein gültiger Begriffsbildung gerecht wird. Ein Kriterium mathematischer Strenge muss also auch sein, über die Grenzen einzelner Werke hinaus, für eine *community* allgemein anerkannte und etablierte Lösungen und Begriffe zu liefern. So sollte am Beispiel allgemeiner Grundlagen ein Konsens darüber bestehen, was eine *Zahl* oder was eine *Funktion* ist. Cauchy führte jedoch auch Begriffe ein, die von der *community* nicht aufgegriffen und von anderen Mathematikern nicht weiterentwickelt wurden.

## 2.7 Über einige Voraussetzungen und Konventionen bei Cauchy

Der Zahlbegriff unterliegt bei Cauchy beispielsweise einer besonderen und einzigartigen Unterscheidung in *numbers*, die stets durch Großbuchstaben bezeichnet sind, und *quantities*, deren Vertreter durch Kleinbuchstaben repräsentiert werden. Letztere unterscheiden sich noch von den *numerical values (valeurs numériques)*, die die vorzeichenlosen (positiven) Größen umfassen und die zur Interpretation des Absolutbetrags angeregt haben. Diese für Cauchy sehr wichtige Unterscheidung zwischen Zahlen und Größen tritt an vielen Stellen des *Cours d'analyse* in Erscheinung. In den abschließenden Bemerkungen zum *Cours* (den *Notes I*) wird sie meist dahingehend benutzt, jeweilige Regeln der Arithmetik für allgemeine Größen aufzustellen. Für die Potenzrechnung schreibt er anfangs $A^B$ und verallgemeinert diese Operation für Größen $a^n$, so dass nicht nur *numbers* erlaubt sind (PUISSANCES ET RACINES RÉELLES DES QUANTITÉS, Bottazini 1992, 417 ff.).

Cauchy entwickelte zur Kennzeichnung mehrdeutiger Rechenergebnisse eine besondere Klammerschreibweise, die man nur in seinen Arbeiten findet und die als solche kein Bestandteil der neueren Analysis geworden ist. Für das positive und negative Ergebnis der Quadratwurzel schreibt Cauchy $((a))^{\frac{1}{2}}$. Die doppelten Klammern finden sich auch an weiteren Stellen, an denen nicht-eindeutige Ergebnisse erwarten werden. So beinhaltet der Ausdruck *l((B))* für den Logarithmus von *B* auch alle imaginären Werte derselben Größe (Itzigsohn 1885, 7).[34] Wie Cauchy diese Schreibweise für Grenzwerte einsetzt, zeigt

$$\lim\left(\left(\frac{1}{x}\right)\right).$$

Hier verbirgt sich der Limes für alle betragsmäßigen reellen Werten von $x$:

$$\lim_{\pm x\to 0}\frac{1}{x}=\pm\infty.^{35}$$

Allerdings erschwert diese Terminologie für komplexere Ausdrücke die Verständlichkeit. Intuitiv ist die Bedeutung von $((a))^{\frac{1}{2}}$ noch verständlich, aber für den Einsatz bei Grenzprozessen wäre die Angabe der Laufvariable hilfreich. Diese fehlende Klarheit beobachtet man dann, wenn Cauchy Grenzwerte erläutert:

> „[...] während der Ausdruck [...] $\lim((\sin\frac{1}{x}))$ unendlich viele, zwischen $-1$ und $+1$ liegende Werte hat" (Itzigsohn 1885, 9).

Des Weiteren entwickelt er eine Schreibweise für Mittelwerte, so dass ein Ergebnis, wie das obige, durch die Gleichung

$$\lim.\left(\left(\sin.\frac{1}{x}\right)\right)=M((-1,+1))$$

ausgedrückt werden kann (Itzigsohn 1885, 12; vgl. Cauchy 1821, 18).

In (Spalt 2002, 311) wird diese Doppelklammer-Schreibweise als Ausdruck des Cauchy'schen ausgedehnten Funktionsbegriffes angesehen (s. Kapitel 4). Entgegen dieser Interpretation scheint Cauchy diese Schreibweise aber in erster Linie zu Abkürzungszwecken (wie oben beschrieben) anzuwenden. Die Übersetzer Bradley und Sandifer bemerken in diesem Zusammenhang die fehlende Unterscheidung Cauchys zwischen offenen und geschlossenen Intervallen. Hier werden zum Beispiel die Grenzwerte $\pm 1$ eingeschlossen, was Bradley und Sandifer richtigerweise ansprechen. Das mangelnde Bewusstsein für die Differenzierung der Intervallgrenzen wirkt noch bei Cauchys zweitem Summentheorem (1853) nach. Es ist

[34] Cauchy benutzt das Wort *imaginaire* nicht nur im heutigen Sinne für komplexe Zahlen ohne Realteil, sondern auch allgemein für komplexe Zahlen.

[35] An dieser Stelle wurde in der englischen Übersetzung zu stark modernisiert: Eine Limes-Schreibweise mit Kennzeichnung des Laufindex war kein Element der Cauchy'schen Notation. Der Zusatz $\pm x \to 0$ wird durch Cauchys Vorbemerkung motiviert: „Um dies recht anschaulich zu machen, wollen wir voraussetzen, eine positive oder negative Veränderliche, die werde mit $x$ bezeichnet – convergire gegen die Grenze 0 [...]" (Itzigsohn 1885, 9).

nur aus dem Kontext der Argumentation eindeutig feststellbar, welchen Zweck die Doppelklammer erfüllt. Es sind also mehr Informationen nötig, um die Eindeutigkeit dieser Schreibweise zu erzielen. Bei komplexeren Termen wird schnell unklar, welche verschiedenen Resultate intendiert sind und wodurch sie erzeugt werden. Durch diese von Cauchy entwickelten Begriffe wird der Zweifel an einer konsequenten Umsetzung der mathematischen Strenge bestärkt.

## 2.8 Cauchys neues Summentheorem

Cauchy behielt sein Summentheorem von 1821 nachweislich in weiteren Lehrbüchern bei. So macht Grattan-Guinness (1986) auf die Arbeit *Résumés analytiques* (1833) aufmerksam, in der das fehlerhafte Theorem unverändert und als „7.ᵉ Théorème" des sechsten Kapitels (DES SÉRIES CONVERGENTES ET DIVERGENTES, ET, EN PARTICULIER DE CELLES QUI REPRÉSENTENT LES DÉVELOPPEMENTS DES PUISSANCES ENTIÈRES ET NÉGATIVES D'UN BINÔME) aufgeführt wird:

> „Lorsque, les termes de la série (1) renfermant une certaine variable $x$, cette série est convergente et ses différents termes fonctions continues de $x$ dans le voisinage d'une valeur particulière attribuée à cette variable; la somme $s_n$ des $n$ premiers termes, le reste $r_n$ et la somme $s$ de la série sont encore trois fonctions de la variable $x$, dont la premiere est évidemment continue par rapport à $x$ dans le voisinage de la valeur particulière dont il s'agit. Celà posé, considérons les accroissements que reçoivent ces trois fonctions, lorsqu'on fait croître $x$ d'une quantité infiniment petite. L'accroissement de $s_n$ sera, pour toutes les valeurs possibles de $n$, une quantité infiniment petite, et celui de $r_n$ deviendra insensible en même temps que $r_n$ si l'on attribue à $n$ une valeur très-considérable. Par suite l'accroissement de la fonction s ne pourra être qu'une quantité infiniment petite. De cette remarque on déduit immédiatement la proposition suivante.
>
> 7.ᵉ Théorême. *Lorsque les différents termes de la série (1) sont des fonctions d'une variable $x$, continues par rapport a cette variable dans le voisinage d'une valeur particulière pour laquelle la série est convergents; la somme $s$ de la série est aussi, dans le voisinage de cette valeur particulière, fonction continue de $x$.*" (Cauchy 1833, 46)

Cauchy unternahm auch in den folgenden Jahren keine nachweisbaren Anstrengungen seinen Satz bezüglich den Auswirkungen der Fourier-Reihen abzugleichen, welche die Richtigkeit seines Theorems in dieser Form nicht bestätigt hätten.[36]

Erst im Jahre 1853 kehrte Cauchy zu seinem Theorem zurück und erkannte die Gegenbeispiele der konvergenten Reihen mit Unstetigkeitsstellen an.[37] Als Hinweis darauf, dass im Zeitraum von 1821 bis 1853 keine konzeptionellen Neuerungen zur Gleichmäßigkeit eingeführt wurden, dient das Lehrbuch von Louis Navier (1785-1836)[38] aus den Jahren 1840/41. Hier wird gewöhnliche Reihenkonvergenz zweckmäßig für die Reihenentwicklung mittels Taylor-Formel eingeführt. Ansätze für gleichmäßige Konvergenz sind dagegen nicht zu erkennen. Eine weitere Formulierung, die bei der Behandlung der Reihendarstellungen von $\sin x$ und $\cos x$ auftritt, ist: „Die Reihen sind beständig convergent [...]" (Navier 1849, 114),

---

36 Freudenthal (1971, 137) zufolge, hat Cauchy die Gegenbeispiele von Fourier gekannt und Bottazzini stellte auf dieser Basis die These auf: „Cauchy *did not consider them as proper counterexamples to his theorem*" (1992, LXXXVI).

37 Für die zwischenzeitlichen, durch andere Forscher angeregten Entwicklungen bis 1853 siehe Kapitel 5.

38 *Résumé des leçons d'analyse données à l'Ecole polytechnique.*

das im französischen Original „toujours convergentes" lautet und eine überall eintretende, gewöhnliche Konvergenz bezeichnet.

Der Herausgeber der deutschen Übersetzung (publ. 1848), Theodor Wittstein, schreibt über die Verwendung des Buches im Lehrbetrieb: „wie man vermuthen darf, dient das Werk noch jetzt den betreffenden Vorlesungen an der polytechnischen Schule zu Paris zur Grundlage."

Cauchys neues Theorem zeichnet sich vor allem durch folgende, viel zitierte neue Eigenschaft der Partialsummen $s_n$ und $s_{n'}$ aus, die modern formuliert lautet: $|s_{n'} - s_n|$ ist stets unendlich klein für unendlich große $n' > n$. Wie Grattan-Guinness bemerkt, liegt das wichtige Detail in der Formulierung „stets unendlich", welches modern und mit Indexschreibweise (siehe Dirksen) durch den Ausdruck $|s_{n'}(x) - s_n(x)| < \varepsilon$ für alle $x$ dargestellt werden kann.

Die Mathematikgeschichte hat sich fast ausschließlich mit der Bedingung des unendlich kleiner werdenden Betrages $|s_{n'} - s_n|$ beschäftigt und damit eine zweite Veränderung übergangen. Die Abbildung 6 zeigt das französische Original von Cauchys Theorem.

Théorème I. — *Si les différents termes de la série*

(1) $u_0,\ u_1,\ u_2,\ \ldots,\ u_n,\ u_{n+1},\ \ldots$

*sont des fonctions de la variable réelle $x$, continues, par rapport à cette variable, entre des limites données; si, d'ailleurs, la somme*

(3) $u_n + u_{n+1} + \ldots + u_{n'-1}$

*devient toujours infiniment petite pour des valeurs infiniment grandes des nombres entiers $n$ et $n' > n$, la série (1) sera convergente, et la somme $s$ de la série (1) sera, entre les limites données, fonction continue de la variable $x$.*

**Abbildung 6:** Cauchys späteres Summentheorem (Cauchy 1853).

Die Stetigkeit der Terme $u_i$ und die der Summe ist nicht länger auf die Nachbarschaft eines bestimmten Punktes (*dans le voisinage d'une valeur particulière*) beschränkt, sondern nun in einem Intervall (*entre des limites données*) gültig. Cauchys Motivation für die Aufstellung eines zweiten Summentheorem sei (nach Grattan-Guinness, 1986) durch den Schweden E. G. Björling geweckt worden. Er ist tatsächlich der einzige, der direkt auf Cauchys Theorem von 1853 reagiert. Sein eigenes Theorem rückt ebenso wie Cauchy 1853 den Aspekt des Intervalls als Definitions- und Konvergenzbereich erstmalig in den Vordergrund und geht insofern noch über Cauchy hinaus, als dass er explizit von einem abgeschlossenen Intervall spricht (siehe Kapitel 5).

### *2.8.1 Der Beweis*

Wie schon im Falle des Theorems von 1821 gibt Cauchy einen Beweis, der weitgehend auf Symbolsprache verzichtet. Der nachstehende, vollständig wiedergegebene Beweis ist eine Transkription des französischen Originals.

„[32] Im Sinne der Definition in meiner *Analyse algébrique*, und wie sie heute benutzt ist, ist eine Funktion $u$ einer reellen Variable $x$ *stetig* zwischen zwei gegebenen Grenzen von $x$, wenn diese Funktion, die für jeden dazwischenliegenden Wert von $x$ einen eindeutigen und endlichen Wert annimmt, ein unendlich kleiner Zuwachs der Variable, zwischen den gegebenen Grenzen, immer einen unendlich kleinen Zuwachs der Funktion selbst bewirkt. Vorausgesetzt, wir nehmen an, dass die Reihe (1) [d. h. $u_0, u_1, u_2, \ldots, u_n, u_{n+1}, \ldots$] konvergent bleibt und dass ihre verschiedenen Terme stetige Funktionen einer reellen Variable $x$ seien, für alle Werte von $x$, die zwischen bestimmten Grenzen enthalten sind. Es seien nun

$s$ die Summe der Reihe;

$s_n$ die Summe ihrer $n$ ersten Glieder;

$r_n = s - s_n = u_n + u_{n+1} + \cdots$ ab dem allgemeinen Term $u_n$ der unbegrenzt fortgesetzten Reihe.

Wenn man ein ganzzahliges $n'$ größer als $n$ angibt, so wird der Rest $r_n$ nichts anderes werden als der Grenzwert, gegen den die Differenz

(3) $$s_{n'} - s_n = u_n + u_{n+1} + \cdots + u_{n'-1}$$

für wachsende Werte von $n'$ konvergiert. Nehmen wir jetzt an, dass man, wenn man für alle $x$-Werte zwischen den gegebenen Grenzen, der Modul des Ausdrucks (3), wie groß auch immer $n'$ sein mag, und daher auch der Modul von $r_n$, beide kleiner machen kann als eine Zahl $\varepsilon$, weil ein Zuwachs, den $x$ erfährt, außerdem so nahe an Null angenommen werden kann, dass der entsprechende Zuwachs von $s_n$, der einen Modul liefert, der kleiner ist als eine beliebig kleine Zahl, ist es klar, dass es ausreicht, der Zahl $n$ einen unendlich großen Wert und dem Zuwachs von $x$ ein unendlich kleinen Wert zuzuweisen, um die Stetigkeit der Funktion

$$s = s_n + r_n$$

zwischen den gegebenen Grenzen zu beweisen. [33] Aber dieser Beweis setzt natürlich voraus, dass der Ausdruck (3) [d. h. $s_{n'} - s_n = u_n + u_{n+1} + \cdots + u_{n'-1}$] die oben formulierte Bedingung erfüllt, das heißt also, dass dieser Ausdruck unendlich klein wird für einen unendlich großen Wert der ganzen Zahl $n$. Übrigens, wenn diese Bedingung erfüllt ist, ist die Reihe (1) [d.h. $u_0, u_1, u_2, \ldots, u_n, u_{n+1}, \ldots$] konvergent" (Cauchy 1853, 32 f.).[39]

Hiermit endet der Beweis, der von Cauchy gewissermaßen als Anleitung gegeben wird; der Beweis der Stetigkeit von $s$ soll nach dem Gesagten schnell (durch den Leser) gefolgert werden können. Die neue Eigenschaft der Reihe $s_{n'} - s_n$ wird dahingehend eingebracht, dass die Abschätzung $|s_{n'} - s_n| < \varepsilon$ bzw. $|r_n| < \varepsilon$ für unendlich große $n'$ für alle $x$-Werte des Definitionsbereichs erfüllt sein soll. Folglich wird $s_{n'} - s_n$ für sämtliche Werte des Definitionsbereiches nummerisch kleiner als $\varepsilon$, was zwei Neuentwicklungen in der mathematischen Strenge Cauchys offenlegt, die Formalisierung „$< \varepsilon$" für das vorgabemäßige Kleiner-Werden eines Wertes und die (noch nicht symbolische) Einbeziehung des Definitionsbereichs (*limites données*).

### 2.8.2 *Auf dem Weg zur gleichmäßigen Konvergenz*

In der Mathematikgeschichte wird mehrfach auf den innovativen Charakter der Bedingung „$|s_{n'} - s_n|$ ist stets unendlich klein für unendlich große $n' > n$" verwiesen, der man den Beginn der Notation der gleichmäßigen Konvergenz zuschreibt. Dies ist insofern richtig, als dass Cauchy hier bereits einige Ansätze der gleichmäßigen Konvergenz, wie sie sich später etab-

[39] Ich danke Gert Schubring für die Unterstützung bei meiner Übersetzung dieser Passage.

lieren wird, einführt. Die korrekte Auflösung der Abhängigkeiten zwischen den Größen $\varepsilon$, $x$ und $n$ findet aber nach wie vor nicht statt.

Die Behauptung, Cauchy habe den Weg für die Begriffsentwicklung der gleichmäßigen Konvergenz geebnet, ist also nur unter Vorbehalt richtig. So gibt es keine Unterscheidung, ob die obige Bedingung für unendliche große $n' > n$ entweder für alle oder nur für unendlich viele solcher Werte eintreten soll.[40]

Die gegenwartsbezogene Interpretation von Mathematikhistorikern sieht meist vor, die Werte von $n$, die sicherlich, ohne einer großen Verfälschung zu unterliegen, als von der zuvor gewählten Größe $\varepsilon$ abhängig gelesen werden können, unabhängig von der Wahl des $x$ zu betrachten. So behauptet Grattan-Guinness (1986, 227), „in modern terms, he affirmed that the convergence of the series had to be uniform over the interval". Die genauere Betrachtung der obigen Transkription führt zu dem Ergebnis, dass diese Unabhängigkeit, die letztlich für den Begriff der gleichmäßigen Konvergenz maßgeblich ist, zwar denkbar, aber im Text nicht belegbar ist.[41]

### *2.8.3 Der Einfluss durch Briot und Bouquet*

Im Abstand von weniger als zwei Wochen reichten die beiden französischen Mathematiker Jean-Claude Bouquet (1819-1885) und Charles Briot (1817-1882) im Februar 1853 zwei Abhandlungen bei der Akademie ein.[42] Für beide Abhandlungen wurden drei Personen als Kommission beauftragt. Diese Akademie-Mitglieder, Joseph Liouville, Jacques Binet und Cauchy selbst, waren auch mit der Beurteilung der Einsendungen beauftragt. Die erste Mitteilung behandelte Potenzreihen einer imaginären Variablen (ein Resümee dieser Abhandlung findet man in Bottazzini 1992, 92). Die zweite eingesendete Arbeit griff ein Theorem Cauchys zur Funktionenentwicklung auf. Zu beiden Arbeiten ist keine Beurteilung von der Kommission abgegeben worden, bekannt waren sie bislang nur durch die Aufnahme einer Kurzfassung in die *Comptes rendus* der Akademie. Auf diese zwei Kurzfassungen stützt Bottazzini seine Auswertung (ibid.).

In der Kurzfassung (*par le extrait*) der ersten Arbeit erscheinen drei neue, als notwendig hervorgehobene Bedingungen zur Rettung des Cauchy'schen Summentheorems von 1821. Sie lauten wie folgt: Die Funktion ist endlich und stetig innerhalb einer Scheibe $B(0, R)$, ihre Funktionswerte sind eindeutig (*single-valued*) und die Ableitung ist eindeutig. Bottazzini zieht hieraus unmissverständlich den Schluss, dass eine direkte Verbindung zwischen der Entstehung des neuen Summentheorems und der Einsendung von Briot und Bouquet bestehe:

> „In fact, Cauchy was quick to recognize the connections between Bouquet's and Briot's remarks and his old theorem on the continuity of the sum of a convergent series of continuous functions [1821] and three weeks later, on March 14, 1853 he presented a *Note* [mit dem Titel ›*Note sur les séries*

[40] Die Auswirkungen einer solchen Trennung hat Hardy (1918) erläutert. Sie werden in Kapitel 5 dargestellt.

[41] Nach Arsac zählt Cauchy mit seinem späteren Summenthorem als Entdecker des Kriteriums der gleichmäßigen Konvergenz. Die Formulierung „pour toutes les valeurs de $x$ comprises entre les limites données" sei ein Ausdruck dieser Bedingung (Arsac 2013, 132), wenn auch Seidel sie später klarer gefasst hat (ibid., 137).

[42] Briot und Bouquet, von Jugend an befreundet, haben ganz parallele berufliche Wege genommen: Erst Mathematiklehrer an verschiedenen *lycées*, wurden sie schließlich Professoren an der Sorbonne und an der *École Normale Supérieure*. Sie haben ihre mathematischen Werke meist gemeinsam publiziert. Obwohl sie wichtige Beiträge zur Analysis enthalten, ist ihr Werk meines Wissens bislang nicht näher untersucht worden.

*convergentes dont les divers termes sont des fonctions continues d'une variable reèlle ou imaginaire, entre des limites données‹*] on this to the Academy“ (1992, 93).

Cauchy verweist selbst in dieser Abhandlung, nach dem Referat seines alten Summentheorems (s. Cauchy 1833, 46), auf die genannten Anmerkungen der beiden Mathematiker.

Die neue Formulierung des Summentheorems erleide nun durch die neue Konvergenzbedingung (vgl. (3) in Abbildung 6) keine weiteren Ausnahmen, so Cauchy: „[…] il est facile de voir comment on doit modifier l'énoncé du théorème, pour qu'il n'y ait plus lieu à aucune exception“ (Cauchy 1853, 31 f.). Den Nachweis, dass Abels Reihe nicht als *exception* eingestuft werden kann, hätte Cauchy gleichzeitig mit seiner Erläuterung erbringen können, dass die unendliche Reihe der Glieder $\frac{\sin(nx)}{n}$ die neu gestellte Voraussetzung im Theorem von 1853 nicht erfüllt: Der Erklärung nach, ist die Restreihe $r_n$ für $x = \frac{1}{n}$ und große $n$ im Wesentlichen auf den Wert des Integrals $\int_1^\infty \frac{\sin(nx)}{n} dx$ zurückzuführen, wogegen die Summe der Reihe nahe der Null in etwa $\int_0^\infty \frac{\sin(nx)}{n} dx = \frac{\pi}{2}$ liefert (ibid., 33-4). Hiermit hat er gezeigt, dass die Summe $r_n - r_{n'} = u_n + u_{n+1} + \cdots + u_{n'-1}$ die in notwendige Eigenschaft für große Werte von $n'$ und $n$ nicht erfüllt.

### 2.8.4 *Ein Resümee des Manuskripts von 1853*

Es ist schwer nachvollziehbar, dass Cauchy durch eine der drei Bedingungen aus dem Briot-Bouquet-Manuskript inspiriert wurde; die neue Konvergenzbedingung in (Cauchy 1853) wurde auf andere Weise motiviert als durch die Einführung des Intervalls im zweiten Summentheorem. Der von Briot und Bouquet neu eingeführte Begriff des Konvergenzkreises könnte Cauchy zu einer Änderung bewegt haben, so dass er *„le voisinage de …*“ (1821) in *„entre données limites*“ (1853) abänderte und damit das *reellwertige Pendant* des Kreises aus der komplexen Ebene wählte.

Bisher zog man in der Mathematikhistoriographie, ohne Recherche nach dem Manuskript, eine bedeutungsvolle Verbindung zu Cauchys Summentheorem (s. Grattan-Guinness). So verkündet der Historiker U. Bottazzini, Cauchy habe sich durch deren Abhandlung für seine Revision des alten Summentheorems, die er als *note* am 14. März 1853 publizierte, inspirieren lassen. Er beruft sich hierbei, wie schon erwähnt, auf eine Kurzfassung des unveröffentlichten Manuskripts. Meine Untersuchung dieses von der Pariser Akademie dankenswerter Weise zur Verfügung gestellten Aufsatzes kann diese These nicht in ausreichender Weise bestätigen. Der Inhalt des *mémoire* von Briot und Bouquet umfasst eine Vielzahl von elementaren Sätzen über konvergente Potenzreihen und führt zusätzlich den zentralen Begriff *„cercle de convergence*“ als Erweiterung des Intervalls in der komplexen Analysis ein. Das zweite Resultat, als Théorème II ausgezeichnet, liefert eine Abel'sche Version des Summentheorems im komplexen Fall (eine Potenzreihen-Version des Summentheorems für unendliche Reihen wurde erstmalig von Abel aufgestellt). Eine Potenzreihe ist in ihrem Konvergenzbereich stetig:

» Théorème II

Une série ordonnée suivant les puissances croissantes de $z$, et convergente jusqu'au module $R$, est une fonction continue de la variable imaginaire $z$ jusqu'à la même limite«[43]

[43] Die Autoren bezeichnen die Reihe mit $f(z) = u_0 + u_1 z + u_2 z^2 + \cdots$.

Dieses Theorem wird vor der eigentlichen Einführung des Konvergenzkreises aufgestellt und verwendet hier noch die Formulierung „convergente jusqu'au module $R$“, d. h. konvergent *auf dem Modul R* (man würde sonst „bis zum Modul“ sagen). Ihre Intention findet sich in unserer heutigen Analysis in der Formulierung wieder, dass eine Reihe für $|z| < R$ konvergiert. Im Folgenden werde ich die Modul-Formulierung von Briot und Bouquet beibehalten.

Cauchys zweites Summentheorem existiert in zwei Versionen, für reelle und imaginäre Größen (THÉORÈME I & II). Im Sinne dieser Unterscheidung kann Cauchys zweites Theorem als direkte Verallgemeinerung des Resultats von Briot-Bouqeut angesehen werden. Aus Potenzreihen werden Reihen stetiger Funktionen. Das Analogon zu THÉORÈME I ist nun

„THÉORÈME II. – *Si les diffèrents termes de la série*

(1) $u_0, \quad u_1, \quad u_2, \quad \ldots, u_n, \quad u_{n+1}, \quad \ldots$

*sont des fonctions de la variable imaginaire z, continues par rapport à cette variable pour diverses valeurs de l'affixe z correspondantes aux divers points d'une aire S renferemée dans un certain contour, si d'ailleurs, pour chacune de ces valeurs, la somme*

$$u_n + u_{n+1} + \cdots + u_{n'}$$

*devient toujours infiniment petite, quand on attribue des valeurs infiniment grandes aux nombres entiers n et n' > n, la série (1) sera convergente, et la somme s de la série sera, entre les limites données, fonction continue de la variable z.*“ (Cauchy 1853, 34 f.).

Zunächst referiere ich Briot und Bouquets Beweis ihres THEORÉMÈ II, der in der von mir rekonstruierten und leicht modernisierten Form wie folgt abläuft: Die Potenzreihe $f(z) = u_0 + u_1 z + u_2 z^2 + \cdots$ wird in der seit (Cauchy 1821) üblichen Unterteilung $f(z) = S_n + r$ betrachtet, wobei $r = u_{n+1} z^{n+1} + u_{n+2} z^{n+2} + \cdots$ ist – Cauchy hat für denselben Zweck analog $r_n$ definiert. Für den Kreis um den Punkt Null mit Radius $R - \varepsilon$ ($\varepsilon > 0$) lässt sich wegen der Konvergenz von $f$ eine ganze Zahl $n$ angeben, so dass der Modul des Restes $r$ kleiner ist als eine vorgegebene Größe $\delta > 0$. Zu einem festen $z$ nehme man ein benachbartes $z'$ innerhalb des Kreises, so dass $r' = u_{n+1} z'^{n+1} + u_{n+2} z'^{n+2} + \cdots$ und letztlich auch $S'_n - S_n$ (auf Grund der Stetigkeit) einen Modul $< \delta$ haben. Dann ist der Modul der Differenz $f(z') - f(z) = S'_n - S_n + r' - r$ kleiner als $3\delta$.[44]

---

[44] Der Beweis lautet:
« Désignons par $f(z)$ la série
$u_0 + u_1 z + u_2 z^2 + \ldots$
Que nous supposerons convergente jusqu'au module $R$. Appelons $S_n$ la somme des $n$ premiers termes et $r$ le reste :
$f(z) = S_n + r$ .
De l'origine comme centre avec un rayon égal à $R - \varepsilon$, ($\varepsilon$ désignant une quantité très petite) décrivons un cercle. En chaque point intérieur à ce second cercle nous pouvons assigner une valeur de $n$ telle que pour cette valeur et pour toutes les plus grandes le module du reste $r$ soit plus petit qu'une quantité donnée $\delta$, quelque petite qu'elle soit ; en effet, on a
mod $r < a_n \rho^n + a_{n+1} \rho^{n+1} + \ldots$ ;
la série des modules étant convergente, le second membre devient plus petit que toute quantité donnée quand $n$ est suffisamment grand. Prenons pour $n$ la plus grande des valeurs ainsi déterminées pour les divers points intérieurs au second cercle.
Supposons maintenant qu'après avoir donné à la variable une valeur $z$, nous lui donnions ensuite une valeur peu différente $z'$ , en d'autres termes passons du point $M$ à un point voisin $M'$ ; nous aurons
$f(z) = S_n + r$.

Derselbe Beweis wäre für ein allgemeines Summentheorem, in dem die Monome $u_i z^i$ durch stetige Funktionen ersetzt werden, nicht ausreichend. Um diese Stelle zu füllen, entwickelte Cauchy die Bedingung, dass die Differenz $r_{n'} - r_n$ für große $n' > n$ beliebig klein wird. Die Notationsweise für Reihen, d. h. die Aufteilung von $s = s_n + r_n$ und den Ausdruck $s_{n'} - s_n$ könnte Cauchy durchaus von Briot und Bouquet (1853) übernommen haben. Dort findet man im Beweis des THÉORÈME II ähnliche Schreibweisen für Reihen:

$$f(z') - f(z) = S'_n - S_n + r' - r.$$

Die Verwendung verschiedener Indizies $n$ und $n'$ ist allerdings ein besonderes Merkmal in (Cauchy 1853), das Briot und Bouquet nicht einsetzen. Ihr Umgang mit der Differenz (*Variation*) $r' - r$ basiert auf einem einzelnen $n$-Wert und zwei beliebig nah benachbarte Punkte $z, z'$. Auf den reellen Fall bezogen entspräche diese Wahl den Größen $x$ und $x + \varepsilon$. In ähnlicher Weise hat Seidel (1847) in seinem Beweis die Gleichung

$$\Delta F = \Delta S_n + R_n(x + \varepsilon) - R_n(x)$$

verwendet, in der $\Delta F$ und $\Delta S_n$ analog zu $R_n(x + \varepsilon) - R_n(x)$ die Veränderung des Funktionswertes von $x$ nach $x + \varepsilon$ angibt (vgl. Kapitel 5). Man kann also nicht ausschließen, dass Briot und Bouquet die Arbeit von Seidel kannten und diesen Beweisstil für ein Theorem über die Stetigkeit von Potenzreihen aufgriffen.

### 2.8.5 *Rezeptionen nach dem Theorem von 1853*

Die mathematikhistorischen Auswertungen haben seit je her diesem Satz die Erstanwendung der gleichmäßigen Konvergenz attestiert. So will Grattan-Guinness an dieser Stelle die Grundlagen dieses wichtigen Begriffes begründet sehen (1986, 227).

In Cauchys erstem Beweis (1821) wird der Index $n$ der Partialsumme so weit betragsmäßig vergrößert, dass der Term $r_n$ ausreichend klein wird. Diese Stelle ist nach Grattan-Guinness ähnlich vieldeutig wie Cauchys Begriff von „unendlich groß“ selbst, welcher im *Cours d'analyse* als eine nicht weiter definierte, aufsteigende Folge ganzer Zahlen verstanden wird. Im selben Lehrbuch stellt Cauchy auch die Rechengesetze für das Symbol „∞“ vor (Itzigsohn 1885, 31), weist aber das „completed infinite“ (wie es Cantor als Eigentlich-Unendlich definierte) als solches zurück.

Cauchys Grundlagenarbeit für die Bewältigung der Konvergenzfragen beschreibt Bottazzini (1992) vor allem in Bezug auf seinen *Cours* (siehe Kapitel 4): „with such a clear-cut[45]

$f(z') = S'_n + r'$ ;
d'où
$f(z') - f(z) = S'_n - S_n + r' - r$ .
Le polynôme entier $S_n$ étant une fonction continue de la variable $z$, nous pouvons prendre sa différence $z' - z$ assez petite que la [6] variation $S'_n - S_n$ du polynome est un module plus petit que toute grandeur donné $\delta$ . Mais les modules des restes $r$ et $r'$ sont plus petit que $\delta$ ; d'ou la variation $f(z') - f(z)$ de la fonction aura un module plus petit que $3\delta$. Cette variation pourra donc être rendue plus petite que toute quantité donnée. Ainsi la série varie d'une manière continue. »

[45] Die Übersetzung von clear-cut liefert, als Verb verstanden, die Bedeutung „kahl schlagen“, was im Zusammenhang mit Cauchys Vorsatz, divergente Reihen zu verbannen, sinnvoll ist. Zum anderen bedeutet es als Adjektiv aber so viel wie „fest umrissen“ oder „eindeutig feststehend“. Dies kann aber von Cauchy zu diesem Zeitpunkt der Forschung nicht behauptet werden.

concept of rigour in mind“ (S. LXVII) arbeitete Cauchy auf „systematische Weise“ die bekannten Konvergenztests wie die von d'Alembert auf und erweiterte sie um weitere Tests, die wir heute als Quotienten- und Wurzelkriterium kennen.

Bottazzinis Beurteilung des sog. Wurzelkriterium und anderer, ähnlicher Theoreme, die als Konvergenztests zu verstehen sind, fällt sehr zu Gunsten der Cauchy'schen Strenge aus: „These are among the most remarkable proofs in ‚epsilon-delta‘ style one can find in Cauchy‘s work“ (S. LXVII). Cauchy erkannte, dass nicht alle Funktionen eindeutig durch Reihenentwicklung darstellbar sind, und wusste, dass die Funktion $f(x) = e^{-1/x^2}$ im Punkt Null nicht in eine Potenzreihe entwickelbar und das Lagrange-Programm damit nicht widerspruchsfrei ist. Die aus heutiger Sicht in diesem Punkt auftretende Definitionslücke soll als erstes von A. Pringsheim angesprochen worden sein, dessen Veröffentlichungen keine große Beachtung erlangten: „However interesting these papers were, they went virtually unnoticed by the historians of mathematics“ (S. LXIX). So kritisiert Pringsheim Cauchys Funktionsbegriff, der das Attribut „gedehnt“ verwendet und mit einer „somehow arbitrary continuation“ (nach Bottazzini; Pringsheim 1900) den Wert $f(0) = 0$ miteinbezieht. Die Möglichkeit einer abschnittsweisen Definition beurteilt Bottazzini folgerichtig, indem er klarstellt, dass solche Methoden für die erste Hälfte des 19. Jahrhunderts unbekannt waren.[46] Pringsheims Kritik an Cauchy wertet Bottazzini im zeitgeschichtlichen Kontext und urteilt, „it could be raised by a post-Weierstrassian mathematician only.“ Führe man sich den Standard der Strenge dieser Zeit vor Augen, so behalte Cauchy mit seiner Argumentation Recht.

[46] „It would have been completely unacceptable to early nineteenth-century mathematicians“ (Bottazzini 1992, S. LXX).

# 3 Reaktionen von Cauchys Zeitgenossen

## 3.1 Abels Kritik an Cauchys Summentheorem

Die erste und am häufigsten zitierte Kritik an Cauchys ersten Summentheorem (1821) stammt von Niels Henrik Abel (1802–1829). Er formulierte als erster Mathematiker eine Ausnahme des von Cauchy postulierten Theorems und widerlegte damit die Allgemeingültigkeit der Aussage, man erhalte aus einer Reihe stetiger Funktionen die Stetigkeit der Summe. Seine Arbeit *Untersuchungen über die Reihe:* $1 + \frac{m}{1}x + \frac{m.(m-1)}{1.2}.x^2 + \frac{m.(m-1).(m-2)}{1.2.3}.x^3 + \cdots usw.$ (1826), die die Konvergenzbedingungen an die Werte von $m$ und $x$ für die (binomischen) Reihe $(1+x)^m = \sum_{k=0}^{m}\binom{m}{k}x^k$ aufstellt, enthält ein eigenes Summentheorem (Lehrsatz V), welches den Ausgangspunkt seiner Kritik darstellt:

> „Es sei
>
> $$v_0 + v_1\delta + v_2\delta^2 + \text{...... u.s.w.},$$
>
> eine Reihe, in welcher $v_0, v_1, v_2$ continuirliche Functionen einer und derselben veränderlichen Größe $x$ sind, zwischen den Grenzen $x = a$ und $x = b$, so ist die Reihe
>
> $$f(x) = v_0 + v_1\alpha + v_2\alpha^2 + \text{......},$$
>
> wo $\alpha < \beta$, convergent und eine stetige Function von $x$, zwischen denselben Grenzen" (Abel 1826, 315).[47]

Da der Satz in dieser Form die Unzulänglichkeiten des Cauchy-Theorems umgeht, in dem es sich auf Funktionen eines bestimmten Typs beschränkt, kann man in ihm Abels Versuch sehen, ein funktionierendes, aber stark anwendungsbezogenes Summentheorem etablieren zu wollen. Dieses Vorhaben gelingt nur teilweise: Statt, wie Cauchy, allgemeine Reihen der Form $\sum u_n$ zu Grunde zu legen, kommen bei Abel die Potenzen $\alpha^n$ als Faktoren zu den Gliedern $v_n$ hinzu. Für dieses erweiterte Theorem, dass im Vergleich zu Cauchys Satz eine Einschränkung bedeutet, existiert eine von Du Bois–Reymond weiterentwickelte Version des Lehrsatzes V (siehe auch Sørensen 2010, 60 f.), die sich zusätzlich zur normalen auch der absoluten Konvergenz bedient (vgl. Du Bois-Reymond 1871).

Kommen wir nun zur eigentlichen Kritik, die Abel als Fußnote (S. 316) zu seinem Lehrsatz V anbringt:

---

[47] G. Arsac erklärt Theorem V für falsch und verweist auf die Existenz eines Gegenbeispiels bei Dugac (Arsac 2013, 70). Dieser kritisiert Abels Beweis:
Das „größte unter den Größen" $v_m\delta^m, v_m\delta^m + v_{m+1}\delta^{m+1}, v_m\delta^m + \cdots + v_{m+2}\delta^{m+2}, \ldots$, das $\theta(x)$ genannt wird, sei im allgemeinen nicht endlich (Dugac 2003, 110 f.). Er interpretiert diese Größe als das Supremum der Beträge über dem Intervall $[a; b]$ und lässt damit die Tatsache außer Acht, das Abel in seinem Satz nichts über die Abgeschlossenheit des Intervalls aussagt. Sein Gegenbeispiel lautet

$$\frac{x}{1+x^2}\sum_{n=0}^{\infty}\frac{1}{(1+x^2)^n},$$

wobei $v_n = \frac{x}{(1+x^2)^n}$ mit $\delta = 1$ gewählt wird. Die Grenzfunktion ist $\frac{1}{x}$ für $x \in\, ]0; 1]$ und Null für $x = 0$.

„Es scheint mir aber, dass dieser Lehrsatz Ausnahmen leidet. So ist z. B. die Reihe $\sin\varphi - \frac{1}{2}\sin 2\varphi + \frac{1}{3}\sin 3\varphi - \cdots$ u.s.w. unstetig für jeden Werth $(2m+1)\pi$ von $x$, wo $m$ eine ganze Zahl ist. Bekanntlich giebt es eine Menge von Reihen mit ähnlichen Eigenschaften."

Mehr als diesen Einwand – mit dem Charakter einer Randbemerkung – liefert Abel nicht. Er unternimmt also keine Untersuchung des von Cauchy aufgestellten Beweises, noch gibt er Anstöße zur Verbesserung oder Korrektur. Man kann daher annehmen, dass Abel einem *allgemein* formulierten Summentheorem keine größere Relevanz einräumte. Abels Lehrsatz V, den ich bereits als „Rettungsversuch" des Cauchyschen Theorems eingestuft habe, muss nicht als Gegenentwurf betrachtet werden. Abels eigenes Summentheorem dient ihm lediglich als Hilfsmittel zum Beweis des binomischen Theorems.

## 3.2 Die Abel'schen Lehrsätze im Beweis des binomischen Theorems

Seit Cauchy ist eine der bedeutsamsten Anwendungen des Summentheorems der Beweis des binomischen Theorems. Als Beweismittel entkräftete Abel im Jahre 1826 das Cauchy-Theorem durch seine Entdeckung einer Ausnahme (engl. *exception*), welche, wie bekannt ist, eine Unzahl weiterer Ausnahmereihen möglich machte. Zugleich unternimmt Abel einen eigenen Beweisversuch unter Zuhilfenahme von sechs Lehrsätzen, von denen der fünfte bereits besprochen wurde. In der Analyse des Abelschen Beweises konzentriere ich mich, in Anlehnung an H. K. Sørensen, auf die zwei wichtigsten Hilfssätze IV und V. Diesen kommt für die Betrachtung der Problem- und Weiterentwicklungen die eigentliche mathematikhistorische Bedeutung zu. Der fünfte wurde schon genannt, der vierte besagt, dass eine gewöhnlich konvergente Potenzreihe eine stetige Funktion beschreibt.

### *3.2.1 Der Beweis von Lehrsatz IV resp. V*

Die Beweise verlaufen analog und basieren auf der Idee der Aufspaltung in die Partialsumme $\varphi(x)$ und die Restgliedreihe, die in etwa wie folgt lautet:

$$\psi(x) = v_m\alpha^m + v_{m+1}\alpha^{m+1} + \cdots = \left(\frac{\alpha}{\delta}\right)^m v_m\alpha^m + \left(\frac{\alpha}{\delta}\right)^{m+1} v_{m+1}\alpha^{m+1} + \cdots.$$

Der nächste Schritt sieht die Anwendung von Lehrsatz III vor, nach dem (in moderner Notation) für eine Reihe $\sum_0^m t_i < \delta$ und eine positive Folge der Art $\varepsilon_0 > \varepsilon_1 > \varepsilon_2 > \cdots$ die Ungleichung $\sum_0^m t_i\varepsilon_i < \delta\varepsilon_0$ gilt.

Für die Anwendung dieser Aussage auf die Reihe $v_0 + v_1\alpha + v_2\alpha^2 + \cdots$ überlege man, dass die Folge $\left(\frac{\alpha}{\delta}\right)^m$ monoton abnimmt und ignoriere entgegen der Voraussetzung von Lehrsatz III die Unendlichkeit der Reihe $\psi(\alpha)$. Nun wendet Abel das Ergebnis aus Lehrsatz III zur Abschätzung der Restgliedreihe an:

- Im Beweis von Lehrsatz IV gilt dann $\psi(\alpha) < \left(\frac{\alpha}{\delta}\right)^m .p$, wobei „$p$ die größte der Größen $v_m\delta^m, v_m\delta^m + v_{m+1}\delta^{m+1}, v_m\delta^m + v_{m+1}\delta^{m+1} + v_{m+2}\delta^{m+2}$ u.s.w. [Anm.: In moderner Schreibweise heißt dies $\max_{k=0,\ldots,\infty}\sum_m^{m+k} v_i\delta^i$] bezeichnet" (Abel 1826, 315). Hieraus leitet Abel die Stetigkeit der Restreihe ab (siehe unten).

- In derselben Weise verfährt er für Lehrsatz V, in dessen Beweis dieselbe Reihe $\psi(\alpha) = \left(\frac{\alpha}{\delta}\right)^m v_m\alpha^m + \left(\frac{\alpha}{\delta}\right)^{m+1} v_{m+1}\alpha^{m+1} + \cdots$ in Erscheinung tritt – mit dem Unterschied, dass es sich bei den Größen $v_0, v_1, \ldots, v_m, v_{m+1}, \ldots$ um stetige Funktionen handelt.

Für die volle Reihe $f(\alpha) = v_0 + v_1\alpha + v_2\alpha^2 \ldots$ aus Lehrsatz V schlägt Sørensen (2010, 51) die Schreibweise $f(x, \alpha) = \sum_{n=0}^{\infty} v_n(x)\alpha^n$ vor, die jedoch ohne Wirkung für seine Untersuchung bleibt. Nach Sørensen ist Abels Beweis des Lehrsatzes IV, und damit auch der des binomischen Theorems, fehlerhaft.[48] „In this proof [Lehrsatz IV], we not only observe the problematic character (from a modern point of view) of the quantity $p$ but we also encounter ABEL'S way of operating with infinitesmals" (Sørensen 2010, 51). Die vage Definition der Größe $p$ versucht Sørensen aufzuklären:

> „ABEL'S reasoning can be 'saved' by the observation that since the series $\sum v_n\delta^n$ is convergent, its tails are bounded. Therefore, an upper bound – if not an outright maximum – will exist which can be used for $p$. Such an argument is nowhere to be found in ABEL'S proof" (ibid., 52).

Das Fehlen einer derartigen Argumentation für die Existenz der Größe $p$ begründet Sørensen mit dem auf Intuition beruhenden Beweisstil Abels (S. 52 f.). Die Definition der funktionalen Größe $\theta(x)$ an gleicher Stelle im Beweis des Lehrsatzes V (als „die größte unter den Größen $v_m\delta^m, v_m\delta^m + v_{m+1}\delta^{m+1}, v_m\delta^m + v_{m+1}\delta^{m+1} + v_{m+2}\delta^{m+2}$ u.s.w bezeichnet", Abel 1826, 315) setzt Sørensen mit dem Begriff der Gleichmäßigkeit in Verbindung:

> „he implicitly used a supposed property of the function $\theta(x)$ – that the choice of $m$ could be made uniformly throughout a small region surrounding $x$" (Sørensen 2010, 53).

Die Stetigkeit der Restreihe wird von Abel (für ein ausreichend kleines $\beta$) durch die Gleichung $\psi(x) = \psi(x - \beta) = \omega$ festgehalten und zeigt in ihrer Verwendung der infinitesimalen Größen eine Vorstufe der strengeren Epsilon-Delta-Notation (siehe Kapitel 6). Tabelle 1 stellt eine aus (Abel 1826, 315 f.) gewonnenen Notation mit einer modernen Formulierung von Stetigkeit gegenüber.

**Tabelle 1:** Abels Notationsweisen

| Abels Notation von Stetigkeit in den Beweisen von Lehrsatz IV und V | Heutige $\varepsilon$-$\delta$-Notation von Stetigkeit einer Funktion $f$ (auf einem zusammenhängenden, reellen Intervall) |
|---|---|
| $\omega$ ist gegeben, dann kann man $\beta$ klein genug annehmen, so dass gilt: $f(x) - (x - \beta) = \omega.$ | $\varepsilon$ ist gegeben, dann kann man ein $\delta_1$ klein genug angeben, so dass für alle $\delta_0 < \delta_1$ gilt: $\lvert f(x) - f(x \pm \delta_0)\rvert < \varepsilon$ |

Abel verwendet das Gleichheitszeichen in irreführender Weise. Seine Intention könnte aber gewesen sein, die Differenz zwischen den beiden Funktionswerten als $< \omega$ anzunehmen. Im

[48] Entgegen der kritischen Diskussion von Sørensen referiert Michel Pensivy (in *Jalons historiques pour une épistémologie de la série infinie du binôme*, 1986) den Abelschen Beweis des binomischen Theorems unerwartet unkritisch und ohne Erwähnung möglicher Schwachpunkte.

Unterschied zur moderneren Definition fehlt die Angabe, dass die Bedingung *für alle* Werte einer $\beta$-Umgebung gilt. Damit lassen sich Funktionen finden, die nur nach Abels Definition stetig sind.

Die Einführung der Funktion $\theta(x)$ versteht Sørensen in seiner Rekonstruktion als „pointwise definition" und schlägt zur Erklärung den formelmäßigen Ausdruck „$\theta(x)$ = largest quantity among $\sum_{n=m}^{m+k} v_n(x)\delta^n$" vor und begründet diesen Entschluss wie folgt: „ABEL clearly thought of $\theta(x)$ as a quantity which, given $x$, represented the largest among an infinite collection of quantities each depending on $x$" (S. 53).[49] Die Bestimmung der Definition als punktweise soll den Unterschied zu einer Form der Gleichmäßigkeit hervorheben, trotzdem bleibt der Rettungsversuch, ein gleichmäßiges $\theta(x)$ anzugeben, ohne handfesten Bezug zum Originaltext.

Was die implizite Eigenschaft der gleichmäßigen Wahl der Größe $m$ betrifft, so gibt Sørensen keine Begründung für die Notwendigkeit einer solchen Bedingung, sondern kommentiert lediglich: „[...] in ABEL'S argument, there is no way in assuring that $\theta$ satisfies this requirement [d. h. die gleichmäßige Wahl für eine Umgebung von $x$]" (ibid., 53). Zugleich spricht Sørensen Abel für seinen Beweis des Lehrsatzes V den Gebrauch sogenannter *uniform conditions* ab. Die Wahl der Funktion $\theta(x)$ im ursprünglichen Beweis (1826) ist damit für Sylow[50] und Sørensen (2010, 53) die Folge einer fehlenden *uniform condition*, wie die problematische Verwendung der Grenzwertbildung im ersten der zwei neuen Beweise (siehe dazu den Abschnitt 3.3).

### *3.2.2 Die Forderung nach Gleichmäßigkeit zur Rettung von Abels Beweisen*

Was ist hier eigentlich gemeint? Sylow schlägt (nach der Rekonstruktion bei Sørensen, S. 53) eine gleichmäßige Beschränktheit der Reihenglieder $v_n(x)\delta^n$ vor. Dafür sei eine feste Größe $M$ gegeben, die den Absolutbetrag in einer Umgebung eines Punktes (ein abgeschlossenes Intervall) und für alle $n$ nach oben beschränkt. Diese Rettungsversuche, die Sørensen wegen ihrer weitreichenden Interpretation und Verfälschung ablehnt, unterstellen die Kenntnis eines Konzept der gleichmäßigen Konvergenz und sind deshalb als Interpretationsansatz unbrauchbar.[51]

Im Falle der vorgestellten Interpretationsansätze spricht sich Sørensen gegen diese Rettungsversuche aus und betont: „Instead of trying to rescure ABEL'S reasoning, I suggest to accept that ABEL was working in a transitionary period and the appropriate concepts and tools were not yet sufficiently developed" (Sørensen 2010, 64). Einen ähnlichen Standpunkt nimmt Jesper Lützen ein, der Abels Beweis zu Theorem IV für fragwürdig hält: Die Eigenschaft der Gleichmäßigkeit werde nicht eindeutig eingebracht (Lützen 2003, 178). Hieraus leitet Lützen ab, dass Abel das eigentliche Problem der *fehlenden* Gleichmäßigkeit nicht erkannt habe.

[49] Ich schlage stattdessen die modernisierte Notation $\theta(x) = \max_{k=0,\dots,\infty} \sum_{n=m}^{m+k} v_i(x)\delta^i$ in Anlehnung an die entsprechende Notation für $p$ vor.

[50] Peter Ludwig Mejdell Sylow (1832-1918) war ein norwegischer Mathematik, der in den Jahren 1873 bis 1881 in Zusammenarbeit mit Sophus Lie das Werk von Abel überarbeitete. Zu seinen Beiträgen gehören unter anderem, im Gebiet der Algebra, die sog. Sylow-Sätze.

[51] „Abel was not explicit about uniform conditions, such an interpretation is not compelling" (Sørensen 2010, 55), bzw. „[...] there is no concept of uniform convergence put to use in Abel's proofs [...]" (ibid., 64).

## 3.3 Das Problem der Vertauschbarkeit bei Abel und Cauchy

Abels modifizierte Version des Lehrsatzes, welche er in seinem Manuskript *Sur les Séries* (1827) publizierte, interpretierte Sophus Lie (1842-1899) als Unzufriedenheit Abels gegenüber seiner gedruckten Version des fünften Lehrsatzes (1826) (Sørensen 2010, 53). In dem dortigen Beweis greift er für den Stetigkeitsbeweis der Zielfunktion auf die Vertauschung von Summation und Limesbildung zurück, ohne dabei die Voraussetzung zu prüfen. Nach Sørensen finden wir in Abels Manuskript für den Stetigkeitsbeweis der Potenzreihe $f(y) = \sum_{n=0}^{\infty} \phi_n(y)x^n$ im Punkt $y = \beta$ die Behauptung, es gelte

$$\lim_{y=\beta-\omega} f(y) = \sum_{n=0}^{\infty} \left( \lim_{y=\beta-\omega} \phi_n(y) \right) x^n$$

unter der Voraussetzung, dass die rechte Seite konvergent sei. Seine eigene, an Cauchy gerichtete Ausnahmereihe, hätte ihm, wie Sørensen anmerkt, das Problem der uneingeschränkten Vertauschung dieser Operationen deutlich machen können:

> „... as ABELS's own 'exception' would have illustrated, even the convergence of the resulting series was insufficient to warrant the general interchange of limits" (Sørensen 2010, 54).

Nicht nur Abel, sondern auch Cauchy kann der Vorwurf einer missachteten Grenzwertreihenfolge gemacht werden. Der deutsche Mathematiker Enne Heeren Dirksen (1788-1850) rezensierte im Jahre 1829 die Übersetzung des *Cours d'analyse* (*Analyse algébrique*).[52] Seine Kritik des Cauchyschen Summentheorems beruht auf einer neuartigen und verbesserten Notation für Reihen, deren Glieder Funktionen einer Veränderlichen darstellen. Dirksen erweitert Cauchys nur für (Zahlen-)Folgen gebildete Notation um die Angabe des Arguments; zudem hat er sie erstmals so erweitert, dass sie sich für Funktionenfolgen eignete. Dazu ergänzt man in der Partialsumme $s_n = u_0, u_1, u_2, \ldots, u_n$ in Cauchys Theorem die Angabe der Veränderlichen $x$, die letztlich Dirksen zu der verkürzten Schreibweise $S_n = f(x, n)$ führt. Aus der nach Voraussetzung geltenden Konvergenz der Reihe $u_0, u_1, u_2, \ldots$, die traditionell den Bezeichner $s$ trägt, leitet er die nachstehende Gleichung[53] ab:

$$S = \overset{n=\infty}{Gr.} f(a, n) = f(a, \infty).$$

Die Stetigkeit im Punkt $x = a$ findet in der folgenden Gleichung Ausdruck:

$$\overset{\Delta a=0}{Gr.} f(a + \Delta a, \infty) = \overset{n=\infty}{Gr.} f(a, n).$$

Dirksen führt die Problematik dieser Gleichung für den Leser exemplarisch vor und deckt anhand einer Beispielreihe die Widersprüchlichkeit durch das Ergebnis $0 = 1$ auf (Dirksen 1829a, 28). Richtigerweise stehen diese „Ausnahmen" im Konflikt zu den Bedingungen des Satzes von Cauchy. Dirksen hat nicht zuletzt mit Hilfe seiner Argumentschreibweise den

[52] Dirksen merkt seine Zweifel an der Richtigkeit des Cauchyschen Theorems an: „Ref. muß aufrichtig gestehen, daß ihm der, für diesen Lehrsatz angedeuteten Beweis nicht genügt, und daß ihm, bei einer nähern Betrachtung, die Richtigkeit dieses Satzes selbst zweifelhaft erscheint" (Dirksen 1829a, 28).

[53] Die Schreibweise *Gr.* entspricht der Bedeutung der *lim*-Notation. Sie wurde von Dirksen als Abkürzung von „Grenze" eingeführt. Man erhält nach heutiger Schreibweise folgende Gleichung:

$$\lim_{\varepsilon\to 0} f(a + \varepsilon, \infty) = \lim_{n\to\infty} f(a, n).$$

Kern der sogenannten Vertauschungsproblematik als erster thematisiert. Gleichzeitig war er der erste, der seine Grenzwertnotation um die Kennzeichnung der Laufvariable erweiterte und in der Lage war, eine Untersuchung multipler Grenzwertprozesse durchführen zu können. Seine Notation findet sich bereits in einer früheren Abhandlung namens *Über die Darstellung beliebiger Funktionen mittelst Reihen, die nach den Sinussen und Cosinussen der Vielfachen eines Winkels fortschreiten* (1827, publ. 1830) (s. Schubring 2005, 472 ff.).

Die Bedeutung von Dirksens Arbeiten war bislang in der Mathematikhistoriographie unbeachtet geblieben. Grattan-Guinness (1986) hatte sie nur kurz erwähnt und als ohne Wirkung geblieben beschrieben. Die systematische Bedeutung von Dirksens vielfachen Innovationen in den Notationen und die dadurch ermöglichte Unterscheidung mehrfacher Grenzprozesse wie deren Untersuchbarkeit ist erstmals durch Schubring analysiert worden (2005, 541 ff.).

## 3.4 Resümee

Die Kritiken von Sørensen und Dirksen legen dar, dass das Problem der fehlenden Differenzierung der zwei Grenzprozesse eine scheinbar unüberwindbare Hürde für die Mathematik der zwanziger Jahre gewesen ist. Abels Gegenbeispiel zeigt implizit den Fehler bei Cauchy in der Vertauschung der Grenzprozesse auf. Da er aber in seinem unveröffentlichten Alternativbeweis des Lehrsatzes V – der eine weniger allgemeine Fassung des Summentheorems darstellt –, bei dem Versuch, einen verbesserten Beweis zu liefern, denselben Fehler begeht (vgl. Sørensen 2010), wird sichtbar, dass Abel trotz seiner Bemerkung über die Existenz beliebig vieler, weiterer Ausnahmereihen für das Summentheorem von Cauchy die notwendigen Vorbedingungen für eine Vertauschung und das Prinzip dieser Differenzierung nicht erkannte. Man kann sich eine ähnliche Kritik von Dirksen auch für Abels nicht publizierten Beweisversuch vorstellen.

Was können die Gründe für diese fehlende Unterscheidung sein? Cauchy benutzte bei seinen Ausführungen zur Reihenlehre im *Cours* eine Notation, die nicht zwischen Zahlenfolgen und Funktionenfolgen differenzierte. Abel hingegen besaß eine exaktere Bezeichnungsweise, die die ausdrückliche Untersuchung dieser Differenzierung zugelassen hätte: Er benutzt für die Summe einer Reihe den Ausdruck $f(x)$, die Reihenglieder bleiben aber noch ohne Argument.[54] Sørensen schreibt über Abels Definition der Größe $p$ (siehe oben) im Beweis des Lehrsatzes IV: „For ABEL, the entire discussion on the definition of $p$ was a nonissue“, S. 50. Diese Betrachtung gilt analog für Abels Herangehensweise im zweiten Beweis. Die Unterscheidung mehrerer Grenzprozesse war gewissermaßen auch ein „nonissue“. An dieser Stelle tritt nun Dirksen (1829) auf, der einerseits die Vertauschungsproblematik aufdeckt und andererseits durch seine im Vergleich zu Abel nochmals erweiterte und verbesserte Notation die mathematische Operabilität dieser Trennung etablieren kann.

[54] Dirksen wendete speziell für Reihen von Funktionen eine durchgehend präzisere Notation an: „He introduced the concept of a series of functions independently and clearly, again with suitable symbolism, in order to reveal their relevant characteristics. An infinite series of functions of an original variable [...] was represented by the general term $f_m(x)$, where the index [...] $m$ gives the position of the term“ (Schubring 2005, 554).

## 3.5 Die Rolle der absoluten Konvergenz

### *3.5.1 Der Beginn: Die Cauchy-Produktformel bei Cauchy und Abel*

Cauchy verwendete den Ausdruck der *valeurs numeriques* anstelle eines Begriffs, der später der *Absolutbetrag* einer Zahl genannt werden wird. Sei $x$ eine positive oder negative Größe, so ist der *valeur numerique de* $x$ der betragsmäßige Wert von $x$. Mit dieser Schreibweise stellte Cauchy in seinem Lehrbuch *Cours d'analyse* (1821) die wichtige Aussage auf, dass der *valeur numerique der Reihe* $u_0 + u_1 + u_2 + \cdots$ kleiner gleich der Reihe der betragsmäßigen Größen $\rho_0 + \rho_1 + \rho_2 + \cdots$ ist und die Konvergenz der letzten die der ersten nach sich zieht. Modernisiert lautet dieses Ergebnis $\sum|u_n| \geq |\sum u_n|$. Es soll veranschaulichen, dass absolute Konvergenz die gewöhnliche Konvergenz nach sich zieht. Laut (Sørensen 210, 56) bewies Cauchy mit diesem Wissen einen der ersten Sätze über absolut konvergente Reihen überhaupt.

Cauchy stellte noch vor Abel einen Beweis des binomischen Theorems auf, welcher sich eines besonderen Hilfssatzes bedient, der Cauchyschen Produktformel: Sind zwei Zahlenreihen $u_0 + u_1 + u_2 + \cdots$ und $v_0 + v_1 + v_2 + \cdots$ gegeben, so dass die entsprechenden Reihen der numerischen Zahlenwerte konvergieren, dann ist (der Kürze wegen) die Doppelreihe $\sum_{n=0}^{\infty}\sum_{m=0}^{n} u_m v_{n-m}$ konvergent (siehe Cauchy 1821, 147–149). Auf diese Weise verwendet Cauchy eine einfache Variante der absoluten Konvergenz als Werkzeug für den Beweis des binomischen Theorems. Zur Rezeption der Cauchyschen Produktformel gehört Abels Lehrsatz VI, der im Vorwort seiner Abhandlung bereits motiviert wird (vgl. Abbildung 7).

> geringe ist. Man wendet gewöhnlich die Operationen der Analysis auf die unendlichen Reihen eben so an, als wären die Reihen endlich. Dieses scheint mir ohne besonderen Beweis nicht erlaubt. Sind z. B. zwei Reihen mit einander zu multipliciren, so setzt man
>
> $$(u_0 + u_1 + u_2 + u_3 + \text{u. s. w.})(v_0 + v_1 + v_2 + v_3 + \text{u. s. w.})$$
> $$= u_0v_0 + (u_0v_1 + u_1v_0) + (u_0v_2 + u_1v_1 + u_2v_0) + \text{u. s. w.}$$
> $$\ldots\ldots + (u_0v_n + u_1v_{n-1} + u_2v_{n-2} + \ldots\ldots + u_nv_0) + \text{u. s. w.}$$
>
> Diese Gleichung ist vollkommen richtig, wenn die beiden Reihen
>
> $$u_0 + u_1 + \ldots\ldots \text{ und } v_0 + v_1 + \ldots\ldots$$
>
> endlich sind. Sind sie aber unendlich, so müssen sie erstlich nothwendig convergiren, weil eine divergirende Reihe keine Summe hat, und dann mufs auch die Reihe im zweiten Gliede ebenfalls convergiren. Nur mit dieser Einschränkung ist der obige Ausdruck richtig. Irre ich nicht, so ist diese Einschränkung bis jetzt nicht berücksichtigt worden. Es soll in gegenwärtigem Aufsatze

**Abbildung 7:** Abels Einführung der Produktformel für Reihen (1826).

Der Inhalt von Lehrsatzes VI (vgl. Abbildung 8) lässt die Cauchysche Vorlage gut erkennen. Abel verwendet die Formulierung *Zahlenwerte,* die in der Œuvre-Publikation mit Cauchys *valeurs numériques* übersetzt wird. Obwohl die absolute Konvergenz in der Einführung des Theorems, auch so, wie sie Sørensen transkribiert hat, nicht thematisiert ist, hat sie denselben Rang wie in der Cauchyschen Vorlage der Produktformel.

Sørensens Resümee einer langsamen Abkehr des mathematischen Interesses von der absoluten Konvergenz („[...] *to relax the assumptions of absolute convergence*", Sørensen 2010,

63) kann deshalb am Beispiel von Abels Lehrsatz VI nicht belegt werden, wird aber trotzdem anhand der Arbeit des österreichischen Mathematikers Franz Mertens (1840-1927) sichtbar.[55]

**Lehrsatz VI.** Bezeichnet man durch $\varrho_0, \varrho_1, \varrho_2$ u. s. w., $\varrho'_0, \varrho'_1, \varrho'_2$ u. s. w. die Zahlenwerthe der resp. Glieder zweier convergenten Reihen

$$v^0 + v_1 + v_2 + \ldots\ldots = p \text{ und}$$
$$v'_0 + v'_1 + v'_2 + \ldots\ldots = p',$$

so sind die Reihen

$$\varrho_0 + \varrho_1 + \varrho_2 + \ldots\ldots \text{ und}$$
$$\varrho'_0 + \varrho'_1 + \varrho'_2 + \ldots\ldots$$

ebenfalls noch convergent, und auch die Reihe

$$r_0 + r_1 + r_2 + \ldots\ldots + r_m,$$

deren allgemeines Glied

$$r_m = v_0 v'_m + v_1 v'_{m-1} + v_2 v'_{m-2} + \ldots\ldots v_m v'_0,$$

und deren Summe

$$(v_0 + v_1 + v_2 + \ldots\ldots) \times (v'_0 + v'_1 + v'_2 + \ldots\ldots)$$

ist, wird convergent seyn.

**Abbildung 8:** Abels Version der Cauchy-Produktformel (1826).

Er veröffentlichte im Jahre 1875 (*Ueber die Multiplikationsregel für zwei unendliche Reihen*) eine neue Modifikation der Produktformel. Die Neuerung bestand darin, die notwendige gewöhnliche Konvergenz beider Reihen nur in einem Falle um die absolute Konvergenz erweitern zu müssen (nach Sørensen 2010, 58). In einem Zitat von Mertens heißt es, absolute Konvergenz einer konvergenten Reihe fordere die „analytic moduli" ihrer Terme. Eine ähnliche Umschreibung des Absolutbetrags findet man schon im Jahre 1866 in Thomés Arbeit *Über Kettenbruchentwicklung der Gausschen Function* $F(\alpha, 1, y, x)$, in der er einen auf Weierstraß zurückgehenden Satz reproduziert und für eine unbedingt konvergente Potenzreihe die folgende Erklärung anfügt: „die Reihe der Moduln convergirt" (Thomé 1866, 334; siehe auch Kapitel 6). Den Grundstein für eine synonyme Verwendung des Ausdrucks „unbedingte Konvergenz" ist überdies durch Dirichlet angestoßen worden. Mertens Beitrag, sowie die in Kapitel 7 dargestellte Abhandlung von Du Bois-Reymond (1871) repräsentieren Ausnahmen von dem Trend einer schwindenden Relevanz der absoluten Konvergenz.

### *3.5.2 Dirichlet und Riemann*

Die absolute Konvergenz erreichte im 19. Jahrhundert sicherlich ihren Zenit durch die Anwendung im Cauchy-Produktsatz und im Beweis des binomischen Theorems. Gleichzeitig ist ihre strenge Notationsweise noch vergleichsweise schwach entwickelt, betrachte man die Arbeiten von Cauchy (*numérique valeur*) und Abel (*Zahlenwert*). Zu diesem Schluss gelangt auch Sørensen, der in Abels Fehler des Lehrsatzes VI einen Beleg für die These einer unfertigen Notation sieht: „ […] the fact that such a mistake [Anm.: Die versehentliche Implikation *gewöhnliche Konvergenz* $\Longrightarrow$ *absolute Konvergenz*] made it into print is perhaps indirect testimony to the fact that the notion of absolute convergence was in its infancy […]" (2010, 58).

[55] Franz Mertens war ein Student von Weierstraß, Kronecker und Kummer und erlangte im Jahre 1865 den Doktorgrad mit einer Arbeit zur Potentialtheorie.

Dafür schreitet die Entwicklung des gedanklichen Konzepts der absoluten Konvergenz weiter voran und wird nach Sørensen besonders durch Lejeune Dirichlet und Bernhard Riemann geprägt.

Dirichlet nahm eine Klassifizierung in absolut und nicht-absolut konvergente Reihen vor. In seiner Arbeit über arithmetische Progressionen (1837)[56] bewies er die Aussage, dass weder die Konvergenz noch die Summe einer absolut konvergenten Reihe gegenüber der Umordnung der Terme empfindlich ist. Damit war die Aussage ausgesprochen, dass (modern formuliert) die absolute Konvergenz die unbedingte Konvergenz impliziert.

Die zum Teil auf Dirichlets Beitrag aufbauenden Ergebnisse Riemanns zum Thema der Konvergenz, die er in seiner Habilitation (1854) publizierte, heben das in der Analysis des 19. Jahrhundert tief verankerte Konzept der absoluten Konvergenz heraus, jedoch in weit bedeutenderer Weise als es von Sørensen gewürdigt wird. Die Proposition, dass eine Potenzreihe einer Variablen stets und im Allgemeinen absolut konvergiert, markiert in seiner Einfachheit und Klarheit wie kaum ein anderes Ergebnis den sich wandelden Fokus auf die absolute Konvergenz. Nach Sørensen soll Riemann sein Ergebnis als Ursache für den Stand der Notationsweise der vergangenen Jahre anführen: „In this, he saw the reason why the notion of absolute convergence had escaped his predecessors" (Sørensen 2010, 60). Es fällt nicht schwer zu glauben, dass dieses Resultat in der Folge die Verdrängung der absoluten Konvergenz als zentrale neue Konvergenzform in der Behandlung von unendlichen Reihen durch die gleichmäßige Konvergenz noch weiter beschleunigte. Die noch schwach ausgebildete Notation bei Cauchy und Abel wurde durch die Aufgaben der höheren Analysis in ihrer Entwicklung gefördert. Für einen Überblick über die Rolle der absoluten Konvergenz in der Lehre von Weierstraß ab den frühen sechziger Jahren siehe man Kapitel 6.

### *3.5.3 Dem Niedergang entgegen: Der Beitrag von Du Bois-Reymond*

Als Paul Du Bois-Reymond seine Abhandlung *Notiz über einen Cauchy'schen Satz, die Stetigkeit von Summen unendlicher Reihen betreffend* im Jahre 1871 publizierte, war es bereits üblich geworden, das auf Cauchy zurückgehende Summentheorem für unendliche Reihen mit der gleichmäßigen Konvergenz zu begründen und zu beweisen. Der maßgebende Mathematiker dieser Epoche, Karl Weierstraß, entwickelte seine Anwendungen ebenfalls mit Hilfe der gleichmäßigen Konvergenz, deren Aufstieg er selbst aktiv voran trieb (vgl. Anwendungen der gleichmäßigen Konvergenz in Kapitel 6). Dieser Entwicklung zum Trotz postulierte Du Bois-Reymond unter der Voraussetzung der absoluten Konvergenz eine eigene Version des Theorems (siehe Kapitel 7), dessen Beweis durch Sørensen folgende Kritik erfährt: Die Annahme, ein „gewisser mittlerer Werth" der Folge der stetigen und endlichen Funktionen $w_{m+1}(x+\varepsilon)$, $w_{m+2}(x+\varepsilon)$, ... für $\varepsilon \to 0$ beschränkt sei, ist unbegründet:

> „The assumptions that are necessary to ensure that $\lim_{\epsilon=0} W'_{m,\infty}$ [der angesprochene Mittelwert] is bounded were still hidden in the statement of the theorem where DU BOIS-REYMOND had stipulated that $\lim_{\epsilon=0} w_\infty(x \pm \epsilon)$ does not become infinite. This assumption – the equivalent of a uniform bound near $x$ – was not completely clear and only with the turn towards uniform convergence would this be made precise" (Sørensen 2010, 62).

---

[56] Der Titel lautet: *Beweis des Satzes, dass jede unbegrenzte arithmetische Progression, deren erstes Glied und Differenz ganze Zahlen ohne gemeinschaftlichen Factor sind, unendlich viele Primzahlen enthält.*

Die Notation $w_\infty$ soll hierbei den Grenzwert der Folge $w_n$ für $n \to \infty$ beschreiben. Wie Sørensen anmerkt und Du Bois-Reymond festlegt, sind die Funktionen

$$w_1, w_2, \dots, w_{m+1}, \dots, w_\infty$$

endlich. Also ist der *Mittelwert* $W'_{m,\infty}$ der Größen

$$w_1(x+\epsilon), w_2(x+\epsilon), \dots, w_{m+1}(x+\epsilon), \dots, w_\infty(x+\epsilon)$$

für ein feststehendes $x$ des Definitionsbereichs ebenfalls endlich. Nach Sørensen müsse man die Beschränktheit von $\lim_{\epsilon=0} W'_{m,\infty}$ durch die Forderung einer *gleichmäßigen* Beschränktkeit ersetzen, um sie im Beweis anwenden zu können – vielleicht in der Weise wie sie Sylow für den Beweis von Abels Lehrsatz V vorschlägt (vgl. Abschnitt 3.2). Die Schwierigkeit besteht in Du Bois-Reymonds Definition der Größen $W'_{m,\infty}$ und $W_{m,\infty}$; jede von ihnen ist „ein gewisser mittlere Werth", von denen uns keine strenge Definition vorliegt. Vielmehr wird die Verwendung dieser Größe für Du Bois-Reymond *intuitiv* gewesen sein, der sich der Anforderung einer wie auch immer gearteten gleichmäßigen Beschränktheit (die ja ein Vorgriff auf die gleichmäßige Konvergenz darstellen soll) *per se* entzieht. Andererseits sollte ein mathematischer Beweis, der in der zweiten Hälfte des 19. Jahrhunderts veröffentlicht wurde, dem Anspruch der mathematischen Strenge genügen.

## 3.6 Dirichlets Beitrag als Reaktion auf Cauchy

Dirichlet stellt in seiner Arbeit *Sur la convergence des séries trigonométriques qui servent à représenter une fonction arbitraire entre des limites données* (1829) die besondere Eigenschaft der trigonometrischen Reihen heraus, vermöge derer man beliebige Funktionen in einem gegebenen Intervall darstellen kann.

Für Dirichlet ist besonders die Frage nach der Konvergenz interessant, denn er schreibt: „Les séries [...] jouissent entre autres propriétés remarquables aussi de celle d'être convergentes" (Dirichlet 1829, 157). Er betont außerdem, dass die bedeutsame Eigenschaft dieser Reihen, die auf Jean-Baptiste-Joseph Fourier (1768-1830) zurückgehen, bisher nicht klar und deutlich herausgestellt wurde und bezieht sich auf Fouriers bedeutende Arbeit *Théorie analytique de la chaleur* (1822). Ein allgemeiner Beweis für die Darstellbarkeit durch trigonometrische Reihen stehe bisher aus; Cauchys zeitnahe Arbeit zu diesem Thema, *Mémoire sur les développements des fonctions en séries périodiques* (1823, publ. 1827), wird hier besonders zum Gegenstand der Kritik Dirichlets. Es ist anzunehmen, dass Fourier, der seit 1822 die Position des Sekretärs der Pariser Académie des sciences ausübte, ein Exemplar dieser Arbeit von 1823 an Dirichlet schickte.

In der Einleitung bemängelt er nicht nur die Unvollständigkeit des Cauchyschen Beweises, sondern äußert sogar Bedenken über die generelle Richtigkeit seines Ansatzes:

> „Die Reihen des Sinus und Kosinus, durch die wir eine beliebige Funktion in einem gegebenen Intervall darstellen können, haben neben anderen bemerkenswerten Eigenschaften auch die der Konvergenz. Diese Eigenschaft ist nicht dem berühmten Geometer entgangen, der den Anwendungen der Analysis einen neuen Entwicklungsweg eröffnet hat durch die Einführung der Weise, die beliebigen hier gemeinten Funktionen auszudrücken; diese wird in dem *mémoire* dargestellt, das seine ersten Forschungen über die Wärme enthält. Aber niemand hat, meines Wissens, bisher einen allgemeinen Beweis erbracht. Ich kenne über diese Frage nur eine Arbeit, die von Cauchy stammt und

die einen Teil der *Mémoires de l'Académie des sciences de Paris* für das Jahr 1823 bildet. Der Autor dieser Arbeit gesteht selbst, dass sein Beweis für bestimmte Funktionen, für die die Konvergenz nicht zu leugnen ist, nicht anwendbar ist. Eine sorgfältige Untersuchung des Mémoire führt mich dazu zu glauben, dass der vorgelegte Beweis selbst nicht für Fälle ausreicht, die der Autor für anwendbar hält. Ich werde vor dem Eintritt in die Materie noch kurz die Einwände darstellen, denen Cauchy's Beweis meines Erachtens unterliegt. Der Weg, den dieser berühmte Geometer in dieser Untersuchung verfolgt, erfordert, dass man die Werte der Funktion $\varphi(x)$, die es zu entwickeln gilt, erhält, wenn man die Variable $x$ durch eine Größe der Form $u + v\sqrt{-1}$ ersetzt. Die Berücksichtigung dieser Werte erscheint für diese Frage nicht passend und man sieht auch zunächst nicht gut, was man von dem Resultat einer derartigen Substitution verstehen kann, wenn die Funktion, für die man die Ersetzung ausführt, nicht durch eine analytische Formel ausgedrückt werden kann. Ich stelle diesen Einwand mit umso mehr Zuversicht dar, als der Autor meine Ansicht in dieser Sache zu teilen scheint. Er beharrt in der Tat in mehreren seiner Arbeiten auf der Notwendigkeit, [S. 158] die Bedeutung, die man einer solchen Substitution beimisst, in präziser Weise zu definieren, und das auch dann, wenn die Funktion, für die man die Substitution durchführt, einem regulären analytischen Gesetz gehorcht." (Dirichlet 1829, 157).[57]

In der darauffolgenden Untersuchung greift Dirichlet zu Beginn eine Behauptung Cauchys als Zitat auf, ohne die Quellen anzugeben. Der Ursprung dieses Zitats konnte bisher noch nicht festgestellt werden.

„Das Verhältnis des Terms vom Rang $n$ [Anm.: Die konkrete Form dieser Reihe kann wegen der bisher unaufgeklärten Quelle nicht angegeben werden] zu der Größe $A\frac{\sin nx}{n}$ ($A$ bezeichne eine feste Konstante in Abhängigkeit von den Extremwerten der Funktion) unterscheidet sich von der positiven Einheit um eine positiv genommene Größe, die in dem Maße, wie $n$ wächst, unbegrenzt abnimmt" (Dirichlet 1829, 158).[58]

Dirichlet folgert: „Aus diesem Ergebnis und dem, dass die Reihe, deren allgemeine Terme durch $A\frac{\sin nx}{n}$ gegeben sind, konvergent ist, schließt der Autor [Cauchy], dass die allgemeine trigonometrische Reihe ebenfalls konvergent ist." An einem Beispiel zeigt er jedoch, dass diese Schlussfolgerung im Allgemeinen nicht haltbar ist: Es sind die beiden Reihen der Terme $a_n = \frac{(-1)^n}{\sqrt{n}}$ und $b_n = \frac{(-1)^n}{\sqrt{n}}\left(1 + \frac{(-1)^n}{\sqrt{n}}\right)$ gegeben, von denen nur die erste konvergent ist, da die Reihe mit $a_n - b_n$ der harmonischen Reihe entspricht. Das Verhältnis $\frac{b_n}{a_n} = 1 \pm \frac{1}{\sqrt{n}}$ ist aber eine gegen Eins konvergente Folge.[59] Den nachfolgenden, allgemeinen Beweis für die Konvergenz der *Fourier-Reihe* führt Dirichlet an Hand eines einfacheren Falles durch, für den $f$ eine auf dem Intervall von Null bis $h \leq \frac{\pi}{2}$ eine stetige, positive und abnehmende Funktion ist.

[57] Ich danke Gert Schubring für seine Korrektur meiner Transkription aus dem Französischen.

[58] Eine mögliche Erklärung ist, dass Dirichlet sich auf die erste Fassung einer von Cauchy selbst gedruckten Publikation mit dem Titel *mémoire sur les développements des fonctions en séries périodiques* bezieht, ohne dabei zu prüfen, dass diese Textstelle nicht in der zweiten Fassung derselben Arbeit enthalten ist, die unter dem gleichen Titel in den *mémoires* der Akademie im Jahre 1823 (publ. 1827) erschienen ist.
Die erste Abhandlung ist bisher nicht greifbar. Die Existenz einer solchen vorigen, separaten Publikation geht aus der Liste der der Akademie zugesandten bereits publizierten Texten hervor: *Procès-Verbaux de l'Académie des Sciences*, 26.3. 1827, tome VIII, S. 508.

[59] Die Redeweise „le rapport [ ] converge vers l'unité à mesure que $n$ croît", wie es im Original heißt, kann man als „konvergent im selben Maß wie $n$" übersetzen.

Der Konvergenzbegriff beschränkt sich für die Betrachtung von Integralen von $\frac{\sin i\beta}{\sin\beta} f(\beta)$ auf gewöhnliche Konvergenz, deren Bereich, wie die Integrationsgrenzen angeben, ein abgeschlossenes Intervall darstellt. Er zeigt auf den folgenden Seiten, dass das Integral $\int_0^h \frac{\sin i\beta}{\sin\beta} f(\beta)\partial\beta$ für wachsende Werte von $i$ gegen $\frac{\pi}{2} f(0)$ konvergiert. Von diesem Zwischenergebnis ausgehend beginnt Dirichlet den Hauptteil seiner Untersuchtung: „Nous sommes maintenant en état de prouver la convergence des séries périodiques qui expriment des fonctions arbitraires entre des limites données“ (ibid., 166). Für eine Funktion $\varphi(x)$, die durch solche Reihen ausgedrückt werden soll, ermittelt Dirichlet unter Zuhilfenahme der Ergebnisse von Fourier das Integral:

$$\frac{1}{\pi}\int_{-\pi}^{+\pi} \varphi(\alpha)\frac{\sin\left(n+\frac{1}{2}\right)(\alpha - x)}{2\sin\frac{1}{2}(\alpha - x)}\partial\alpha,$$

welches als konvergenter Ausdruck für alle Werte zwischen $-\pi$ und $\pi$ gegen

$$\frac{1}{2}\left(\varphi(x+\varepsilon)+\varphi(x-\varepsilon)\right)$$

konvergiert (ibid., 167 f.). Dirichlets Beweis kommt, bis auf die Anwendung von $\varepsilon$ als *nombre infiniment petit et positif*, ohne das technischen Mittel der infinitesimalen Größen aus. Eine Reflexion des Konvergenzbegriffs als solchen findet hier nicht statt, womit seine Anwendung zwar als wichtiger Beitrag zur Analysis der Fourierreihen gilt, jedoch keine neuen Aufschlüsse zum Konvergenzbegriff bietet.

# 4 Die historiographische Diskussion über Cauchys Summentheorem

"Some of the most interesting features of the pre-Weierstrass era have gone unnoticed or remained ununderstood (if not misunderstood) because of 'rational reconstructions'."
- Lakatos 1978, 151.

## 4.1 Bewertung in der Mathematischen Enzyklopädie

Alfred Pringsheim (1850-1941) veröffentliche in der Mathematischen Enzyklopädie eine aufschlussreiche Übersicht der *Grundlagen der Funktionenlehre* (1899). Die detailreiche Darstellung der Grundbegriffe der Analysis, die kaum eine relevante mathematische Abhandlung unerwähnt lässt, bezeugt seine ausgezeichneten Kenntnisse der Fachliteratur.[60] Seine Auswertungen markieren deshalb den Höhepunkt des damaligen etablierten Grundlagenwissens über Funktionen, Grenzwerte, Differenzierbarkeit u.v.m. Seine verwendete Notation ist mit der heutigen bereits identisch.

Er führt den Begriff der gleichmäßigen Konvergenz im seinem Abschnitt *Definition von Funktionen durch Grenzwerte. Gleichmässige Konvergenz* als hinreichende Bedingung ein. In Kurzform gibt er dafür auch die Schreibweise der vertauschbaren Grenzprozesse in der Art an, wie sie schon Dirksen (1829) als Kritik an Cauchy einführte (s. Kapitel 3). Die Motivation für diesen Begriff speist sich also nach wie vor aus dem von Cauchy angeregten Problem des Summentheorems. Pringsheim definiert gleichmäßige Konvergenz durch

„[...] die Bezeichnung

$$|f_{n+\varrho}(x) - f_n(x)| < \varepsilon \quad (\varrho = 1,2,3,\dots)$$

oder die damit gleichwertige:

$$|f(x) - f_\nu(x)| < \varepsilon \quad (\nu \geq n)$$

bei beliebig kleinem $\varepsilon > 0$ für *alle* $x$ eines angebbaren Intervalls $a - \delta \leq x \leq a + \delta$ durch die Wahl eines bestimmten $n$ befriedigt werden kann. Man sagt alsdann, $\lim_{n=\infty} f_n(x)$ konvergiere *gleichmässig in der Umgebung von* $x = a$ [...]." (Pringsheim 1899, 33)

Diese Definition wird gefolgt von dem eher untypischen *Begriff* der ungleichmäßigen Konvergenz, den man vereinzelt nur bei K. Weierstraß antrifft. Es ist möglich, dass Pringsheim aber auch durch die Arbeiten von Stokes und Seidel auf den Begriff „ungleichmässig" gebracht wurde.

„Die Konvergenz heißt in der Nähe von $x = a$ ungleichmässig, wenn die (in dem eben betrachteten Falle nur von $\varepsilon$ abhängige) Zahl $n$ in der Weise von $x$ abhängt, dass sie bei unbegrenzter Annäherung an die Stelle $a$ unbegrenzt vergrössert werden muss" (ibid.)

[60] Zum Unterthema der unendlichen Reihen siehe man Kapitel 5 und vergleiche die Arbeit von (Reiff 1889).

Wie man sieht, wird hier eine Definition gegeben, die der der unendlich langsamen Konvergenz von Seidel entspricht. Pringsheim (1899, 34) gibt Beispiele ungleichmäßig konvergenter Reihen, darunter z. B.

$$\sum_{1}^{\infty}{}_{\nu} \frac{x^2}{1+x^2} \cdot \left(\frac{1}{1+x^2}\right)^{\nu}$$

Neben der Definition für die Umgebung eines Punktes findet man auch jene für das Intervall $(x_0, X)$, das durch die Angabe $x_0 \leq a \leq X$ als abgeschlossen deklariert wird.

Die Bezeichner der Intervallgrenzen gehen auf Björling (1846, 183) zurück, den Pringsheim hier aber nicht nennt – sein Beitrag wurde also nicht rezipiert.

Als Vergleich führt er Weierstraß' Abhandlung *Zur Functionenlehre* (1880) an, in der eine ausführliche Definition gleichmäßig konvergenter Reihen gegeben wird (Weierstraß 1880, 202). Der bis jetzt noch allgemein gehaltene Begriff wird jetzt als Anwendung in der Reihenlehre vorgestellt; es wird Cauchys fehlerhaftes Theorem von 1821 erwähnt, dessen Fehler Pringsheim in der „irrigen Supposition" begründet sieht, „dass jede in der Umgebung von $x$ konvergierende Reihe daselbst *eo ipso gleichmäßig* konvergieren müsse [...]" (1899, 34). So berichtigten George Stokes und Philipp Ludwig Seidel diesen falschen Stetigkeitssatz mit der Bedingung der unendlich langsamen (Stokes 1847) bzw. beliebig langsamen Konvergenz (Seidel 1847). Pringsheim verteidigt den Vorwurf Reiffs (1899) gegen den Beweis von Stokes. Der eigentliche Beweis sei richtig, so Pringsheim, falsch sei einzig die Rückrichtung, nach der die Stetigkeit die gleichmäßige Konvergenz nach sich ziehe. Diese Frage wurde von Seidel (1847) als offen bezeichnet und erst später durch G. Darboux, Du Bois-Reymond und G. Cantor durch Gegenbeispiele entschieden.

Für die Folgezeit nach 1847 bringt Pringsheim zwei gewichtige, mathematikhistorische Aussagen von allerdings zweifelhaftem Wahrheitsgehalt:

> „Auch Cauchy hat späterhin [1853], wohl unabhängig von den beiden eben genannten [Stokes und Seidel], seinen oben erwähnten falschen Stetigkeitssatz berichtigt und bei dieser Gelegenheit das Wesen der gleichmäßigen Konvergenz vollkommen scharf charakterisiert" (1899, 35).

Die Unabhängigkeit Cauchys von der Wirkung der Stokes- und Seidel-Werke ist hier eine reine Behauptung, schwerwiegender ist jedoch die Aussage, er habe diesen neuen Begriff „vollkommen scharf" beschrieben.

In Kapitel 2 wurde bereits das Maß der mathematischen Strenge bei Cauchy erörtert, dessen Ergebnis diese Äußerung widerlegt haben sollte. Die folgende Behauptung legt zugleich den Grundstein für meine Untersuchungen der Weierstraß-Vorlesungen (Kapitel 6):

> „Die Bezeichnung ›gleichmässige‹ Konvergenz dürfte von Weierstrass herrühren, durch dessen Vorlesungen die einschneidende Bedeutung und Unentbehrlichkeit dieses Begriffes wohl zuerst zu allgemeiner Erkenntnis gelangte" (1899, 35).

Pringsheim nahm erstmalig eine Untersuchung der verwendeten Ausdrücke der gleichmäßigen Konvergenz vor. So entdeckte er innerhalb der Analysis des 19. Jahrhunderts verschiedene Ausprägungen dieses Begriffes, darunter die Konvergenz *im gleichen Grade*[61], gleichmä-

[61] Nach Pringsheim gehören die Mathematiker Heine und Schwarz zu den Anwendern dieses Ausdrucks (1899, 35). Eine Untersuchung dieses Begriffes findet man in Kapitel 6.

ßige bzw. gleichförmige Konvergenz[62], unendlich langsame Konvergenz, stetige Konvergenz[63] und einfach gleichmäßige Konvergenz[64]. Zu dieser Liste kann man noch das im 20. Jahrhundert durch G. G. Hardy eingeführte quasi-gleichmäßig hinzufügen.

## 4.2 Der Stand der traditionellen Mathematikhistoriographie nach Pringsheim

Nach Pringsheim soll eine zweite, für die erste Hälfte des 20. Jahrhunderts repräsentative Gesamtdarstellung der mathematischen Grundlagen herangezogen werden.

### *4.2.1 The History of the Calculus* (1949)

Carl B. Boyer (1906-1976) beschreibt in seiner erstmals 1949 publizierten vielzitierten Standardwerk der Mathematikgeschichte (1959) ein traditionelles Verständnis der überlieferten Mathematik Cauchys. Er sei als Gründer einer fundierten Analysis unangefochten, zugleich aber nicht von formalen Schwächen freizusprechen (1959, 284). Die Mängel, dass Cauchy einige verwendete Formulierungen nicht eindeutig einführte, werden von Boyer nicht in dem Maße wie bei (Dugac 2003) kritisiert oder anhand des Summentheorems problematisiert („[...] they suggested difficulties which had been raised in the preceding century", ibid., 284). Boyers Behandlung der Cauchy'schen Reihenlehre ist auf die Einführung konvergenter Reihen im *Cours d'analyse* beschränkt.[65] Statt auf das nur einige Seiten später aufgestellte Summentheorem einzugehen, diskutiert Boyer aus der Reihe der Lehrsätze nur das sog. Cauchy-Kriterium, welches eine notwendige und hinreichende Bedingung für die Konvergenz einer unendlichen Reihe liefert und in die folgenden modernen Notation überführt wurde:

---

[62] „Bei Weierstrass in zwei von 1841/42 [...] datierten, aber damals nicht publizierten Aufsätzen, steht [...] ›*gleichmässig*‹ [...],›*gleichförmig*‹ konvergent" (1899, 35). Eine dieser Abhandlungen, *Zur Theorie der Potenzreihen (1841)*, liegt nur als Nachbearbeitung vor, deren Entstehung ich auf die achtziger Jahre datiere und die wegen ihrer fortgeschrittenen Begriffsbildung falsche Rückschlüsse über den Stand der 1840er bei Weierstraß lieferte. Näheres in Kapitel 6.

[63] Pringsheim identifiziert Du Bois-Reymonds „stetige Convergenz" mit der *gleichmäßigen Konvergenz für jede einzelne Stelle* (1899, 34 f.). Die von ihm angeführte Quelle, die Arbeit *Über die Integration der Reihen* (Du Bois-Reymond, 1886) trifft aber eine zu Pringsheims Darstellung abweichende, eigensinnige Begriffserklärung; Der Ausdruck $U_n(x) = \sum_1^n u_p(x)$ sei gleich der Funktion $\phi(x, \varepsilon)$ mit $\varepsilon = n^{-1}$.

> „So ist auch die Forderung, dass der Rest $U_n(x_1) = \sum_n^\infty u_p(x_1)$ für jeden Punkt $x$ des Intervalls $a..b$ mit $n^{-1}$ und $x_1 - x$ bedinungslos verschwinde, eine geringere Forderung, als die sogenannte ›*gleichmässige Convergenz*‹ [...]."

Für die Eigenschaft, dass zu einer gegebenen Größe $\Delta$ eine andere Größe $\rho^2 > (x_1 - x)^2 + \varepsilon^2$ gefunden werden kann, damit $|\phi(x, 0) - \phi(x_1, \varepsilon)| < \Delta$ gilt, sieht Du Bois-Reymond die Benennung „*stetige Convergenz*" vor,

> „weil, entsprechend den Stetigkeitsgraden [wie z. B. gleichmäßiger Stetigkeit] der Function $\phi(x, \varepsilon)$ für feste $x$, auch die Reihe im Intervall ihrer stetigen Convergenz sehr verschiedene Grade der Convergenz besitzen kann, worauf ich an einem anderen Orte zurückzukommen gedenke" (Du Bois-Reymond 1886, 359 f.).

In der heutigen Analysis bezeichnet man, anders als seinerzeit Du Bois-Reymond, eine Funktionenfolge $f_n$ als stetig konvergent, wenn für jede gegen ein $a$ konvergierende Folge $(x_n)_n$ der Grenzwert $\lim_{n\to\infty} f_n(x_n)$ existiert. Diese Eigenschaft ist äquivalent zu kompakter Konvergenz (gleichmäßig auf jeder kompakten Teilmenge), falls der Grenzwert $\lim f_n$ eine stetige Funktion ist (s. Remmert 2002).

[64] Diese wird von Ulisse Dini eingeführt.

[65] Boyer bezieht sich auf die ersten Seiten des sechsten Kapitels, siehe Œuvres complètes, s. II, t. 3, 114 ff.

Eine Folge $(s_n)_{n\in\mathbb{N}}$ reeller oder komplexer Zahlen konvergiert gegen einen Grenzwert in $\mathbb{R}$ bzw. $\mathbb{C}$, wenn es zu jedem $\varepsilon > 0$ Zahlen $m, n$ größer als ein $N\epsilon\mathbb{N}$ gibt, so dass $|s_n - s_m| < \varepsilon$ gilt.

Die diesem Resultat (in einer Urform) vorangehende Einführung Cauchys definiert Konvergenz einer unendlichen Reihe $u_0 + u_1 + \cdots$ wie folgt:

„Wenn alsdann für stets zunehmende Werte von $n$ die Summe $s_n$ sich einer gewissen Grenze $s$ beliebig nähert, so werden wir die Reihe **convergent** nennen, und die in Rede stehende Grenze heisst die **Summe der Reihe**." (Itzigsohn 1885, 85).

In Abgrenzung zu modernen Interpretationen, die eine Grenzwert-freie Grundlegung des calculus nachweisen wollen, deutet Boyer diese Konvergenzform nicht im Sinne einer *eigenen C-Konvergenz*, wie sie später von Lakatos propagiert wird, sondern in klassischer Weise: „Cauchy here showed clearly that the limit notion is involved, as it was also in differentiation and integration and in defining continuity" (281). Obgleich Boyer diese zentralen Begriffe und deren Entwicklung in Cauchys Arbeit anspricht, wird die Konvergenz von Funktionenreihen im Allgemeinen und das Summentheorem im Speziellen in seiner Darstellung vollständig ausgelassen.

Die Kritik an Cauchys Begriffen beschränkt sich auf wenige Bemerkungen über die Unschärfe seiner Begriffe, die den Glauben an seine Leistungen für eine strenge Begründung der Analysis nicht zuletzt deshalb unberührt lassen, weil eine Diskussion seiner *Fehler* ausbleibt.

### *4.2.2 Elements d'histoire des mathématiques (1960)*

Unter dem Pseudonym „Nicolas Bourbaki" begann eine Gruppe von Mathematikern im Jahre 1934 damit, ein mehrbändiges, lehrbuchartiges Werk mit dem Ziel einer axiomatischen Grundlegung der gesamten Mathematik gemeinschaftlich voranzutreiben und zu publizieren. Einer dieser Bände, *Elements d'histoire des mathématiques* (1960, 1971 als dt. Übersetzung), dient uns als Beleg für eine kaum von Pringsheim abgewichenen Mathematikhistoriographie der gleichmäßigen Konvergenz. Dessen Entdeckung steht, nach dem Kenntnisstand der Bourbaki-Gruppe, sowohl den unabhängigen Beiträgen Stokes' und Seidels, als auch den Forschungen Weierstraß' zu – „[...] und durch Cauchy selbst im Jahre 1853 [...]" (Bourbaki 1971, 239). Der Irrtum Pringsheims, Cauchy hätte das „Wesen der gleichmäßigen Konvergenz vollkommen scharf charakterisiert", wird hier übernommen und in ähnlicher Weise ausgedrückt, er habe den Begriff „allgemein" herausgearbeitet.

Das „Vorantreiben" einer Systematisierung der gleichmäßigen Konvergenz geschah unter Einfluss von Weierstraß[66] und Riemann, so das Kollektiv, auch durch Hermann Hankel (1839-1873) und Du Bois-Reymond.[67]

[66] Seine Beiträge zur Begriffsentwicklung werden von Bourbaki nicht hinreichend erörtert.

[67] Über den speziellen Charakter der Publikationen von Du Bois-Reymond wird in Kapitel 7 zu sprechen sein. Seine Beiträge erscheinen aus mathematikhistorischer Sicht eher eigenwillig. Dafür spricht seine individualisierte Formulierung und u. a. sein nonkonformistischer Ansatz im Falle des Summentheorems für unendliche Reihen.

## 4.3 Moderne Mathematikhistoriograhie

### *4.3.1 Die Nichtstandardanalysis nach Abraham Robinson*

Die Theorie der Non-Standard Analysis wurde erstmalig von Abraham Robinson (1918-1974) in den sechziger Jahren formuliert. Sie stellt ein Alternativmodell der Analysis dar, in dem der Körper der reellen Zahlen um die Menge der unendlich großen und unendlich kleinen Zahlen erweitert wird. Sei $^*R$ der Erweiterungskörper von $R$, dann ist ein $a \in {}^*R$ infinitesimal, falls für jedes positives $m \in R$ gilt, dass $|a| < m$. Entsprechend werden unendlich große Zahlen definiert. In seinem Buch *Non-standard Analysis* (1974; erste Auflage 1966) beschreibt Robinson, wie sich auf Basis dieser hyperreellen Zahlen eine Differential- und Integralrechnung konstruieren lässt, die die meisten fundamentalen Resultate der klassischen Analysis transferieren kann, aber auf den Gebrauch von Grenzwerten verzichtet.[68]

Wenn wir also eine gegen $s$ konvergente Folge $s_n$ gegeben haben, so wird dieser Zusammenhang in der Nichtstandard-Welt durch $s_n \simeq s$ ausgedrückt, d. h. der Ausdruck $s_n - s$ ist infinitesimal für alle unendlichen Zahlen $n$. Die Grenzwertschreibweise der klassischen Analysis lautet hierzu bekanntermaßen: $\lim_{n\to\infty} s_n = s$. Damit erhalten wir ein Analogon zur Folgenkonvergenz im Sinne der Nichtstandardanalysis (Kurzform: NSA). Gesetzt, dass wir Funktionen gegeben haben, kann Stetigkeit (im Punkt $x_0$) dadurch definiert werden, indem für alle $x \simeq x_0$ gelte $f(x) \simeq f(x_0)$.[69] Man beachte, dass beide Stetigkeitsbegriffe nicht deckungsgleich sind: Eine Funktion, die einen unendlich kleinen Sprung aufweist und nach der Nichtstandard-Definition stetig ist, ist bezüglich der klassischen Stetigkeit unstetig. Dagegen ist jede klassisch stetige Funktion auch „infinitesimal stetig“. Diese Unterscheidung scheint mir in diesen NSA-Anwendungen für Cauchy unbeachtet geblieben zu sein.

Mit diesem Mittel überträgt Robinson auch das Konzept der gleichmäßigen Konvergenz: „According to the classical definition $\{f_n(x)\}$ converges uniformly on $B$ [im Folgenden ein allgemeiner metrischer Raum], to a function $f(x)$, if for every positive $\varepsilon$ there exists a natural number $v = v(\varepsilon)$ such that $\varrho\big(f(p), f_n(p)\big) < \varepsilon$ for all $p$ in $B$ and for all $n > v$“ (Robinson 1974, 116). In Nichtstandard-Sprache bedeutet dies, dass $f(p) \simeq f_n(p)$ für alle Punkte $p \in {}^*B$ und für alle unendlichen $n$ gilt (ibid.), und demnach gleichmäßige Konvergenz auf $^*B$.[70]

[68] Dieser Abschnitt soll keine Einführung in die Nichtstandard-Analysis geben, sondern nur die für das Kapitel relevanten Konzepte vorstellen.

[69] Für Cauchys Stetigkeit im (offenen) Intervall sieht Robinson die folgende NSA-Definition vor: „[…] for infinitesimal $\alpha$, the difference $f(x+\alpha) - f(x)$ is always (*toujours*) infinitesimal“ (1974, 270 f.). Die begriffliche Unschärfe wird hier in die Nichtstandard-Welt überführt: Abhängig von der Auslegung des Wortes „immer“ ergeben sich verschiedene Formen von Stetigkeit. Sind alle $x$, statt nur die nicht-infinitesimalen Werte zugelassen, so entsteht gleichmäßige Stetigkeit. In der klassischen Analysis ergäbe sich dieser Fall aus der Abgeschlossenheit des Intervalls.

[70] Auf dieses Resultat folgt Robinsons Neuauflage des Summentheorems mit gleichmäßiger Konvergenz: „If the functions of the sequence $\{f_n(x)\}$ are defined and continuous on a set $B$ and converge to a function $f(x)$ uniformly on $B$ then $f(x)$ is continuous on $B$“ (1974, 117).

#### *4.3.1.1 Cauchys unendlich kleine und unendlich große Größen – Anregungen für eine Interpretation durch die Nichtstandard-Analysis*

Cauchy hat im *Cours d'analyse* den unendlich kleinen bzw. großen Größen ein eigenes Kapitel gewidmet. Hier gibt er zu Beginn eine Definition von unendlich kleinen bzw. großen Werten einer Variable:

> „Man sagt: eine veränderliche Zahlgrösse **wird unendlich klein**, wenn ihr numerischer Wert beliebig (*indéfiniment*) so abnimmt, dass er sich der Grenze Null nähert. [...] Man sagt: eine veränderliche Zahlgrösse wird unendlich gross, wenn ihr numerischer Wert, indem er beliebig zunimmt, sich der Grenze ∞ nähert." (Itzigsohn 1885, 18 f.).[71]

Für den Begriff der unendlich kleinen Größen führt Cauchy die ganzzahlige Ordnung ein: Sei $\alpha$ eine solche Größe, dann wird die allgemeine Potenz $\alpha^n$ als *unendlich klein der Ordnung n* bezeichnet. Formal lässt sich die Ordnung einer solchen, hier mit $\omega$ bezeichneten Größe nach Cauchy dadurch nachweisen, dass man $\frac{\omega}{\alpha^n}$ für ein von Null verschiedenes, aber verschwindendes $\alpha$ betrachtet.[72] Ist der Grenzwert ungleich Null, so besitzt die Größe $\omega$ die Ordnung $n$. Die allgemeine Form gibt Cauchy mit $k\alpha^n(1 \pm \varepsilon)$ an. Im Anschluss an diese Einführung wird eine Reihe von Theoremen formuliert, aus deren Zusammenwirken eine Arithmetik dieser *quantités infiniment petites* entsteht. Folglich lassen sich beliebig viele solcher Größen beliebiger Ordnung angeben, die zwar der Null unendlich nahe kommen, sie jedoch nicht erreichen. Als erste Anwendung findet man eine Reihe von Propositionen für Polynome, die unter anderem die Rolle der größten Potenz einer infinitesimalen Größe beschreibt (siehe Itzigsohn 1885, 21 ff.). Dies steht in Bezug zur Asymptotik von Potenzen. Über den praktischen Nutzen solcher infinitesimalen Größen schreibt Boyer:

> „In order to make the concept of the infinitesimal more useful and to take advantage of the operational facility afforded by the Leibnizian views, Cauchy added definitions of infinitesimals of higher order" (Boyer 1959, 273 f.).

Weiterhin betrachtet Cauchy den Bruch zweier unendlich kleiner Größen, deren Wert abhängig von der Ordnungen der Terme entweder konstant, null oder unendlich ist (Itzigsohn, 1885, 42).

Cauchy motiviert in seiner Einführung rudimentär die Erweiterung durch die hyperreellen Zahlen und beflügelte damit sicherlich die Vorstellung, er habe nach dem Modell der Nonstandard Analysis seine Analysis begründet (Robinson erwähnt diese Einführung, s. Robinson 1974, 270). Andererseits lassen sich auch zu einer konsequenten NSA-Interpretation widersprüchliche Aussagen Cauchys finden. Zu den Funktionen $\frac{-m}{x}$ und $x^{-m}$ und deren Stetigkeit bemerkt er: „es sind dies die beiden Funktionen [...] welche beide für $x = 0$ unendlich und folglich auch unstetig werden" (Itzigsohn 1885, 25). Diese Aussage spricht für eine Grenzwert-basierte Analysis, wie sie heute in der traditionellen Analysis praktiziert wird. In der Nichtstandard-Analysis gilt hingegen $x^{-1} \simeq \infty$ für alle $x \simeq 0$, woraus die Stetigkeit der

---

[71] Es existiert zusätzlich die Cauchy-spezifische Unterscheidung in *constantly* und *indefinitely decreasing*, die man in heutiger Sprache durch Nullfolgen und allgemein konvergente Folgen übersetzen kann.

[72] Die Autoren der englischen Übersetzung kommentieren dazu: „Here, Cauchy is making the implicit assumption that $\alpha$ is never zero" (2009, 22).

Funktion $1/x$ im Punkt Null folgt. Folglich ist Cauchys Konzept von Stetigkeit nicht allgemein mit der Nichtstandard-Stetigkeit konform.

Robinson zieht zur Begründung für eine NSA-Analyse der Cauchy-Konzepte einige „relevante" Erklärungen aus dem *Cours d'analyse* heran (1974, 270), die in Auszügen und aus der englischen Übersetzung wie folgt zitiert werden:

„Man nennt eine Zahlgrösse, von der man voraussetzt, dass ihr nach einander mehre von einander verschiedene Werte beigelegt werden dürfen, eine **veränderliche** Zahlgrösse. [...] Wenn die einer Veränderlichen nach und nach beigelegten Werte sich einem gegebenen Werte immer mehr und mehr nähern, so dass in jener Reihe schliesslich Werte existiren, die von jenem gegebenen Werte so wenig, wie man will, verschieden sind, so nennt man den gegebenen Wert die **Grenze** jener übrigen Werte.

[...] Wenn die ein und derselben Veränderlichen nach und nach beigelegten numerischen Werte beliebig so abnehmen, dass sie kleiner als jede gegebene Zahl warden, so sagt man, diese Veränderliche wird **unendlich klein** oder: sie eine **unendlich kleine Zahlgrösse**" (Itzigsohn 1885, 2 f.).

Ihm zufolge sind infinitesimale Größen ein „fundamentaler" Bestandteil in Cauchys Analysis. Diese Aussage beruht aber auf einer fehlenden Analyse der Entwicklung der Konzeptionen der Analysis an der *École Polytechnique*. Die Entwicklung stellt sich als eine Abfolge von Brüchen dar, wie von (Schubring 2005) analysiert worden ist. Die ersten Jahre ab 1794 waren geprägt von der Dominanz der Lagrangeschen algebraischen Konzeption, in der sowohl die Methode der *limites* als auch die der *quantités infiniment petites* abgelehnt wurde. Ein erster Bruch erfolgte 1800, als für die Analysis-Kurse beschlossen wurde, sie nach der Methode der *limites* zu lehren. Paradigmatisch für diese Konzeption wurde das Lehrbuch *Traité élémentaire du calcul différentiel et du calcul intégral* (1802) von Sylvestre-François Lacroix (1765-1843), der die Methode schon seinem dreibändigen Handbuch *Traité du Calcul Différentiel et du Calcul Intégral* zugrundegelegt hatte. Hierin betont er seine Ablehnung der Methode der *quantités infiniment petites* und führt stattdessen eine Grenzwertmethode auf der Grundlage verbaler Formulierungen ein. Ihre Zweckmäßigkeit erkläre sich aus einer klareren Konvergenzbetrachtung auf Reihenentwicklungen, so Lacroix (Schubring 2005, 374 f.). André-Marie Ampère (1775-1836), répétiteur von Lacroix' Analysis-Vorlesungen und Betreuer von Cauchy als Student, stimmte mit dieser Methoden-Auffassung überein: „Ampére clearly expresses his rejection of infinitely small quantities in this text[73]" (Schubring 2005, 385).

Ein neuer, grundlegender konzeptioneller Bruch erfolgte auf Druck der Hochschulen: Die Analysis-Vorlesungen an der Ècole Polytechnique sollten nach dem Beschluss des sog. *Conseil de perfectionnement* im Jahre 1811 mittels der Methode der infiniment petits vorgetragen werden und nicht mehr mit der Grenzwertmethode. Die *infiniments petits* bildeten das *neue* fundamentale Konzept für den calculus in der Folgezeit. Dieser Beschluss bedeutete eine Absage an eine Algebraisierung der Analysis. Der Beschluss übte großen Druck[74] auf die Lehrenden des Instituts aus, die mit einer umgehenden und grundlegenden Revision ihrer Lehrinhalte konfrontiert waren:

---

[73] *Mémoire: Recherches sur quelques points de la théorie des fonctions dérivées qui conduisent à une nouvelle démonstration de la série de Taylor, et à l'expression finie des termes qu'en néglige lorsqu'on arrête cette série à un terme quelconque*, Journal de l'École Polytechnique, tome 6, cahier 13, 1806.

[74] „strong public pressure to return to the synthetic method and the ‚intuitive' nonalgebraic concept of the *infiniment petits*" (Schubring 2005, 397).

„One reason for the lack of an immediate internal adaptation was that internal resistance led to a compromise solution, a kind of dualism, whereas external mathematicians took the resolution seriously, anticipating that they could increase their potential influence on the *École polytechnique*" (Schubring 2005, 400).

Als Reaktion auf diesen Eingriff hat das für den internen Lehrbetrieb zuständige Gremium, der *Conseil d'Instruction*, noch im selben Jahr ein neues Leitprogramm formuliert, das den Beschluss der *École* umsetzte. Es sah die Einführung der infinitesimalen Größen vor, aber auch zugleich die Darlegung der Übereinstimmung dieser Methode mit den bisher gelehrten Prinzipien des calculus anhand „einfacher Fälle". Die parallele Umsetzung beider Methoden war die Folge. Dieses *Programme d'analyse* prägte in Frankreich die weitere Entwicklung der Analysis und ihrer Darstellung in Lehrbüchern, wie dem *Cours d'analyse* (1821) (s. Schubring 2005, 400 f.).

Demnach ist Cauchys Einführung der *quantités infiniment petites* (und die höherer Ordnungen) die Folge eines historisch bedingten, methodischen Kompromisses, der besonders in Robinsons bekannter Interpretation und der dadurch angeregten Nichtstandard-Ausdeutung nicht berücksichtigt worden ist. Aussagen im Sinne der NSA über Cauchy, die auf der Annahme beruhen, er habe seine Analysis auf dem Fundament der infinitesimalen Größen errichtet (obwohl er nicht zuletzt die Algebraisierung der Analysis vorantreiben wollte), sind also nicht zutreffend. Jesper Lützen, der diese historischen Analysen noch nicht berücksichtigen konnte, hält den Ansatz der Nichtstandardanalysis für historisch interessant, aber mathematisch schwer haltbar: „If the nonstandard reading of Cauchy is correct, 'magnitudes' should be ordered in a Non-Archimedian way and this clashes with the Euclidean theory. [...] it is hard to explain why infinitesimals are later defined *afterwards* as variable quantities tending to zero" (Lützen 2003, 164).

Der Weg der Nichtstandard-Analysis wird von Robinson jedoch keineswegs in prophetischer Weise als Königsweg der Cauchy-Interpretationen vorgetragen, sondern als Vorschlag, der der tatsächlichen Intention des Autors nicht gerecht werden muss: „Whatever the precise picture of an infinitely small quantity may have been in Cauchy's mind, we may examine his subsequent definitions [wie Konvergenz, Stetigkeit u. a.] and see what they amount to if we interpret the infinitely small and infinitely large quantities mentioned in them in the sense of Non-standard Analysis" (Robinson 1974, 270).

#### *4.3.1.2 Robinsons Interpretation der Summentheorem-Beweise*

Robinson rekonstruiert den Beweis von 1821 mit den üblichen Notationen von $s, s_n$ und $r_n$. Die Behauptung, dass die konvergente Reihe der stetigen Funktionen $u_n$ wieder stetig ist, bedeutet, es gelte $s(x_1+\alpha) \simeq s(x_1)$ für alle unendlichen $n$, wobei hier $x_1$ zwischen den Grenzen $a$ und $b$ liegt.[75] Der Hauptteil des Beweises von Cauchy unterliegt der folgenden Schwierigkeit: Nachdem $r_n(x_1)$ infinitesimal ist, muss sowohl $s(x_1+\alpha) - s(x_1)$ als auch

[75] Robinson liest das franz. Wort *le voisinage* als offenes Intervall. Diese Interpretation kommt jedoch einer Verfälschung gleich, da Cauchy in seinem Beweis keine Hinweise für das Vorliegen eines Intervalls gibt. Erst 1853 benutzt er die Bezeichnung „entre des limites données": Bradley und Sandifer beziehen sich auf (Grabiner 2005) und wiederholen, dass Cauchy Stetigkeit nur für *ganze* Intervalle und offene Intervalle, jedoch nicht für Punkte definiert (2009, 26).

$r_n(x_1 + \alpha)$ für ein gemeinsames, unendliches $n$ infinitesimal werden.[76] Dies lässt sich nach Robinson entweder dadurch lösen, dass die Reihe $s$ als gleichmäßig konvergent vorausgesetzt wird (dann wäre $r_n(x_1 + \alpha)$ sicher für alle $n$ infinitesimal) oder dass die Funktionen $s_n(x)$ gleichgradig stetig sind.

Für das Cauchy-Theorem von 1853 könne man im Sinne der Non-Standard Analysis die neue Konvergenzeigenschaft („la somme $u_n + u_{n+1} + \cdots + u_{n'-1}$ devient toujours infiniment petite pour des valeurs infiniment grandes des nombres entiers $n$ et $n' > n$") als gleichmäßige Konvergenz interpretieren, wenn man „infiniment petite" als infinitesimal und „toujours" als „für alle hyperreellen Zahlen" liest (Robinson 1974, 272 f.).

Diese Interpretation von Robinson zeigt, dass die Non-standard Analysis keine endgültige Entscheidung herbeiführen kann. Die Lücke im Beweis von 1821 lässt sich weiterhin nur durch Begriffe zufriedenstellend füllen, welche Cauchy selbst nicht einführte (gleichmäßige Konvergenz oder gleichgradige Stetigkeit).

#### *4.3.1.3 Non-standard-Analysis in der Anwendung – Mathematikhistorische Neudeutungen nach Lakatos und Cleave*

Ein Autor, dem man eine sehr starke Wirkung auf den NSA-Ansatz nachsagt und der in diesem Kontext zwei verschiedene Arbeiten zu Cauchy verfasste, ist der an Mathematikgeschichte interessierte Philosoph Imre Lakatos (1922-1974). Die erste Publikation zu diesem Thema ist seine Dissertation aus dem Jahre 1961, die als Teil in der posthum veröffentlichten Arbeit *Proofs and Refutations* (1976) erschienen ist. Hier vertritt Lakatos zunächst eine klassische mathematikhistorische Sichtweise. Er betrachtet Cauchys Summentheoreme aus der Sicht der heutigen Standard-Analysis, kritisiert aber die traditionellen und wenig hinterfragten Standpunkte früherer Mathematiker und Historiker über den *Stand* von Cauchy-1821. Erst Seidel hat nachhaltig zur Korrektur des fehlerhaften Satzes (1821) beitragen können, weil er u. a. nicht denselben Hindernissen begegnete; die Verwendung von Größen der Art *infiniment petite* sei bei Cauchy noch (zu) unkonkret: „This prevented Cauchy from giving a clear critical appraisal of his old proof and even from formulating his theorem clearly in his [1853]" (Lakatos 1976, 132). Das Problem liege also nicht in einer missglückten Interpretation seiner Arbeit, sondern in seiner Begriffswelt *selbst*.

Abels Einwand, der u. a. von Pringsheim (1916)[77] und Hardy (1918)[78] als Hinweis auf die Existenz der gleichmäßigen Konvergenz gedeutet wird, sei ebenso, wie dessen eingeschränkter Summensatz, ein Ergebnis seiner *Exception-Barring Method*, aus der keine Vorausschau der gleichmäßigen Konvergenz entspringe. Ferner berichtigt Lakatos: „[…] *for Abel there is only one sort of convergence, the simple one*" (Lakatos 1976, 135). Die damit entstandene

---

[76] Dieses Bedingung kann als Pendant zu Seidels Überlegungen gelten, der für die traditionelle Analysis und seine Untersuchung des Beweises dem Fall entgegen treten muss, dass sich für verschwindende $\alpha$ kein kleinstes $N \leq n$ angeben lässt, damit $r_n(x_1 + \alpha)$ ausreichend klein wird. Tritt dies ein, liegt *ungleichmässige Konvergenz* vor (s. Kapitel 5).

[77] Dieser Verweis bezieht sich auf (Pringsheim 1899). Er postuliert tatsächlich, dass Abel durch seine Anmerkung und sein eigenes Summentheorem (siehe Kapitel 3) „direkt die Existenz derjenigen Eigenschaft nachwies, welche jetzt als *gleichmässige* Konvergenz bezeichnet wird" (ibid., 35).

[78] Lakatos zitiert Hardys Einleitung, in der er den Verdienst um die Notation der gleichmäßigen Konvergenz Weierstrass, Stokes und Seidel zu rechnet. Dazu zählt auch Abels Beweis seines Summentheorems für Potenzreihen – „The idea is present implicitly […]" (148). Diese Ansicht muss zweifelsohne zurückgewiesen werden.

zeitliche Lücke zwischen Cauchys Fehler und Seidels Berichtigung erkläre sich – ihm zufolge – aus der noch vorherrschenden Eulerschen Methodik. Das Beharren der Zeitgenossen auf dieser Methode und der Versuch ihrer Anwendung für den calculus wirkte noch über viele Jahre nach und ihr allmählich nachlassender Einfluss setzte als Ersten Seidel in die Lage, die „verborgene Hypothese" des Theorems (1821) aufzudecken und zu explizieren.

Lakatos' zweite Arbeit *Cauchy and the continuum: The Significance of Non-standard Analysis for the History and Philosophy of Mathematics* (1978) basiert auf einem unveröffentlichten Vortrag aus dem Jahre 1966, den er als Reaktion seiner Auseinandersetzung mit Robinsons Nonstandard-Analysis in Form dieser Abhandlung publizierte, die aus mathematik-philosophischer Sicht den Bruch mit seiner früheren Betrachtungsweise markiert.

Die bekannten Fakten der Mathematikgeschichte des Summentheorems werden im Sinne seines neuen Ansatzes umgedeutet und bilden nun das Fundament für eine gänzlich revidierte Annäherung an Cauchy. Derselbe habe schon vor der Veröffentlichung seines *Cours d'analyse* (1821) von der Existenz der Fourier-Reihen gewusst, ein technischer Fehler, eine Unachtsamkeit als Ursache für ein fehlerhaftes Theorem sei daher unwahrscheinlich: „it seems that Cauchy proved a theorem which many people, including himself, knew to be false or at least problematic" (1980, 152). Die Zielsetzung seines Lehrbuchs, ein streng begründetes Grundlagenwerk für seine Studenten an der École zu schaffen, hätte das Postulat ungesicherter Theoreme aber nicht zugelassen. Wieso Cauchy sein Theorem nicht zurückzog, obwohl die Ausnahmen aus der Fourier-Analysis bekannt waren, und warum Abel (1826) keine tiefere Analyse des Fehlers unternahm, gehören zu den Fragen Lakatos', an deren Ende er die ihm zufolge traditionell fehlverstandene Infinitesimalrechnung Cauchys stellt. Zudem sei der lange Zeitraum zwischen 1821 und 1853, in dem Cauchy bezüglich seines Summentheorems untätig blieb, fragwürdig. Die Schwierigkeit, einen hinreichenden Zusatz für das Summentheorem von 1821 zu finden, sei aber ein „easy problem" und sei bereits von Seidel (1847) mit seiner Entdeckung der gleichmäßigen Konvergenz gelöst (1980, 152).[79] Cauchys spätere Revision und sein Vermerk über die auftretende Ausnahmereihe $\sum\frac{\sin nx}{n}$ (1853) passt, wie Lakatos berechtigterweise erwähnt, nicht zur Annahme, dass Cauchys Grundlagen fehlinterpretiert wurden.

Aus historischer Sicht lässt Lakatos hier den Einfluss weiterer Personen unerwähnt. Seine Darstellung der Mathematikhistoriographie ist unvollständig, gibt es doch mit den Beiträgen

[79] Über den Mathematiker Philipp Ludwig Seidel wird im folgenden Kapitel noch zusprechen sein. Lakatos geht davon aus, Seidel habe den Anreiz für seine Entdeckung und Lösung des Summentheorem-Problems von Dirichlet erhalten:

> „Seidel, who [...] finally solved the problem with the discovery of uniform convergence, was Dirichlet's pupil and probably inherited the problem from him" (1978, 152).

Eine mutmaßliche Beziehung zwischen Seidel und Cauchy, die nach meinem Kenntnisstand weiterhin unbewiesen ist, wird von Lakatos mit dazu verwendet, eine historische Legitimation der Non-standard Analysis zu schaffen, die auf abenteuerliche Weise den Eindruck einer „nativen" Lösung des Problems erwecken soll:

> „Why this delay of twenty-six years? Today, if one gave Cauchy's false proof to a bright undergraduate, it would not take him long to put it right; and indeed, Seidel himself did not find the problem at all difficult! What inhibited a whole generation of the best minds from solving an easy problem? [...] why could Cauchy, even after Seidet's paper, not understand uniform convergence, which, according to Seidel, was an obvious hidden lemma in Cauchy's own proof [...]" (ibid.)

von Björling, Briot und Bouquet weitere Indizien für Interpretationsansätze, die ohne den Ansatz der Nichtstandardanalysis schlüssig erscheinen. Hinzu kommt, dass er den Beitrag Weierstraß' zur Geschichte der gleichmäßigen Konvergenz falsch wiedergibt und die veraltete Annahme, er habe schon in den vierziger Jahren gleichmäßige Konvergenz verwendet, unkritisch reproduziert: „We know now from Weierstrass's manuscripts that he had known about uniform convergence – and lectured about it with textbook clarity – since 1841“ (Lakatos 1978, 158). Dennoch wird Cauchys Konzeption traditionell nach den Normen der modernen Analysis bewertet, deren Zählung mit Weierstraß' Einfluss beginnt. Die Entwicklung der klassischen Analysis, die Cauchy als Mitbegründer mitgetragen haben soll, führe zu dem Irrglauben, er habe immanent eine moderne Standardanalysis betrieben.[80] Lakatos zufolge ist Cauchys formaler Beweis, wie auch das Theorem (1821) selbst, nicht nach der etablierten Grenzwert-Analysis, sondern im Sinne einer Leibniz'schen Tradition der infinitesimalen Größen richtig.[81] Er behauptet, „Cauchy made absolutely no mistake, he only proved a completely different theorem, about transfinite sequences of functions which Cauchy-converge on the Leibniz continuum“.[82]

Es muss noch erwähnt werden, dass die Behauptung einer Leibniz'schen Tradition eines infinitesimalen Kontinuums von beiden Autoren Lakatos und Cleave in keiner Weise expliziert und belegt wird: Leibniz hat sich stets dagegen gewehrt, die Grundlagen seiner Infinitesimalrechnung als unendlich kleine Größen definiert zu sehen. Sein Konzept war algebraisch, von endlichen Differenzen ausgehend.

#### *4.3.1.4 Der Begriff Cauchy-convergence als Produkt einer dogmatischen NSA-Ausdeutung*

In einer Fußnote findet man die Definition in Anlehnung an Robinson, durch deren Anwendung das Cauchy-Theorem (1821) in der Nichtstandardwelt des $^*R$ korrekt sein soll:

> „Let $^*R$ be an elementary extension of the real number system $R$ and $^*N$ the corresponding extension of the natural numbers $N$. Cauchy's proof of his 'continuity' theorem requires the convergence of the 'transfinite' (Lakatos) sequence
> $\{s(n): n\epsilon\ ^*N\}$ where $s(n)\epsilon\ ^*R$:
> that is, by proceeding sufficiently (finitely) far along the sequence, the values of $s(n)$ become arbitrarily close to the limit. Thus the sequence $\{s(n): n\epsilon\ ^*N\}$ where $s(n)\epsilon\ ^*R$, Cauchy-converges to the limit $t(\epsilon\ ^*R)$ if there exists a function $M(n)$[83] *in R* such that for *all m in N* and *n in* $^*N$
> $n > M(m) \rightarrow |s(n) - t| < m^{-1}$“ (Lakatos 1978, 159).

---

[80] Lakatos 1980, 153: „Thus the appraisals of Felix Klein, Pringsheim, Cajori, Boyer, Bourbaki, Bell and others which give Cauchy credit for initiating the Weierstrassian revolution are utterly false and are nothing but a 1984-wise rewriting of history according to the latest party line." Tatsächlich verbreitet E. T. Bell die gemeinhin verbreitete, aber zweifelhafte Ansicht, Cauchy habe streng begründete Begriffe geliefert: „The definitions of limit and continuity current today in thoughtfully written texts are substantially those expounded and applied by Cauchy" (Zit. nach Lakatos 1978, 158). Lakatos' Kritik an einer solchen historiographischen Halbwahrheit sind also durchaus berechtigt.

[81] Die sog. Leibniz-Tradition wird hier synonym für das mathematische Kontinuum verwendet, welches zusätzlich die unendlich kleinen und unendlich großen Zahlen umfassen soll.

[82] Lakatos 1880, 153; Bottazzini 1992, LXXXVI.

[83] Lakatos definiert die Funktion $M(n)$ nicht. Derselbe Buchstabe wird in (Robinson 1966) als Menge verwendet.

Dieselbe Definition verwendet Cleave (1971) und sie soll nun für die Reihe $s = u_0 + u_1 + \cdots$ aus Cauchys Theorem verwendet werden. Konvergenz in der Umgebung eines Punktes entspräche also für Cauchy C-Konvergenz in der *infinitesimalen Umgebung* eines Punktes ($x_1$ genannt) (ibid.). Die tatsächliche Anwendung dieser als äquivalent deklarierten Definition von Konvergenz für die Rekonstruktion des 1821-Beweises ist wenig aufschlussreich: Lakatos beweist damit, dass nach Cauchys Stetigkeitsbegriff[84] der Term $s(x_1 + \alpha) - s(x_1)$ für alle infinitesimalen Zahlen $\alpha$ infinitesimal ist. Anhand der Abschätzung

$$|s(x_1 + \alpha) - s(x_1)| \leq |s_n(x_1 + \alpha) - s_n(x_1)| + |r_n(x_1 + \alpha)| + |r_n(x_1)|$$

wird der Beweis zu Ende geführt; die Partialsumme $s_n$ ist stetig, demnach gelte nach NSA, dass $s_n(x_1 + \alpha) - s_n(x_1)$ für alle $n$ und jedes $\alpha$ infinitesimal ist. Für die Restreihen gilt: „$|r_n(x_1 + \alpha)|$ and $|r_n(x_1)|$ are again infinitesimal for all infinitely large $n$ because of Cauchy's definition of the *limit*: $a_n \to 0$ if $a_n$ is infinitesimal for infinitely large $n$". Für Lakatos ist Cauchys Beweis also unproblematisch:

> „Cauchy made absolutely no mistake, he only proved a completely different theorem, about transfinite sequences or functions which Cauchy-converge on the Leibniz continuum" (Lakatos 1978, 53).

Cauchys Fundierung der infinitesimalen Größen in einer angeblichen Leibniz'schen Tradition verwendet Lakatos als Argument gegen eine klassische Ausrichtung des Verständnisses im Sinne der *normalen* Analysis. Sie ist allerdings nach dem bereits Gesagten bloße Interpretation, da eine solche Theorie des Infinitesimalen eine entfremdete Auslegung des Leibniz'schen Kalküls ist. Die „modernen" Gegenbeispiele von Fourier werden für unwirksam erklärt. Alle Versuche, sich dem Theorem aus der Sicht eines Post- oder Proto-Weierstrassianer zu nähern, werden nach Lakatos scheitern – „[…] Cauchy himself was completely in the Leibnizian tradition" (Lakatos 1978, 153). Robinsons Rekonstruktion und sein Resultat, Cauchys Beweis habe auch aus NSA-Perspektive Lücken, die eine zusätzliche Bedingung fordern, weist Lakatos zurück. Die Unvollständigkeit bestehe nur innerhalb *seines* Modells der Nichtstandardanalysis, nicht Cauchys:

> „According to this account Cauchy's original theorem refers only to convergence at standard points; therefore his theorem is false and he *did* make a mistake in his proof. But the mistake is only in the framework of the Robinsonian reconstruction which assumes a *particular* non-standard analysis of which Cauchy could not possibly have dreamed. For instance, there is no reason why Cauchy could not think that $s_n(x_1 + \alpha) - s_n(x_1)$ or $r_n(x_1 + \alpha)$ are infinitesimal for all infinitely large indices. Robinson's analysis of Cauchy's 'mistake' is certainly reminiscent of H. Liebmann's analysis (in 1900) of the same mistake where he carefully reconstructs-following Seidel-Cauchy's 'mistake' in Weierstrass's framework" (Lakatos 1978, 155).

Cauchy könne bedingungslos anwenden, dass $r_n(x_1 + \alpha)$ für alle unendlichen $n$ infinitesimal wird, so Lakatos. Diese Eigenschaft ist für Robinson aber eine direkte Implikation der gleichmäßigen Konvergenz im Intervall. Lakatos zufolge ist dieser Begriff keine Neuerung in der Revision von 1853, sondern in beiden Theoremen immanent vorhanden: „uniform con-

[84] John P. Cleave gibt für Cauchys Definition von Stetigkeit von $x$ zwischen Grenzen die folgende NSA-Interpretation als *C-Continuity im Punkt* $x$: „[…] $f(x)$ (in $R$) is c-continuous if in ${}^*R$, $f(x + \alpha) \approx f(x)$ for all $\alpha \epsilon \omega$" (Cleave 1971, 31).

vergence is implicit in Cauchy's 1821 ideas and not an extra condition added 1853" (Lakatos 1978, 160). Er zeigt, dass die *c-convergence* „einen Punkt gleichmäßiger Konvergenz" impliziert (1978, 159). Um die Anwendung dieses neuen Begriffs vorzuführen, betrachtet er Funktionenfolgen mit der obigen Definition der *c-convergence*. Die nachstehende Eigenschaft

> „[...] where $s(n)\epsilon\ {}^*R$, Cauchy-converges to the limit $t(\epsilon\ {}^*R)$ if there exists a function $M(n)$ *in R* such that for *all m in N* and *n in *N*
> $n > M(m) \rightarrow |s(n) - t| < m^{-1}$" (ibid.),

wendet Lakatos auf eine gegen ein ${}^*F(x)$ konvergente Folge ${}^*f(n,x)$ an, d. h.:

> „As $\{ {}^*f(n,x)\}$ Cauchy-converges to ${}^*F(x)$, by definition of Cauchy-convergence there exists an $r > 0$ in $^*R$ such that for each $x$ satisfying $|x - x_0| < r$ there exists a function $M_x(n)$ in $R$ for which
> $$n > M_x(m) \rightarrow |\ {}^*f(n,x) - {}^*F(x)| < m^{-1}$$
> for all $m\epsilon N$ and all $n > m$ in $^*R$." (ibid.)

Die weiteren Beweisschritte sind peripher, da sich das gewünschte Resultat bereits aus der Vorbedingung ergibt; der Begriff *c-convergence* wird direkt als gleichmäßige Konvergenz *ausgelegt*: Schließlich wird die Differenz $|\ {}^*f(n,x) - {}^*F(x)|$, nachdem für die Funktion $M$ eine unendlich große Zahl eingesetzt wird, für alle x-Werte im gleichen Maße klein.

Lakatos setzt also voraus, Cauchy habe eine derart formallastige Definition intendiert, die sich ungeachtet der komplex formulierten NSA-Begriffe und -Werkzeuge schließlich auf traditionelle gleichmäßige Konvergenz zurückführen lässt. Lakatos' Kritik an Robinson liefert trotz seiner radikaleren Interpretation kein schlüssiges Alternativ-Modell zur traditionellen Beurteilung.

Ohne ein Hinein-Deuten der Gleichmäßigkeit in die Nichtstandard-Konvergenz bleibt Lakatos' Beweisrekonstruktion des Theorem-1821 ein äußerlicher Formalismus. Zumindest erklärt er seine Betrachtungsweise einer neuen Mathematikhistoriographie des Summentheorems unter der Bedingung einer konsequent beibehaltenen NSA-Perspektive:

> „We also see now why Seidel found it so easy to discover the hidden lemma in what he thought was Cauchy's proof: because he scrutinized his own Weierstrassian reconstruction of Cauchy's theorem and proof. In this reconstruction the theorem is false and the guilty lemma can in fact easily be found.
> Finally, we understand why as late as 1853 Cauchy did not understand uniform convergence, even if he was informed (as he probably was) of Seidel's result: because he did not understand Weierstrass's theory, just as Seidel, having no idea of the Leibniz-Cauchy infinitesimal theory, misunderstood Cauchy's proof." (Lakatos 1980, 154).[85]

### *4.3.1.5 Ein Fazit und Cleaves erweiterter Standpunkt*

Es muss rechtmäßig sein, Cauchy aus der Sicht der traditionellen Analysis vor Weierstraß zu beurteilen. Die durch die Lehrtätigkeit an der École erhobenen Ansprüche einer allgemein verständlichen Grundlagenmathematik können nicht glaubhaft machen, er habe implizit eine Vorstufe der Nichtstandard-Analysis im Sinne der unterstellten Tradition von Leibniz vertreten. Da seine Lehre im kommunikativen Austausch stand, wäre die Aufstellung eines „völlig

85 Hier wiederholt sich Lakatos' fehlerhafte Annahme, Cauchy hätte Seidels Beitrag gekannt.

anderen Satzes", wie ihn Lakatos bezeichnet, ohne eine Verständigung über den Begriff „Cauchy-converge on the Leibniz continuum" schwer vorstellbar. Zudem ist die These, Cauchy habe ein Leibniz'sches Kontinuum intendiert, nach dem Methodenwechsel an der École polytechnique nicht mehr zu halten.

Dafür berücksichtige man, dass Cauchys Begriffe nicht konsequent und systematisch eingeführt und angewendet werden, sondern stets einen dehnbaren Charakter aufweisen (siehe Abschnitt 4.3.8). Im Beweis des Summentheorems finden wir die nachstehende Aussage, aus der sowohl Robinson als auch Lakatos die Bedingung „$r_n(x_1 + \alpha) \simeq 0$ für alle unendlichen Zahlen $n$" herausinterpretieren: „et celui [l'accroissement] de $r_n$ deviendra insensible en même temps que $r_n$, si l'on attribue à $n$ une valeur très-considérable" (Cauchy 1821, 131).

Tatsächlich ist aber ungeklärt, welche Intention mit der Formulierung *valeur très considérable* angestrebt wurde. In den Interpretationen der Nichtstandardanalysis wird diese Passage mit der Bedingung „für alle unendlichen Zahlen" substituiert und als korrekt aufgelöst betrachtet. Andere begriffliche Unklarheiten betreffen die Konvergenz und Stetigkeit in der Ausformulierung des Theorem-1821. Der Bereich sei „le voisinage d'une valeur particulière" (Cauchy 1821, 132) und Robinson, wie Lakatos, deuten die Nachbarschaft (oder Umgebung) eines bestimmten Punktes mit dem infinitesimalen Ausdruck $x_1 + \alpha$:

> „He shows that if ‚the neighbourhood of a particular point' is understood as the set of points infinitely close to that value, and if the usual definition of convergence is assumed for sequences of numbers in the extended continuum, then Cauchy's proof of theorem 1 is correct" (Cleave 1971, 27).

Die unendliche kleine Umgebung um die Stelle $x_1$ muss als solche nicht intendiert worden sein – es fehlen neben allen Annahmen klare Hinweise. Cleave[86] prüft auf Basis von Lakatos den Rekonstruktions-Ansatz unter dem Gesichtspunkt, den Nachweis einer immanenten Verwendung der gleichmäßigen Konvergenz zu erbringen –

> „we show that Cauchy's notions can be comfortably interpreted in terms of non-standard analysis and, in particular, that convergence of a series of functions in the infinitesimal neighbourhood of a point in Cauchy's sense is equivalent to the notion of ›point of uniform convergence‹ in the Weierstrassian sense" (Cleave 1971).

Hierbei fällt er denselben mathematikhistorischen Trugbildern zum Opfer wie Lakatos. Es sei angebracht und notwendig, die Entdeckung der gleichmäßigen Konvergenz von 1853 auf 1821 zurück zu datieren, da Cauchy schon früher (und natürlich implizit) gleichmäßige Konvergenz einsetzte. Seine Einbeziehung von Weierstraß ist erwähnenswert:

> „it would be erroneous to claim that in *this* theorem [1853] Cauchy discovered uniform convergence, for this Weierstrassian notion is already implicit [...] in Cauchy's notion of convergence which he used in 1821, many years before Weierstrass or Seidel" (Cleave 1971, 33).

Hierbei stützt er sich auf die These der Äquivalenz zwischen der sog. *c-convergence* und der gleichmäßigen Konvergenz nach Weierstraß, die sich konkret in seinem Theorem Nr. 8 wie-

[86] Cleaves Beitrag darf als Ergänzung zur Arbeit von Lakatos betrachtet werden, die insbesondere die Beziehung zwischen der sog. Cauchy-Konvergenz und gleichmäßiger Konvergenz aufgreift. „The aim of this paper is to examine Lakatos' claim more closely." (Cleave 1971, 27).

derfindet.[87] So heißt es weiter: „[...] the notion of uniform convergence was implicit in Cauchy's work of 1821 before it was formulated explicitly in $\varepsilon$-$\delta$ terms by Seidel 1847 or Weierstrass" (ibid).[88]

Seidel verwendete die Epsilon- und Deltasymbole zwar in einer für die Analysis gebräuchlichen Weise (Seidel 1847), er erreichte damit aber noch keine strenge Notation im Sinne der modernen *ε-δ-Analysis* (siehe Kapitel 5).

Der Vorschlag von Cleave, Cauchys Konvergenz als gleichmäßige Konvergenz zu verstehen, weist Gordon M. Fisher in seinem Artikel *Cauchy and the infinitetly small* (1978) zurück. Er plädiert im Gegensatz zu Lakatos und Cleave für eine nur unvollständige umgesetzte Infinitesimalen-Lehre Cauchys (s. Fisher 1978, 316 ff.). Nach Fisher gibt es Hinweise darauf, dass Cauchy eine Art der *equicontinuity* (*gleichgradige Stetigkeit*) im Beweis des Summentheorems von 1821 anwendete. Die Differenz $s_n(x_1 + \alpha) - s_n(x_1)$ sei für „toutes les valeurs possibles de $n$" gemeint und erlaube die Annahme, er habe hier ebenso unendlich große Werte von $n$ zugelassen: „[...] then it can be said that he made an assumption implied by equicontinuity. If this is granted, Cauchy's proof is not invalid" (ibid., 322 f.). Auch hier wurde der Methodenwechsel an der École nicht berücksichtigt, womit Fishers Lösungsvorschlag über die gleichgradige Stetigkeit innerhalb des hier nicht-anwendbaren NSA-Paradigmas fehlschlägt.

### *4.3.2 War Cauchys Mathematik isoliert von der Mathematik seiner Zeit?*

Im Gegensatz zu der ansonsten eher auf Spezialisten beschränkten Diskussion über das Theorem von Cauchy sind die Beiträge zweier deutscher Autoren von einem breiteren Publikum aufgenommen worden.

Detlef Laugwitz und Detlef Spalt haben die im vorigen Abschnitt dargestellten Diskussionen in einer größeren Anzahl von Publikationen, zum Teil gemeinsam und zum Teil getrennt, intensiv über viele Jahre hin weitergeführt. Ihre generelle Tendenz in diesen Publikationen, das Theorem von 1821 als nicht fehlerhaft zu interpretieren, haben vielfach, besonders in der deutschen *community* von mathematikgeschichtlich Interessierten, die Wahrnehmung geprägt. Da ihre Arbeiten dort als aktueller Stand der historischen Forschung angesehen wird, ist eine ausführlichere Diskussion ihrer Ansätze und Ergebnisse über das Auftreten der gleichmäßigen Konvergenz in Cauchys Theoremen über konvergente Reihen erforderlich. Als Ausgangspunkt wähle ich hier ihren gemeinsamen Aufsatz[89] aus dem Jahre 1988, weil er sowohl einen theoretisch-methodologischen Teil enthält, der der Frage nachgeht, auf welche Weise man mathematische Texte lesen, verstehen und bewerten kann, als auch einen Teil mit einer eingehenden Beweisanalyse beider Summentheoreme Cauchys von 1821 bzw. 1853. Ihr

[87] Lakatos und Cleave beziehen sich bei gleichmäßiger Konvergenz auf den sog. *point of uniform convergence* nach Weierstraß, dessen Definition nach (1971, 31) lautet: „suppose $\lim_{n\to\infty} f(n,x) = F(x)$ (in $R$) in the neighbourhood of a point $x_0$ - then $x_0$ is a *point of uniform convergence* if for all $\varepsilon > 0$ there exists a $\delta > 0$ and a natural number $m$ such that if $n > m$ and $|x - x_0| < \delta$ *then* $|f(n,x) - F(x)| < \varepsilon$" Man muss hinzufügen, dass eine solche Definition nach meinen bisherigen Untersuchungen der Weierstraß-Werke nicht existiert.

[88] Cleave konstatiert damit die allgemeine Entscheidbarkeit des Problems. Diese Perspektive ist darin begründet, dass man sich durch den Ansatz der Nichtstandard-Analysis viele neue Resultate, und am Beispiel Cauchys ein authentischeres Verständnis der frühen Analysis des 18. und 19. Jahrhunderts erhoffte.

[89] *Another View of Cauchy's Theorem on convergent series of functions – An essay on the methodology of historiography in mathematics* (Darmstadt: 1988).

Ansatz beruht dabei auf folgender Ansicht: „Cauchy's arguments are very detailed and leave no gaps" (Laugwitz & Spalt 1988, 10). Der Text propagiert eine eigenständige historische Methodologie, welche für historisch-mathematische Texte als die vielversprechendste herausgestellt wird.

Zwei anderen Historikern zugeschriebene Methoden scheitern ihnen zufolge an der Auswertung des historischen Materials. Die *Method of Jurisdiction* ziele darauf ab, den Wahrheitswert einer Aussage zu ermitteln und eine Zuordnung auf entweder *wahr* oder *falsch* vorzunehmen. Für die Geschichte des Theorems von Cauchy 1821 bedeutet dies, dass Abel für die Formulierung seines Gegenbeispiels 1826 nach dieser Methode vorgegangen sein soll. Nach einer rein-mathematischen Deutung des Original-Theorems und der daraus ersichtlichen Lücke ergab sich für Abel, dass der Satz nicht ausnahmslos wahr sein kann. Die Schlichtheit dieser Betrachtungsweise, die *nur* zwei Ergebnisse kenne, veranlasst die Autoren dazu, ihre ihre Kritik anzubringen. Sie konstruieren einen Gegensatz zwischen Logik und Fakten. Eine zweiwertige Logik könne niemals den facettenreichen „real facts", dem alltäglichen Leben in seiner Komplexität und Informationsfülle gerecht werden. Eine rein-logische Beurteilung berge das Risiko, andere wichtige Fakten auszublenden, oder, wie die Autoren sagen: „The jurisdictionist only decides whether the statement formally meets the Bill of Logic but he does not care of the analytical facts the defendant deals with" (ibid., 3). Demzufolge müsste auch Abel diese Fakten unbeachtet gelassen haben und in ignoranter Haltung gegenüber diesen seine Ausnahmereihe formuliert haben. Was unter den „analytical facts" im Falle von Cauchys Summentheorem von den zwei Autoren gemeint ist, soll an späterer Stelle erklärt werden.

Einen weiteren Schritt in Richtung des Verständnisses dieser Fakten bietet die *Method of Reconstruction* („How should the theorem (proof) read?"), wie sie eine zweite historiographische Arbeitsrichtung nennen. Dieser Methode gestehen sie zu, im Gegensatz zur *Method of Jurisdiction* eine größere Interpretationsarbeit zu leisten und Zusammenhänge stärker im Sinne einer historischen Analyse zu deuten. Im Falle von Cauchy und dem veränderten Summentheorem von 1853 wird die Zusatzbedingung „$u_n + u_{n+1} + \cdots + u_{n'-1}$ *is always infinitely small for infinitely large numbers* $n$ *and* $n' > n$" als eine Umschreibung für gleichmäßige Konvergenz ausgelegt. Verteter dieser Ansicht werden nicht genannt, sie verweisen lediglich auf Lakatos, der diese Auslegung in seiner Abhandlung *Another Case-Study in the Method of Proofs and Refutations* von 1961 vertrat, aber fünf Jahre später in der Publikation *Cauchy and the continuum: the significane of non-standard analysis for the history and philosophy of mathematics* wieder aufgab. Andere, seriöse Vertreter dieser Auslegung (zu Gunsten der gleichmäßigen Konvergenz) wie I. Grattan-Guiness in seiner Arbeit *The Cauchy - Stokes - Seidel story on uniform convergence again: was there a fourth man?* (1986) oder die einschlägigen Analysen von G. Hardy werden nicht erwähnt. Laugwitz und Spalt setzen einer solchen Interpretation das Argument entgegen: „[…] there is not even an infinitesimal trace[90] in Cauchy's paper which points into the direction of the concept of ›uniform convergence‹, not to speak of an explicit definition" (1988, 4).

[90] Im zweiten Kapitel von Cauchys *Cours d'analyse* wird eine Theorie der infinitesimal Größen aufgestellt, auf deren Basis eine Formulierung von gleichmäßiger Konvergenz möglich ist.

Optimistische Interpretationen im Sinne einer *Method of Reconstruction* lehnen die Autoren also ab, indem sie behaupten, es gäbe kein tragendes Fundament für solche Annahmen. Deshalb wird mit dieser Methode das folgende Forschungsvorhaben verknüpft: „Firstly, *imagine* the real theorem (or proof), then *try to find* some indication that may be interpreted in the sense of the real fact, and finally *adapt* the correct notion to your discoveries“ (ibid., 4). Hierdurch sollen also stets unhaltbare und vage Interpretationen der tatsächlichen Sachlage entstehen. Ein sehr reißerisches Fazit wird gezogen: „Not Cauchy's questions are asked but the historian's“ (ibid.). Die Fakten sprechen aber gerade für diesen Ansatz, denn Cauchy schreibt selbst über sein 1821er Theorem, dass es Ausnahmen wie die Reihe der Glieder $\frac{\sin nx}{n}$ gibt und spricht die notwendige Modifikation des Theorem in seiner Vorrede von 1853 an.

Die Schlussfolgerung des „reconstructionist“ sei also klar und Laugwitz und Spalt sprechen sie auch aus: „[he] concludes, Cauchy in 1853 attempts to correct his error. Thus, he has to come up with the real theorem and especially with the correct notion of uniform convergence“ (ibid.). Die Autoren führen hier einen namenlosen Modell-Vertreter dieser Methodologie vor, was den Eindruck erweckt, sie scheuten die Auseinandersetzung mit einzelnen Texten und konkreten Argumentationsketten realer Autoren.

Die angeblich schlechte Herangehensweise bleibt also eine vernünftige Methode und bewirkt sicherlich keine Verdrehung der Tatsachen, wie die Autoren Laugwitz und Spalt jedoch fortlaufend behaupten: „[…] it is obvious that this method completely ignores the factual situation of the author in question, in our case Cauchy“ (ibid.).

Die *Method of Translation* ist der nächste Schritt auf der Suche von Laugwitz und Spalt nach einer befriedigenden Methodik, obgleich deren Ergebnisse denen einer Zweiwertelogik gleichen sollen und demzufolge im Kern unbrauchbar wären. Die Vorgehensweise wird geschildert und so beschrieben:

> „Try to establish a dictionary which translates each concept of the historical text into modern notions; than transscribe the source into modern language; finally, the evaluation will appear automatically – you only have to compare the transscription to the actual state of your knowledge“ (ibid., 5).

Laugwitz und Spalt kritisieren die schwierige Aufgabe, ein treffendes Wörterbuch[91] für die Übersetzung zu finden, damit, dass jeder Einwand gegen ein Argument von Cauchy auch direkt ein Einwand gegen die Übersetzung als solche bedeute. Diese Kritik gilt auch für die *Method of Jurisdiction*, so die Autoren, beschreibt aber ein allgemeines Problem im Umgang mit historischen Texten und kann auf jede schon angeführte Methode angewandt werden (denn auch die *Method of Reconstruction* setzt eine Transskription des Quelltextes voraus). Der folgende für alle bisherigen Methoden geltende Kritikpunkt ist ein Beispiel für Laugwitz und Spalts einseitige Beurteilung: „This proceeding does not deserve the title *history*, more correctly one may call it *resultism*“ (ibid., 6).

Eine Historiographie ohne mathematische Ergebnisse ist jedoch ebenso unmöglich, wie ein Resultatismus im Sinne der *heritage*-Methode, der den historischen Aspekt der Untersuchung ausblendet. Ich sehe nicht, warum auch nur eine der genannten Methoden sich dies hat zu Schulden kommen lassen. Laugwitz und Spalt begründen ihre Auffassung damit, dass das

---

[91] „The problem has its roots in the uncertainty of establishing the correct dictionary for the translation“ (ibid., 6)

sog. „factual mathematical subject under inquiry“ bisher auf ganzer Linie verfehlt wurde. Die rein-logische Analyse der mathematischen Aussagen, die Wiederherstellung mathematischer Konzepte, die Übersetzung in moderne Notation – all diese Techniken scheinen die mathematische Sachlage nicht freilegen zu können. Das liegt sicher auch daran, dass die Autoren mit ihrem Katalog an Methoden eine Liste praxisferner Theoriemethoden konstruieren, die – wie es hier geschieht – isoliert betrachtet in konsequenter Weise die genannten Mängel nach sich ziehen.

Der von ihnen propagierte Ansatz lautet *Method of Conceiving*. Hier soll die tatsächliche Denkweise der Zeit wiederbelebt und der darin verborgene Sinn erfasst werden können. Um dieses Ziel verwirklichen zu können, dürfe die Begriffswelt, das *conceptual universe*[92] der zu untersuchenden Quelle nicht verlassen werden. An dieser Stelle kann eingeworfen werden, dass die implizit gemachte Behauptung, dass alle anderen Methoden diese Begriffswelt verlassen oder ihre Regeln brechen, nur unterstellt und nicht ausreichend begründet wird. Die Auseinandersetzung mit dem Quelltext, die historische Arbeit am Objekt wird als Errungenschaft dieser neuer Methode präsentiert: „In contrast to the methods of resultism the method of conveicing places the historical text, the historical fact in the focus of its interest.“ (ibid., 7). Inwieweit dieses Interesse wirklich gewahrt wird, soll nun am Fall von Cauchy geprüft werden, denn Laugwitz und Spalt geben eine genaue Analyse beider Summentheoreme und deren Beweise, die man als Probelauf dieser neuen Methode auffassen darf.

Der Beweis des Theorems über eine Reihe von stetigen Funktionen aus dem *Cours d'analyse* (1821) wird von den Autoren folgendermaßen rekonstruiert. Der Anfang ist unproblematisch: Die Ausdrücke $s_n$, $r_n$ und $s$ sind Funktionen von $x$, $s_n$ ist stetig in einer Umgebung von $x_0$. Die Variable $x$ wird um eine unendlich kleine Größe $\alpha$ vermehrt, was Laugwitz und Spalt durch den Ausdruck $\Delta x := \alpha \approx 0$ verkürzt notieren. Man beachte außerdem die drei anderen Inkremente $\Delta r_n$, $\Delta s_n$ und $\Delta s$, zu denen sie keine Definitionen wie für $\Delta x$ mitliefern.[93] Das Inkrement $\Delta s_n$ sei unendlich klein für alle möglichen Werte von $n$ – dies sichert die Stetigkeit der $u_n$ ab. Auch hierfür finden Spalt und Laugwitz eine Kurznotation der Form $\Delta s_n \approx 0$. Für ein vorgegebenes $e > 0$ und ein ausreichend großes $n$ kann die Restreihe $r_n$ kleiner als jenes $e$ gemacht werden. Dies lässt sich aus der Konvergenz der Reihe $s$ heraus folgern. Wenn die Restreihe $r_n < e$ ist, so folgt nach den Autoren direkt, dass auch die Inkremente von $r_n$ beliebig klein werden. Das würde bedeuten, dass die Inkremente von $s_n$ und $r_n$ unendlich klein werden und somit auch $\Delta s$ klein wird. Damit soll die Stetigkeit von $s$ gezeigt sein.

Dass aus der Konvergenz der Restglieder die verschwindenden Inkremente hervorgehen, markiert das eigentlich kritische Beweisargument. Erklärt wird diese Aussage über ein weiteres Infinitesimal-Prinzip aus Cauchys Theorie, das Laugwitz und Spalt gefunden zu haben glauben und folgendermaßen ausdrücken: „*A vanishing quantity produces only vanishing increments.*“ Die Behauptung, Cauchy mache von dieser Eigenschaft Gebrauch, wird ohne Angabe von Quellen aufgestellt. Wäre dies der Fall, müsste sich eine entsprechende Passage in seinem *Cours d'Analyse* auffinden lassen. In dem einzig für solche Aussagen relevanten *cha-*

[92] „To insist on the factual thinking of the past demands first of all *to stay inside the conceptual universe of the source under inspection*“ (ibid., 7).

[93] Soll man hier analog von $\Delta r_n := \beta \approx 0$ und $\Delta s_n := \gamma \approx 0$ ausgehen?

*pitre II* lassen sich keinerlei stichhaltige Hinweise auf ein solches Prinzip finden. Die Argumentation von Laugwitz und Spalt, nach der die Inklusion $r_n < e \Rightarrow \Delta r_n < e$ richtig ist, muss demnach als unbewiesene Behauptung bewertet werden. „We reach the conclusion that *within Cauchy's universe of discourse his 1821-proof of CSF holds without any doubt*" (ibid., 11) – in Wahrheit ist die Darstellung des Beweises so wenig konstruktivistisch und interpretativ, dass sie nichts aufklärt. Dies betrifft in erster Linie die Verwendung der Inkremente $\Delta r_n$, $\Delta s_n$ und $\Delta s$. Während das Konzept des Inkrements einer Veränderlichen verständlich ist, schweigen sich die Autoren über die der abhängigen Größen aus. Es wird erklärt, dass eine Definition wie $\Delta r_n = r_n(x_0 + \alpha) - r_n(x_0)$ nicht von Cauchy intendiert sein kann und somit für den Beweis unzulässig ist. Begründet wird dies durch das nachstehende Prinzip: „A vanishing quantity (or an infinitely small quantity) does not have particular values as the ordinary quantities and functions have them."

Die Autoren geben für diese Aussage keine Belege. Im Gegenteil betrachtet Cauchy infinitesimale Größen explizit unter dem Gesichtspunkt sukzessiver Werte, siehe dazu die Préliminaires im *Cours*. Die Tatsache, dass Cauchy die Variation der Restglieder nicht in der Form „$r_n(x_0 + \alpha) - r_n(x_0)$" ausschreibt, scheint ihnen als Beleg zu genügen: „If $r_n$ is a vanishing quantity the concepts of $r_n(x_0)$ or $r_n(x_0 + \alpha)$ are not defined. So the proposed translation '$\Delta r_n$' as '$r_n(x_0 + \alpha) - r_n(x_0)$' clearly exceed's Cauchy's universe of discourse" (ibid.). Laugwitz und Spalt lehnen also eine moderne Erklärung ab, bieten aber keinen Ersatz für sie. Dass Cauchy solche Differenzen von Funktionswerten prinzipiell kannte, zeigt der Text in Abbildung 9 aus dem zweiten Kapitel des *Cours d'Analyse* (1821). Hier betrachtet er den Ausdruck $f(x + \alpha) - f(x)$.

Die Frage, wie man sich die Inkremente von Funktionswerten im von Laugwitz und Spalt hervorgehobenen *universe of concepts* von Cauchy stattdessen vorstellen muss, wird nicht beleuchtet. Ohne die Abhängigkeit der Funktionsinkremente $\Delta r_n$, $\Delta s_n$ und $\Delta s$ von einer Veränderlichen $x$ herzustellen, ist der Beweis von Laugwitz und Spalt nicht streng und bringt mathematisch keine neuen Erkenntnisse. Schließlich ist Stetigkeit ein zentrales Thema beider Sätze. Wenn diese Verbindung, wie die Autoren es fordern, aufgehoben wird, lässt sich keine Stetigkeit in strenger Weise beweisen.

Da die Autoren keinen Alternativansatz zur Implementierung der Inkremente liefern (was sie wohl mit ihrer anti-konstruktivistischen Sichtweise begründen würden), entsteht der Eindruck, es gäbe tatsächlich ein undurchsichtiges *universe of concepts* – undurchsichtig auch für Laugwitz und Spalt, die aber darin kein Problem zu sehen scheinen – „ … this way the principle [das o. g. Infinitesimal-Prinzip von Cauchy] is absolutely convincing" (ibid., 10).

34 COURS D'ANALYSE.

*numérique de cette variable, le polynome finit par être constamment de même signe que son premier terme.*

§. 2.e *De la continuité des Fonctions.*

Parmi les objets qui se rattachent à la considération des infiniment petits, on doit placer les notions relatives à la continuité ou à la discontinuité des fonctions. Examinons d'abord sous ce point de vue les fonctions d'une seule variable.

Soit $f(x)$ une fonction de la variable $x$, et supposons que, pour chaque valeur de $x$ intermédiaire entre deux limites données, cette fonction admette constamment une valeur unique et finie. Si, en partant d'une valeur de $x$ comprise entre ces limites, on attribue à la variable $x$ un accroissement infiniment petit $\alpha$, la fonction elle-même recevra pour accroissement la différence

$$f(x+\alpha)-f(x),$$

qui dépendra en même temps de la nouvelle variable $\alpha$ et de la valeur de $x$. Cela posé, la fonction $f(x)$ sera, entre les deux limites assignées à la variable $x$, fonction *continue* de cette variable, si, pour chaque valeur de $x$ intermédiaire entre ces limites, la valeur numérique de la différence

$$f(x+\alpha)-f(x)$$

décroît indéfiniment avec celle de $\alpha$. En d'autres termes, *la fonction $f(x)$ restera continue par rapport à $x$ entre les limites données, si, entre ces limites, un accroissement infiniment petit de la variable produit toujours un accroissement infiniment petit de la fonction elle-même.*

I.re PARTIE. CHAP. II. 35

On dit encore que la fonction $f(x)$ est, dans le voisinage d'une valeur particulière attribuée à la variable $x$, fonction continue de cette variable, toutes les fois qu'elle est continue entre deux limites de $x$, même très-rapprochées, qui renferment la valeur dont il s'agit.

Enfin, lorsqu'une fonction $f(x)$ cesse d'être continue dans le voisinage d'une valeur particulière de la variable $x$, on dit qu'elle devient alors *discontinue*, et qu'il y a pour cette valeur particulière *solution de continuité*.

D'après ces explications, il sera facile de reconnaître entre quelles limites une fonction donnée de la variable $x$ est continue par rapport à cette variable. Ainsi, par exemple, la fonction $\sin. x$, admettant pour chaque valeur particulière de la variable $x$ une valeur unique et finie, sera continue entre deux limites quelconques de cette variable, attendu que la valeur numérique de $\sin.(\frac{1}{2}\alpha)$, et par suite celle de la différence

$$\sin.(x+\alpha)-\sin. x = 2\sin.(\tfrac{1}{2}\alpha)\cos.(x+\tfrac{1}{2}\alpha),$$

décroissent indéfiniment avec celle de $\alpha$, quelle que soit d'ailleurs la valeur finie que l'on attribue à $x$. En général, si l'on envisage sous le rapport de la continuité les onze fonctions simples que nous avons

**Abbildung 9:** Stetigkeit in Cauchys *Cours d'analyse* (1821).

### *4.3.3 Der Beweis von 1853 im Licht von Spalt und Laugwitz*

Kommen wir nun zur Darstellung des neuen Beweises von Cauchy aus dem Jahre 1853. Die wichtigsten Veränderungen wurden bereits in Kapitel 2 vorgestellt. Sei $\sum u_i$ eine Reihe von Funktionen $u_1, u_2, ...$, welche zwischen gegebenen Grenzen statt in einer Umgebung (wie noch in der Formulierung von 1821) stetig sind. Die Konvergenz dieser Reihe wird durch die Eigenschaft ersetzt, dass $u_n + u_{n+1} + \cdots + u_{n'+1}$ für unendlich große $n$ und $n' > n$ immer unendlich klein wird.

Laugwitz und Spalt geben den Beweis wie folgt wieder: Die Differenz $s_{n'} - s_n$ konvergiert für wachsendes $n'$ gegen $r_n$. Für ein kleines $e > 0$, ein ausreichend großes $n$ und ein beliebiges $n'$ (größer als $n$) erhalten wir, für alle $x$ zwischen den gegebenen Grenzen, die Ungleichung $s_{n'} - s_n < e$. Dies geht hervor aus der Eigenschaft der Summe $u_n + u_{n+1} + \cdots + u_{n'+1}$. Folglich kann auch $r_n$ kleiner als $e$ gemacht werden, wenn $n'$ festgehalten und $n$ unendlich groß wird. Die Stetigkeit von $s_n$ ist gesichert und es ist für die Stetigkeit von

$s = s_n + r_n$ hinreichend, die Größe $n$ unendlich groß und das Inkrement $\Delta x$ unendlich klein zu wählen.[94]

Cauchy habe hier, so die Autoren, einen Fehler begangen, als er *unendlich groß* und *beliebig groß, aber endlich* verwechselte. Die neue Konvergenzeigenschaft besagt, dass $u_n + u_{n+1} + \cdots + u_{n'+1}$ unendlich klein wird für unendlich große $n$ und $n' > n$. Dies könne aber Cauchy als Argument für das Verschwinden von $\Delta s_n$ nicht verwenden, denn die Stetigkeit von $s_n$ setze ein endliches $n$ voraus – „Our conclusion is that *Cauchy's 1853-proof is erroneous*" (Laugwitz & Spalt 1988, 14). Die Beweiskritik stützt sich also darauf, dass die Bedingung der Reihe $s_{n'} - s_n$ für ein unendlich großes $n$ und nicht für endliche Werte derselben Größe aufgestellt wurde.

Ein Vergleich der beiden Summentheoreme von Cauchy führt Laugwitz und Spalt zu der erstaunlichen Erkenntnis, die Sätze seien identisch. Der Unterschied der Stetigkeitsbereiche, d. h. *in einer Umgebung eines Punktes* (1821) und *zwischen gegebenen Grenzen* (1853), ist für Laugwitz und Spalt bedeutungslos. Diese Änderung sei lediglich äußerer Natur - „since nowhere in the proofs there is any reference to those phrases" (ibid., 15). Der Rückschluss auf die Äquivalenz beider Theoreme, auf der Basis der unerwähnt gebliebenen Stetigkeitsbereiche in den Beweisen, zeigt die eklatanten methodischen Mängel der Arbeit der Autoren. So sei die neue Konvergenzeigenschaft (1853) im Grunde dasselbe wie normale (punktweise) Konvergenz: „The convergence of $\sum u_i$ is defined by $r_n \approx 0$; but $s_{n'} - s_n = r_n - r_{n'} \approx 0$ for $r_n \approx 0 \Rightarrow r_{n'} \approx 0$" (ibid.). Die Konvergenz der Reihe (in 1821) und die Eigenschaft, dass $s_{n'} - s_n$ *immer* unendlich klein gemacht werden kann (in 1853), lassen sich auf $r_n \approx 0$ zurückführen, so die Autoren. Sie diskutieren also nicht den Zusatz „immer" und dessen Bedeutung, nach der die in Rede stehende Eigenschaft für alle Werte der Veränderlichen zu gelten habe. Obwohl Cauchy weder mengentheoretische Quantoren noch eine Reihenfolge der Grenzprozesse einführte, wird seine Intention deutlich, eine stärkere Bedingung als die der *normalen* Konvergenz (1821) an die Hand zu bekommen. Ebenso ist Spalts und Laugwitz Schlussfolgerung aus mathematikhistorischer Sicht mit dem aktuellen Forschungsstand unvereinbar, nach dem Cauchy durch Briot, Bouquet und Björling zu einer Neufassung seines ersten Summentheorems angeregt wurde (s. Kapitel 2 und 5).

Schließlich behaupten die Autoren „*1821-CSF*[95] *and 1853-CSF are equivalent in Cauchy's universe of discourse*" (ibid.) und argumentieren damit, dass Cauchy in der Zeit zwischen 1821 und 1853 keine weitere Anregung in Form anderer Konvergenzbegriffe empfang. Er sei darüber hinaus nicht imstande gewesen, höherentwickelte Konzepte von Konvergenz als das der punktweisen zu formulieren. Cauchys Änderung bleibe auf dem Stand einer Ankündigung und führte letztlich zu demselben Theorem, jedoch fehlerhaft bewiesen. Es muss kaum erwähnt werden, dass das Ergebnis von Spalt und Laugwitz in jedem Punkt konträr zu den seriösen mathematikhistorischen Auffassungen über Cauchys Summentheoreme dasteht. Ebenso wie diese Konsequenzen muss auch die Idee eines nur Cauchy zugänglichen *universe of concepts* kritisch betrachtet werden. Bereits im Dezember 1815 wurde Cauchy

[94] Laugwitz und Spalt setzen hier nun doch voraus, dass eine Abhängigkeit der Funktionsinkremente von ihren Argumenten besteht, obwohl ein Ausdruck der Art $\Delta s_n = s_n(x + \Delta x) - s_n(x)$ doch im Sinne des *universe of concepts* verboten sein soll: „Since it is possible to choose the increment $\Delta x$ small enough so that the corresponding increment $\Delta s_n < e$ for arbitrarily given $e$, [...]" (1988, 15).

[95] Die Abkürzung steht für *Cauchy's sum formula*.

Professor an der École Polytechnique und sein Lehrbuch *Cours d'analyse algébrique* entstand im Rahmen seiner Lehrtätigkeit und seiner Vorlesungen an der Hochschule. Seine Arbeit als Lehrer wie auch sein Ruf als Begründer der strengen modernen Analysis stehen im Widerspruch zu einer Annahme, er habe eine abgekapselte Mathematik um einen eigenen Begriffskosmos herum konstruiert und praktiziert.

So betont auch G. Schubring den intersubjektiven Charakter der Cauchy'schen Mathematik: „The conceptual edifice … presented in his lectures was not only exposed to questions from and discussions with students, but was also the topic of final examinations" (Schubring 2005, 435). Eine hermetische Begriffswelt, deren Verständnis durch den Vergleich mit anderen Konzepten zu scheitern droht, ist in einem Umfeld ununterbrochener Kommunikation nicht vorstellbar. Folglich kann es ein abgeschlossenes *universe of discourse* speziell im Fall von Cauchy nicht geben. Der Ausdruck „universe" suggeriert einen breiten begrifflichen Raum, tatsächlich bedeutet aber die Cauchy zugeschriebene, nur ihm subjektiv eigene Mathematik eine Mikro-Welt, ohne Kommunikation mit seinen Studenten, seinen Kollegen, seinen Korrespondenten.

Laugwitz und Spalt wehren sich vor allem gegen den Ansatz der *reconstruction*. Er ist das wichtigste Feindbild ihrer eigenen Methodologie und wird mehrfach angesprochen:

> „This is the very starting-point for the reconstructionist's claim that Cauchy-1853 knows about uniform convergence. … This reconstruction heavily relies on the correct order of the logical quantifiers which … does often not deserve Cauchy's attention" (Laugwitz & Spalt 1988, 15).

Diese allgemein an jeden Rekonstruktivisten gerichtete Kritik lässt sich in Einzelfällen widerlegen, denn Historiker und Mathematiker wie Grattan-Guinness und Hardy setzen Cauchy mit gleichmäßiger Konvergenz in Verbindung (entweder weil er es mit entdeckte oder seinen Konvergenzbegriff mit dem der gleichmäßigen verwechselte, so die Auffassung von J. Grabiner[96]) ohne dabei etwas über Quantoren auszusagen.

Die *Method of Conceiving* (zu dt. geistig erfassen, verstehen) sollte zu neuen historischen Einsichten führen, nach denen der Beweis von 1821 richtig, der Beweis von 1853 falsch und beide Sätze über konvergente Reihen und deren Stetigkeit ansonsten gleich sind. Tatsächlich sind die entstandenen Resultate unhaltbar, ihre Beweisführung lückenhaft und widersprüchlich. Das auf Cauchy angewandte *concept of universe* entpuppt sich im Laufe der Lektüre als dehnbares Konstrukt. Die anfänglich nicht beleuchteten Funktionsinkremente werden mit zunehmendem Gebrauch der modernen Sichtweise von Differenzen angenähert – eine Sichtweise, die (ohne befriedigende Erklärung) außerhalb von Cauchys Begriffswelt liegen soll. Andere Probleme betreffen die Ausblendung von (unliebsamen) Fakten zu Gunsten der Durchführbarkeit der vorgestellten Methodik sowie die fehlende Strenge ihrer Beweiskritik.

- Wieso wird die Bedeutung des Wortes *always* nicht im Kontext der neuen Konvergenzeigenschaft diskutiert?
- Warum ist die Formulierung *infinitely large* in der Eigenschaft von 1853 unbedingt problematisch?

Die mit „conceiving" angesprochene Methodologie des Verstehens von Texten erfordert für die Wissenschaftsgeschichte, im Gegensatz zu subjektiven Konstruktionen und Mikrowelten,

[96] „Lagrange confused convergence with uniform convergence. Cauchy reproduced this error" (Grabiner 1981)

eine umfassende Analyse von Begriffsbedeutungen im jeweiligen historischen Kommunikationskontext (vgl. Schubring 2005, 3 ff.).

### *4.3.4 Der Satz von der stetigen Konvergenz – Spalts Revision der bisherigen Cauchy-Interpretationen*

Nach Spalts Analyse[97] wurde Cauchy (1821) in der Grundlegung seiner mathematischen Begriffe von *Funktionen* und *Konvergenz* bisher missverstanden und fehlinterpretiert. Dieser „Trend“ soll schon an der École begonnen haben, wo eine Verweigerung des Lehrstoffes der Schüler das fehlende Verständnis der nächsten Generationen mittrug:

> „Die Schüler hielten nichts von dem Lehrer, der wegen seines pedantischen Vorgehens die Unterrichtszeit überziehen musste, um das Pensum zu bewältigen, und in der Folge missachteten sie auch das Lehrbuch“ (Spalt 2002, 289).

Die Vorwürfe gegen Cauchys Lehrstil sind begründet. Er überzog seine Vorlesungsstunden in der Tat regelmäßig und lehrte auch noch über die Semesterzeit hinaus. Dies findet man in (Belhoste 1989) beschrieben. Die allgemeine Unbeliebtheit bei seinen Studenten führte jedoch nicht zu einer Nichtbeachtung seines Lehrbuches. Hierbei handelt es sich um reine Erfindung. Diese Ablehnung der eigentlichen Begriffe bei Cauchy soll sich in der Umdeutung der zentralen Begriffe seiner Analysis manifestiert haben. Zu den Opfern dieser Fehlinterpretationen zählen fast ausnahmslos alle relevanten Kritik- und Verbesserungsansätze der vergangenen Jahrzehnte, angefangen bei Abel und Seidel bis hin zu den modernen Rettungsversuchen der Nichtstandard-Analysis beginnend mit Robinson:

> „Jeder geht von seinem eigenen Verständnis der infrage stehenden analytischen Begriffe aus: Zahl, Stetigkeit, Funktion, Konvergenz. Niemand erörtert im einzelnen, welche Definitionen CAUCHY *selbst* von diesen Begriffen gibt [...]“(Spalt 2002, 309).

Dabei könne faktisch eine Untersuchung dieser Begriffe „fast von selbst“ eine neue und schlüssige Interpretation zu Tage fördern. Spalt verweist hierzu auf einen konkreten Passus im *Cours* (vgl. Abbildung 10; man findet eine deutsche Übersetzung in Spalt 2002, 310 f.). Hier beschreibt Cauchy auf allgemeine Weise seine Betrachtung über funktional zusammenhängende Größen, die die Grundlage für sein Verständnis von eindeutigen Funktionen bildet.

Cauchy betont ausdrücklich, dass verschiedene Größen von einer unter ihnen, einer *variable indépendante*, abhängig sein können. Spalt, dessen deutsche Übersetzung diesen Sachverhalt wiedergibt, deutet diesen Gedanken unverständlicherweise derart, dass Cauchy den Anstoß zum Gebrauch multivariable Funktionen gegeben haben soll: „Demzufolge, so scheint es mir, sind $s_n$, $r_n$, $s$ [...] Funktionen von den beiden unabhängigen Veränderlichen $n$ und $x$, und deren Werte werden aus den Werten von $n$ und $x$ erschlossen“ (ibid., 311). Dieser Fehler setzt sich in den weiteren Untersuchungen fort.

[97] Cauchys Revision von 1853 wird in (Spalt 2002) nicht thematisiert. Die Begriffe und Methoden seien dort „weit weniger stringend“ als in dessen Lehrbüchern der zwanziger Jahre.

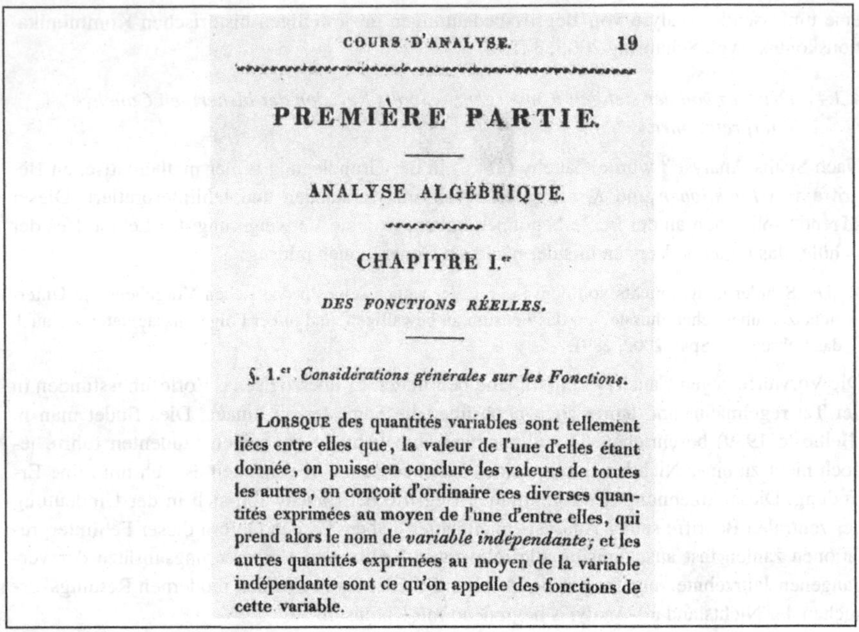

COURS D'ANALYSE. 19

PREMIÈRE PARTIE.

ANALYSE ALGÉBRIQUE.

CHAPITRE I.^er

*DES FONCTIONS RÉELLES.*

§. 1.^er *Considérations générales sur les Fonctions.*

LORSQUE des quantités variables sont tellement liées entre elles que, la valeur de l'une d'elles étant donnée, on puisse en conclure les valeurs de toutes les autres, on conçoit d'ordinaire ces diverses quantités exprimées au moyen de l'une d'entre elles, qui prend alors le nom de *variable indépendante*; et les autres quantités exprimées au moyen de la variable indépendante sont ce qu'on appelle des fonctions de cette variable.

**Abbildung 10:** Einleitung des PREMIÈRE PARTIE, *Cours d'analyse* (1821).

Um zu ergründen, welche (Funktions-)Werte hierbei definitionsgemäß entstehen können, betrachtet Spalt eine weitere Passage aus dem *Cours* (vgl. Abbildung 11; Spalt gibt eine deutsche Übersetzung in Spalt 2002, 311).

Man versucht also den Limes einer Funktion zu ermitteln, wenn die Definition der Funktionsvorschrift keinen Wert liefern kann. Diese *valeurs singulières*, die in (Spalt 2002) eigentümlich als „Sonderwerte" übersetzt werden, sind Singularitäten, die er als weitere, zulässige Funktionswerte deutet. Solche Limiten werden aber bei Cauchy ausdrücklich unter der Einschränkung (*l'hypothese*) berücksichtigt, d. h. sie stellen keine „echten" Funktionswerte dar. Spalts Neuinterpretation des Funktionsbegriffs ist somit auf einer fehlerhaften Textauslegung gegründet.[98] Als mögliche Quelle für Cauchys Definition der Funktion nennt Spalt Fouriers Arbeiten und seine „neuartige Behandlung der trigonometrischen Reihen", die seit 1808 bekannt waren (ibid., 320).[99]

[98] Sie lautet zusammenfassend: „[Eine] Funktion ist bei Cauchy eine veränderliche Zahlgröße, deren Werte sich aus den Werten anderer Veränderlicher *erschließen lassen*. Welche Werte eine Funktion hat, das ergibt sich sowohl direkt aus der Erklärung der Funktion wie auch (ergänzend) durch die Bildung von Funktionenlimites" (ibid., 321).

[99] Spalt ergänzt: „[…] Cauchy bringt Fouriers neue Objekte auf ihren analytischen Begriff und führt diesen Begriff [jedoch niemals explizit] in die Grundlagen der Analysis ein" (ibid.).

**§. 3.° *Valeurs singulières des Fonctions dans quelques cas particuliers.***

**Lorsque, pour un système de valeurs attribuées aux variables qu'elle renferme, une fonction d'une ou de plusieurs variables n'admet qu'une seule valeur, cette valeur unique se déduit ordinairement de la définition même de la fonction. S'il se présente un cas particulier dans lequel la définition donnée ne puisse plus fournir immédiatement la valeur de la fonction que l'on considère, on cherche la limite ou les limites vers lesquelles cette fonction converge, tandis que les variables s'approchent indéfiniment des valeurs particulières qui leur sont assignées; et, s'il existe une ou plusieurs limites de cette espèce, elles sont regardées comme autant de valeurs de la fonction dans l'hypothèse admise. Nous nommerons *valeurs singulières* de la fonction proposée celles qui se trouvent déterminées comme on vient de le dire. Telles sont, par exemple, celles**

**Abbildung 11:** Cauchy 1821, 45.

Seine Deutung der Reihenkonvergenz ist in gleicher Weise widersprüchlich. Der üblichen Notation folgend, bedeutet Konvergenz (an einer Stelle $x = X$): „la somme $s_n$ s'approche indéfiniment d'une certaine limite $s$“, d. h. die Restreihe $r_n$ verschwindet, sie wird also für $n \to \infty$ und $x = X$ (bzw. für $X + \alpha$ und $\alpha \to 0$) gleich Null. Da sich Cauchy bekanntermaßen mit der Reihenfolge dieser Grenzprozesse nicht auseinander setzte, interpretiert Spalt hieraus, er habe *beide* Möglichkeiten zugelassen:

„Die Forderung, alle diese Grenzen zu suchen, bedeutet die Forderung, sämtliche Möglichkeiten der Abhängigkeit der beiden Grenzprozesse $n \to \infty$ und $\alpha \to 0$ zu betrachten. […] Die Konvergenzbedingung […] lautet somit in Zeichen:

$$\lim_{\substack{\alpha \to 0 \\ n \to \infty}} r_n(X + \alpha) = 0,$$

wobei sämtliche Möglichkeiten der Abhängigkeiten der beiden Grenzprozesse zu berücksichtigen sind“ (ibid., 313).

In der Anwendung führt dieses Verständnis von Konvergenz zu dem neueren Modell der stetigen Konvergenz:

„Eine Funktionenreihe

$$u_0(x) + u_1(x) + u_2(x) + \cdots + u_{n-1}(x) + \cdots$$

Ist bei CAUCHY konvergent am Wert $x = X$, wenn der Reihenrest

$$r_n(x) = u_n(x) + u_{n+1}(x) + \cdots$$

Für $x = X$ mit unbestimmt wachsendem $n$ den Grenzwert 0 hat. Wie wir gesehen haben […], sind hier auch alle Funktionenlimites von $r_n(x)$ bei $x = X$ zu berücksichtigen, also sämtliche $\lim_{n\to\infty} r_n(x_{m_n})$ für beliebige Folgen $\left(x_{m_n}\right)_{n\in\mathbb{N}}$ mit $\lim_{n\to\infty} x_{m_n} = X$. Damit übersetzt sich CAUCHYs Begriff der Konvergenz einer Funktionenreihe für uns heute als *stetige Konvergenz* – und damit als eine Eigenschaft, welche *die gleichmäßige Konvergenz* zur Folge hat“ (ibid., 329).

Insofern lassen sich Cauchys Summentheorem, das nach dem obigen Zitat die stetige Konvergenz der Reihe voraussetzen soll, und der später aufgestellte Satz von C. Carathéordory[100] über die Stetigkeit einer stetig konvergenten Reihe auf dieselbe Aussage zurückführen – sie sind „extensional dasselbe" (ibid., 330). Spalts neue Beweisanalyse, deren Ausdeutung auf der Basis dieses Konvergenzbegriffes „eine vollkommen schlüssige mathematische Argumentation" (ibid., 315) hervorbringe, besiegle den Bruch mit „jedem bisherigen Verständnis von CAUCHYs Beweis" (ibid., 330). Die wichtige Einsicht sei, das Argument in $r_n(x+\alpha)$ als Veränderliche an sich (abhängig von $\alpha$), statt als einen Wert der Variable $x$ zu betrachten (ibid.). Das Wesen dieser Unterscheidung erklärt er nicht ausreichend – er könnte sich hier aber auf seine vorigen Anmerkungen über die Begriffe *le voisinage* und *accroissement* beziehen: „Für die Begriffe *in der Nähe* und *Zuwachs* einer Funktion gibt Cauchy keine ausdrückliche Definition, sondern er verwendet sie nur" (ibid., 327).[101] Welche Intention Spalt mit seiner Trennung zwischen der Variable an sich und dem Wert einer Variable anstrebt, bleibt unklar.

Betrachten wir die möglichen Auswirkung dieser Entdeckung anhand von Spalts Beweisrekonstruktion des Summentheorems (1821), die wir zu Gunsten des Arguments verkürzen. Nach der üblichen Vorarbeit gelangt man für den Beweis der Stetigkeit im Punkt $x = X$ zu der Gleichung

$$\lim_{\alpha\to 0}(s(X+\alpha)-s(X)) = \lim_{\alpha\to 0}(r_N(X+\alpha)-r_N(X)),$$

deren linke Seite Null wird, da „die Art und Abhängigkeit der beiden Grenzübergänge" in

$$\lim_{\substack{\alpha\to 0\\ n\to\infty}} r_n(X+\alpha) = 0$$

beliebig ist und man folglich ein $n_0 = n_0(\varepsilon)$ angeben kann, so dass $\forall N' > n_0$ die Gleichung

$$\left|\lim_{\alpha\to 0}(r_{N'}(X+\alpha)-r_{N'}(X))\right| < \varepsilon$$

gilt (ibid., 313). Dies bedeute, wie schon zitiert, dass auch sämtliche „$\lim_{n\to\infty} r_n(x_{m_n})$ für beliebige Folgen $(x_{m_n})_{n\in\mathbb{N}}$ mit $\lim_{n\to\infty} x_{m_n} = X$" einbezogen sind. Die Stetigkeit der Reihe folgt damit letztlich aus der stetigen Konvergenz. Damit ist nach Spalts Deutung die Frage der Standardanalysis nach der Existenz eines globalen $n$ für alle $x$-Werte hinfällig geworden.

#### *4.3.4.1 Spalts Kritik der bisherigen Cauchy-Deutungen durch Abel, Seidel und Robinson*

Infolgedessen liegt Seidels Fehler darin, Cauchy im Rahmen seiner Begriffswelt, der klassischen Analysis, behandelt zu haben. Diese „unzulässige Identifikation" mit seinen (nach traditionellen Verständnis bereits sehr modernen) Konzepten veranlasste ihn zu seinem Urteil, Cauchy läge falsch. Ein zweifelsohne folgerichtiges Urteil in Seidels Begriffswelt. Dagegen hat der Ansatz der Nichtstandardanalysis in Cauchys Beweis den Nachweis zu erbringen, er habe formallogische, mathematische Mittel für deren Realisierung verwendet. Diese Schwierigkeit ist nach Spalt unüberwindbar, denn

---

[100] Constantin Carathéodory (1873-1950) war ein aus Griechenland stammender Mathematiker, der in Göttingen tätig war.

[101] Neben dieser korrekten Beurteilung muss man Spalt zu Gute halten, dass er Cauchys *quantité infiniment petite* als Nullfolge, anstatt als infinitesimale Größe betrachtet.

„diese Deutung verlangt somit, dass CAUCHY einen Begriff eines nichtstandardreellen Wertes [...] *neben X* hat. Sie sagt aber nicht schlüssig, wie Cauchy einen solchen Begriff gibt" (ibid., 317).

Er lehnt die Argumentationsgrundlagen von Robinson (1966) und Lakatos (1978) ab, die sich für ihre NSA-Interpretation auf nicht formalisierte Ausdrücke Cauchys berufen. Aus historischer Sicht sei die „logische Komplexität einer Nichtstandardanalysis a priori [...] höchst fragwürdig [...]" (ibid., 334). Im Falle von Cauchy ist Spalts Einwand gegen die NSA durchaus begründet, fordert sie doch implizit den „reflektierten Einsatz der formalen Logik [ein] – die keinesfalls vor 1890 entwickelt war" (ibid., 326). Wie ist diese zu Robinson gegensätzliche Beurteilung gegenüber einer NSA-Legitimierung möglich? Sowohl Spalt als auch Robinson beziehen sich auf dieselbe Passage in den *Préliminaires* des *Cours* (Bradley-Sandifer 2009, 7; Cauchy 1821, 19), interpretieren sie aber unterschiedlich; Spalt stützt sich bei der Erklärung von *infiniment petite* unter anderem auf den Satz „une variable de cette espèce a zéro pour limite" und auf die weitere Anwendung infiniter Größen im Verlauf des Lehrbuches: „Unendlichkleine bestimmt Cauchy also stets als Veränderliche mit der Grenze Null – wobei er das Wort infinitesimal [...] weder substantivisch noch attributiv verwendet [...]" (Spalt 2002, 324). Er versucht der Nichtstandardanalysis ihre Argumentationsgrundlage zu entreißen, indem er ihren Rückgriff auf den Primärtext aushöhlt:

„Wo immer es um begriffliche Klarheit geht [...] vermeidet Cauchy die Rede von Infinitesimalen [...], indem er dort auf die Formulierung ‚für unendlichkleine Werte der Zahlgröße $\alpha$' oder ‚für unendlichgroße Werte der Veränderlichen $n$', die er an anderer Stelle oft verwendet, verzichtet [...]." (ibid., 323)

Zusammenfassend bezeichnet Spalt sowohl diese Auslegung also auch die der traditionellen Analysis-Interpretation seit Abel in Abgrenzung zu seiner *Entdeckung* als „resultatistisch". Ihre Fehler entstehen dort, wo Cauchy in andersartige Begriffssysteme *zu pressen* versucht wird, die den Aspekt der gleichmäßigen Konvergenz einfordern.

So kritisiere Abel das Summentheorem von Cauchy in völliger Unkenntnis der dortigen Begriffe und ohne die ihm vermutlich noch unbekannte Unterscheidung zwischen gewöhnlicher und gleichmäßiger Konvergenz. Aber Spalts Stellungnahme zu Abel kommt zunehmend einem allzu harschen Ablehnung gleich, denn so sei dessen Einwand (1826) die „vorlaute Kritik eines junges Heißsporns" und mehr noch, seine „analytische Begriffsschärfe [ist] derjenigen Cauchys deutlich unterlegen: Seine Begriffswelt ist weniger klar ausgearbeitet" (ibid., 330). Dabei hat Spalt zuvor noch postuliert: „Für die Begriffe *in der Nähe* und *Zuwachs* einer Funktion gibt Cauchy keine ausdrückliche Definition, sondern er verwendet sie nur" (ibid., 327).

Nachweislich habe Abel eine undurchsichtige Verwendung unendlich kleiner Größen praktiziert und eine Mehrfachbezeichnung bestimmter Begriffe zugelassen. Es ist Spalt entgangen, dass dieselben Phänomene (oder Schwächen) auch bei Cauchy zu beobachten sind: Sowohl Spalts, als auch die Interpretationsansätze früherer Mathematikhistoriker sind zu guter Letzt eine Konsequenz der vagen Begrifflichkeiten in dessen Einleitungen und Beweisen. Die fehlende formal-mathematische Explizierung der Begriffe, insbesondere der Konvergenz, ermöglichen einen Interpretationsspielraum, den sich auch Spalt mit seiner Deutung der stetigen Konvergenz zu Nutze macht. Daher ist die folgende Aussage reine Behauptung – sie kann nicht bewiesen, aber jederzeit angezweifelt werden:

„CAUCHYs analytische Begriffsschärfe überstieg diejenige seiner Zeitgenossen und überragte deren Verständnisvermögen. Dies gilt für seine Schüler an der École Royale Polytechnique wie für seine Fachkollegen weithin: Niemand von ihnen war bereit und imstande, CAUCHYs Begriffswelt zur Gänze aufzunehmen" (ibid., 330)[102]

Der Einwand der Doppelbenennung bei Abel, hier im Falle von „stetig" und „continuirlich", muss mitnichten im Widerspruch zur Begriffsschärfe stehen. So hat Weierstraß, wie in Kapitel 6 gezeigt wird, eine Reihe von verschiedenen Formulierungen der gleichmäßigen Konvergenz eingeführt und geprägt – ohne das ihm die Klarheit des Gedankens abgesprochen werden muss.

#### *4.3.4.2 Die Irrtümer Spalts*

Der detailreichen Analyse des vorliegenden Textes (2002) zum Trotz, ist Spalt die Kontextualisierung der Thematik um Cauchy-1821 nicht gelungen. Am deutlichsten wird dies im folgenden Passus, der bekannte mathematikhistorische Fakten mit einigen Verzerrungen ausstattet:

„Nachdem Weierstrass in einer 1894 gedruckten Abhandlung die weitreichende Bedeutung des von seinem Lehrer Gudermann bereits im Jahre 1838 angedeuteten Begriffs der gleichmäßigen Konvergenz erkannt hat, haben Seidel im Jahr 1847, veröffentlicht im Jahr 1850, und etwa gleichzeitig Stokes bewiesen, dass der Lehrsatz gilt, wenn man die Gleichmäßigkeit der Konvergenz der Reihe voraussetzt. Aufgrund dieser Kritik an seinem Satz kommt Cauchy im Jahr 1853 auf das Problem zurück und spricht den Satz mit der Voraussetzung der gleichmäßigen Konvergenz erneut aus" (Spalt 2002, 286 f.).

Spalt reduziert die Begriffsentwicklung bei Weierstraß auf seine Abhandlung „Zur Theorie der Potenzreihen", die er gleichzeitig und kommentarlos auf 1894 und 1841 datiert.[103] In der Gesamtheit dieser Darstellung lässt Spalt den Eindruck entstehen, es handle sich hierbei um eine einzige, zentrale Entwicklung der gleichmäßigen Konvergenz, angefangen bei Cauchy bis Weierstraß. Mithin konnte bis heute Cauchys Revision von 1853 nicht mit der Kritik von Stokes und Seidel in Verbindung gebracht werden. Seine Äußerung verspricht aber, Cauchy habe „aufgrund dieser Kritik" eine Richtigstellung vorgenommen – dies ist aber unhaltbar. Diese Analyse hat gezeigt, dass Spalt den methodologischen Prinzipien der *Method of Conceiving*, die er als seinen vielversprechenden Ansatz bereits vorstellte, nicht nachgekommen ist und stattdessen einer vom historischen Original entfernten Fehlinterpretation erliegt.

### *4.3.5 Klassische Auswertungen von I. Grattan-Guinness und U. Bottazzini*

Die Idee der gleichmäßigen Konvergenz bzw. die Einsicht in deren Bedeutung falle nach Grattan-Guinness keinesfalls allein auf Cauchy zurück (s. Kapitel 5).[104] Eine Konsequenz der nach und nach einsetzenden Begriffsentwicklung bestand nach ihm in der allmählichen Aus-

[102] Hierhin begründet Spalt das jahrzehntelange Missverständnis um Cauchys Begriffe. Der Funktionsbegriff, dessen wahre Natur den Zeitgenossen verschlossen blieb, führte zu seinem Satz über die stetige Konvergenz, die sich in der Form der punktweisen Konvergenz darstellte (ibid., 334).

[103] Spalt setzt die Veröffentlichung dieser Abhandlung zu spät an und hat scheinbar die Möglichkeit einer weiteren Nachbearbeitung Weierstraß' nicht recherchiert. Vgl. Kapitel 6.

[104] Grattan-Guinness vertritt den Standpunkt, Weierstraß habe den Begriff schon in den vierziger Jahren kreiert. Über die Begriffsentwicklung bei Weierstraß siehe man Kapitel 6 und 7.

prägung und Abgrenzung der verschiedenen Konvergenzbegriffe wie wir sie heute kennen. An Cauchys Notation kritisiert er die für die Durchführung strenger Beweise und die Behandlung von Konvergenzen unerlässliche, aber weitestgehend fehlende Symbolsprache einer multivariaten Analysis. So findet man z. B. nur den Bezeichner „$s_n$", für Reihen von Funktionen, statt „$s_n(x)$". Er bemängelt weiterhin das Fehlen einer systematischen Symbolsprache der Analysis am Beispiel des Summentheorems: „The case of ›$s_n$‹ vis-à-vis ›$s_n(x)$‹ shows that it was needed at times more often than he [Cauchy] had allowed" (Grattan-Guinness 1986, 228). Über den Beitrag des schwedischen Mathematikers E. Björling (1846; s. Kapitel 5) schreibt er: „[...] he anticipated uniform convergence over an interval in the way that Cauchy and especially Weierstrass were to expouse later" (ibid., 230). Er vertritt demnach die Annahme, Cauchy habe gleichmäßige Konvergenz im Intervall intendiert und interpretiert ihn damit zu Gunsten der modernen gleichmäßigen Konvergenz, obwohl er die Problematik dieser Auslegung in einer späteren Abhandlung benennt und davor warnt, Cauchy aus der Sicht Weierstraß' zu lesen (Grattan-Guinness 2004, 176). Den Beweis von 1853 betrachtet er unter den Gesichtspunkten mathematischer Strenge eher kritisch (vgl. Abschnitt 2.8.5). Aus methodischer Sicht bleibt unklar, nach welchen Gesichtspunkten er eine Annäherung an Cauchys Mathematik finden will.

Der Historiker Umberto Bottazzini formuliert als Herausgeber einer kommentierten Neuauflage des *Cours d'analyse* seine allgemeine Leitidee wie folgt: „[...] what matters in understanding the history of mathematics is not mere definitions (or, worse, programmatic announcements made by authors) but on the contrary their actual use in developing theories" (Bottazzini 1992, LVII). Hierzu zählt auch die Analyse der Beweise. Er resümiert, ohne den Stand der Diskussion um Cauchy und die gleichmäßige Konvergenz erneut darzustellen, dass alle *Fehler* Cauchys auf dessen Verwechslung (engl. *confusion*) von punktweiser (engl. *simple*) und gleichmäßiger Konvergenz beruhen (ibid., LXXXV).[105] Die Frage, wieso Cauchy die Gegenbeispiele zu seinem Summentheorem scheinbar ignorierte, könne nun auch umgekehrt werden. Die bisher ungestellte Frage laute, warum Autoren wie N. H. Abel von einem berechtigten Einwand überzeugt waren. Bottazzini stellt damit indirekt die Forderung, die Konvergenzvorstellung von Cauchys Zeitgenossen zu untersuchen. Sowohl Abel (1826) als auch Dirichlet (1829) nahmen Cauchys Verwendung von Konvergenz einer Reihe in Hinblick auf punktweise Konvergenz auf: „The puzzling fact is that all of them [Abel und Dirichlet] apparently used the same definition of convergence [d. h. gewöhnliche] but they gave different meanings to it" (ibid., LXXXVII). Bottazzinis Resultat: Der Konvergenzbegriff der sog. *contemporary mathematics* war ebenso mehrdeutig, wie dessen Grundlegung in Cauchys *Cours* – womit der Zweifel an Cauchys im Allgemeinen gescheiterten Summentheorem bestenfalls zerstreut werden kann. Wenn nun die zeitgenössische Mathematik die Grundlagenbegriffe Cauchys, wie seinen Konvergenzbegriff, sinnwidrig interpretierte, welche Konzepte verfolgte er stattdessen?[106] Der Versuch, diese Lücken auf konsistente Weise zu schließen, wurde durch die Nichtstandard-Analysis erbracht, zu deren Grundannahme die Abgeschlossenheit des Begriffskosmos gehört.

[105] Damit meint er solche, die in dem franz. Zitat in (Bourbaki 1960, 256) genannt werden, inklusive des berühmten Theorems von 1821.

[106] Derselbe Gedankengang beflügelt aber auch die These der C-Stetigkeit bis hin zu einer ganzen C-Analysis.

### *4.3.6 Ist das Konzept der Gleichmäßigkeit allgegenwärtig?*

Ein Vertreter dieses theoretischen Ansatzes, man könne das Postulat eines Cauchy-eigenen Begriffsgebäudes beibehalten und gleichzeitig auf traditionellem Wege (d. h. ohne die Konzepte der Nichtstandard-Analysis einzuarbeiten) Ergebnisse erzielen, ist der Mathematiker Enrico Giusti. In seinem Artikel über die Fehler Cauchys (1984)[107] verfolgt er methodisch die direkte, mathematische Analyse seiner Theoreme. Hinsichtlich des Summentheorems soll Cauchy die durch Abel bekannt gewordene Reihe

$$\sum_{k=1}^{\infty}(-1)^{k+1}\frac{\sin kx}{k}$$

nicht als Ausnahme seines Satzes angesehen haben, da sie nicht, oder wenigstens nicht überall, konvergiere.[108] Wie Giusti die Konvergenzbegriffe Cauchys auslegte, fasst Bottazzini als Abgrenzung zu anderen Historikern wie folgt zusammen: „he appealed to 'uniformity' for both continuity and convergence while [...] both Lakatos and Laugwitz interpreted Cauchy's statements in the framework of genuine theories of infinitesimals" (Bottazzini 1992, LXXXVII).

Das Konzept der Gleichmäßigkeit brachte Cauchy laut Giusti durch verbale Äußerungen wie *„toujours"* zum Ausdruck. Der Gedanke der Gleichmäßigkeit beherrsche Cauchys Vorstellungen von Konvergenz und Stetigkeit – „In realtà, il pensiero di Cauchy si rivela come totalmente dominato dall'uniformità" (1984, 53) – und wirkt auch in das Konzept der Ableitung hinein; ein Theorem, aus dem *Résumé des leçons données à l'École royale polytechnique sur le calcul infinitésimal* stammend, soll diese These untermauern. Sinngemäß besagt dieses Resultat folgendes: Man wähle ein kleines $\delta$, so dass der numerische Wert von $i$ immer kleiner als $\delta$ ist, und ein weiteres $\varepsilon$, dann nehme man einen beliebigen Wert für $x$ zwischen gewissen Grenzen und es gilt *immer*

$$f'(x)-\varepsilon<\frac{f(x+i)-f(x)}{i}<f'(x)+\varepsilon.$$

Der Ausdruck *„toujours"* besage nichts anderes als *„per ogni x fissato"* (d. h., für jedes bestimmte $x$), so Giusti. Diese Methode der Übersetzung ins heutige Begriffsschema überträgt Giusti auf das Theorem über konvergente Reihen (1853). Seine Methode der Übertragung in den Kontext der „herkömmlichen Analysis" fasst (Spalt 2002, 303) wie folgt zusammen: „GIUSTI deutet CAUCHYS Argumentation in der Weise, als berufe sich CAUCHY auf die (im herkömmlichen Sinne aufgefasste) gleichmäßige Konvergenz der Reihe – und begehe somit in seinem Beweis keinen Fehler."

### *4.3.7 Eine schwierige Rekonstruktion des Beweises von 1853*

Giustis Beweisskizze wirft einige Fragen auf. Nach Cauchys Argumentation folgt aus der Konvergenz der unendlichen Reihe $s$ das Verschwinden der Restreihe $r_n(x)$ für große Werte von $n$ und für unendlich viele Werte von $x$. Nach Giustis Interpretation bedeute diese Eigen-

[107] *Gli „errori" di Cauchy e i fondamenti dell'analisi.*

[108] Meine Übersetzung der Passage „Cauchy pensava che la serie 3.24 non costituisse un controesempio … la serie 3.24 non converge, o quanto meno, non converge *sempre*" (Bottazzini 1992, LXXXVII)

schaft, dass $r_n(x_n)$ für jede Folge $x_n$ (ital. *successione*) infinitesimal wird und man hierdurch zur gleichmäßigen Konvergenz gelange.[109] Seine strikte Interpretation von Variablen als Folgen, führt Giusti im Fall der Konvergenz auf den Begriff der *stetigen Konvergenz*. Definitionsgemäß konvergiert eine stetig konvergente Folge $f_n$ für jedwede konvergente Folge (dieser Begriff wird enzyklopädisch bei Pringsheim (1899) beschrieben). Die bekannte Eigenschaft aus dem Theorem (1853), nach der die Reihe $u_n + u_{n+1} + \cdots + u_{n'-1}$ immer unendlich klein wird für große $n < n'$, sieht Giusti als äquivalent zu der folgenden Aussage an: Man kann $n$ einen ausreichend großen Wert zuweisen, so dass, als Folge davon, $|s_{n'} - s_n| < \varepsilon$ für jedes $n' > n$ und jedes $x$ gilt.[110] Ohne weitere Argumentationsarbeit erkennt Giusti hier die Idee der gleichmäßigen Konvergenz begründet.[111] Die von Giusti getroffenen Vorbedingungen (wie die stetigen Konvergenz) können ursächlich zu diesen Modernisierungen geführt haben. Er betrachtet $r_n(x)$, wie die Notation es schon andeutet, als einen von zwei Variablen abhängigen Term. Obwohl diese Betrachtung aus heutiger Sicht als selbstverständlich angenommen wird, besaß Cauchy, ungeachtet seines Verständnisses von funktionalen Zusammenhängen, diese Notationsform und die damit verbundenen Präzisierungsmöglichkeiten aber nicht.

Weiterhin vernachlässigt Giusti die Bedeutung der Abhängigkeiten unter den Größen $\varepsilon, n$ und $x$ und versteht Cauchys „verbale Form" der Analysis in scheinbar selbsterklärender Weise, wie man sie heute (im Falle der gleichmäßigen Konvergenz) lesen und verstehen würde; er diskutiert ebenso wenig den klärungsbedürftigen Definitionsbereich der Zahlen $n'$ und $n$, wie dies z. B. Spalt und Laugwitz (1988) in ihrer Analyse tun. Umgekehrt findet man in (Bottazzini 1992) keine Kommentierung dieser ungeklärten Fragen, sondern lediglich die Kategorisierung, (Giusti 1984) diskutiere das Theorem einzig im Hinblick auf gleichmäßige Konvergenz.

### *4.3.8* La Notion essentielle de convergence uniforme – *Dugacs Fazit über den Konvergenzbegriff im ersten Summentheorem*

Die jüngste historiographische Darstellung von Cauchy liefert Pierre Dugac (1926-2000) in seiner *Histoire de l'analyse* (2003). Das Summentheorem sei ungenau, muss aber als erste Anstrengung, die in Rede stehende Aussage zu beweisen, gewürdigt werden.[112] Er bemüht sich um eine Übersetzung des Beweises von 1821 in moderne Notation; Die Stetigkeit der Partialsumme $s_n$ bedeute: Für ein beliebiges $\varepsilon > 0$ existiert ein $\delta > 0$ derart, dass $|\alpha| < \delta$ *und* unabhängig von $n$ (bzw. für alle $n$) zu $|s_n(x+\alpha) - s_n(x)| \leq \frac{\varepsilon}{4}$ führt. Als nächstes übersetzt er die Konvergenz der Reihe $s$ modern in die Schreibweise, nach der man unabhängig von $\varepsilon > 0$ ein $N < n$ angeben kann, damit $|r_n(x)| \leq \frac{\varepsilon}{4}$ gilt. Der nächste logische Schritt in Cauchys Beweis umfasst die folgende unklare Formulierung, die Dugac im Orginal zitiert und die lautet: „et celui de $r_n$ deviendra insensible en même temps que $r_n$, si l'on attribue à $n$ une

---

109 „La convergenza della serie implica che $r_n(x)$ tenda sempre a zero per valori infiniti di $x$; ovvero, nella nostra interpretazione, che per ogni successione $x_n$ la variabile $r_n(x_n)$ sia infinitesima. ancora una volta, ciò è equivalente alle convergenza uniforme" (1984, 50).

110 „[...] sta a significare niente altro che «si può assegnare a $n$ un valore sufficientemente grande in modo che risulti $|s_{n'} - s_n| < \varepsilon$ per $n' > n$ ed ogni $x$»" (1984, 38).

111 „in altre parole indica la convergenza *uniforme* della serie" (1984, 38).

112 „Pourtant, bien que ce théorème soit inexact, Cauchy n'est pas sans mérite en essayant de le démontrer, car il fut le premier mathématicien à avoir pensé qu'il y avait là une propriété à prouver" (Dugac 2003, 98).

valeur très considérable“ (1821, 120).[113] Hieraus formuliert Dugac die zur obigen analogen Ungleichung $|r_n(x+\alpha)| \leq \frac{\varepsilon}{4}$ unter denselben Bedingungen. Cauchys Schlussfolgerung lautet nach dieser Rekonstrukion in moderner Form also

$$|s(x+\alpha) - s(x)| \leq \varepsilon.$$

D. h. die Reihe $s$ ist im Punkt $x$ stetig. Der Fehler liege nun aber darin, so Dugac, dass bereits die Ungleichung der $s_n$ streng betrachtet unrichtig ist – „car elle suppose l'uniformite par rapport a la variable $n$“ (Dugac 2003, 100). Die Missachtung der Abhängigkeit zwischen $N = N(\varepsilon)$[114] und der Variable $x$, eine erst später entwickelte Betrachtung, kritisiert Dugac in besonderem Maße; man könne im allgemeinen Fall nicht davon ausgehen, dass die Unabhängigkeit dieser Größen für (gewöhnlich) konvergente Reihen eintrete (ibid.). Seine Ursachenforschung konzentriert sich auf Cauchys Begriffs- und Notationsweisen. Die für den Begriff der gleichmäßigen Konvergenz nötigen Feinheiten, die wir heute z. B. durch eine exakte Verwendung von Quantoren symbolisch festschreiben, stellten aus heutiger Sicht der Strenge eine große Schwierigkeit dar. Eine präzise Formulierung war auch durch den Entwicklungsstand der Analysis begrenzt. In diesem Falle, so Dugac, führte die Anwendung der Stetigkeits- und Konvergenzbegriffe ohne die Verwendung von Ungleichungen zu einer Beweisführung auf der Grundlage *verbaler Begriffe*, die „unvermeidlich“ zum Missbrauch führen.[115] Der Missbrauch ergibt sich dabei aus der fehlenden Klarheit der Bezeichnungen wie „unendlich klein“, „ausreichend groß“ usw.[116] Hier findet also eine Kontextualisierung Cauchys in der Weise statt, dass das allgemeine Unvermögen zu präzisen Stetigkeits- und Konvergenzbeweisen auf Cauchy zurückgewirkt habe. Ein Ansatz, der im Konflikt zum Standpunkt der traditionellen Mathematikhistoriographie steht, nach der Cauchy *der* Begründer der mathematischen Strenge sei. Diese Kontroverse ist nur zu lösen, indem der Blickwinkel auf die Begründer der strengen Analysis im Allgemeinen revidiert wird (s. Kapitel 2 und 3).

[113] Die Übersetzung von (Itzigsohn 1885) ist an dieser Stelle etwas ungenau: „Die Zunahme von $r_n$ wird kaum wahrnehmbar sein, wenn man dem $n$ in $r_n$ sehr grosse Werte beilegt“ (S. 90). Die Passage „en même temps que $r_n$“ wurde nicht beachtet. Die englische Übersetzung ist hier präsziser: „The increment of $r_n$, as well as itself, becomes infinitetly small for very large values of $r_n$“ (2009, 90).

[114] Dies ist eine Schreibweise, die man bei Cauchy übrigens nicht findet.

[115] „Der Beweis dieses Theorems zeigt meiner Meinung nach - außer der Schwierigkeit, die dem Gegenstand für diesen Zeitraum und wegen der Feinheit der Begriffe, wie dem der gleichmäßigen Konvergenz und wo die Formulierung dieses Theorems helfen wird sie herauszuarbeiten, inhärent ist -, dass die Hürden auch von dem Mangel der Präzision in den Definitionen und den Notationen herrühren. Gleichfalls, da die Definitionen der Konvergenz der Reihe und der Stetigkeit der Funktion nicht mittels Ungleichheiten ausgedrückt waren, mangelte die Klarheit der Beweise aufgrund eines unvermeidlichen Missbrauchs von mehr oder weniger gut definierten Worten wie denjenigen, die man hier findet: «voisinage», «infiniment petit», «accroissement insensible» und «valeur très considérable». (Dugac 2003, 99, Übersetzung: G. Schubring).

[116] Die Lücke, die durch die fehlende strenge Notation der gleichmäßigen Konvergenz entstanden ist, wurde in der Folgezeit und als Reaktion auf Cauchy zu füllen versucht, so Dugac. Im Verlauf dieser Arbeit wird noch untersucht werden, inwiefern die bald aufkommenden Entwicklungen tatsächlich als Reaktion auf Cauchy (1821, 1853) entstanden.

# 5 Das Phänomen der Gleichzeitigkeit von 1846/47

## 5.1 Philipp Seidel

Der Mathematiker und Astronom Philipp Ludwig Seidel (1821-1896) studierte von 1840 bis zu seinem Wechsel nach Königsberg im Jahre 1842 an der Universität in Berlin. Nach seiner Immatrikulation im Jahre 1840 belegte er für seine mathematische Ausbildung und neben zahlreichen Astronomie-Kursen vor allem die Vorlesungen von Dirichlet.[117] Die Liste der weiteren von Seidel gehörten Veranstaltungen findet man in F. Lindemanns *Gedaechtnissrede auf Philipp Ludwig von Seidel* (1897, 8).[118] Der deutsche Mathematiker Ferdinand Lindemann[119] (1852-1939) fasst den Einfluss Dirichlets auf seinen Studenten wie folgt zusammen: „Wir sehen Dirichlet's Einfluss in dem Bestreben, allgemein anerkannte und benutzte Methoden streng zu begründen und auf sichre Basis zu stellen“ (Lindemann 1897, Anmerkungen S. 47). Aus seinen späteren Veröffentlichungen tritt sein großes Interesse an der Astronomie zu Tage. Seine besondere Begeisterung spiegelt ein Auszug aus einem seiner Briefe an seinen Vater wieder:

> „Man wird wohl sagen können, dass es für den Menschen nichts Erhabeneres geben kann, als die Erforschung des Firmamentes, dass uns nirgends der Gedanke der göttlichen Allmacht mit mehr Majestät vor die Seele tritt, und dass kein Studium mit mehr Entschiedenheit auf die waltende Hand des Schöpfers aufmerksam machen kann“ (nach Lindemann 1897, 11).

Seinen Doktorgrad erhielt er für seinen Beitrag zur Astronomie mit dem Titel *De optima forma speculorum telescopicorum* (Über die beste Form der Spiegel in Teleskopen) im Jahre 1846 in München – sechs Monate später reichte er bereits, für das Gebiet der mathematischen Analysis, seine Habilitation mit dem Titel *Untersuchungen über die Konvergenz und Divergenz der Kettenbrüche* ein. Seine Bibliographie umfasst Beiträge zur Astronomie, Optik und Mathematik, darunter Wahrscheinlichkeitsrechnung – und die Lehre von den unendlichen Reihen. Seine Veröffentlichungen zur Reihenlehre beschränken sich insgesamt auf drei Abhandlungen, von denen nur jene von 1847 eine neue Konvergenzform thematisiert:

- *Untersuchungen über die Convergenz und Divergenz der Kettenbrüche* (1846). Am Laplace'schen Kettenbruch veranschaulicht, führt Seidel eine Methode ein, die Konvergenz eines Kettenbruchs mit Hilfe unendlicher Reihen nachzuprüfen.

---

[117] Zu den besuchten Vorlesungen zählten: Die Theorie der bestimmten Integrale und Anwendungen, Theorie der partiellen Differentialgleichungen und Elemente der Lehre von den Reihen, Zahlentheorie, Methoden zur Bestimmung bestimmter Integrale und Anwendungen, Theorie der complexen Zahlen und ausgewählte Capitel der Zahlentheorie.

[118] Seidel war als Sohn eines bayrischen Beamten nicht dem Adel angehörig. Den Namenszusatz *von Seidel* erhielt er stattdessen vom bayrischen König ehrenhalber.

[119] Im Jahr 1882 gelang Lindemann der Beweis, dass die Kreiszahl $\pi$ transzendent ist. Für seine Entdeckung wurde er geadelt.

- *Note über eine Eigenschaft der Reihen, welche discontinuirliche Functionen darstellen* (1847).[120]
- *Ueber die Verallgemeinerung eines Satzes aus der Theorie der Potenzreihen* (1862).[121]

Über diese Arbeiten hinaus ist wenig über Seidels mathematisches Schaffen bekannt. Entgegen der Äußerung Lindemanns („Auch die anderen mathematischen Aufsätze Seidel's bewegen sich in ähnlichen Bahnen“, 1897, 14), die den Verdacht auf weitere, bisher vernachlässigte Publikationen zum Thema der Konvergenz aufkommen lässt, gibt es keinen Hinweis auf weitere Arbeiten Seidels zu diesem Thema. Somit bleibt seine berühmte *Note über eine Eigenschaft der Reihen* ein Einzelwerk seiner Beschäftigung mit neuen Konvergenzformen für Funktionenreihen. Dort stellt Seidel die bisherigen Fakten über das Cauchy-Theorem (1821) zusammen; er gibt das Resultat mit Beweis in eigenen Worten wieder und erwähnt zugleich die bekannteste Gattung an Gegenbeispielen: „Gleichwohl steht der Satz [aus dem *Cours*] in Widerspruch mit dem was *Dirichlet* gezeigt hat, dass z. B. die *Fourier*'schen Reihen auch dann immer convergiren, wenn man sie zwingt, discontinuirliche Functionen darzustellen“ (Seidel 1847, 382). In diesem Zusammenhang bleiben auch andere Ausnahmen nicht ungenannt: „Man braucht selbst nicht dem intricaten Gang der Dirichlet'schen Beweise nachzugehen, um sich zu überzeugen, dass die Allgemeinheit des Satzes [...] Einschränkungen hat“ (ibid., 382 f.).

Er führt das Integral $\int_0^\infty \frac{\sin x\alpha}{\alpha} d\alpha$ an, das sich in eine konvergente Reihe stetiger Teilintegrale zerlegen lässt, deren Summe nicht überall stetig ist. Seidel verzichtet auf eine explizite Ausführung dieses Gegenbeispiel, die jedoch Liebmann (1900) in seinen Anmerkungen nachholt: Die Summe besitzt für $x \neq 0$ dem Vorzeichen entsprechend den Wert $-\frac{\pi}{2}$ bzw. $\frac{\pi}{2}$. An der Stelle Null verschwindet die Summe und weist dort zugleich eine Unstetigkeit auf – die Einwände von N. H. Abel und E. Dirksen erwähnt Seidel dagegen nicht. Er schlussfolgert allgemein, dass es eine „versteckte Voraussetzung“ geben muss, die Cauchys Satz zu seiner Allgemeingültigkeit verhelfen kann. Seidel spricht offen von einer Entdeckung, „welche meines Wissens noch nirgends ausdrücklich hervorgehoben worden ist“ (Seidel 1847, 384). Sein neues Summentheorem lautet wie folgt: Ist eine konvergente Reihe mit stetigen Gliedern gegeben, die eine unstetige Funktion in $x$ darstellt, so muss diese Reihe in einer Umgebung von $x$ für bestimmte Werte ***beliebig langsam*** konvergieren.

### *5.1.1 Der Beweis seines Summentheorems*

Seine Darstellung beginnt analog zu Cauchys Beweis im *Cours d'Analyse* (1821): Die zu betrachtende Reihe wird hier mit $F(x)$ bezeichnet und in die zwei Teilreihen $S_n(x)$ und $R_n(x)$ aufgespalten, denen dieselbe Bedeutung wie im *Cours* zukommt. So ist die Partialsumme $S_n(x)$ für ein nicht unbegrenzt wachsendes $n$ stetig. Für den Übergang von $x$ nach $x + \varepsilon$ be-

[120] Diese Abhandlung wurde später erneut publiziert: Liebmann, H. (Hrsg.), *Die Darstellung ganz willkürlicher Functionen durch Sinus- und Cosinusreihen von Lejeune Dirichlet (1837) und Note über eine Eigenschaft der Reihen, welche discontinuirliche Functionen darstellen von Philipp Ludwig Seidel (1847)*. Leipzig, 1900. Über Liebmanns Stellungnahme zu Seidel wird im weiteren Verlauf dieses Kapitel noch gesprochen.

[121] Seidel beweist die Aussage, dass aus der Identität von $\sum a_n x^n = \sum b_n x^n$ auf einem Intervall von g bis $h$ die Gleichheit $a_n = b_n$ für den Fall, dass die Null nicht zwischen $g$ und $h$ liegt. Der Artikel besitzt für das Thema der beliebig langsamen Konvergenz keine Relevanz.

zeichnen $\Delta F$ und $\Delta S_n$ die Veränderungen von $F$ und $S_n$. Demnach lässt sich aus der Gleichung $F(x) = S_n(x) + R_n(x)$ ableiten, dass $\Delta F = \Delta S_n + R_n(x+\varepsilon) - R_n(x)$ gilt. Es muss demnach noch gezeigt werden, dass die rechte Seite dieser Gleichung für beliebig kleine ε auch beliebig klein wird. An dieser Stelle besteht der Unterschied zu Cauchys Beweis darin, dass Seidel den unbekannten Kurvenverlauf von $R_n(x)$ für verschiedene $x$-Werte berücksichtigt. Er unterscheidet die Größen $R_n(x+\varepsilon)$ und $R_n(x)$, wenn $n$ anwächst und ε verschwindet. In der Folge werden diese Größen und $\Delta S$ kleiner als bestimmte zuvor gewählte Werte $\tau$, $\varrho''$, $\varrho'$ und man erhält die Ungleichung $\Delta F < \tau + \varrho'' + \varrho'$. Hierbei ist der Wert von ε zwischen Null und einem (vorher?) gewählten $\eta$ angesiedelt. Laut Seidel ist die vorausgesetzte Ungleichung $\eta > \varepsilon$ unproblematisch. In moderner Schreibweise wählt Seidel nun

$$\varrho = \min\{\varrho', \varrho''\} \text{ und } \nu_\varepsilon = \min\{N \in \mathbb{N} : R_n(x+\varepsilon) < \varrho \ \forall n \geq N\}.$$

Seidel unterscheidet zwei Fälle für die Größe $\nu_\varepsilon$ (Seidel 1847, 387), je nachdem, ob sich für sämtliche Werte von ε ein Maximum unter allen $\nu_\varepsilon$ angeben lässt. Existiert ein solches ν, so setze man es für das gesuchte $n$ in der Gleichung $\Delta F = \Delta S_n + R_n(x+\varepsilon) - R_n(x)$ ein und der Beweis des Cauchy'schen Theorems ist korrekt. In diesem Fall, so Seidel, behält Cauchy mit seinem ursprünglichen Satz Recht, *falls* die Größe $R_n(x+\varepsilon)$ der in Rede stehenden Reihe $F(x)$ spätestens ab einem gewissen $n$ für alle $\varepsilon < \eta$ beliebig klein wird. Bei Eintreten des zweiten Falles muss diese Vorgehensweise angepasst werden:

„ […] da die Reihe für alle Werthe von ε zwischen 0 und $\eta$ convergirt, so muss sich für jeden von ihnen ein endliches ν angeben lassen, welches jene Ungleichheiten alle erfüllt [d. h. $R_n(x+\varepsilon) < \varrho$]. Daraus folgt aber durchaus nicht, dass alle solchen ν unter einer bestimmten Grenze $N+1$ liegen müssen" (ibid., 388).

Seidels Beispiel entspricht in Formalsprache übertragen dem Term $\nu_\varepsilon = [1/\varepsilon]$. Die Befürchtung, dass Werte von $\varepsilon$ nahe der Null zu einem unbegrenzt wachsenden ν und letztlich zur Divergenz der Reihe $R_n(x)$ führen würden, wird von Seidel zerstreut; die hierbei implizierte Stetigkeit der Größe $\nu_\varepsilon$ im Punkt Null habe die Annahme zur Folge, es gäbe einen kontinuierlichen Übergang von $R_n(x+\varepsilon)$ nach $R_n(x)$.

„[Es kann] nicht behauptet werden, dass nach denselben ν mit einer gewissen Regelmäßigkeit [...], von ε abhängt, und es könnte sehr wohl sein, dass […] für $\varepsilon = 0$ aber, die Continuität des Gesetzes verlassend, gleichwohl keine unendliche, sondern irgend eine bestimmte Grösse hätte" (ibid., 389).

In einer unmittelbaren Nähe von $\varepsilon = 0$ konvergiert die Reihe also sehr langsam, da die Summe $R_n(x)$ der Restglieder erst dann kleiner als $\varrho$ wird, wenn die Anzahl der Terme in $S_n(x)$ sehr groß wird. Ein Beispiel für eine solche langsam konvergierende Reihe, auch wenn die Summe durchweg stetig ist, liefert die Exponentialreihe $\sum \frac{x^n}{n!}$, denn „[...] setzt man aber z. B. $x = 1000000$, so wird man bei der Berechnung ihrer Summe, selbst wenn man eine Millionen Glieder mitnimmt, noch einen enormen Fehler begehen, [...]" (ibid., 389 f.).

Mit diesen zusätzlichen Anmerkungen hält Seidel den Kern des Cauchy-Theorems für gezeigt, dessen Beweis hier „nur eine detaillirte Ausführung desjenigen [...] ist, welchen Cauchy am angeführten Orte mittheilt" (ibid., 390).

### 5.1.2 Die unendlich langsame Konvergenz

Das Verhalten der Größe ν (die auch mit $N$ bezeichnet wird) in der Nähe von und einschließlich $\varepsilon = 0$ beschreibt Seidel sinngemäß wie folgt: Der Wert von $N$ wächst unbeschränkt, wenn man der Unstetigkeitsstelle bei $\varepsilon = 0$ näher kommt:

> „im Augenblick, wo ε gleich Null wird, fällt es [das entsprechende $N$] plötzlich von seiner Höhe auf einen bestimmten Werth herab, um von diesem, sobald ε die Null passiert hat, sogleich aufs Neue zu Werthen überzugehen, welche grösser sind als alle noch so gross gegebenen" (Seidel 1847, 391).

Der Wert von $N$, der sich „überhaupt ruckweise" verändert, macht einen „unendlichen Sprung" (ibid.). Die zusätzliche (und notwendige) Abhängigkeit von der Größe ϱ, die als obere Schranke für $R_n(x+\varepsilon)$ eingesetzt wird, fordert auch eine zusätzliche Einschränkung. Seidel führt dazu eine weitere Größe $P < \varrho$ ein: „[...] sobald $\varrho$ unter $P$ herabsinkt, [lassen sich] diese Ungleichungen [d. h. alle $R_n(x+\varepsilon) < \varrho$] nicht mehr für alle $\varepsilon$ gleichzeitig erfüllen [...]" (ibid., 392). Der Wert $P$ gelte zugleich als „Mass der Convergenz" für die in Rede stehende Funktionenreihe. Seidel gibt hierfür keine weitere Erklärung.

### 5.1.3 Fazit zu Seidels Beweis

Wie schon erwähnt, hat Seidel zu den bestehenden Einwänden gegen Cauchy die konzeptionelle Kritik Dirksens und das Gegenbeispiel von Abel nicht mit angeführt. Andere, zeitnahe Entwicklungen und Beiträge von Stokes und Björling werden ebenso wenig thematisiert.

Seine Entdeckung, die langsame Konvergenz, soll die Allgemeingültigkeit des ursprünglichen Summentheorems in der Weise sicherstellen, dass im Falle bestimmter Reihen, die die von Seidel nachträglich geforderte Bedingung nicht erfüllen, die Unstetigkeit vorausgesagt werden kann. In seiner Einleitung betitelt Seidel diesen Zusatz als „verborgene Hypothese" und Entdeckung, „welche meines Wissens noch nirgends ausdrücklich hervorgehoben worden ist." Der erste Teil seines Beweises ist eine interpretativ gehaltene Rekonstruktion des Beweises von Cauchy und gilt als eine detailliertere Ausarbeitung dessen, was Cauchy gemeint haben *soll*. Für den zweiten Teil und der Behandlung des Falles, dass keine maximale und endliche Größe $n$ für alle $\varepsilon$-Werte existiert, für welches $R_n(x+\varepsilon)$ klein wird, kann Seidel kritisiert werden. Die Angabe einer unstetigen, ganzzahligen und funktionalen Größe $N(\varepsilon)$, die in der Nähe von Null unbeschränkt wächst und für Null endlich sei, bleibt unschlüssig: Obwohl sich Seidel zuvor gegen die Annahme eines stetigen Zusammenhangs zwischen $\varepsilon$ und $N$ ausspricht, kann man seine Beschreibung durch die modernisierte Gleichung

$$\lim_{\varepsilon \to 0} \mathrm{N}(\varepsilon) = \mathrm{N}(0)$$

deuten. Im Vergleich zu Cauchy (1821) fällt auf, dass Seidel explizit und konsequent die kombinierte Notation von Index und Argument benutzt. Cauchys Beweis macht an keiner Stelle von der Argumentschreibweise Gebrauch.

### 5.1.4 Rezeptionen Seidels im 19. Jahrhundert

#### 5.1.4.1 Jean Gaston Darboux

Gegen Ende seiner Abhandlung (1847) stellt Seidel die These auf, eine konvergente Reihe stetiger Funktionen, die unbeschränkt langsam konvergiert, könne trotzdem eine stetige Funktion liefern. Diese Frage, die „bis auf weitere Untersuchung nicht ausgeschlossen" werden kann (Seidel), beantwortete der französische Mathematiker Jean Gaston Darboux (1842-1917) in dem *Mémoire sur les fonctions discontinues* (1875) mit der Angabe eines Beispiels, welches langsam konvergiert und eine stetige Funktion beschreibt.[122] Hierbei wird die historisch-interpretative Verfälschung Liebmanns deutlich, da Darboux seine Beispielreihe folgendermaßen beschreibt: „La série n'est pas également convergente dans l'intervalle (0, 1)" (Darboux 1875, 79). Liebmann verbindet die Begriffe von Seidel und Darboux, in dem er als Beispiel einer „unendlich verzögerten Convergenz" einer Reihe, deren Summe stetig ist, jenes von Darboux heranzieht (nämlich eine Reihe, die nicht *également convergent* ist) (1900, 57).[123] Darboux' Beispiel kann man bis heute als Antwort auf Seidel betrachten.

#### 5.1.4.2 Gibt es eine Verbindung zwischen Darboux und Seidel?

Es gibt Hinweise, dass Darboux Seidels Abhandlung von 1847 kannte. In einer Abhandlung von Eduard Heine (*Ueber trigonometrische Reihen*, 1869) findet sich die folgende Passage, nämlich dass

> „*) Derselbe [G. Cantor] bemerkt, dass der Begriff der Convergenz im gleichen Grade in einer ›Note über eine Eigenschaft der Reihen, welche discontinuirliche Functionen darstellen‹ von Herrn Seidel, in den Denkschriften der Münchner Akademie für 1848, auftritt" (Heine 1869, 355).

Ungeachtet der Verwechslung mit Konvergenz *im gleichen Grade*, muss Heine also Seidels Arbeit über Cantor kennengelernt haben. Als Fußnote zu seiner Definition der gleichmäßigen Konvergenz (siehe Kapitel 7) schreibt Darboux

> „*Voir*, au sujet des séries à égale convergence et de leur emploi dans la représentation des fonctions en séries trigonométriques, différents travaux de MM. *Heine, Thomae[,] Cantor*, dans *le Journal de M. Borchardt*" (Darboux 1875, 77).[124]

und verweist damit für das Thema der gleichmäßig konvergenten Reihen und deren Anwendung auf die Arbeiten von E. Heine. Darboux könnte also durchaus durch Seidel motiviert gewesen sein. Pierre Dugac setzt Darboux' Arbeit von 1875 auf eigene Weise mit Seidels Beitrag in Verbindung; zum einen mit dem allgemeinen Beweis der „Seidel Hypothese" (siehe oben), den er jedoch nicht konkret namentlich heranzieht, und zum anderen die Aufstellung einer „französischen Version" des Seidel-Theorems über beliebig langsam konvergierende Funktionen. Diese lautet im Original wie folgt, und ist, nebenbei bemerkt, kein deklarierter Satz in Darboux' Abhandlung, da er keinen Beweis dazu anführt, sondern nur eine Bemerkung:

---

122 Die exakte Form der Reihe findet man im Abschnitt über H. Liebmann.

123 Darboux verwendet auf Grund einer missverständlichen Formulierung bei Du Bois-Reymond die Formulierung *également* für *gleichmäßig*. Siehe dazu das siebte Kapitel.

124 Da es keinen entsprechenden Artikel von Cantor im *Crelle Journal* gibt, muss man davon ausgehen, dass Darboux den Hinweis von Heine in seinem eigenen Artikel (1869) meint.

„Si une fonction $f(x)$ est développable en une série convergente dans l'intervalle $(a,b)$, et si la fonction est discontinue pour une valeur $x_0$ de $x$ comprise dans l'intervalle $(a,b)$, la série ne pourra être également convergente dans un intervalle quelconque comprenant la valeur $x_0$.
Nous supposons, bien entendu, que les termes sont des fonctions continues de $x$" (Darboux 1875, 79).

Diese Bemerkung besagt nunmehr, dass seine konvergente Reihe, deren Summe in einem Punkt unstetig ist, auf dem umgebenden Intervall nicht mehr *gleichsam konvergent* (*également convergent*) sein kann. Insofern ist die Idee zu einem „inversen Theorem" (jedoch hier für Intervalle) sowohl bei Darboux' Theorem, als auch bei Seidel, seiner möglichen Vorlage, zu finden.

#### *5.1.4.3 Die Gedächtnisrede Lindemanns*

Ferdinand Lindemann (1852-1939) würdigt Seidels Lebenswerk und seinen Beitrag von 1847 in einer Gedächtnisrede (1897). Hier wird der Begriff der ungleichmäßigen Konvergenz hervorgehoben:

„Er füllt hier eine sehr wesentliche Lücke aus, indem er zuerst den Begriff der ungleichmässigen Convergenz einführt, und so in der Theorie der trigonometrischen Reihen ein Räthsel löst, das Dirichlet's Beweis für die Convergenz wohl umgangen, aber nicht erledigt hatte" (Lindemann 1897, 13).

Nach Lindemanns Ausführungen hat Karl Weierstraß Jahre später unabhängig von Seidel die ungleichmäßige Konvergenz entdecken können.[125] Tatsächlich verwendet Weierstraß diesen Begriff erstmalig in der Rudio-Mitschrift (1878) und später erneut bei Thieme (1882/83). In beiden Skripten wird als Beispiel einer ungleichmäßigen Reihe die Fourierreihe von Abel (1826) herangezogen. Ungleichmäßige Konvergenz als solche wird nach meiner Untersuchung des Vorlesungszyklus nur am Rande und nur im Falle des *Nicht-Eintretens* der gleichmäßigen Konvergenz herangezogen und nicht als eigener Begriff eingeführt. Möglicherweise wurde Lindemann durch die Lektüre von A. Pringsheim zu den *Grundlagen der allgemeinen Funktionenlehre* (1899, 34) auf den Begriff aufmerksam. Weierstraß liest aber über gleichmäßige Konvergenz durchgängig im Stil Definition-Satz-Beweis. Lindemanns Inhaltsangabe der Arbeit von 1847 lautet:

„Untersuchung darüber, wie es möglich ist, dass eine convergente Reihe, deren einzelne Glieder stetige Functionen einer Variablen sind, doch eine an einzelnen Stellen unstetige Function darstellen kann; Erklärung dieser (einem älteren Satze von Cauchy widersprechenden) Thatsache durch eine unendliche Verlangsamung der Convergenz bei Annäherung an solche Stellen, d. h. durch jenes Verhalten, das man heute als ungleichmässige Convergenz bezeichnet" (Lindemann 1897, 72).

Lindemann sieht in Seidel den ersten Entdecker der ungleichmäßigen Konvergenz. Die Beiträge von Stokes und Björling werden nicht erwähnt.

[125] „[...] als dieselbe Entdeckung einige Decennien später durch Weierstrass in Berlin von neuem gemacht wurde." (Lindemann 1897, 14).

#### *5.1.4.4 Heinrich Liebmann*

Im Jahre 1900 erschien in Ostwalds Klassiker der exakten Wissenschaften eine kommentierte Neuveröffentlichung der Originalarbeit von Seidel (1847). Die Einleitung des Herausgebers, des Mathematikers Heinrich Liebmann (1874-1939), würdigt die historische Bedeutung dieses Werkes, denn

> „die Arbeit von *Seidel* ist eine nothwendige Ergänzung von *Dirichlet*'s Untersuchung.[126] Den Grund der Unstetigkeit einer convergenten Reihe von stetigen Functionen fand *Seidel* in der unendlich verlangsamten Convergenz. *G. Stokes* hat übrigens fast gleichzeitig dieselbe Entdeckung gemacht" (Liebmann 1900, 51).

In Folge dieser Entwicklungen kritisiert Liebmann ganz konkret das ursprüngliche Summentheorem Cauchys, in dem er, wie schon Dirksen (1829) vor ihm, die fehlende Unterscheidung der verschiedenen Grenzwertprozesse anspricht (vgl. Abbildung 12).

**Inhaltlich sei noch Folgendes bemerkt: Der Irrthum, dass eine convergente Reihe von stetigen Functionen eine stetige Summe haben müsse, beruht auf einer unerlaubten Vertauschung der Grenzübergänge.**

**Wir wollen setzen:**

$$F(x) = f_1(x) \ldots + f_n(x) + f_{n+1}(x) + \cdots$$
$$= S_n(x) \qquad + R_n(x).$$

**Es sei ferner $a$ ein bestimmter Werth von $x$. Dann ist wegen der vorausgesetzten Convergenz und Stetigkeit der einzelnen Glieder der Reihe:**

$$\operatorname*{Limes}_{n=\infty} R_n(x) = 0 \text{ (auch für } x = a)$$

**Ferner**

$$\operatorname*{Limes}_{x=a} S_n(x) = S_n(a).$$

**Dagegen brauchen die beiden Grössen**

$$\operatorname*{Limes}_{x=a;\, n=\infty} R_n(x) \text{ und } \operatorname*{Limes}_{n=\infty,\, x=a} R_n(x) \; (= 0)$$

**nicht identisch zu sein; und diese Voraussetzung wird stillschweigend gemacht von *Cauchy*. Nur dann, wenn diese beiden Grenzwerthe identisch sind, ist die Function $F(x)$ stetig.**

**Abbildung 12:** Heinrich Liebmann über multiple Grenzprozessen (Liebmann 1900, 51).

Des Weiteren stellt er der Originalarbeit von 1847 siebzehn Anmerkungen zum mathematischen Inhalt der Arbeit an die Seite. Einige dieser Ergänzungen und Verbesserungen zeigen in besonderer Weise den Rezeptionsstand der Seidel-Arbeit für das ausgehende 19. Jahrhundert. So kommentiert Liebmann Seidels bildhaftes Verständnis von Unstetigkeit damit, dass Unbestimmtheitsstellen und unendliches Wachstum in seinem Modell ausgeschlossen sind; Diskontinuität umfasst für Seidel „[...] nur Functionen, welche graphisch durch Curven repräsen-

[126] Liebmann wurde im Jahre 1895 in Jena bei C. J. Thomae promoviert und absolvierte 1896 die Lehramtsprüfung. Im Jahre 1899 habilitierte er in Leipzig.

tiert sind, deren Ordinate an gewissen Stellen plötzlich springen" (S. 384). Also eine sehr altmodische Betrachungsweise: Funktionen sind bis auf Lücken „abtheilungsweise stetig".

Für den von Seidel geprägten Begriff der unendlich langsamen Konvergenz findet er ein Beispiel: Er gibt für die Partialsumme der Reihe $\sum x(1-x)^n$ eine geschlossene Form an und stellt fest, dass die Konvergenz für $x = 0$ „unendlich verzögert" ist. Seidels Zweifel, ob es unendlich verzögerte Konvergenz bei Reihen gäbe, „deren Werthe nicht springen" (S. 393), räumt Liebmann durch eine von J. G. Darboux (1875, 77 f.) entdeckte Reihe aus, die eben beide Eigenschaften in sich vereint. Die Reihe

$$\sum_{n=1}^{\infty} nxe^{-nx^2} - (n+1)xe^{-(n+1)x^2}$$

konvergiert unendlich langsam und bildet zugleich eine stetige Summe in $x$ (Liebmann 1900, 57). Somit kann von langsamer Konvergenz im Allgemeinen nicht auf die Unstetigkeit der Funktion geschlossen werden.

Liebmann ordnet Seidels Arbeit in mathematikgeschichtlicher Hinsicht als Ergänzung zu Dirichlet ein und schließt sich damit der Ansicht Lindemanns an. Seine Anmerkungen sind in erster Linie ergänzend, eine weitergehende Kritik an den Voraussetzungen Seidels (wie z. B. an seiner Interpretation des Cauchy-Theorems als verborgene Hypothese) wird nicht ausgeübt. Seidels mathematischer Kniff bei der Wahl der Größe $N(\varepsilon)$ im Falle der verzögerten Konvergenz wird von ihm nicht kommentiert, ebenso nicht die fehlende Erklärung des von Seidel benannten „Mass der Convergenz".

### *5.1.5 Moderne Rezeptionen Seidels – Pierre Dugac*

Der Historiker Pierre Dugac führt Seidels Veröffentlichung des Jahres 1847 an und gibt das dort vorgestellte Theorem in der folgenden Art wieder: Wenn eine Folge reeller und stetiger Funktionen $(f_n)$ auf einem Intervall $I$ aus $\mathbb{R}$ gleichmäßig konvergent ist und dieser Grenzwert eine auf $I$ definierte Funktion ist, so ist $f$ auf $I$ stetig (Dugac 2003, 120 f.). Das entspricht aber nicht Seidels tatsächlichem Theorem, welches als Umkehrung des üblichen Summentheorems formuliert ist. Zudem enthält es keine Einzelheiten über den Definitionsbereich der Funktionen:[127]

> „Hat man eine convergirende Reihe, welche eine discontinuirliche Function einer Grösse $x$ darstellt, von der ihre einzelnen Glieder continuirliche Functionen sind, so muss man in der unmittelbaren Umgebung der Stelle, wo die Function springt, Werthe von $x$ angeben können, für welche die Reihe *beliebig langsam* convergirt" (Seidel 1847, 383).

Seidel gibt in der Einleitung seines Artikels einen Hinweis zu seiner Motivation und erwähnt Cauchys fehlerhaftes Summentheorem, das zum Ausgangspunkt seines gewissermaßen inversen Theorems wurde. Seidels Interesse, wie auch das von G. G. Stokes, bestand darin, einen Satz über nicht-stetige Ausnahmen des klassischen Summentheorems aufzustellen.

Dugac führt Seidels Theorem über die beliebig langsame Konvergenz als Quelle eines Konvergenzbegriffes, der dem der gleichmäßigen entspricht, an. Seine Rekonstruktion be-

[127] Siehe Björlings Summentheorem, der als einziger der „drei" wieder eine Spezifizierung des Definitionsbereiches vornimmt.

zeichnet eine Reihe als gleichmäßig konvergent *auf einem Intervall I*, wenn für alle $\varepsilon > 0$ ein ganzes $N$ mit $n \geq N$ existiert, so dass $|R_n(x)| \leq \varepsilon$ für alle $x$-Werte aus $I$ ist.[128]

Dugac setzt hier Fragmente aus Seidels Arbeit zusammen um seine Interpretation zu stützen; Seidel definiert aber keine gleichmäßige Konvergenz, auch wenn er die mathematischen Werkzeuge dazu besaß, sondern beschrieb nur die *Eigenschaft* der beliebig langsamen Konvergenz. Die von Dugac angeführte formale Definition existiert bei Seidel nicht. Er beschreibt die Eigenschaft, nach der, die Größe $\varrho$ und die kleinste Zahl $\nu = \nu(\varepsilon)$ gegeben, alle

$$R_\nu(x+\varepsilon), R_{\nu+1}(x+\varepsilon), R_{\nu+2}(x+\varepsilon), \ldots < \varrho \qquad (\dagger)$$

sind, als „Bedingungen, die sich, bei der vorausgesetzten Convergenz der Reihe, immer müssen erfüllen lassen" (S. 386 f.).[129] Dugac ordnet Seidels Definition ohne ausreichende Erklärung der *gleichmäßigen Konvergenz im Intervall* zu, obwohl Seidel nur das Konzept vertritt, dass die Konvergenz, im Falle der obigen Bedingung an eine Reihe, im Punkt $x$ *nicht* beliebig langsam eintritt. Dann soll es möglich sein, das Supremum über die Zahlen $\nu = \nu(\varepsilon)$ auszuwählen, jedoch nicht über alle $x$-Werte, was Dugac aus seiner eigenen Interpretation folgert, sondern über alle $\varepsilon$-Werte. Die notwendige Abhängigkeit der Größe $\nu$ von der Wahl des $x$-Wertes gibt Seidel nicht explizit an:

> „... und man verstehe unter $\nu$ (abhängig von $\varepsilon$) die möglichst kleine positive ganze Zahl [die man heute als Supremum ausdrücken würde], welche gleichzeitig allen Bedingungen [(†)] genügt" (Seidel 1847, 386).

Seidel hebt an dieser Stelle lediglich die Beziehung zu der Wahl von $\varrho$ hervor (ibid., 392) und folglich ist Dugacs Rekonstruktion dieses Zusammenhangs über die Formel

$$\sup_{x \in I} N(\varrho, x) = N(\varrho)$$

nicht korrekt (Dugac 2003, 121; hier heißt die Größe $\nu$ fortan $N$).[130] Die Gruppe der in Abhängigkeit stehenden Größen soll nachstehend durch eine erweiterte Notation für $N$ erkennbar gemacht werden. Gemäß Seidels Ausführungen (siehe insbesondere S. 387) macht er die Eigenschaft der (nicht) beliebig langsamen Konvergenz an dem Ausdruck

$$\sup_{0<\varepsilon<\eta} N(\varrho, \varepsilon, x) = N(\varrho, x)$$

fest; je nachdem also, ob eine minimale Zahl $N$ existiert, liegt beliebig langsame Konvergenz *in der Gegend des Werthes* $x$ vor. Da die Größe $N(\varrho, x)$ für alle Werte zwischen $x$ und $x + \varepsilon$ Gültigkeit hat und $\varepsilon$ beliebig klein gemacht werden kann, kann die Konvergenz in keinem

---

[128] Vgl. Dugac 2003, 121. Bei dieser Rekonstruktion wird der Zusatz *für alle n* nicht verwendet. Dies eröffnet die Frage, ob nicht ebenso *unendlich viele n* gemeint sein soll. Siehe dazu Hardy und den Begriff *quasi-gleichmässig*.

[129] Man beachte, dass Seidel die Symbole $\varrho$ und $\varepsilon$ in anderer Weise verwendet: In seinem Beweis dienen sie als Inkremente der Veränderlichen, bei Dugacs Rekonstruktion der gleichmäßigen Konvergenz tauchen die Epsilonsymbole in ihrer klassischen Rolle auf.

[130] Um die Bedeutung im Kontext des Seidel-Beweises zu erhalten (er benutzt die Schreibweise $R_\nu(x+\varepsilon) < \varrho$), habe ich in Dugacs Formel $\varepsilon$ durch $\varrho$ ersetzt.

festen Intervall bestätigt werden, sondern nur in einer beliebig kleinen Umgebung von $x$ herrschen.[131]

## 5.2 George Gabriel Stokes

Der in Irland geborene Mathematiker G. G. Stokes studierte zwischen 1837 und 1841 an der Universität Cambridge und wurde dort im Jahre 1849 zum Professor der Mathematik ernannt. Sein Beitrag *On the critical values of the sums of periodic series* zur mathematischen Analysis und insbesondere zum Begriff der Konvergenz wird mathematik-historisch wegen seiner zeitlichen Nähe in einem Zug mit Philipp Seidels Arbeit (1847) genannt.[132]

Stokes postuliert eine eigene Version des Summentheorems über konvergente unendliche Reihen. Zuerst seien die Reihen $\sum u_i$ und $\sum v_i$ gegeben, wobei die erste den Grenzwert $U$ besitzt und die zweite, mit $v_i = v_i(h)$ und $v_i(0) = u_i$, für ausreichend kleine $h$ gegen $V$ konvergiert.[133] Der Vermutung, man könne ohne weiteres die Gleichung $lim_{h\to 0} V = U$ annehmen, entgegnet Stokes, dass Summation und Limesbildung der Reihe $\sum_1^\infty v_i$ bei Vertauschung verschiedene Ergebnisse liefern können. Zur Verdeutlichung bedient er sich für die Reihe der $n$ ersten Glieder der Schreibweise $f(n,h)$, wie man sie bereits bei (Dirksen 1829) beobachten kann, und stellt fest: „[...] the limit of $V$ is the limit of $f(n,h)$ when $n$ first becomes infinite and then $h$ vanishes, whereas $U$ ist he limit of $f(n,h)$ when $h$ vanishes and then $n$ becomes infinite, and these limits may be different“ (Stokes 1847, 279 f.). Eine Bedingung für die Gleichheit von $U$ und lim $V$ formuliert Stokes in dem folgenden berühmten Theorem, welches als Pendant zu Seidels Entdeckung der unendlich langsamen Konvergenz gilt:

> “THEOREM. The limit of $V$ can never differ from $U$ unless the convergency of the series $v_1 + v_2 + \cdots + v_n + \cdots$ becomes infinitely slow when $h$ vanishes.
>
> The convergency of the series is here said to become infinitely slow when, if $n$ be the number of the terms which must be taken in order to render the sum of the neglected terms numerically less than a given quantity $e$ which may be as small as we please, $n$ increases beyond all limit as $h$ decreases beyond all limit“ (ibid., 281).

### 5.2.1 *Stokes‘ ›kurzer‹ Beweis*

Die nicht unendlich langsame Konvergenz bedeutet nach Stokes, dass sich eine Zahl $n_1$ angeben lässt, so dass die Reihe $\sum_{i=n_1+1}^\infty v_i(h)$ für jedes $h$ kleiner als eine *vorher gewählte* Größe

[131] Arsacs Einordnung der Beiträge von Seidel sind widersprüchlich. Einerseits spricht er ihm den Rang eines Entdeckers der gleichmäßigen Konvergenz zu (Arsac 2013, 6), der sich über die Formulierung des entsprechenden Satzes rechtfertige (ibid., 81): Er wertet Seidels „Alternative“ einer unendlich langsamen Konvergenz als „exakt“, wenn man die damalige begrifflichliche Einschränkung der gleichmäßigen Konvergenz beachte: Seidels Vorstellung der Diskontinuitäten sei unvollständig, da sie nicht den Fall einschließe, dass $\nu$ für jedes $\varepsilon$ beschränkt bleibt. Arsacs Beispiel ist die Funktion $\sin(x^{-1})$ für $x = 0$. Diesen „logischen Fehler“ könne man in Anbetracht des Entwicklungsstandes der damaligen Analysis mit Nachsicht behandeln (ibid., 97 f.).
Anderseits spricht er Seidel eine Einführung des Begriffs ab; er betont zwar, bei Seidel trete die Bedingung der gleichmäßigen Konvergenz erstmalig in Erscheinung, jedoch führe er den Ausdruck nicht ein, sondern formuliere stattdessen eine Bedingung, die wir *heute* als nicht-gleichmäßige, lokale Konvergenz in einem Punkt auffassen können (ibid., 81).

[132] Siehe I. Grattan-Guinness, 1986.

[133] „The terms convergent and divergent, as applied to infinite series, will be used in this paper in their usual sense“ (Stokes 1847, 241).

$e$ wird. Hieran schließt später die von Hardy aufgeworfene Frage an, ob Stokes diese Bedingung für alle oder nur für unendlich viele Werte größer als $n_1$ erfüllt sehen wollte. Aus heutiger Sicht liegt die Gleichmäßigkeit darin begründet, dass $n_1$ frei von der Wahl des $h$-Wertes ist.

Entsprechend kann man ein $e'$ wählen, so dass die Reihe $\sum_{i=1}^{n_1} u_i$ kleiner als jene Größe wird. Für ein verschwindendes $h$ ist die Gleichung $\sum_{i=1}^{n_1} v_i(h) = \sum_{i=1}^{n_1} u_i$ erfüllt und somit wird (modern ausgedrückt) $|U - V|$ für beliebig kleine $h$ kleiner als $e + e'$. Auf diese Weise beweist Stokes, dass für nicht unendlich langsame Konvergenz die Reihenfolge der Grenzwertprozesse die Gleichung $U = \lim V$ nicht beeinflusst.

### 5.2.2 *Erklärungsansätze für die Motivation von Stokes*

Die zeitliche Nähe der beiden Veröffentlichungen von Stokes und Seidel wirft die Frage nach deren Motivation auf. Im Gegensatz zu Seidel, der in der Einleitung über die Widerlegbarkeit des Cauchyschen Theorems spricht, gibt uns Stokes in seinem Artikel keine deutlichen Hinweise, wodurch sein Interesse an konvergenten, aber nicht nicht-stetigen Reihen geweckt wurde. Eine Suche im Kommunikationskontext von Stokes lieferte weitere Hinweise. Dafür wurden die beiden folgenden englischen *journals* herangezogen, die Stokes gelesen haben müsste: Die *Transactions of the Cambridge Philosophical Society* sowie das *Philosophical Magazine*.

Der 1799 in London geborene John Radford Young, der seit 1833 Professor für Mathematik in Belfast war, greift in einem Artikel aus den *Transactions* (1846) die folgende für die Analysis problematische Regel auf: „Was innerhalb der Grenzen gilt, gilt auch an den Grenzen." In seiner Einleitung (vgl. Abbildung 13) thematisiert er das Konvergenzverhalten einer alternierenden Potenzreihe und stellt dazu fest, dass der obere und untere Grenzwert nicht mit der *Grandi*-Reihe zusammenfällt.[134] Stokes (1847, 241) führt unter anderem dasselbe Beispiel wie Young ein. Es ist demnach plausibel, dass Stokes, durch dieses Phänomen angeregt, ein eigenes Summentheorem formulierte und eine Bedingung fand, unter der die Regel „was innerhalb der Grenzen stetig ist, ist auch an den Grenzen stetig" richtig war.

Der englische Gelehrte Francis W. Newman (1805-1897) und späterer Professor an der University College in London verweist zwei Jahre später in einem Artikel aus dem *Cambridge and Dublin Mathematical Journal* erneut am Beispiel unendlicher periodischer Reihen auf die allgemeine Fehlerhaftigkeit dieses Gesetzes.[135]

[134] Diese ist seit dem 17. Jahrhundert bekannt und wurde noch bis ins das 19. Jahrhundert diskutiert. Sie wurde nach Luigi Guido Grandi (1671-1742) benannt.

[135] „THE discussions which from time to time arise concerning Fourier's theorem and its simplest cases, shew that it is not yet superfluous to exhibit elementary and rigorous proof of these. The following process is that of Fourier himself, except that he has left it to his reader to apply it at the limits themselves. It seems instructively to shew how erroneous it is to assert, that in the **algebra**, 'what is true *within* the limits is true *at* the limits.'" (Newman 1848, 108).

XXXII. *On the Principle of Continuity, in reference to certain Results of Analysis. By* J. R. Young, *Professor of Mathematics in Belfast College.*

[Read *December* 7, 1846.]

The mathematical axiom that "what is true *up to* the limit is true *at* the limit," is necessarily implied in the general principle of Continuity. The recognition of this truth is essential to the very conception of continuity; of which indeed a sufficiently clear idea may be conveyed by the simple enunciation of the axiom itself. In Geometry the continuity here mentioned refers to magnitude only, irrespective of shape: in Analysis it refers simply to value. And in both, the limit spoken of is that, whatever it may be, at which the continuous series of individual cases terminates; or, if the expression be preferred, at which it commences.

[...]

Again: the limit or extreme case of the continuous series of values of the progression

$$1 - x + x^2 - x^3 + x^4 - x^5 + \&c.\ ad\ inf. \ldots\ldots\ldots\ldots (1),$$

furnished by the continuous variation of $x$ from some *inferior* value up to $x = 1$, or from some *superior* value down to $x = 1$, has been supposed in each case to be properly represented by

$$1 - 1 + 1 - 1 + 1 - 1 + \&c.\ ad\ inf. \ldots\ldots\ldots\ldots\ldots\ldots (2).$$

But it has already been shown by the writer of these remarks*, that so far from this being the common limit, the two limits are totally distinct:—the one having for value $\frac{1}{2}$, and the other *infinity*: whilst the series (2) is not comprehended at all among the continuous cases of (1), but is entirely unconnected with, and independent of, those cases: its value is ambiguously 1 or 0.

**Abbildung 13:** Die erste Seite von John R. Youngs Artikel.

Dies zeigt die epistemologische Überzeugung, mit der man an diesem Scheingesetz festhielt. Ein etwas älterer Artikel von Young (*On the summation of slowly converging and diverging infinite series*, 1835) aus dem *Philosophical Magazine* könnte auch bereits eine Inspiration für Stokes gewesen sein. In der Einleitung wird (übersetzt) folgendes konstatiert: „Mächtige Methoden zur Approximation der Summe einer langsam konvergierenden Reihe sind für viele Bereiche der Physik sehr wertvoll".

Stokes könnte also aus physikalischer Motivation heraus eine Negation der Gleichmäßigkeit als Begriff entwickelt haben.

## 5.3 Rezeptionen und die Frage der Erstentdeckung einer neuen Konvergenzform

Die Arbeiten von Stokes blieben im Gegensatz zu Seidel im 19. Jahrhundert weitgehend unbeachtet. Hinweis auf eine zeitnahe Auseinandersetzung mit dem Beitrag Seidels nach 1847 lässt sich bei E. Heine (1869) finden (vgl. Abschnitt 5.1.4.2). Diese Anmerkung schafft nicht nur eine Verbindung zwischen Darboux und Seidel, sondern schlägt auch eine Brücke zwischen dem Entwicklungszweig ›Seidel‹ und ›Weierstraß‹. Man findet den *Begriff im gleichen Grade*, der als Teil der Begriffsentwicklung bei Weierstraß anzusehen ist (siehe Kapitel 7), in Seidels Arbeiten nicht, aber Cantor könnte den Begriff der unendlich langsamen Konvergenz derart interpretiert und umbenannt haben. Weitere Auseinandersetzungen mit dem Werk Seidels sind durch die Beiträge von Liebmann und Lindemann überliefert.

### *5.3.1 Die Rezeption in der mathematischen Monographie von R. Reiff*

Das Übersichtswerk *Geschichte der Reihen* (1889) von Richard Reiff (1855-1908) möchte den Anspruch einer umfassenden Darstellung erheben und tatsächlich werden Stokes und Seidel genannt; der Autor bemerkt im Vorwort, seine Monographie mit der „Einführung der gleichmäßigen Konvergenz" durch Seidel und Stokes zu beenden. Eine Geschichte dieses Begriffs möchte er aus zwei Gründen nicht darlegen: Zum einen, weil

> „mit dieser Entdeckung die großen Prinzipien, welche bei der Untersuchung der Reihen eine Rolle spielen, zu einem Abschluss gelangt sind, und weil die neueren Untersuchungen, welche auf diesen Prinzipien weiter arbeiten, eben noch nicht der Geschichte angehören" (Reiff 1889, 3).

An erster Stelle nennt Reiff Stokes und Seidel, die durch ihre fast zeitgleichen Veröffentlichungen als Entdecker dieser Eigenschaft gelten. Stokes' Beweis enthält jedoch Fehler, da er eine im Allgemeinen unrichtige Limesvertauschung benutzt und an wichtiger Stelle Voraussetzungen an die Konvergenz macht, die den Beweis hinfällig werden lässt (vgl. ibid., 208 f.).

Seidel dagegen macht nach Reiff mit seinem schon besprochenen Satz eine schärfere Analyse: „Die Frage, ob die Konvergenz der Reihen unendlich langsam werden könne, während trotzdem die Funktion stetig bleibt, lässt Seidel offen" (ibid., 210). Diese Frage wurde später von Darboux (1875) bejaht. Reiffs Fazit dagegen bleibt oberflächlich:

> „Man sieht, Seidel hat die Bedingungen der gleichmässigen und ungleichmässigen Konvergenz schärfer gefasst, den wahren Grund für die Unstetigkeit einer aus stetigen Gliedern bestehenden Reihe haben Stokes und Seidel beide erkannt" (ibid., 211).

Reiff war nicht über die Forschungsentwicklungen der vergangenen Jahre informiert. Er stellt Stokes und Seidel als Entdecker auf, das Werk von Karl Weierstraß wird nicht erwähnt. Zudem kritisiert er Stokes Beweis, eine Einwand, den Alfred Pringsheim (1850-1941) in einer späteren Arbeit (1899) entkräftet:

> „Die von *R. Reiff* ... an dem *Stokes*'schen Beweise geübte Kritik scheint mir unzutreffend. Der Beweis selbst ist richtig, fehlerhaft ist nur der von *Stokes* weiterhin daraus gezogene Schluss, dass aus der *Stetigkeit* der Reihensumme auch umgekehrt die *Gleichmässigkeit* der Konvergenz folge, während Seidel diese Frage als eine offene erklärt. Dagegen geht *Stokes* insofern über *Seidel* hinaus, als er zuerst das wirkliche Eintreten der *„unendlich verzögerten"* Konvergenz an höchst einfachen, seitdem typisch gewordenen *rationalen* $\varphi_v(x)$ direkt nachweist" (Pringsheim 1899, 35).

Wie auch Reiff, spricht Pringsheim die Erstentdeckung den beiden Arbeiten von 1847 zu („Die Grundlage zur allgemeinen Formulierung des fraglichen Begriffes [der gleichmäßigen Konvergenz] lieferten zuerst G. G. Stokes und Ph. L. Seidel [...]", ibid., 35), wobei er den großen Einfluss Weierstraß' nicht unerwähnt lässt. Eine noch weitreichendere Diskussion, die besonders dem Beitrage Stokes widmet, erschien erst im 20. Jahrhundert.

### *5.3.2 Godfrey Harold Hardy und seine Interpretation der* not-infinitely slow convergence

Die detailreichste Untersuchung der Arbeit von Stokes lieferte der britische Mathematiker G. H. Hardy (1877-1947) im Jahre 1918 in seinem *paper* namens *Sir George Stokes and the con-*

*cept of uniform convergence.*[136] Er schreibt die Entdeckung der Bezeichnung für die gleichmäßige Konvergenz sowohl K. Weierstraß, als auch Stokes und Seidel zu, welche alle drei voneinander unabhängig (!) auf ihre Ergebnisse stießen. Weierstraß sei der erste und erkannte als einziger die volle Tragweite dieser Konvergenzart, Stokes dagegen „[...] has the actual priority of publication“ (Hardy 1918, 148). Der Beitrag Björlings wird hier nicht genannt, weil Hardy dessen Veröffentlichungen vermutlich nicht kannte oder sie wegen des Fehlens neuer Begriffe für unwichtig erachtete. Insofern konnte er im Gegensatz zu Grattan-Guinness (s. unten) keine Erklärung dafür geben, wieso Cauchy gerade im Jahre 1853 eine Neuauflage seines Summentheorems publizieren konnte. Er schreibt somit, auch in allzu modernisierender Weise: „The idea [of uniform convergence] was rediscovered by Cauchy, five or six years after the publication of the work of Stokes and Seidel“ (ibid.). Hardy möchte vor allem mit einigen Unklarheiten in Stokes‘ Veröffentlichung aufräumen, deren Ergebnisse er für außergewöhnlich und wegweisend hält („a mathematician of so much originiality and penetration“, ibid.). Zu den Ergebnissen gehören laut Hardy, neben der Nennung eines falschen Theorems[137] über die unbedingte Durchführbarkeit der termweisen Integrierbarkeit von Reihen, auch die Klärung der verwendeten Konvergenzform bei Stokes, die er unkritisch in eine modernere Form überführt: „I use ›uniform‹ instead of Stokes's not ›infinietly slow‹“ (ibid., 149, FN).

Stokes führt, nach Hardy, zwei Konzepte der gleichmäßigen Konvergenz ein, von denen die erste die heute geläufige Form (für abgeschlossene Intervalle) darstellt: „*The series is said to be uniformly convergent throughout the intervall* $(a, b)$ *if to every* $\epsilon$ *corresponds an* $n_0(\epsilon)$ *such that* $r_n(x) \leq \epsilon$ *is true for* $n \geq n_o(\epsilon)$ *and* $a \leq x \leq b$“. Diese „klassische“ Definition sei die gängige Art und Weise *in every treatise on the theory of series* (ibid., 150). In derselben Weise definiert er den Begriff für eine Umgebung und für einzelne Punkte. Der neue Begriff, die sogenannte *quasi-gleichmäßige* Konvergenz, die Hardy ebenfalls in drei Unterkategorien einführt, unterscheidet sich darin, dass sie die Ungleichung $r_n(x) \leq \epsilon$ nicht für alle Werte $n \geq n_o(\epsilon)$, sondern nur für *unendlich viele* $n$ fordert. Somit ist jene Konvergenzform schwächer als die der gewöhnlichen gleichmäßigen Konvergenz. Darauf aufbauend versucht Hardy eine Klassifizierung der Konvergenz bei Stokes vorzunehmen. Im Beweis des Theorem über die konvergenten Reihen $U$ und $V$ spezifiziert Stokes den Konvergenzbereich für die *not-infinitely slow convergence*: Für Werte von $h$ gilt, „ … we begin with and for all inferior values greater than zero“ (ibid., 155). Demnach liegt nach Hardys Ausschlussverfahren entweder gleichmäßige oder quasi-gleichmäßige Konvergenz in der Umgebung eines Punktes vor. Zum Vergleich die Beschreibung der nicht-unendlich langsamen Konvergenz im Beweis des Theorems:

> „DEMONSTRATION. If the convergency do [does] not become infinitely slow it will be possible to find a number $n_1$ so great that for the value of $h$ we begin with and for all inferior values greater

[136] Für die weitere Diskussion von Hardys Abhandlung lag mir die unveränderte Neuveröffentlichung aus den *Collected Papers of G. H. Hardy* Vol. VII (1979) vor. In der Darstellung von G. Arsac (2013) wird Hardys Rezeption von Stokes nicht behandelt.

[137] Hardys Erklärung bezieht Stokes' Biographie mit ein: „[…] he approached pure mathematics in the spirit in which a physicist approaches natural phenomena, not looking for difficulties, but trying to explain those which forced themselves upon his attention“ (Hardy 1918, 149).

than zero the sum of the neglected terms shall be numerically less than $e$ which may be as small as we please, …" (Stokes 1847, 281).

Die Wahl der Größe $n$ bewertet Hardy dabei so: „Stokes is considering … a special value of $n$, or at most an infinite sequence of values of $n$, and not necessarily for all values of $n$ from a certain point onwards" (Hardy 1918, 155). Seine Folgerung, Stokes verwende quasi-gleichmäßige Konvergenz in der Nachbarschaft eines Punktes, lässt sich verdeutlichen, indem man die obige Beschreibung in die folgende Kurzform übersetzt, die mit der von Stokes formulierten Erklärung deckungsgleich sein sollte:

Sei $e > 0$ gegeben, dann existiert ein $n = n(e, h)$ ganzzahlig und so groß, dass $|\sum_{n+1}^{\infty} v_i(h_1)| < e$ für alle $0 < h_1 \leq h$.

Die heutige, moderne Formulierung der quasi-gleichmäßigen Konvergenz, wie sie auch Hardy anführt, lautet:

Sei $e > 0$ gegeben und $I$ ein Intervall eines Punktes $x$, dann existiert zu jedem $N$ mindestens ein $n = n(x, e, N) > N$, so dass $|\sum_{n+1}^{\infty} v_i(x)| < e$ für alle $x$ aus $I$.

Sie kommt in der Tat den Ausführungen von Stokes sehr nahe (auch ohne die Angabe des Index $N$). Stokes Behauptung, man könne aus der Stetigkeit der Reihe die nicht unendlich langsame Konvergenz folgern, ist dennoch, so Hardy, nur korrekt, wenn man quasi-gleichmäßige Konvergenz im Punkt voraussetzt. Eine Interpretation allerdings, die er nur unter Vorbehalt akzeptieren kann.

Als Vertreter einer modernen Rezeption spricht Jesper Lützen Stokes die Anwendung einer (un)gleichmäßigen Konvergenz ab. Seidels beliebig langsame Konvergenz sei in der Tat eine Negation der gleichmäßigen Konvergenz in der Umgebung von $x$ (Lützen 2003, 182), allerdings bleiben Stokes' Formulierungen seines Konvergenzprinzips unklar. Lützen hält keine der vorgeschlagenen Definitionen von Quasikonvergenz für sinnvolle Beschreibungen der Stoke'schen Konvergenz. „The truth is that he did not have a completely precise idea of the meaning of inifinitely slow convergence" (ibid., 184).[138] Sowohl Stokes und als auch Seidel unternahmen keine Versuche, ihre Konzepte auf *andere* Theoreme zu beziehen.

## 5.4 E. G. Björling

Emanuel Gabriel Björling (1808-1872) wurde in der schwedischen Provinzstadt Västerås geboren und studierte von 1826 bis 1830 an der Universität in Uppsala. Nach seiner Promotion und einer Lehrtätigkeit an der Schule zu Barnängen, wurde er im Jahre 1840 als Dozent in Uppsala angestellt. Ein Jahr später beteiligte er sich an einer Stellenausschreibung für die Mathematikprofessur in Uppsala und unterlag seinem Kollegen Carl Johan Malmstén (1814-1886).[139] Damit war seine akademische Laufbahn beendet und er arbeitete ab 1845 an

[138] Laut Arsac habe Stokes seine an sich funktionierende Notation nicht systematisch angewendet. Es fehle zudem an expliziten Ungleichungen (Arsac 2013, 116). Da er die Regeln der formalen Negation nicht korrekt befolge, komme er bezüglich der gleichmäßigen Konvergenz zu einem falschen Ergebnis: „Notre traduction en termes complètement quantifiés des énoncés de Stokes amène à considérer que la « convergence lente » n'est pas l'exacte négation de la convergence uniforme locale" (ibid., 119).

[139] Er gründete unter anderem die Zeitschrift *Acta Mathematica*.

dem Gymnasium seiner Heimatsstadt als Lektor für Mathematik. Man ernannte Björling im Jahr 1850 zu einem Mitglied der Königlich-schwedischen Akademie der Wissenschaften.

### 5.4.1 *Björlings Interpretation eines »höchst gewichtigen« Satzes*

E. G. Björling wendet sich erstmalig im Jahre 1846 mit seiner Arbeit *Doctrinae serierum infinitarum exercitationes* (publ. 1847) dem Thema der konvergenten Reihen zu. Seine Arbeit gehört damit zu den drei historisch fast zeitgleich erschienenen Beiträgen zum Thema der konvergenten Reihen mit stetigen Summen. Björlings führt sein Summentheorem, ohne Einleitung, in der Manier eines Hilfssatzes im ersten Paragraphen seiner Abhandlung ein. Der Satz lautet:

> "Si fuerit series terminorum realium
>
> $$f_1(x), f_2(x), f_3(x), \&c.$$
>
> convergens $x$ reali qualibet ab $x_0$ inde usque ad $X$ (limitibus inclusive) atque praeterea termini functiones ipsius $x$ inter hos limites continuas conficiant; fieri non potest quin summa ipsa
>
> $$f_1(x) + f_2(x) + f_3(x) + \&c.$$
>
> continua eosdem inter limites sit function ipsius $x$" (Björling 1846, 65).

In der in schwedisch publizierten Arbeit Björlings (1853) wird dieser Satz vollständig und mit Beweis reproduziert.[140] Als Fußnote angefügt stellt Björling die Rolle dieses Satzes dar; so haben ihn sicherlich die Beiträge von Abel (*Oeuvres completes*) und Cauchy (*Cours d'analyse*, *Analyse algébrique*) zu seinem Theorem motiviert, für das Björling Cauchy als eigentlichen Entdecker und Urheber nennt. Er stellt die Fehlbarkeit des ersten Satzes von Cauchy fest, räumt Einwände wie die Reihe von F. Arndt[141] ein (siehe unten), aber spricht sich gegen Abels Beispiel der Reihe $\sin x - \frac{\sin 2x}{2} + \frac{\sin 3x}{3} \pm \cdots$ aus; es erfülle entgegen der allgemeinen Annahme die Bedingungen des Satzes nicht, so Björling.[142] Diese Auffassung ist zweifelsohne vom modernen Standpunkt und einer klaren Unterscheidung von punktweiser und gleichmäßiger Konvergenz nicht zu halten. Björlings Ansicht, dass die Reihe von Abel die Allgemeingültigkeit des Cauchy'schen Summentheorem nicht verletzt, kann aber Hinweise auf eine anders geartete Begriffsbildung Björlings geben (siehe dazu auch Bråting 2007). Diese nur auf Schwedisch publizierte Arbeit von Björling thematisiert die Summentheoreme von Cauchy und die Gegenbeispiele von F. Arndt und N. H. Abel. Sie beinhaltet zudem sein eigenes Summentheorem und die zugehörige Fußnote aus seinem *Nova acta* Artikel (1847). Björling nimmt auf die folgenden Quellen Bezug:

- E. G. Björling, *Doctrinae serierum infinitarum exercitationes*, Nova acta, 1846 (1847).
- F. Arndt, *Bemerkungen zur Convergenz der unendlichen Reihen*, 1852.
- A. L. Cauchy, *Note sur les séries convergentes dont les divers termes sont des fonctions continues d'une variable réelle ou imaginaire, entre des limites données*, 1853.

---

[140] Eine deutsche Übersetzung dieser Arbeit liegt dem Anhang dieser Arbeit bei.

[141] Peter Friedrich Arndt (1817-1866) war zunächst als Oberlehrer am Gymnasium zu Stralsund angestellt und seit 1854 als Privatdozent an der Friedrich-Wilhelms-Universität zu Berlin tätig. Im Jahre 1862 nahm er dort eine außerordentliche Professur für Mathematik an.

[142] siehe dazu A. Pringsheim (1897), der Björlings Betrachtung konträr interpretiert.

### 5.4.2 Sein Summentheorem mit Beweis

Björling publizierte sein Theorem in lateinischer Sprache bereits im Jahre 1847. Eine englische Übersetzung von Björlings Beweis findet man in (Bråting 2007). Eine Übersetzung der schwedischen Reproduktion von 1853 ergibt:

> Wenn eine Reihe von reellen Termen
>
> (6) $f_1(x), f_2(x), f_3(x), etc.$
>
> konvergent ist für jeden reellen $x$-Wert von einschließlich $x_0$ bis einschließlich $X$ und obendrein ihre spezifischen Terme kontinuierliche Funktionen von $x$ zwischen diesen Grenzen sind; So muss notwendig die ganze Summe
>
> (7) $f_1(x) + f_2(x) + f_3(x) + etc.$
>
> eine kontinuierliche Funktion von $x$ zwischen denselben Grenzen sein.
> (S. 202; vgl. Björling 1853, 151).

Für den Beweis zeige man die Stetigkeit der Reihe $f_1(z) + f_2(z) + f_3(z) + \cdots$ im Punkt $z$. Björling geht wie folgt vor: Wählt man eine ausreichend kleine Größe $w$ und sei $\alpha$ ein Wert, so dass $z + \alpha$ die Grenze $X$ nicht übertritt.[143] Dann muss $|S(z+\alpha) - S(z)| < 2w$ sein. Hier ist

$$S(z+\alpha) - S(z) = [f_1(z+\alpha) - f_1(z)] + \cdots + [f_n(z+\alpha) - f_n(z)] + R_n(z+\alpha) - R_n(z),$$

wobei $R_n$ die Restgliedreihen sind. Der Wert von $n$ wird nun so groß gewählt, dass

$$|r_n| = |R_n(z+\alpha) - R_n(z)| < w$$

gilt.[144] Björling stellt die Abhängigkeit der Zahl $n = n(w, z)$ von der Wahl der Größe $w$ und dem vorher festgelegten Wert $z$ aus $[x_0, X]$ klar. Der Wert $z = \xi$ und die Größe $w$ liefern das größte $n$, für welches die Abschätzung

$$|f_{n+1}(\xi) + f_{n+2}(\xi) + \cdots| = |R_n| < \frac{w}{2}$$

erfüllt ist. Die Glieder der Partialsumme

$$S_n(z+\alpha) - S_n(z) = [f_1(z+\alpha) - f_1(z)] + \cdots + [f_n(z+\alpha) - f_n(z)]$$

lassen die Wahl eines größten Summanden zu, dessen Index mit $m \in \{1, \ldots, n\}$ bezeichnet wird. Dann gilt $|S_n(z+\alpha) - S_n(z)| \leqslant n \cdot |f_m(z+\alpha) - f_m(z)|$. Björling schließt seinen formalen Beweis mit den Worten „det öfriga är sjelfklart“ ab (ibid., 154). Aus dem Gesagten kann man folgende Ungleichungskette erstellen:

$$\begin{aligned}|S(z+\alpha) - S(z)| &\leqslant |S_n(z+\alpha) - S_n(z)| + |R_n(z+\alpha) - R_n(z)| \\ &< n\,|f_m(z+\alpha) - f_m(z)| + w.\end{aligned}$$

Durch kleinere Werte von $\alpha$ wird der Ausdruck $|f_m(z+\alpha) - f_m(z)|$ aus Gründen der Stetigkeit der Reihe der $n$ ersten Glieder kleiner als $w$. Q.E.D.

[143] Der Zweck dieser Größe $w$ entspricht dem heute gebräuchlichen $\varepsilon$-Notation.

[144] Dies kann aus der Konvergenz der Reihe gefolgert werden, nach der $|r_n|$ ausreichend klein gemacht werden kann. Allerdings ist hier wichtig, welche Konvergenz vorausgesetzt werden soll (vgl. Bråting 2007).

### *5.4.2.1 Björling und Cauchy*

Man stellt schnell fest, dass Björlings Theorem ohne zusätzliche Deutung des Konvergenzbegriffs falsch ist. Dies liegt im Wesentlichen daran, dass er Cauchys ursprüngliches Summentheorem (augenscheinlich) *nur* um die Abgeschlossenheit des Intervalls erweitert; die Konvergenz und Stetigkeit der Glieder bzw. der Summe ist auf den Bereich des Intervalls $[x_0, X]$ festgelegt.

Betrachtet man nun die Reihe von F. Arndt (siehe unten) für den einfachen Fall mit $m = 0$, so erhalten wir die stetigen Funktionen

$$1 - x, x^2(1 - x), x^4(1 - x), \dots$$

auf dem Intervall [0,1] und eine Reihe, die dort konvergiert. Die Summe liefert für $0 \leq x < 1$ die Funktion $\frac{1}{1+x}$ und an der Stelle $x = 1$ die Null. Sie ist also nicht stetig, obwohl die Reihe die Bedingungen des Satzes erfüllt. Björlings Theorem erleidet also Ausnahmen.

Seiner Beurteilung nach, sind beide Theoreme, das seinige und Cauchys von 1853, deckungsgleich (Björling 1853, 154 f.). Die Reihe von F. Arndt ist jedoch, wie er selbst gezeigt hat, kein Gegenbeispiel zu Cauchys Satz, d. h. die Äquivalenz beider Sätze ist, entgegen Björlings Ansicht, nicht haltbar.

Wenn man die Allgemeingültigkeit des Björling-Satzes aufrechterhalten möchte, so muss die Betrachtung, nach der er gewöhnliche Konvergenz verwendet, aufgegeben werden (siehe Abschnitt 5.4.4)

### *5.4.2.2 Das Gegenbeispiel von F. Arndt*

Als ein weiteres Gegenbeispiel zu Cauchys Summentheorem (1821) diskutiert Björling die folgende von Peter Friedrich Arndt (1817-1866) entwickelt Reihe:

$$\sum_{n=0}^{\infty} x^{2m+2n}(1 - x).$$

Wie in dem obigen Abschnitt schon angedeutet wurden, erhält man für Werte $x < 1$ den Term $\frac{x^{2m}}{1+x}$, wobei die Reihe für $x = 1$ gegen Null konvergiert. Derselbe Term liefere aber, wie Björling anmerkt, für $x = 1$ den Wert $\frac{1}{2}$.[145] Björlings Betrachtung der Partialsummen $\sum_{i=0}^{n} x^{2m+2i}(1 - x) = \frac{x^{2m}}{1+x}(1 - x^{2n})$ führt ihn zu der Schlussfolgerung, dass Werte von $x$ beliebig nahe der 1 einen *„indetermineradt medium mellan 0 och 1"* ergeben (Björling 1853, 148). D. h. die Summe ist für solche $x$-Werte unbestimmt, was F. Arndt laut Björling unbeachtet ließ.

Björling möchte weiterhin zeigen, dass Arndts Reihe für $m = 0$ dem Cauchy-Theorem des Jahres 1853 nicht widerspricht. Für die Summe $u_n + u_{n+1} + \dots + u_{n'}$ ermittelt er

$$s_{n'} - s_{n-1} = x^{2n}(1 - x)\left[1 + x^2 + x^4 + \cdots + x^{2(n'-n)}\right],$$

[145] Der Wert $\frac{1}{2}$ wird nicht erreicht, da die geometrische Reihe, aus der man den Ausdruck $\frac{x^{2m}}{1+x}$ gewinnt, nicht für $x = 1$ erfüllt ist. Für Björling ist dieses Phänomen eine Folge daraus, dass die Reihe die Cauchy'sche Bedingung (1853) nicht erfüllt.

das für $n' = \infty$ die Form $s_{n'} - s_{n-1} = \frac{x^{2n}}{1+x}$ erhält. Die Substitution $x = 1 - \frac{1}{2n}$ liefert schließlich den Wert $\frac{1}{2e}$ (ibid., 150 f.). Er hat damit gezeigt, dass für ein unendlich großes $n'$ und ein beliebig großes $n$ die Summe $u_n + u_{n+1} + \ldots + u_{n'}$ nicht beliebig klein wird und die in Rede stehende Reihe die Bedingung des Theorems nicht erfüllt.

### *5.4.3 Gibt es begriffliche Neuheiten?*

Björlings Summentheorem unterscheidet sich konzeptionell von den zeitnahen Beiträgen Seidels und Stokes durch seine Beschränkung auf bestehende Begriffe. Er verwendet zwar eine nicht benannte, neue Eigenschaft der Konvergenz, führt aber keinen neuen Begriff ein.

#### *5.4.3.1 Wo liegen Björlings Neuerungen?*

Zu den neuen Vorbedingungen des Summentheorems gehören die Stetigkeit der Glieder $f_j$ und die Konvergenz der Reihe $\sum_{n=1}^{\infty} f_j$ für jeden $x$-Wert auf einem *abgeschlossenen Intervall* $[x_0, X]$. Diese Interpretation ergibt sich aus der Übersetzung der Redewendung „från och med $x_0$ till och med X" (von und mit $x_0$ bis und mit $X$; vgl. Björling 1853, 151).[146] Hier taucht erstmals ein Bewusstsein für die Bedeutung von offenen und abgeschlossenen Intervallen auf. Es liefert die Grundlage zur Begriffsbildung halboffener Intervalle, wie sich im letzten Korollar seiner Arbeit zeigt (ibid., 160).[147] Die begriffliche Unterscheidung zwischen *offen* und *abgeschlossen* existierte im 19. Jahrhunderts bis dahin nicht.[148] Selbst Alfred Pringsheim (1899) unternahm keine Untersuchung des Intervallbegriffs (siehe dazu die Rezeption).

#### *5.4.3.2 Wie behandelt Björling multiple Grenzprozesse?*

Björlings Kritik an Arndt betrifft dessen Beispiel einer unendlichen Reihe (siehe Abschnitt 5.4.2.2) und die Richtigkeit der folgenden Gleichung:

$$x^{2m}(1-x) + x^{2m+2}(1-x) + x^{2m+4}(1-x) + etc. = \frac{x^{2m}}{1+x} \quad \text{für } x \to 1.$$

Hierbei ist der rechtsstehende Limes meine Interpretation für Björlings Formulierung für „*x-Werte beliebig nahe bei* 1". F. Arndt habe irrtümlicherweise die Richtigkeit der Gleichung

$$\sum_{i=0}^{\infty} x^{2m+2i}(1-x) = \frac{x^{2m}}{1+x}$$

für solche $x$-Werte angenommen (Björling 1853, 148 f.). Der Sachverhalt lässt sich auch abhängig von den zwei beteiligten Grenzwertprozessen ausdrücken, denn es gilt:

---

[146] In Süddeutschland und Österreich benutzt man die Sprechweise „von und mit" um den Umstand „einschließlich" auszudrücken.

[147] Björling betrachtet die Potenzreihe $F(x) = \alpha_0 + \alpha_1 x + \alpha_2 x^2 + \alpha_3 x^3 + etc.$ in einem Intervall von $x = 0$ bis $x = X$, aber ohne den Wert $x = X$ einzubeziehen, was Björling mit dem Ausdruck „*exclusive*" hervorhebt. Modern formuliert erhält man also das Intervall $[0, X)$.

[148] Interessant wäre eine Untersuchung der Entwicklung der Begrifflichkeit „offenes" bzw. „abgeschlossenes Intervall".

$$\lim_{x\to 1}\lim_{n\to\infty}\sum_{i=0}^{n} x^{2m+2i}(1-x) \neq \lim_{n\to\infty}\lim_{x\to 1}\sum_{i=0}^{n} x^{2m+2i}(1-x).$$

Björling begründet seinen Einwand jedoch nicht auf diese Weise. Es gibt auch keine Hinweise darauf, dass Björling miteinander verbundene Grenzwertprozesse dieser Art korrekt bewertet. Es lassen sich nur implizit Hinweise einer *Festlegung der Grenzwertreihenfolge* auffinden. So wird z. B. die Schreibweise „$\lim F(x)$" benutzt, die die Summe einer Reihe $f_1(x) + f_2(x) + f_3(x) + etc.$ mit einem gegen eine Grenze konvergierendes $x$ beschreiben soll (ibid., 157). In moderner Notation hat man also die Gleichung

$$\lim F(x) = \lim_{x\to X}\lim_{n\to\infty}\sum_{k=1}^{n} f_k(x),$$

wenn Björling beispielsweise bemerkt: „*bei beliebig gegen X konvergierenden x aus $x_0$-Richtung*". Es wird zuerst $n \to \infty$ betrachtet, bevor sich der $x$-Wert der Grenze $X$ annähert. Die Reihenfolge der Grenzprozesse ist damit klar festgelegt, wenn auch nicht explizit, denn eine explizite Mehrfach-Limesschreibweise war für Björling unüblich.[149] Damit ist er nachweislich der zweite Mathematiker nach Dirksen, der multiple Grenzprozesse in seinen Arbeiten benutzt.[150] Es ist diese Unterscheidung, deren Fehlen im Falle von Cauchy zu Fehlern führt und deren Relevanz Jahrzehnte später von Heinrich Liebmann hervorgehoben wurde:

> „Dagegen brauchen die beiden Grössen $\lim_{x=a,n=\infty} R_n(x)$ und $\lim_{n=\infty,x=a} R_n(x)$ nicht identisch zu sein; und diese Voraussetzung wird stillschweigend gemacht von Cauchy" (Liebmann 1900).

### *5.4.4 Rezeption der Björling-Werke vom 19. Jahrhundert bis heute*

In (Pringsheim 1899, 2-53) findet man keine Erwähnung der Björling-Arbeiten von 1847 und 1853. Meiner Vermutung nach war dies eine Folge seiner Geringschätzung gegenüber Björling, die er schon (1897) zum Ausdruck brachte.[151] Damit bleibt sein Beitrag zur Thematik der Summentheoreme und sein Entwurf mit geschlossenen Intervallen in Pringsheims Standardwerk ungewürdigt.[152]

Seine Arbeit wurde im 20. Jahrhundert von Detlef Spalt (1981) wiederentdeckt. So habe er, wie Stokes und Seidel, als einer der ersten in (Björling 1847) die Aufmerksamkeit auf den Begriff der gleichmäßigen Konvergenz gelenkt (Spalt 1981).[153] Im Anschluss an einen Satz

---

[149] Ebenso war seine Schreibweise in der Weise eingeschränkt, dass er die Laufvariable nur im Fall ganzzahliger Indexgrößen unter den Limes setzte. Man findet also Ausdrücke wie $\lim_{n\to\infty}\cdots$, jedoch keine der Art $\lim_{x\to X}\cdots$

[150] Der deutsche Mathematiker Enne Dirksen verwendete bereits 1829 in seiner Rezension der dt. Übersetzung (Dirksen, 1829) mittels seiner eigenen Limesnotation ineinander geschachtelte Grenzwertprozesse (Schubring 2005, 472 f.).

[151] Pringsheim 1897, 345: „Will man sich ein Bild davon machen, welch´ mangelhaftes Verständniss die Abelsche Abhandlung über die Binominialreihe und insbesondere seine Stetigkeits-Sätze noch bis in die Mitte des Jahrhunderts gefunden haben, so lese man die zum Theil geradezu absurden Einwendungen, welche Björling in seinen „Doctrinae serierum infinitarum exercitationes" dagegen erhoben hat." Seine vollmundige Kritik an Björling ist nicht ohne Lücken; so soll Björling Cauchys Summentheorem im Allgemeinen beibehalten wollen (ibid., 345), obwohl er doch Arndts Kritik an Cauchy mitträgt (vgl. meine Übersetzung).

[152] Auch G. H. Hardy scheint ihn nicht in die Reihe der Gründer aufzunehmen: „The discovery oft he notion of uniform convergence is generally and rightly attributed to Weierstrass, Stokes and Seidel" (1947, 148).

[153] Spalts Formulierung ist unglücklich gewählt, wenn man bedenkt, dass es im Jahre 1847 den Begriff „gleichmäßige Konvergenz" noch nicht gab.

über die Stetigkeit einer konvergenten Reihe in einem abgeschlossenen Intervall liest man in seiner Fußnote, dass das Gegenbeispiel von Abel (hier mit vorzeichenlosen Summengliedern) und auf das ganze Intervall von 0 bis $2\pi$ ausgeweitet nicht mehr *in einem Zuge* (lat.: *uno tenore*) konvergent ist.[154]

### *5.4.4.1 Konvergenz in einem Zuge*

Björling gibt keine Definition dieser Eigenschaft und betont an anderer Stelle erneut, dass die Reihe $\sin x + \frac{\sin 2x}{2} + \frac{\sin 3x}{3} + \cdots$ nicht bis $x = 1$ in einem Zuge konvergent ist (siehe Spalt 1981, 93). Dieser in Björlings Arbeit als Theorem II ausgezeichnete Satz enthält, wie auch Spalt bemerkt, nicht den Begriff *uno tenore*. Diese Lücke wird auch von H. Burkhardt (1914) angesprochen:

> „Nachher gebraucht er aber bei der Formulierung seiner Sätze doch wieder bloß das Wort convergens, wo er seiner Bemerkung gemäß 'convergens uno tenore' sagen müßte" (Burkhardt 1914, 982).

Weder Burkhardt noch Spalt bemühten sich, die fehlende Definition von *convergens uno tenore* im Kontext der Björling Arbeiten zu betrachten. Nach Spalt griff auch Grattan-Guinness (1986) – vermutlich als Reaktion auf ihn – die Arbeit von Björling auf und nahm ihn mit in die Reihe der Initiatoren einer neuen Konvergenzform auf. Er bewertet allerdings ohne eine hinreichende Analyse die im Summentheorem enthaltenen mathematischen Einzelleistungen als „Pionierarbeit" und unterstreicht Björlings stellenweise detailreiche Auflösung der Abhängigkeiten der Größen $w, \xi, n$ und $\alpha$ (Grattan-Guinness 1986, 230 f.).

Explizite Zuordnungen der funktionalen Beziehungen in Cauchys Werk, wie Grattan-Guinness behauptet, konnte ich nicht nachweisen.[155] Es fehlen Belege, dass Cauchy in seinen Arbeiten (z. B. in 1853) ähnlich detaillierte Ausführungen über Variablenabhängigkeiten wie Björling gibt. Im Vergleich erkennt man Björlings detailreichere Ausarbeitung, die in ihrer expliziten Anwendung einer vorstufigen Epsilon-Delta-Notation für ein höheres Maß der mathematischen Strenge einsteht. Dazu gehört auch die konsequente Indexschreibweise für Funktionen und eine modernere Formelsprache (mit Hilfe der Größen $w, \xi, n, \alpha$; siehe Björling 1853, 153 f.) als die Cauchys, dessen Theorem und Beweis größtenteils verbal beschreibend, statt formal streng dargelegt wurde.

Anhand des Beweises, den Björling für sein Summentheorem gibt, sieht Grattan-Guinness einen Vorgriff auf den Begriff der gleichmäßigen Konvergenz und zieht dabei (auf leider pauschalisierende Weise) bisher nicht belegte Verbindungen zu anderen Entwicklungszweigen der gleichmäßigen Konvergenz: „[...] he [Björling] anticipated uniform convergence over an interval in the way that Cauchy and especially Weierstrass were to expouse later" (Grattan-Guinness 1986, 230).

[154] „So ist in der Tat etwa jene Reihe [von Abel] konvergent für beliebige $x$ zwischen 0 und $2\pi$; aber dennoch, wenn man $x$ unbeschränkt gegen 0 oder $2\pi$ konvergieren läßt, so ist es keineswegs erlaubt zu sagen, daß die Reihe in einem Zuge konvergent bleibt. Im Gegenteil kann man kraft dieses Lehrsatzes II mit Gewißheit sagen, daß es so nicht ist" (Björling 1847, 66; übersetzt in Spalt 1981, 93).

[155] Grattan-Guinnes 1986, 230: „Like them [Cauchy und Weierstrass], too, he [Björling] was explicit on the functional relationships between variables. However, in other respects his account was not too lucid or precise – as often happens with pioneering work."

### *5.4.4.2 Analyse des verwendeten Konvergenzbegriffs*

Um eine Form der gleichmäßigen Konvergenz nachweisen zu können, muss der vorliegende Text und der darin enthaltene Beweis von Björling weiter untersucht werden. Wie wird die Abhängigkeit zwischen der ganzzahligen Größe $n$ und den Werten der Variable $x$ herausgearbeitet? Erst hierdurch kann eine Abgrenzung zur punktweisen Konvergenz stattfinden. Der Beginn seines Beweises erhellt den Zusammenhang zwischen den Größen $n$ und $x$.

> „Da die Reihe $f_1(x), f_2(x), f_3(x), etc.$ *für jeden x-Wert* von $x_0$ bis $X$ konvergent ist, muss [...] die Summe $f_{n+1}(x) + f_{n+2}(x) + f_{n+3}(x) + etc.$, für ein gegebenes $n$ und alle größeren numerisch kleiner werden als eine vorher gegebene Zahl $\frac{w}{2}$ und zwar so klein wie gewünscht. Dieses $n$ ist offensichtlich im Allgemeinen unterschiedlicher Größe für verschiedene $x$-Werte" (vgl. S. 204).

Modern formuliert haben wir die folgende formale Eigenschaft für $s(x) = \sum f_i$, die durch die Abhängigkeit $n = n(x,w)$ nicht der gleichmäßigen Konvergenz entspricht: Zu jedem $x \in [x_0, X]$ und zu jedem $w > 0$ existiert ein $n = n(x,w) \in \mathbb{N}$, so dass $|s(x) - s_n(x)| < \frac{w}{2}$.

Björling fügt noch die folgenden Eigenschaften hinzu, die jedoch nicht mit dem Konzept der gewöhnlichen Konvergenz vereinbar sind und wieder eine Interpretation zugunsten einer Form der gleichmäßigen Konvergenz zulassen.

> „Aber es ist sicher, dass zu einem bestimmten $x$-Wert (oder mehreren) ein *maximales n* gehört. Es sei $\xi$ ein solcher $x$-Wert.
> Dann ist nicht nur die Summe $f_{n+1}(\xi) + f_{n+2}(\xi) + etc. = R_n$ numerisch kleiner als $\frac{w}{2}$, sondern auch – für alle anderen $x$-Werte, die von $x_0$ und $X$ beschränkt werden und mit $\zeta$ und $\zeta'$ bezeichnet sein mögen – die beiden Summen $f_{n+1}(\zeta) + f_{n+2}(\zeta) + etc., f_{n+1}(\zeta') + f_{n+2}(\zeta') + etc.$[...]" (vgl. S. 205).[156]

Seiner Beschreibung nach kann man ein $n = n(w, \xi)$ finden, so dass man (modern formuliert) die folgende allgemeine Eigenschaft aufstellen kann: Zu jedem $w > 0$ existiert ein $n = n(w, \xi)$, so dass $|s(x) - s_n(x)| < \frac{w}{2}$ für alle $x \in [x_0, X]$. Hier soll nun die *für jeden Wert von x* konvergente Reihe $f_1(x), f_2(x), f_3(x), etc.$ mit einer zusätzlichen Konvergenzeigenschaft ausgestattet werden, die wegen der Existenz eines solchen $n$ über die gewöhnliche Konvergenz hinausgeht.

- Björling scheint hier bereits bei der Formulierung des Theorems einen *anderen* Konvergenzbegriff, als den der gewöhnlichen Konvergenz, im Sinn zu haben; Dem gegenüber betont er die Äquivalenz zwischen seinem und Cauchys Thereom (1853); er postuliert die Äquivalenz von Reihenkonvergenz und der (modern formulierten) Eigenschaft, eine „Cauchy-Folge" zu bilden (Björling 1853, 154 f.).
- Diese Indizien sprechen für die Hypothese, dass Björling schon im Jahre 1847 eine *erkennbare Vorstellung* von gleichmäßiger Konvergenz besessen hat, die er seiner Formulierung *konvergent für jeden Wert von x* beimischte und die auf Grund einer fehlenden Begriffsexplizierung nicht von gewöhnlicher (d. h. punktweiser) Konvergenz abgegrenzt ist.

---

[156] Der Frage, wie man die Beschränktheit von $n$ begründen soll, wird weiter unten noch nachgegangen.

Insofern kann die Forderung[157] von Grattan-Guinness, nach der Björling seine Entdeckung hätte benennen sollen, nicht bestehen bleiben, da seine Konzepte dafür nicht ausreichend entwickelt worden sind.[158] Eine Theorie zu Björling über ein verstecktes Konzept der gleichmäßigen Konvergenz wurde jedoch bereits von Kajsa Bråting vorgelegt.

### *5.4.4.3 Moderne Analysen des Konvergenzbegriffes bei Björling*

Kajsa Bråting publizierte im Jahre 2007 die bis jetzt aktuellste Auswertung der Björling Arbeiten von 1847 und 1853. Ihre Analyse befasst sich mit Björlings Formulierungen *för hvarje $x$-valör* (für jeden Wert von $x$) und *för hvarje uppgifvet $x$-valör* (für jeden gegebenen Wert von $x$). Björling betont in beiden Arbeiten, dass die Reihe von Abel kein Gegenbeispiel zu Cauchys Theorem (1821) darstellt. So schreibt er in einer Fußnote:

> „So ist z. B. auch die Reihe $\sin x, \frac{1}{2}\sin 2x, \frac{1}{3}\sin 3x, etc.$ für jeden *gegebenen* [festen] $x$-Wert innerhalb der Grenzen 0 und $2\pi$ konvergent; aber dies berechtigt keineswegs zum Urteil, dass die Reihe für jeden $x$-Wert [im Original: *för hvarje uppgifvet $x$-valör*] von einschließlich der einen Grenze bis einschließlich der anderen konvergent ist“ (vgl. S. 204).

Ähnliches schreibt er über die Reihe $x^{2m}(1-x), x^{2m+2}(1-x), x^{2m+4}(1-x), etc.$ Diese konvergiere zwar für *gegebene* $x$-Werte kleiner als Eins, aber nicht für solche *beliebig* kleiner als Eins – „[…] weil $\lim\limits_{(n=\infty)} \frac{x^{2m}}{1+x}(1-x^{2n})$ für solche $x$-Werte offenbar ein unbestimmter Zwischenwert zwischen 0 und 1 ist“ (S. 202). Laut Bråting benutzt Björling den Ausdruck „unbestimmt" um die Konvergenzrate zu beschreiben.[159] Björlings weitere Erklärungen werden zunehmend unschlüssig. So spricht er der in Rede stehenden Reihe die Konvergenz in der Nähe der Eins ab, obwohl sie sicher konvergiert.[160] Ein weiterer Hinweis darauf, dass er keine gewöhnliche Konvergenz im Sinn hatte?[161] Björling spricht der Reihe $\sum_i x^{2m+2i}(1-x)$ (modern gesprochen) die punktweise Konvergenz auf dem gesamten Intervall ab.

---

[157] „He did not even introduce names for the new types of convergence proposed“, Grattan-Guinness 1986, 231.

[158] Grattan-Guinness kritisiert weiterhin zu Unrecht den folgenden Beweisschritt Björlings:

> „Unabhängig vom zugeordneten Wert, den $\alpha$ annimmt (solche nämlich wie oben erwähnt), muss natürlich mindestens einer der Terme $f_1(z+\alpha)-f_1(z), f_2(z+\alpha)-f_2(z), \cdots, f_n(z+\alpha)-f_n(z)$ numerisch am größten sein. Sei dies durch $f_m(z+\alpha)-f_m(z)$ gekennzeichnet, so ist $m$ eine ganze Zahl, die eine Funktion von $\alpha$ sein kann [und] zumindest $n$ nicht übersteigt“ (S. 203 f.; vgl. Börling 1853, 154).

Er bemängelt: „he gave virtually no definition of *m*; the one stated above, showing its dependence on $\alpha$, is my interpolation into a nearly silent text“ (Grattan-Guinness 1986). Im Primärtext ist die Deklaration von $m$ jedoch präzise genug und bedarf als solche keiner zusätzlichen Interpretation des Lesers. Mir scheint, dass auch andere Historiker diese Passage intuitiv richtig verstanden haben. Ob der Wert $n$ endlich ist, wird aber nicht deutlich.

[159] „It seems reasonable to assume that Björling uses the term 'indetermined' since the limit depends on the rate at which $x$ converges to 1“ (Bråting 2007, 526).

[160] „Man kann aber nicht sagen, dass »die Summe der Reihe auch in der Nähe dieses besonderen Wertes eine stetige Funktion von $x$ ist«, wenn nämlich für $x$-Werte »in der Nähe dieses besonderen Wertes« die Reihe nicht konvergent und sie damit nicht einmal mehr eine feste Summe ist […]“ (S. 200; vgl. Börling 1853, 149).

[161] Zu dem demselben Ergebnis kommt Björling auch bei der Reihe

$$\sin x + \frac{1}{2}\sin 2x + \frac{1}{3}\sin 3x + \cdots.$$

Sie konvergiere zwar für jeden gegeben Wert von $x$, aber nicht „[...] *for every value of $x$ from one limit up to the other*“ (s. Bråting 2007, 524). Demnach sei diese Reihe kein Gegenbeispiel zu Cauchys Theorem (1821), so Björling. Sein Resultat setzt irrigerweise voraus, dass Cauchy dieselbe Konvergenzeigenschaft voraussetze.

### 5.4.4.4 *Ist Konvergenz »för hvarje x-valör« eine Form der gleichmäßigen Konvergenz?*

Diese Widersprüchlichkeit nimmt Bråting zum Anlass einer tieferen Analyse der Begriffe bei Björling. Um die aus den bereits zitierten Aussagen entstehenden Probleme *zu lösen*, versucht sie die Argumentationslücken durch *neue* Begriffe zu füllen. Die Frage, in wie fern eine Unterscheidung zwischen den Formulierungen *för hvarje x-valör* und *för hvarje uppgifvet x-valör* getroffen werden muss, beantwortet sie auf der Grundlage moderner Analysis und zu Gunsten einer gleichmäßigen Konvergenz:

> „In fact, 'convergence for every value of x' [swe.: för hvarje x-valör] could be an attempt to express what in modern terminology could be described as
>
> $$\sup_x \left| \sum_{k=1}^{n} f_k(x) - \sum_{k=1}^{\infty} f_k(x) \right| \to 0$$
>
> when $n \to \infty$" (Bråting 2007, 529).[162]

Die von Bråting vorgeschlagene Interpretation ist identisch mit der modernen *Supremums-Definition* der gleichmäßigen Konvergenz, wie sie Björling mit seiner *Konvergenz für jeden Wert von x* nicht entwickeln konnte. Zwar fordert Björling in seinem Beweis an geeigneter Stelle die (notwendige) Unabhängig der Größe $n$ von der Wahl der $x$-Werte und formuliert damit ein Kernmerkmal der strengen Definition der gleichmäßigen Konvergenz. Jedoch ist diese Entdeckung nicht konsequent von ihm verwendet worden. Auch sah er keine Notwendigkeit einer neuen Begriffsbildung, da er seine Begriffe nicht klar voneinander trennte.[163] Gleichzeitig hat Björling sowohl für die Verteidigung von Cauchy-1853, als auch für seine eigene Version eines Summentheorems eine Konvergenzform im Sinn, die als punktweise Konvergenz verstanden zu unschlüssigen Ergebnissen führt. Bråtings Interpretationsansatz hat zur Folge, „för hvarje x-valör" als gleichmäßige und „för hvarje uppgifvet x-valör" als punktweise Konvergenz zu identifizieren. Damit verliert Bråtings Leitmotiv im Laufe ihrer Analyse an Bedeutung: „Our intention is not to claim that Björling's proof was correct in view of modern concepts like uniform and pointwise convergence, but to discuss the proof in view of Björling's own distinction [...]" (Bråting 2007, 520).

### 5.4.4.5 *Eine Absage an die gleichmäßige Konvergenz*

Eine weitaus kritischeren Standpunkt nimmt Alfred Pringsheim (1897) ein, der Björlings Konvergenz durchweg nur als punktweise definiert versteht: Die Formulierung Konvergenz *in einem Zuge* (lat.: *convergens uno tenore*), die von Spalt und Burkhardt noch unkritisch mit Gleichmäßigkeit verbunden wurde, ist für Pringsheim nichts weiter als punktweise Konvergenz im Intervall. Konsequenterweise entzieht er auch der Formulierung *Konvergenz für jeden x-Wert* (*för hvarje x-valör*) jede Idee von gleichmäßiger Konvergenz. Björlings Verteidigung des ersten Summentheorems von Cauchy nennt Pringsheim *absurd* (1897, 345). So habe der Schwede folgende Regel aufgestellt:

---

[162] Eine Konvergenzdefinition über den Absolutbetrag hat erst Weierstraß Jahrzehnte später entwickelt.

[163] „the distinction between 'convergence for every value of x' and 'convergence for every given value of x' is imprecise since it does not contain an adequate notation from predicate calculus to connect two variables" (Bråting 2007, 520). Dies betrifft z. B. die Beziehung zwischen dem Index $n$ und der Variable $x$.

„Wenn eine Reihe $\sum f_v(x)$ auch für einen gewissen Werth X und für jeden einzelnen Werth x < X convergirt, so folge daraus noch keineswegs, dass sie auch in unendlicher Nähe der Stelle X convergiren müsse (!)" (ibid., 346).

Pringsheim, der Björling dieses Prinzip in den Mund legt, sieht den Grund für Björlings Fehler darin, anzunehmen, eine überall, d. h. in einem Zuge konvergente Reihe müsse die Eigenschaft der Gleichmäßigkeit *a priori* mit sich bringen.

„Selbstverständlich beruht dieser Fehlschluss (genau wie bei Cauchy) auf der Supposition, dass eine in irgend einem Intervalle ausnahmslos convergirende Reihe eo ipso jene Eigenschaft besitzen müsse, die wir heute als gleichmässige Convergenz bezeichnen [...]" (Pringsheim 1897, 346).

Er vergleicht Björlings Konvergenzkonzept mit den später standardisierten Formen der gewöhnlichen und gleichmäßigen Konvergenz, statt auf der Basis seines eigenen Begriffskosmos zu agieren wie es Bråtings Ansatz war.

## 5.5 Resümee

### 5.5.1 *Björlings Rolle in der Geschichte der gleichmäßigen Konvergenz*

Die Folgerungen, die er aus den Reihen von Abel (1826) und Arndt zieht, sind die sichersten Hinweise dafür, dass er seine Konvergenz nicht in der gewöhnlichen Weise (punktweise) verwendete. Wie er die Konvergenz *für jeden x-Wert* tatsächlich formal mathematisch definierte, wird die Nachwelt vermutlich niemals erfahren.

Der Versuch einer Rekonstruktion kann nun aber dort angesetzt werden, wo Björling in mathematischer Hinsicht am meisten offen legen muss, d. h. im Beweis des Summentheorems. Die Auflösung der Abhängigkeiten zwischen dem Index $n$ und der Variable $x$ wird nicht konsequent erreicht, jedoch in einem bestimmten Beweisschritt dieses Satzes so weit festgesetzt, dass aus heutiger Sicht ein Schritt in Richtung der Formalisierung der gleichmäßigen Konvergenz getan wurde – freilich ohne die Verwendung von Quantoren, die sich 19. Jahrhundert erst später verbreiten konnten. Trotzdem bleibt diese Eigenschaft auf einen Beweisschritt beschränkt und wird zu unbedarft (d. h. ohne ihre besondere Bedeutung als neuen Begriff zu unterstreichen) und inkonsequent angewendet, als dass man Björling den Begriff von gleichmäßiger Konvergenz zuschreiben könnte.

Die Mathematikgeschichte kam zu unterschiedlichen Meinungen: Während Bråting ein Begriffsmuster zur Trennung zwischen punktweiser und gleichmäßiger Konvergenz in Björlings Arbeiten konstruierte, bestand im ausgehenden 19. Jahrhundert für Pringsheim kein derartiger Zusammenhang, der Björling in den Rang eines Mitgründers heben könnte. Spalt und Burkhardt suchten Vergebens nach der Konvergenz *in einem Zuge*, die möglicherweise wie die Formulierung *für jeden x-Wert* auf dieselbe Eigenschaft hinweisen sollte – Zweifelsfrei lässt sich dies jedoch nicht auflösen, dafür liefern Björlings Veröffentlichungen keine ausreichenden Belege.

Nach dem Mathematikhistoriker I. Grattan-Guinness gibt es Anmerkungen Cauchys (Fußnoten) in zwei französischen Mathematikzeitschriften des Jahres 1846, in denen Cauchy Björlings Arbeiten erwähnt. Im Jahre 1852 veröffentlichte Björling eine französische Übersetzung des zweiten Teils seines Essay von 1846 über Konvergenztests. Ein anderer Artikel Björlings, auch zu diesem Thema, erschien zum Ende des Jahres 1852 in Liouvilles Zeitschrift, in dem sich zwei Fußnoten finden, welche gewisse Restriktionen an Cauchys Summentheorem vorgeben. Grattan-Guinness vermutet, Cauchy habe diese Zeitschrift schon allein aus Routine gelesen. Am 14. März 1853, nur kurze Zeit später, präsentierte Cauchy sein überarbeitetes Theorem. Die Vermutung des Autors ist also, Cauchy habe sich für seine Modifikation an dem Theorem durch die Einsicht in Björlings Arbeiten (mehr als) inspirieren lassen (vgl. Grattan-Guinness 1986, 231 ff.). Dagegen gibt er nicht an, dass Cauchy ausdrücklich eine Abhandlung der beiden Mathematiker Briot und Bouquet aus dem Jahre 1853 als Inspirationsquelle angibt. U. Bottazzini postuliert hierzu, ohne das Manusskript gekannt zu haben, dass Cauchy durch die dort zu findenden Anregungen sein Summentheorem revidieren konnte (siehe Kapitel 2): „In fact, Cauchy was quick to recognize the connections between Bouquet's and Briot's remarks and his old theorem [...] and three weeks later, on March 14, 1853 he presented a *Note* on this to the Academy" (1992, 93).

### *5.5.2 Das Phänomen der Gleichzeitigkeit*

Wir haben drei Beiträge zur gleichmäßigen Konvergenz und zum Thema des Summentheorems kennengelernt, welche alle im Zeitraum 1846/47 publiziert wurden. Hieran schließt sich direkt die Frage an, wie weit eine Verbindung zwischen den beteiligten Autoren bestand. Stokes' und Seidels Arbeiten weisen in thematischer Hinsicht die größten Ähnlichkeiten auf, führen sie doch beide eine Form der langsamen Konvergenz ein. Trotzdem lässt sich bisher nicht der Nachweis einer Beziehung erbringen. Es ist unklar, ob Stokes Seidel gelesen hat. Für den umgekehrten Fall gilt dasselbe, wobei Seidel durch seine Veröffentlichung in dem Journal der Königlich-Bayerischen Akademie der Wissenschaften einen größeren Leserkreis erreichte. Eine Verbindung mit Björling, der als einziger der drei keinen deutlich deklarierten, neuen Konvergenzbegriff einführt, ist ebenso bisher nicht nachweisbar gewesen (siehe die Abel Oeuvres, 1839).

Einen aufschlussreichen Einblick in den Kenntnisstand der mathematischen *community* über die begrifflichen Arbeiten zum Cauchyschen Summentheorem ermöglicht das *Lehrbuch der algebraischen Analysis* (1860) von Moritz Abraham Stern (1807-1894), Mathematik-Professor an der Universität Göttingen und vorzüglicher Kenner der zeitgenössischen Lehrbuch-Literatur. Stern zeigt sich hier als die seltene Ausnahme, der die Defizite des Cauchyschen Summentheorems erörtert. Stern verstand sein eigenes Werk als eine kritische Fortführung der Intentionen Cauchys: Dessen *cours* habe nicht die angestrebte Strenge erreicht, da es „in ihren wesentlichsten Theilen auf einem Satze [beruht], dessen Unrichtigkeit (wenigstens in der Allgemeinheit in welcher ihn Cauchy ausspricht) längst anerkannt ist", nämlich auf dem Summentheorem (Stern 1860, iv). Stern kritisierte die neueren deutschen Analysis-Lehrbücher für ihren Umgang mit dieser strittigen Proposition:

> „Man hat nemlich in den bekannteren Werken über Analysis, welche nach dieser Zeit in Deutschland erschienen sind, statt zu untersuchen, ob nicht der erwähnte Cauchy'sche Satz unter gewissen Beschränkungen beibehalten werden kann, denselben vielmehr ganz entfernt, im Uebrigen aber Cauchy's Darstellung unverändert beibehalten. Man scheint also diesen Satz als eine blosse Verzierung angesehen zu haben, die man ohne Gefährdung des analytischen Baues auch wegnehmen könne, und hat nicht bemerkt, dass es sich um eine Grundmauer handelte, die man nicht entfernen konnte, ohne den grössten Theil des Gebäudes in die Luft zu stellen" (ibid., iv-v; vgl. Schubring 2005, 427).

So ist dieser Satz ein wichtiger Teil des Beweises des binomischen Theorems, der durch eine Entfernung des Summentheorems unvollständig bliebe. Stern bildet also einen charakteristischen Beleg dafür, dass einerseits nur wenige mathematische Lehrbuchautoren sich der Herausforderung durch das Cauchy'sche Theorem gestellt hatten, und dass andererseits die Beiträge von Björling, Seidel und Stokes jedenfalls um 1860 noch nicht allgemeiner bekannt geworden waren.[164] Neben der ausbleibenden Rezeption des doch seltenen Phänomens, dass praktisch gleichzeitig aber wesentlich unabhängig voneinander in vier Ländern an dem begrifflichen Problem gearbeitet worden war (Deutschland, England, Frankreich, Schweden), ist ebenso bemerkenswert, dass keiner der beteiligten Mathematiker - weder Seidel, noch Stokes, noch Björling und, meines Wissens, auch Cauchy nicht - an dem begrifflichen Problem weiter gearbeitet hat. Sollten die Mathematiker sich mit den bisherigen, nur partiellen Antworten zufrieden geben und gewissermaßen ein Stillstand eintreten?

Auch finden wir für diesen Zeitraum keine Rezeption dieser Beiträge bei K. Weierstraß, dessen eigene Forschungen (von dem „Phänomen der Gleichzeitigkeit" scheinbar unberührt) einen weiteren Entwicklungszweig der gleichmäßigen Konvergenz eröffnen (s. Kapitel 6). Die Präzisierung der Konvergenzbegriffe stellte sich für Weierstraß und dessen Schwerpunktsetzung auf die Entwickelbarkeit in Reihen für seinen Begriff der analytischen Funktion als dringendes Problem.

[164] Die Analyse hat gezeigt, dass Stern in seinem Lehrbuch nicht über den Mängel anderer Werke hinausgeht und das Thema des Summentheorems selbst ausspart.

# 6 Die Begriffsentwicklung der gleichmäßigen Konvergenz in Weierstraß' Vorlesungen

## 6.1 Einleitung

Weierstraß' Publikationen und seine Arbeit an den Vorlesungen bilden zusammen einen eigenständigen Entwicklungszweig der gleichmäßigen Konvergenz. Er lässt sich von den anderen Entwicklungsphasen und –stationen, wie denen von Stokes-Seidel (1847), Björling (1847) und Cauchy (1821, 1853) in der Weise abtrennen, dass ich keine Verbindungen nachweisen konnte.

Weierstraß besuchte zwischen 1839 und 1840 die Universität Münster, an der zu dieser Zeit Christoph Gudermann (1798–1852) lehrte. Vom ihm stammt das monumentale Werk über die *Theorie der Modular-Functionen* (1838 im Crelle-Journal publiziert, erneut veröffentlicht in den Jahren 1843 und 1844). Modular-Funktionen, heute auch Jacobische elliptische Funktionen genannt, sind doppelt-periodische meromorphe Funktionen die neben dem Argument $x$ von einer weiteren Veränderlichen, dem Modul $k$, das sich zwischen Null und Eins bewegt, abhängt. Bei Moduln nahe der Null ähnelt die Modular-Funktion einer zyklischen Funktion, für Werte nahe bei Eins einer hyperbolischen (wie sinh bzw. cosh). Gudermann schreibt im Vorwort:

> „Hiernach sind also die Modular-Functionen ein großes Geschlecht periodischer Functionen, welches unendlich viele Arten begreift, und zu welchen auch die gemeinen cyklischen und hyperbolischen Functionen selbst, als einfache, und zugleich als Grenzformen gehören" (Gudermann 1844, IV).

Das mathematische „Handwerkszeug" Gudermanns umfasst die Behandlung unendlicher Reihen und deren Konvergenzverhalten, das hinsichtlich der Konvergenzgeschwindigkeit betrachtet wird. Gudermann benutzt hier den neuen Begriff der „raschen Konvergenz".

### *6.1.1 Die Konvergenzbegriffe in Gudermanns Arbeit*

Gudermanns Werk ist stark ergebnisorientiert verfasst und führt viele der verwendeten Begriffe (wie u. a. „groß" und „grösser konvergent") nicht ein. Dazu zählt auch die Redeweise „rasch convergent": „Die Convergenz dieser Formel für el'u ist desto größer, je grösser der Modul $k'$ von el'u ist" (ibid., 172).[165] Diese eher seltene Formulierung („große Convergenz") ist eine weitere Umschreibung für dieselbe Konvergenzeigenschaft, die Gudermann sonst mit rasch (oder am raschesten, ibid., 382, 558) bezeichnen würde: Der Ausdruck „rasch", genauso wie „gross" soll eine erhöhte Konvergenzgeschwindigkeit bezeichnen. Im Gegensatz dazu verwendet er Worte wie „langsam", „gering" oder „schwach" (wie z. B. auf S. 196, 290) als

---

[165] Die Formel lautet: $el'u = \left(1 - \frac{E}{K}\right)u + \nabla \sin\psi - \delta_1 - \delta_2 - \delta_3 - \delta_4 - \delta_5 - etc.$ Hierbei werden die folgenden Größen „recurrirend" berechnet: $\delta_1 = \frac{k^2 tang\,\psi}{2\nabla\cos\psi}$, $\delta_2 = \frac{\nabla - \nabla_1}{2\nabla_1}\cdot\delta_1$, $\delta_3 = \frac{\nabla_1 - \nabla_2}{2\nabla_2}\cdot\delta_2$ und mit $dn\,u_r = \frac{\nabla_r}{m_r}$. (Gudermann 1844, 115). Die Abkürzung *tang* steht für den Tangens. Die Nabla-Symbole $\nabla, \nabla_1, \nabla_2, \ldots$ führt Gudermann für seine Zwecke auf S. 115 ff. ein, ihre heute typische Anwendung als Notation der Differentialoperatoren findet man hier nicht.

Synonyme für „weniger rasch" konvergente Objekte. Alle diese Klassifizierungen verlassen die sprachliche, und damit wenig strenge Ebene nicht. Eine Quantifizierung findet nicht statt; hierzu sollen die folgenden Auszüge, in denen er konvergente Reihen betrachtet, Beispiele liefern:

- „einen höheren Grad der Kleinheit erreichen sie also nicht [...]" (ibid., 196)
- „Da nun auch die übrigen Factoren der Glieder in jenen Reihen für sich convergirende Reihen bilden, so haben wir einen hohen Grad der Convergenz, wenn zumal der Modul $k$ nicht $> \sqrt{1/2}$ ist" (ibid., 192).
- „Aus den successiven Summen ... lassen sich hiernach beide Quadranten $K$ und $K'$ mit ungefähr gleichem Grade der Convergenz der Reihen berechnen Die Convergenz der Reihe von $K'$ ist noch etwas größer wegen der Coefficienten [...] ihrer Glieder" (ibid., 200).

Die hervorgehobenen Ausdrücke demonstrieren den nur grob beschreibenden Charakter dieser Formulierungen. Eine allgemeine, mathematische Regel, *was* rasche Konvergenz ist und *wie* „groß" oder „schwach" bestimmt und gemessen werden können, bleibt aus.

Folglich muss man annehmen, dass Gudermann nur eine intuitive Vorstellung von Konvergenzgeschwindigkeiten besaß. Erst Philipp Ludwig von Seidel (1821-1896) äußerte im Jahre 1847, zu einer Untersuchung der sog. unendlich langsamen Konvergenz, vorsichtig seine Idee zur Quantifizierung der Konvergenzgeschwindigkeit:

> „Der allgemeinere Fall wird hingegen der sein, dass er [der begangene Fehler] nur grösser bleibt als eine bestimmte Zahl $P$ oder jede darunter liegende. [...] Die Grösse $P$, oder besser irgend eine Function derselben, die mit wachsendem $P$ abnimmt, könnte man als eine Art Maass der Convergenz der Reihe betrachten, auf welche sie sich bezieht" (Seidel 1847, 44).

In dem Lehrbuch *Die Elemente der Differential- und Integralrechnung. Zur Einführung in das Studium* von Alex Harnack erscheinen die Begriffe „rasche" und „langsame Konvergenz" erneut (1881, 87):

> „Die Convergenz der Reihe [d. h. $1 - \frac{1}{3} + \frac{1}{5} - \frac{1}{7} \pm \cdots = \frac{\pi}{4}$] ist ein sehr langsame, d. h. man muss viele Glieder summiren, um einen einigermassen angenäherten Werth zu erhalten*); für die Berechnung von $\pi$ kann man stärker convergirende Reihen bilden."

Diese Erklärung, ebenso wie die anschließende, dass dieselben Reihe eine rasch konvergierende zur Bestimmung von $\pi$ liefert, zeigt die weitere Verbreitung und Verwendung dieser Formulierungen. Kommen wir wieder zu Gudermann und zu dem neu auftretenden Ausdruck „im hohen Grad".

Die Analyse seines Textes lässt keinen Unterschied zwischen dem Begriff „rasch konvergent" und „konvergent im hohen Grade" erkennen. Das bedeutet insbesondere, dass Reihen u. ä., die „im gleichen Grad" konvergent sind, eben gleich schnell konvergieren – und zwar punktweise. Diese Annahme führt also dazu, Gudermanns Konvergenz „in hohem Grade" mit dem der Gleichmäßigkeit als unverbunden zu betrachten und ihn letztendlich der gewöhnlichen Konvergenz zuzurechnen. Diese Schlussfolgerung lässt sich jedoch nicht notwendig auf die Formulierung „im gleichen Grade" ausweiten, denn es gibt eine besonders interessante Passage in der Arbeit von (Gudermann 1844), auf die erstmals Reinhard Bölling (1994) hingewiesen hat (Hervorhebung: K.V.):

> „Es ist ein bemerkenswerther Umstand, daß sowohl die unendlichen Producte im §58 als auch die soeben gefundenen Reihen einen im Ganzen gleichen Grad der Convergenz haben, welcher [...] lediglich von der Größe des Moduls k oder k′ abhängt" (Gudermann 1844, 119 f.).

Böllings Beurteilung nach habe Gudermann die *Bedeutung* der Eigenschaft „Im Ganzen gleichen Grade" nicht erkannt.

> „Gudermann zieht, wie es scheint, keinerlei Folgerungen daraus, geschweige denn nimmt er auch nur ansatzweise etwas von der Bedeutung dieses Konvergenzverhaltens wahr. Ihn interessieren Eigenschaften spezieller unendlicher Reihen insoweit, als sie für Berechnungen von Nutzen sind, insbesondere sind seine Bemühungen darauf gerichtet, rasch konvergierende Reihen zu erhalten" (Bölling 1994, 60).

Gudermann gibt in seiner gesamten Arbeit keine Definition dieser Eigenschaft und es ist unklar, wie Bölling die Existenz dieses Begriffes zu diesem Zeitpunkt nachweisen will. Bis dato wurde eine Formulierung wie „im Ganzen gleicher Grad der Convergenz" nicht mathematisch definiert!

> „Es ist nun gerade das Verdienst von Weierstraß, die grundlegende Bedeutung der ‚Konvergenz im gleichen Grade' in seiner Allgemeinheit erfaßt zu haben. Spätestens 1841, also noch als Lehramtskandidat in Münster, ist dieser Schritt von Weierstraß vollzogen worden" (ibid.).

Die Festlegung auf das Jahr 1841 ist rein spekulativ und nicht belegt. Das älteste von mir untersuchte Skript, eine Mitschrift der am Gewerbeinstitut gehaltenen Vorlesung über Differential- und Integralrechnung (1859) von G. Schmidt, diskutiert keine gleichmäßige Konvergenz. Die früheste Datierung einer Einführung im Lehrbetrieb läßt sich für das Jahr 1861 treffen; in einer Überlieferung der Veranstaltung über Differentialrechnung (1861, H. A. Schwarz) konnte ich belegen, dass Weierstraß hier den Konvergenzbegriff „im gleichen Grad" unterrichtete (s. Abschnitt 6.4).

#### *6.1.1.1 Ludwig Wilhelm Thomé (1841-1910)*

Ein weiterer, zeitnaher Beweis für die Anwendung lässt sich über einen seiner Schüler, den Mathematiker Ludwig W. Thomé, führen. Er studierte zunächst in Bonn und München, wechselte aber zum Sommersemster 1863 nach Berlin. Über ihn und seine Lehrer an der Berliner Universität schreibt Biermann (1988):

> „Er hörte bei Kummer, Weierstraß und Hoppe und war zwei Semester Teilnehmer des Mathematischen Seminars. Er hat in Kummer und Weierstraß seine eigentlichen Lehrer verehrt, und Weierstraß insbesondere hat immer viel von Thomé, der bei ihm 1865 promoviert hatte, gehalten" (ibid., 129)

Sicherlich sind solche Worte des Lehrers eine besondere Auszeichnung des Schülers Thomé und sie unterstreichen die Qualität seiner Begriffsrezeption. Weiterhin lehrte er als Privatdozent in Berlin seit 1869 und wurde fünf Jahre später als ordentlicher Professor nach Greifswald berufen. In seiner Arbeit *Über Kettenbruchentwicklung der Gausschen Function* $F(\alpha, 1, y, x)$ (1866) rezipiert er einen Satz von Weierstraß über lineare Differentialgleichungen, „welchen ich den Vorlesungen des Herrn *Weierstrass* verdanke". Zusätzlich betont er, dass sein Interesse am Thema dieser Publikation durch „Anregung von Herrn *Weierstrass*" geweckt wurden (S. 322, 324). Die Betrachtung gewisser Potenzreihen führt ihn schließlich zu spezielleren Konvergenzformen wie der unbedingten und der im gleichen Grade:

„Die Potenzreihe

$$g(1+z)\sum_{\varrho}^{\infty} a_1 a_2 \dots a_r (4z)^r$$

convergiert aber nach dem vorigen Paragraphen innerhalb des Kreises mit dem Radius 1 unbedingt (d. h. die Reihe der Moduln convergirt). [...]
Daraus ersieht man, dass auch die Reihe

$$\sum_{\varrho}^{\infty} \frac{a_1 a_2 \dots a_r (4z)^r (1+z)}{\Phi_r(z)\Phi_{r+1}(z)}$$

so wie ihre abgeleiteten in dem betrachteten Theile des Kreises unbedingt convergiren. Und zwar convergirt jede einzelne dieser Reihen in dem angenommenen Bereiche im gleichen Grade, d. h. die Summe der späteren Glieder wird dort überall gleichzeitig unendlich klein. Differentiirt man aber eine in einem stetigen Bereiche in gleichem Grade convergirende Reihe in den einzelnen Gliedern, so ist, wenn man dadurch eine ebenso convergirende Reihe erhält, bekanntlich letztere die Ableitung der durch die erstere ausgedrückten stetigen Function nach dem Satze über die bestimmte Integration einer in gleichem Grade convergenten Reihe durch Integration der Glieder. Damit ist für die ursprüngliche Reihe

$$1+\sum_{1}^{\infty} \frac{a_1 a_2 \dots a_r x^r}{N_r N_{r+1}}$$

bewiesen, dass sie und die durch Differentiation ihrer Glieder abgeleiteten Reihen in einem endlichen Theile des Gebietes, welches ausserhalb der Strecke $x = +1 \dots +\infty$ liegt, unbedingt und in gleichem Grade convergiren von jenem Gliede an, wo die Nenner $N$ in dem betrachteten Bereiche nicht mehr verschwinden. Die durch Differentiation abgeleiteten Reihen sind dann die Ableitungen der durch die ursprüngliche Reihe dargestellten Function" (Thomé 1866, 334).

Er gibt eine kurze Erklärung zum Thema unbedingte Konvergenz und erklärt ebenso, dass eine Reihe in einem Bereich im gleichen Grade konvergiert, wenn „die Summe der späteren Glieder dort überall gleichzeitig unendlich klein [ist]". Thomé gibt in seinen Ausführungen auch einen Einblick in den Stand der Anwendungen, der ebenso den Forschungsstand seines großen Lehrers wiederspiegelt: Eine formal abgeleitete, gleichmäßig konvergente Reihe liefert die Ableitung der Ausgangsreihe, sowie der Satz über „die bestimmte Integration einer in gleichem Grade convergenten Reihe".

Thomés Beitrag zeigt als eine wichtige Rezeptionsquelle, dass der Begriff der Konvergenz im gleichen Grade bereits 1866 aufgenommen und ohne die Gudermann'sche Bedeutung als gleichmäßige Konvergenz außerhalb der ersten Berliner Vorlesungen verwendet wurde.

#### *6.1.1.2 Reinhold Hoppe (1816-1900)*

Hoppe studierte ab 1838 an den Universitäten in Kiel, Greifswald und zuletzt in Berlin. Nach dem Ende seines Studium 1842 wandte er sich der Lehrtätigkeit zu, die ihn allerdings nicht zufrieden stellte, so dass er während einer Anstellung an einem Berliner Gymnasium 1850 seine Promotion an der Universität Halle abschloss. Drei Jahre später folgte seine Habilitation als Privatdozent an der Berliner Universität, an der er bis zu seinem Tode angestellt blieb.

Sein Lehrbuch (1865) mit dem erwartungsvollen Titelzusatz *einer strenge Begründung der Infinitesimalrechnung* wird im Folgenden als Beispiel einer Hochschul-Analysis fungieren, die noch ohne die weitreichenden Einflüsse Weierstraß' entstand. Die mathematische Strenge Hoppes wird insbesondere an der Einführung des Konvergenzbegriffes gemessen, die er an den Anfang seines Abschnittes über unendliche Reihen stellt und für eine Summe der Form

$$s_\omega = \sum_{k=m}^{k=\omega} u_k$$

die folgende rein verbale und wenig strenge Definition gibt: „Eine Reihensumme, welche für eine unendlich grosse obere Grenze einen Grenzwert hat, heisst convergent, jede andere divergent" (Hoppe 1865, 172). Auf weitere Details zur gewöhnlichen Konvergenz verzichtet Hoppe vollends, so dass das Fehlen von Ansätzen der gleichmäßigen Konvergenz nicht mehr überraschend ist. Stattdessen stellt er zwei weitere, begrifflich interessante Formulierungen auf, von denen die erste eine Variante der Konvergenz der Moduln beschreibt, wie sie bei Cauchy zu finden ist. Hoppe nennt seinen Vorläufer einer absoluten Konvergenz eigentümlich die

> „Convergenz unabhängig von den Vorzeichen der Glider. Die convergenten Reihen lassen sich einteilen in solche, die unabhängig von den Vorzeichen der Glider convergiren, die also nicht aufhören zu convergiren, wenn man die Vorzeichen beliebiger Glider wechselt; und in solche, die nur für bestimmte Vorzeichen convergiren. Das Kennzeichen der erstern ist, dass die Reihe der absoluten Werte der Glider convergirt" (ibid., 174).

Die zweite Unterscheidung greift eine Formulierung von Gudermann auf, der in seiner Abhandlung von 1844 die Konvergenz „im gleichen Grade" verwendete. Hieraus nimmt die folgende Begriffserklärung von Hoppe Bezug: Dazu nimmt er zwei Reihen $\sum u_k$ und $\sum v_k$ zur Hand. Je nachdem, ob der Quotient $\frac{v_k}{u_k}$ endlich ist, wird gesagt:

> „Beide Reihen convergiren oder divergiren demnach gleichzeitig [Anm.: das ist der Fall, wenn es für ein ausreichend großes $k$ eine Konstante $c$ gibt, so dass der Quotient kleiner als $c$ ist], und man kann sagen: ihr Convergenz oder Divergenz ist von gleichem Grade; oder: sie convergiren oder divergiren gleich stark" (ibid., 174 f.).

Möglicherweise kannte Hoppe die Arbeit über Modularfunktionen und reichte hiermit eine Einführung des in (Gudermann 1844) undefiniert gebliebenen Begriffs nach. Dies wäre als Rezeption von Gudermann ein weiterer Hinweis darauf, dass die Behauptung aus (Bölling 1994), er habe durch die Formulierung des *im Ganzen gleichen Grad der Convergenz* die gleichmäßige Konvergenz *unwissentlich* angewendet, nicht gehalten werden kann.

Das im Titel und Vorwort angekündigte Vorhaben einer strengen Begründung der Analysis wird von Hoppe nicht erfüllt. Zu dieser Beurteilung führt nicht etwa die Perspektivenübernahme der modernen Mathematik, sondern die Mehrzahl der zeitnah publizierten Beiträge zur Analysis. Hoppe entwickelte, ohne ein großes Vorbild wie Weierstraß an der Hand zu haben, einen eigenen, verbal-geprägten Stil. Die neueren Entwicklungen im Bereich der Konvergenz sowie die weiteren Forschungen (s. Kapitel 5) werden von Hoppe nicht beachtet.

### *6.1.2 Die Rolle von Karl Weierstraß*

Weierstraß wurde am 22.05.1839 in Münster immatrikuliert und studierte dort fortan bei Gudermann, an dessen Vorlesungen über *Analytische Sphärik* und *Theorie der Modular-Funktionen* er teilnahm.[166] Sein Lehrer erkannte das große Talent und schrieb als Gutachter seiner Lehrerprüfung, „daß günstige Umstände es dereinst ihm gestatten möchten, als akademischer Dozent zu fungieren" (zit. nach Schubring 1989, 22). Zu den eingeforderten Prüfungsleistungen zählte eine schriftliche Ausarbeitung, die Weierstraß unter dem Titel *Über die Entwicklung der Modularfunktionen* (1840) einreichte und später in seinen *mathematischen Werken* publiziert wurde. Das Werk soll als Weiterführung eines Ansatzes von Niels Henrik Abel (1802-1829) gelten, der bemerkte, dass die Modular-Funktion *sn* als Quotient zweier konvergenter Reihen dargestellt werden kann. Weierstraß betrachtet hier explizit die Entwicklung dieser Reihen. An Konvergenzbegriffen finden wir nur gewöhnliche (punktweise) und *beständige Konvergenz* (d. h. überall punktweise, siehe Weierstraß 1840, 27, 32, 34, 47). Unbedingte (hier auch absolute), sowie gleichmäßige Konvergenz taucht nicht auf.[167] In der auf das Folgejahr datierten Abhandlung *Zur Theorie der Potenzreihen* (1841) hat man bereits eine weit entwickelte Reihenlehre vor sich, wie sie auch heute noch in der Funktionentheorie gelehrt wird. Hier untersucht er Potenzreihen $F(x) = \sum_\nu A_\nu x^\nu$ und mehrdimensionale Reihen wie $F(x_1, x_2, \dots x_n) = \sum_{(\nu)} A_{\nu_1,\nu_2,\dots,\nu_n} x_1^{\nu_1}, x_2^{\nu_2}, \dots x_n^{\nu_n}$ auf ihr Konvergenzverhalten. Gleichmäßige Konvergenz wird hier in selbstverständlicher Weise und ohne Einführung direkt verwendet. Die erste Anwendung für den eindimensionalen Fall beginnt in der folgenden Weise und dokumentiert den Stand der gleichmäßigen Konvergenz als einem akzeptierten und mathematisch-konformen Begriff:

> „Da die betrachtete Potenzreihe [gemeint ist $\sum_{\nu=-\infty}^{\nu=+\infty} A_\nu x^\nu$] für alle, der Bedingung $|x| = r$ entsprechenden Werthe von $x$ gleichmässig convergirt, so lassen sich nach Annahme einer beliebigen positiven Grösse $\delta$ zwei positive ganze Zahlen $n,\ n'$ so bestimmen, dass
>
> $$\sum_{\nu=-\infty}^{\nu=-n'+1} A_\nu x^\nu, \qquad \sum_{\nu=n+1}^{\nu=+\infty} A_\nu x^\nu$$
>
> ihrem absoluten Betrage nach kleiner sind als $\delta$, wenn $|x| = r$ ist" (Weierstraß 1841, 67).

Wir finden noch nicht einmal eine Hervorhebung in der zweiten Zeile des Zitats, die den Leser auf einen für ihn vielleicht neuartigen Terminus hingewiesen hätte. Der Text in seiner vorliegenden Form kann deshalb nicht auf das Jahr 1841 datiert werden, denn in dieser Zeit existierte der Begriff der gleichmäßigen Konvergenz in dieser Form noch nicht (allein der Gebrauch der Formulierung „gleichmässig" verweist auf das Jahre 1870/71). Weierstraß verwendet hier eine zweite Formulierung für gleichmäßige Konvergenz: So gilt für eine Reihe $\sum_{\mu=0}^{\infty} F_\mu(x_1, x_2, \dots x_n)$ über Funktionen mehrerer Veränderlichen, welche „unbedingt und

---

[166] Entgegen der weitverbreiteten Darstellung, Weierstraß habe nur zwei Vorlesungen bei Gudermann gehört, konnte G. Schubring nachweisen, dass es insgesamt vier Vorlesungen waren (Schubring 1989).

[167] Absolutbeträge werden verbal nur für Argumente von Funktionen und Reihen angewendet, beispielsweise: *convergent für Werthe, derren absoluter Betrag kleiner ist als [...]*

gleichförmig convergirt", dass sich jede der Funktionen $F_\mu$ in einem bestimmten Wertesystem in eine gewöhnliche Potenzreihe entwickeln lässt und diese Reihe in einer Umgebung ebenso „unbedingt und gleichförmig convergirt" (ibid., 73). Der Ausdruck „gleichförmig" findet sich aber in den Vorlesungen nicht vor 1880/81. Die verschiedenen Ausdrucksformen stellt auch Alfred Pringsheim in den *Grundlagen der allgemeinen Funktionenlehre* (1899) heraus:

> „Bei Weierstrass in zwei von 1841/42 (also vor Stokes und Seidel) datierten, aber damals nicht publizierten Aufsätzen, steht Werke 1, p.67, 70 'gleichmäßig', p.73, 81 'gleichförmig' konvergent" (Pringsheim 1899, 35).

Der erste Aufsatz *Zur Theorie der Potenzreihen* (1841) wurde von Weierstraß selbst im ersten Band (1894) seiner Sammlung *Mathematische Werke* veröffentlicht. Pringsheim setzt die ursprünglichen Datierung der Entstehung und den Begriffsstand der Arbeit nicht in Zusammenhang, die Abhandlung muss aber eine spätere Bearbeitung erfahren haben. Ich schlage deshalb eine Datierung dieser Revision von mindestens 1880 bzw. 1881 vor. Für den Zeitraum der vierziger Jahre, in denen Weierstraß bis in das Jahr 1856 als Gymnasiallehrer arbeitete, liegen keine weiteren Publikationen zum Konvergenzbegriff vor.

Bereits im Jahre 1855 – als Kummer, um Dirichlets Professur zu übernehmen, nach Berlin gegangen war, bewarb sich Weierstraß um die neu zu besetzende Stelle in Breslau. Das Gutachten von Dirichlet verhalf ihm zwar auf die Vorschlagsliste gesetzt zu werden, aber der Einspruch von Kummer, der beabsichtigte, Weierstraß langfristig in Berlin zu halten, erzielte den erhofften Zweck und die Breslauer Fakultät gab Joachimstal den Vorzug. Das wachsende Interesse Österreichs an Weiertrass machte man sich in Berlin zu Nutze, um Weierstraß an das dortige Gewerbeinstitut, an dem er im Jahre 1856 seinen Dienst antrat, berufen zu lassen. Weitere Anstrengungen Kummers, Weierstraß eine Professur zukommen zu lassen, scheiterten an dem Beschluss der Fakultät: Es reiche aus, dass Weierstraß als Mitglied der Berliner Akademie (seit dem 19.11.1856) Vorlesungen abhalten könne. Erst als das wachsende Interesse Österreichs den Verbleib Weierstraß' in Berlin bedrohte, stellte Kummer erneut einen Ernennungsantrag, diesmal ohne die Zustimmung der Berliner Fakultät (Biermann 1988, 83 f.).

Seine Vorlesungen am Institut ließen bereits den Stil seiner späteren Berliner-Zeit als ordentlicher Professor erahnen: „Er [Weierstraß] trug keine fertigen Theorien vor, sondern sprach über Gebiete, die er gerade zum Zeitpunkt der Lektionen selbst bearbeitete" (ibid., 90). In dieser Zeit las er am Institut, sowie einige Wochenstunden an der Berliner Universität – nicht zu vergessen, verbrachte er die restliche Zeit mit seinen Forschungen. Dieses Pensum brachte ihn an den Rand des physischen Zusammenbruchs, so dass er mit der Wiederaufnahme seiner Lehrtätigkeit zum Wintersemester 1862/63 fortan nur noch sitzend vortrug und man für seine Pflichtveranstaltungen am Gewerbeinstitut eine Vertretung einsetzte (ibid., 91).

Die Lehrdienst-Befreiung Weierstraß' und das erneute Drängen Dritter führten schließlich in der Fakultät im Jahre 1864 (obwohl man sich dort stets „gegen eine Vermehrung der Zahl der Ordinarien" aussprach) zu der Entscheidung, Weierstraß zum 2.7.1864 in den Stand eines ordentlichen Professors zu befördern (ibid., 102). Erst mit dem Beginn seiner Arbeit als Professor an der Berliner Universität begann die regelmäßige Verbreitung seiner Forschungsarbeit, die anfangs nur seinen Studenten, bald darauf durch die Anfertigung und Weitergabe von Abschriften auch anderen Mathematikern außerhalb von Berlin zugänglich gemacht wurde.

### *6.1.3 Das mathematische Seminar in Berlin*

Noch bis ins 19. Jahrhundert hinein befand sich die Mathematik als Fach an den deutschen Universitäten unter dem Dach der Philosophischen Fakultät, deren Studium als propädeutische Vorstufe für die berufsbezogenen Fächer der Theologie, Jura und Medizin fungierte. Sie sollte vor allem der allgemeinen Bildung dienen. Die Philosophische Fakultät veränderte dagegen in Preußen, ab den umfassenden Reformen von 1810, ihren Status als „untere Stufe" der übrigen zu dem einer gleichgestellten Einrichtung. Der Grund war die Einführung einer selbständigen Studienfunktion für ihre Fächer: Für die Ausbildung von Lehrern an den gleichfalls reformierten Gymnasien. Die Mathematik als Hauptfach am Gymnasium wurde so zugleich zu einem eigenständigen Studiengang innerhalb der Philosophischen Fakultät. Eine Vorreiterrolle nahm dabei die Universität Berlin ein (Schubring 1990, 265 f.).

Während in der ersten Hälfte des 19. Jahrhundert die Mathematik an den nichtpreußischen Universitäten keine vergleichbare selbständige Position einnahm, wurde an den preußischen Universitäten für die Fächer der Lehrerausbildung die zusätzliche Studienform des Seminars eingeführt, um die Studenten neben dem Hören der Vorlesungen in die aktive Form eigener Ausarbeitungen und Teilnahme an Diskussionen einzuführen.[168] Die Teilnehmerzahl war zunächst auf eine Auswahl der fähigen Studenten eingeschränkt; die besten unter ihnen erhielten eine Prämie (zumeist ausreichend für den Lebensunterhalt eines Semesters).

Aufgabe des leitenden Professors war, die Studenten zu eigenen Vorträgen anzuleiten und sie so mit den (neuen) Methoden vertraut zu machen. Der ursprüngliche Ablauf der Seminare – für die Mathematik erstmals von Jacobi in Königsberg eingeführt – entsprach also einem Oberseminar und bedeutete die Realisierung des Anspruchs eines forschenden Lernens. Die Beschränkung der Seminare auf den Kreis der fortgeschrittenen Studenten wurde nach und nach gelockert: „Als ab 1866 der Nachweis der Teilnahme an Seminarübungen als generelle Prüfungsvoraussetzung verlangt wurde, fiel allmählich die enge Begrenzung der Teilnehmerzahl an Seminaren" (ibid., 270). Die steigende Studentenzahl ab den sechziger Jahren des 19. Jahrhunderts forderte die Professoren zu einem größeren Maß an Betreuung, nicht zuletzt der Neulinge. Die erste Einführung von Seminarübungen für Anfänger-Studenten, als Proseminar zu bezeichnen, erfolgte an der Universität Breslau, im Jahre 1863. Diese Entwicklung beschleunigte auch den Ausbau der mathematischen Seminare (Schubring 2000, 280 f.). So wurden schließlich in der Zeit von 1860 bis 1870 in Preußen auch an den übrigen Universitäten mathematische Seminare eingeführt. Das 1864 in Berlin gegründete rein mathematische Seminar blieb jedoch noch bis Anfang des 20. Jahrhunderts auf fortgeschrittene Studenten beschränkt.

Demnach, so sollte man annehmen, erhalten wir auch durch die Themenstellungen in den Seminaren einen Einblick in die Forschungsrichtungen der jeweiligen Seminarleiter, und also auch des von Weierstraß und Kummer gemeinsam geleiteten Berliner Seminars. Leider sind die Jahresberichte der Berliner Seminarleiter an das Ministerium, im Gegensatz zu den aus-

[168] Solche Seminare wurden erstmals für das Studium der Philologie in der zweiten Hälfte des 18. Jahrhunderts an den sog. Modell-Universitäten Halle und Göttingen eingeführt (Schubring 2000, 270).

führlicheren Berichten der früher gegründeten Seminare, relativ kurz und geben weder die allgemeinen Seminarthemen, noch die Arbeiten der prämierten Studenten an. Im Nachlass von H. A. Schwarz konnte ich zwei bruchstückhaft erhaltene Aufzeichnungen unter der Überschrift „Notizen zur Herausgabe der Weierstraß-Werke" finden, die erste mit dem Titel *„Beitrag zur Theorie der analytischen Functionen, vorgetragen im mathematischen Seminar in Berlin von Herrn Prof. Weierstraß*". Das Datum, sowie der Autor dieser Notizen sind unbekannt. Der Text vermittelt den Eindruck eines Seminars, das für Anfänger und Neulinge in der Funktionentheorie ausgelegt war: Die ersten Seiten behandeln die Arithmetik der komplexen Größen, des weiteren werden Potenzreihen und unendliche Produkte diskutiert. Konvergenz ist kein Thema. Der zweite Fund aus unbekannter Feder umfasst eine Blattsammlung unter der Überschrift *„betr. Weierstraß, 1885"*. Sie enthält eine Reihe unverbundener Notizen und sind für diese Untersuchung nicht relevant. Seminararbeiten der Schüler von Weierstraß sind kaum überliefert (siehe unten) und die Auswertung der Vorlesungsverzeichnisse hat gezeigt, dass solche Veranstaltungen weiterhin nur privat mit seinen Studenten abgehalten wurden; in den Verzeichnissen des Zeitraums von 1864 bis 1884 gibt es keine Eintragungen zu mathematischen Seminaren, aber wir haben Kenntnis über die Abgabe einiger Arbeiten, wenn auch ohne Inhaltsangabe. So haben folgende Weierstraß-Studenten eine Prämie erhalten und demzufolge eine Seminarausarbeitung eingereicht: H. A. Schwarz (1862, 1864, 1865), L. Kiepert (1868 1870), Felix Klein (1869), W. Killing (1871), G. Hettner (1875), F. Rudio (1879) und A. Kneser (1883).[169] Es zeigt sich also, dass die meisten der prämierten Studenten auch solche sind, die Vorlesungsmitschriften ausgearbeitet haben – ein deutlicher Beleg für deren mathematische Qualität.

### *6.1.4 Forschungsschwerpunkt: Vorlesungsmitschriften*

Vor der Berufung Weierstraß' an die Universität Berlin existieren von ihm fast keine Forschungsarbeiten im Hinblick auf Konvergenz. Die Abhandlungen *Über die Entwicklung der Modularfunktionen* (1840), *Zur Theorie der Potenzreihen* (1841, jedoch stark nachbearbeitet) und sowie ein Artikel aus dem Jahre 1842 können nicht als Belege einer Begriffsbildung dienen. Aus der Periode seiner Arbeit am Gewerbeinstitut sind ebenso Mitschriften erhalten, von denen hier zwei herangezogen werden sollen. Sie nehmen in den Vorlesungsreihen keine zu den Universitätsvorlesungen gleichwertige Position ein, da sie nur bedingt den Forschungsstand seiner Mathematik repräsentieren; sie dienen vorrangig der praxisnahen Mathematikausbildung und behandeln die Theorie nicht mit derselben Tiefe. Zugleich besteht ihre Relevanz für die Begriffsentwicklung darin, zu zeigen, ob und wie Weierstraß neue Begriffe außerhalb des universitären Hörsaals (in diesem Fall an einer technischen Hochschule) einführte und anwendete.

Die Themenstellungen von Weierstraß zu seinen Seminaren sind nicht überliefert, aber einzelne Vorträge von Seminarteilnehmern sind erhalten.[170] Wir haben ebenso gesehen, dass der Inhalt der Berliner Seminare nicht überliefert worden ist. Zugleich hat Weierstraß in dieser Zeit seine Grundlagenkonzepte zur Analysis nicht publiziert, sondern in – stets revidierter, bearbeiteter Form – in seinen Vorlesungen vorgetragen. Es wurde daher zum charakteristi-

[169] Ich verdanke diese Informationen G. Schubring, basierend auf dessen Auswertungen der Ministerialakten über das Berliner Seminar.

[170] Sie lagern im Mittag-Leffler-Institut, Stockholm.

schen Topos, dass – wer diese Innovationen kennenlernen wollte – selbst nach Berlin kommen und an den Vorlesungen teilnehmen musste. „The results of Weierstrass's research were reflected in his oral presentations at the Prussian Academy of Sciences as well as in a few publications in journals and the courses of lectures delivered at the University of Berlin from 1864 through 1890" (Thiele 2008, 397).

Das wichtigste methodische Werkzeug dieser Analyse bilden daher die überlieferten Skripte der Vorlesungen zwischen 1864 und den frühen achtziger Jahren bis 1883. Die Ausarbeitung von Skripten war damals durchaus üblich; im Falle der Weierstraß-Vorlesungen war sie aber besonders wichtig. Exemplare der Mitschriften kursierten daher auch an anderen Universitäten. Für diesen Zeitraum der Weierstraß-Lehre, der auch gleichzeitig die produktivste Phase seiner mathematischen Forschung markiert, haben wir durch die Mitschriften seiner Schüler einen direkten und relativ *authentischen* Einblick in den jeweiligen Entwicklungsstand seiner Mathematik in den Abständen eines Semesters. Der Grad an Authentizität steht dabei in einem Spannungs-Verhältnis zur Interpretationsleistung des „Mitschreibers", aber nicht allein er ist für mögliche Verfälschungen des exakten Vorlesungsstoffes verantwortlich. Schon früh zeichnet sich die geschwächte gesundheitliche Verfassung Weierstraß' ab. Sie erforderte, dass er seit dem Jahre 1862 seine Lehrvorträge sitzend abhielt und ein Student sein Diktat an der Tafel festhielt. So können sich nicht nur bei der späteren Abschrift der Notizen, sondern auch schon während der Niederschrift in der Vorlesung selbst Abweichungen eingeschlichen haben. Unter diesen Gesichtspunkten ist es besonders wertvoll, mehr als eine Mitschrift derselben Veranstaltung vorliegen zu haben (wie im Fall der Sommersemester 1868 und 1878).

Die bisher zugänglich gemachten Vorlesungsmitschriften sind in unterschiedlicher Weise bekannt geworden. Einige befinden sich in Bibliotheken der mathematischen Institute von Universitäten, andere in Archiven und wieder andere in Privatbesitz. Die Mitschriften sind nicht immer namentlich gekennzeichnet; zumeist geben sie auch nur das Vorlesungsjahr an. Ein Mittel, um das konkrete Semester festzustellen, sind die sog. Exmatrikel, oder Studienzeugnisse, die die Studenten am Ende ihrer Einschreibungszeit erhielten und die für die Humboldt-Universität gut erhalten sind. Dort ist jede belegte Vorlesung dokumentiert und zumeist vom Dozenten der Vorlesung gegengezeichnet, wie auf dem Exemplar in Abbildung 14 zu sehen ist. Hieraus geht hervor, dass der Student Wilhelm Killing die Veranstaltungen

- Neuere synthetische Geometrie (Weierstraß),
- Theorie der Determinanten (Weierstraß) und
- Anwendung der Analysis des Unendlichen auf quadratische Formen (Kronecker)

besuchte.

Weierstraß' Lehre an der Berliner Universität wird von vier großen, in Zyklen wiederholten Veranstaltungen gekennzeichnet. Sie bilden den Kern seiner mathematischen Lehre und bergen den größten Teil seines mathematischen Werkes. Die folgende Liste stellt den Verlauf von zwei der insgesamt vier Veranstaltungsreihen dar und wurde mit Hilfe der archivierten Vorlesungsverzeichnisse der Berliner Universität aus dem Zeitraum 1865 bis 1883 angefertigt.

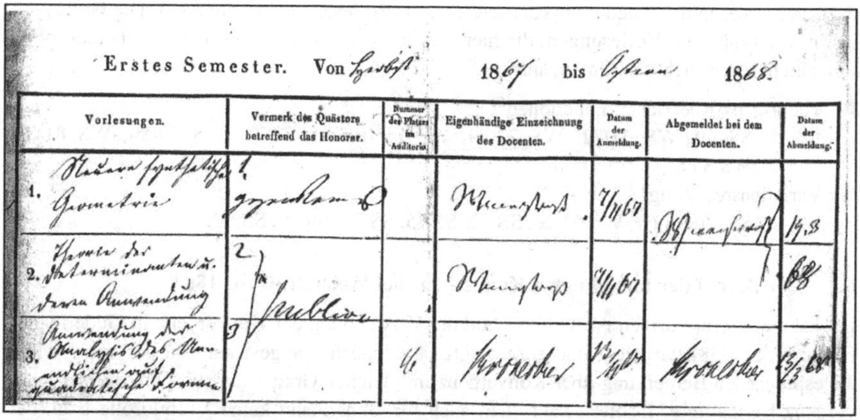

Erstes Semester. Von ... 18.. bis ... 18..

| Vorlesungen. | Vermerk des Quästors betreffend das Honorar. | Nummer des Platzes im Auditorio. | Eigenhändige Einzeichnung des Docenten. | Datum der Anmeldung. | Abgemeldet bei dem Docenten. | Datum der Abmeldung. |
|---|---|---|---|---|---|---|
| 1. | | | | | | |
| 2. | | | | | | |
| 3. | | | | | | |

**Abbildung 14:** Belegbogen des Studenten Wilhelm Killing aus dem WS 1867/68.

- Theorie der analytischen Functionen
  - (**WS 65/66**, **SS 68**, SS 70, SS 72, **SS 74**, SS 76, **SS 78**, SS 80, **WS 80/81**, **WS 82/83**).
- Theorie der elliptischen Functionen
  - (WS 66/67, **WS 68/69**, **WS 70/71**, WS 72/73, **WS 74/75**, WS 76/77, WS 78/79, SS 81, SS 83).

Diese beiden Veranstaltungsreihen bilden bei Weierstraß den thematischen Rahmen zur Einführung des „neuen Begriffs" der gleichmäßigen Konvergenz. Die Hervorhebungen in Fettschrift markieren vorhandene und von mir analysierte Mitschriften des jeweiligen Semesters.[171] In Anlehnung an diese Hauptveranstaltungen, richtete Weierstraß gelegentliche Sonderveranstaltungen in der Form einmaliger Vorlesungen zu speziellen Themen ein. In den Vorlesungsverzeichnissen konnte ich keine solchen Ergänzungsvorlesungen für die *analytischen Functionen* finden, umso mehr aber für die *Theorie der elliptischen Functionen:*

- Über Anwendungen der elliptischen Functionen auf geometrische und mechanische Aufgaben (SS 65, SS 67).
- Verschiedene Anwendungen der elliptischen Funktionen (SS 69).
- Ausgewählte, mit Hülfe der Theorie der elliptischen Functionen zu lösenden geometrischen und mechanischen Probleme (SS 71, SS 73, SS 75).
- Die Anwendung der elliptischen Functionen zur Lösung geometrischer und mechanischer Probleme, an ausgewählten Beispielen erläutert (SS 77).
- Die Anwendung der elliptischen Functionen zur Lösung ausgewählter geometrischer und mechanischer Probleme (SS 79)

Hier haben wir also im Ganzen sieben Veranstaltungen zu einem Thema. Dabei scheint es sich um eine eigene und kontinuierlich weiterentwickelte Vorlesung zu handeln. Hinweise

[171] Eine Übersicht der von mir studierten Mitschriften und Notizen findet man am Ende des Kapitels.

dazu liefert der immer wieder abgeänderte Titel in Vorlesungsverzeichnissen. Die beiden anderen turnusmäßigen Vorlesungen, die hier auf Grund ihres anders gelagerten Themenspektrums nicht berücksichtigt werden, sind:

- Theorie der Abel'schen Functionen[172]
  - SS 69, WS 71/72, WS 73/74, WS 75/76, WS 77/78, WS 79/80, WS 81/82, WS 83/84.
- Variationsrechnung
  - SS 65, SS 67, WS 69/70, SS 72, SS 75, SS 77, SS 79, SS 82.

## 6.2 Der Begriff der unbedingten Konvergenz bei Weierstraß vor 1864

Ich habe in einem vorigen Abschnitt schon die Verwendung der Konvergenz in Gudermanns Hauptwerk (1838) dargelegt und aufgezeigt, dass er sich – abgesehen von der von Bölling angesprochenen Bemerkung über Konvergenz im gleichen Grad – nur mit punktweiser Konvergenz beschäftigte. Insofern kann man auch für Gudermann keine Vorbildrolle bzgl. der unbedingten Konvergenz einräumen (eine Reihe heißt unbedingt konvergent, wenn jede Umordnung der Reihe konvergiert). Der Prüfungsaufsatz von Weierstraß über Modularfunktionen enthält keine unbedingte, sondern nur gewöhnliche bzw. beständige Konvergenz. In der deutlich aufgearbeiteten Abhandlung des Jahres 1841 über Potenzreihen findet man dagegen einen Satz von „besonderer Wichtigkeit" (Weierstraß), der die unbedingte Konvergenz zentralisiert einsetzt. Der Satz lautet:

> „Es seien unendlich viele gewöhnliche Potenzreihen in bestimmter Aufeinanderfolge gegeben:
>
> $$F_0(x_1, x_2, \dots x_\varrho),\ F_1(x_1, x_2, \dots x_\varrho),\ F_2(x_1, x_2, \dots x_\varrho), \dots,$$
>
> und es werde angenommen, dass in einer bestimmten Umgebung $G$ der Stelle (0,0, ... 0) nicht nur jede einzelne dieser Reihen, sondern auch deren Summe unbedingt und gleichmässig convergire. Bezeichnet mann die Coefficienten von $x_1^{\nu_1} x_2^{\nu_2} \dots x_\varrho^{\nu_\varrho}$ in $F_\mu(x_1, x_2, \dots x_\varrho)$ mit $A^{(\mu)}_{\nu_1,\nu_2,\dots\nu_\varrho}$ und setzt
>
> $$\sum_{(\mu)} A^{(\mu)}_{\nu_1,\nu_2,\dots\nu_\varrho} = A_{\nu_1,\nu_2,\dots\nu_\varrho},$$
>
> so lässt sich zeigen, dass $A_{\nu_1,\nu_2,\dots\nu_\varrho}$ einen endlichen Werth hat und für jedes der genannten Umgebung angehörige Werthsystem die Gleichung
>
> $$\sum_{\mu=0}^{\mu=\infty} F_\mu(x_1, x_2, \dots x_\varrho) = \sum_{(\nu)} A_{\nu_1,\nu_2,\dots\nu_\varrho} x_1^{\nu_1} x_2^{\nu_2} \dots x_\varrho^{\nu_\varrho}$$
>
> besteht" (Weierstraß 1841, 70 f.).

Unbedingte und gleichmäßige Konvergenz werden hier in einer selbstverständlichen Weise gleichzeitig in einem Theorem angewendet, welches die Entwickelbarkeit einer Reihe von Reihen liefert. Es gibt keine Einführung der unbedingten Konvergenz. In einem ähnlichen Satz (ibid., 73; die Summe von $\sum_{\mu=0}^{\mu=\infty} F_\mu(x_1, x_2, \dots x_\varrho)$ ist eine analytische Funktion) wird unbe-

[172] Weierstraß hielt begleitend insgesamt drei „Sonderveranstaltungen": *Theorie der Abelschen Transcendenten* (SS 66), *Ergänzungen zur Theorie der Abel'schen Functionen* (SS 76) und *Anwendung der Abel'schen Functionen zur Lösung ausgewählter geometrischer Probleme* (SS 78)

dingte und gleichförmige Konvergenz vorausgesetzt. Es bleibt aber festzuhalten, dass diese Veröffentlichung einer späteren Überarbeitung unterzogen wurde und keine Rückschlüsse auf das Jahr 1841 zulassen. Eine zeitnahe und wahrscheinlich unbearbeitete Veröffentlichung des Jahres 1843 (*Bemerkungen über die analytischen Facultäten*) aus dem Jahresbericht des Progymnasiums in Deutsch Crone[173] gibt keinen Aufschluss über die Anwendung der unbedingten Konvergenz. Obwohl Weierstraß selbst den ergebnisorientierten Stil[174] seiner Arbeit hervorhebt, findet man hier zwar Entwicklungen in unendliche Reihen und gewöhnliche Konvergenz (Weierstraß 1843, 89, 96, 100), unbedingte Konvergenz ist hier aber kein Thema.

Obwohl ich keine weiteren sicheren Zeugnisse über die Anwendung unbedingter Konvergenz in der vierziger Jahren finden konnte, existiert ein letzter Beleg vor dem Beginn der Berliner Vorlesungsperiode.[175] Der Mathematiker Johannes Knoblauch (1855-1915), der in Berlin studierte und dort im Jahre 1882 promovierte, wurde über seine Freundschaft zu Weierstraß mit der Herausgabe der *Mathematischen Werke* beauftragt. Im fünften Band (1915) stellt Knoblauch eine vierunddreißig Kapitel starke, rekonstruierte Vorlesung über elliptischen Funktionen aus verschiedenen Quellen vor. In Anwendungen für Produkt- und Reihenausdrücke findet man hier die folgenden Passagen:

- „Das unbedingt convergente unendliche Produkt[176] auf S. 120 , durch welches die $\sigma$-Function dargestellt wird, kann durch passende Anordnung der Factoren in ein solches von stärkerer Convergenz verwandelt werden" (Weierstraß 1915, 122).
- „Die Reihe $\mathfrak{R}$ [das ist $\sum_{n=0}^{\infty} c_n^2 k^{2n}$] convergirt um so stärker, je näher $k^2$ bei Null liegt" (ibid., 243).[177]

Der Begriff „starke Konvergenz" entspricht hier der raschen (oder weniger raschen, langsamen) Konvergenz, wie sie schon bei Gudermann (1843) auftauchte. Im Vorwort klärt J. Knoblauch über die verschiedenen Quellen der vorliegenden Mitschrift auf.

> „Der folgenden Darstellung der Theorie der elliptischen Functionen liegt für die Kapitel 1 bis 9, 12 und 13 ein Manusscript zu Grunde, das Weierstrass im Jahre 1863 Herrn F. Mertens dictirt hat. Für einige specielle Abschnitte der Anfangskapitel ist eine Ausarbeitung von Herrn Felix Müller aus dem Wintersemester 1864-65 zu Rathe gezogen worden. [...] Das übrige ist nach meiner Nachschrift einer von Weierstrass im Wintersemester 1874-75 gehaltenen Vorlesung ausgearbeitet worden, in wenigen Einzelheiten unter Heranziehung einer Ausarbeitung von Georg Hettner" (Weierstraß 1915, Vorwort v. J. Knoblauch).

Die Kapitel über die „Darstellung der $\sigma$-Function durch ein unendliches Product" (Nr. 12) und die „Umwandlung des unendlichen Productes für die $\sigma$-Function" (Nr. 13) sind also die

[173] Deutsch Crone ist eine polnische Kleinstadt und heißt heute Wałcz.

[174] „Es ist jedoch, da es mir zunächst nur darauf ankam, sichere Resultate festzustellen [...], der Gang der Entwicklung nicht immer derjenige, welcher bei einer systematischen Darstellung des Gegenstandes zu befolgen sein würde" (ibid., 103).

[175] Ebenso wenig in den Mitschriften des Gewerbeinstituts über Differential- und Integralrechnung der Jahre 1859 und 1861; Hier wird unbedingte Konvergenz nicht als Vorgängermodell der gleichmäßigen Konvergenz gebraucht.

[176] Damit ist $\sigma u = u \prod_w{}' \left\{ \left(1 - \frac{u}{w}\right) e^{\frac{u}{w} + \frac{1}{2}\frac{u^2}{w^2}} \right\}$ gemeint.

[177] Die Koeffizienten $c_n$ setzen sich wie folgt zusammen: $c_0 = 1, \frac{1.3...(2n-1)}{2.4...2n} = c_n$ (Weierstraß 1915, 242).

thematisch vielversprechendsten Abschnitte, in denen weitere Beispiele für den Gebrauch unbedingter Konvergenz gefunden werden können.

## 6.3 Unbedingte und absolute Konvergenz im Diktat an Mertens (1863)

Weierstraß stellt die folgende Umformung für ein unendliches Produkt an den Anfang:

$$\prod_{v=1}^{\infty}\left(1-\frac{u}{a_v}\right)=e^{\sum_{v=1}^{\infty}\log\left(1-\frac{u}{a_v}\right)}.$$

Die Nullstellen $a_v$ des Produkts sollen derart verteilt sein, dass in keiner endlichen Umgebung unendlich viele liegen.

> „Diese Voraussetzung […] soll für die folgende allgemeinere Untersuchung beibehalten, ausserdem aber angenommen werden, es existiere eine ganze positive Zahl $r$ von der Beschaffenheit, dass
>
> $$\sum_{n}\frac{1}{a_n^{\lambda}}$$
>
> für $\lambda \geq r$ absolut convergirt, dass mithin für solche Werthe von $\lambda$ die Reihe
>
> $$\sum_{n}\frac{1}{A_n^{\lambda}}$$
>
> convergent ist. Da es bei der Beurtheilung der Convergenz einer Reihe auf eine endliche Zahl von Anfangsgliedern niemals ankommt, so reicht es aus, die Summation über $n$ von $n=q$ an vorzunehmen" (Weierstraß 1915, 104 f.).

Dies ist erstmalig eine Formulierung von „absoluter Konvergenz" (Die Größen $A_n$ sind hierbei die Absolutbeträge der Nullstellen $a_n$). Desweiteren schreibt Weierstraß: „werde die absolute Konvergenz […] gefordert, so kann die Folge der Glieder beliebig vertauscht […] werden" (ibid., 105). Er folgert damit aus absoluter Konvergenz die unbedingte. Ein weiteres Beispiel liefert Weierstraß durch eine Umformung des obigen unendlichen Produkts, welches in der Folge die unbedingte Konvergenz erbt, da die Reihe im Exponenten absolut und „mithin auch unbedingt" konvergiert (siehe ibid., 107 f.; ein weiteres Vorkommen der absoluten Konvergenz auf Seite 116). Das Diktat an Mertens liegt in der Originalfassung und ohne Nachbearbeitung vor. Weierstraß war im Erscheinungsjahr dieses Bandes nicht mehr am Leben und der Herausgeber wird ohne Kommentierung keine Revision an dem Diktat vorgenommen und publiziert haben. Unbedingte und absolute Konvergenz werden von Weierstraß also schon seit 1863 verwendet.[178] Die erste große Anwendung ist der heute nach ihm benannte Weierstraß'sche Produktsatz.

## 6.4 Die Mitschriften von Schmidt und Schwarz aus der Zeit am Gewerbe-Institut

Der Entwicklungsstand der gleichmäßigen Konvergenz bei Weierstraß lässt sich für die Zeit vor seiner Ernennung zum Ordinarius nur sehr lückenhaft nachverfolgen. Die Phase, in der zeitgenössische Mathematiker nach Berlin reisten und den persönlichen Austausch mit der Leitfigur, die Weierstraß verkörperte, suchten, war noch nicht angebrochen. Für die Verbrei-

---

[178] In den Skripten und Notizen der Schüler Kiepert (1868), Killing (1868), Hettner (1874) sowie der Mitschrift der Elliptischen Funktionen (1870) wird der Begriff der unbedingten Konvergenz nicht verwendet.

tung und Vervielfachung von Mitschriften bedeutet dies, dass man einen weit geringeren Bestand an erhaltenen Abschriften vorfindet. Gleichzeitig las Weierstraß in seinen Vorlesungen am Gewerbe-Institut nicht den vollen Umfang seiner mathematischen Lehren, sondern beschränkte sich weitgehend auf die Grundlagen der Analysis, so wie sie für die Lernziele der dortigen Studenten angebracht waren. Über den Nachlass von Schwarz habe ich drei weitere Exemplare an Abschriften untersuchen können, von denen die ersten beiden in der Zeit des Gewerbe-Instituts entstanden:

- G. Schmidt, Vorlesung von Weierstraß: Differential- und Integralrechnung (1859).
- H. A. Schwarz, Differentialrechnung (SS 1861).
- Theiler, Differentialrechnung (1868, 1869).

Die letzte Mitschrift (1868, 1869) konnte ich keiner Weierstraß-Vorlesung zuordnen: Aus dem Vorlesungsverzeichnis geht hervor, dass nur eine Veranstaltung zu diesem Thema (Differential- und Integralrechnung) von Herrn Lazarus Immanuel Fuchs (1833-1902) gelesen wurde. Überhaupt las Weierstraß als Ordinarius an der Universität keine Differentialrechnung. Der praxisnahe Lehrstoff des Skripts lässt eine Verbindung zum Gewerbe-Institut zu und eröffnet die Frage nach einer Umdatierung des Skripts. Andernfalls kann man es nur noch dem Vortrag des Professor Fuchs zurechnen.

Die Mitschrift von G. Schmidt setzt den Fokus auf die Einführung der Methoden und Anwendungen der Integralrechnung (von rationalen Funktionen). Konvergenz ist kein Thema dieser Mitschrift. Die spätere von H. A. Schwarz, eine „kurzgefasste Ausarbeitung der Vorlesung …“ mit „Schwächen und Unvollkommenheiten behaftet“, so Schwarz im Vorwort, veranschaulicht trotz alle dem in welcher Weise er eine neue Begriffsdefinition in das Thema der Differentiation unendlicher Reihen aufnimmt:

> „Es kommt häufig vor, dass eine Funktion aus unendlich vielen anderen zusammengesetzt ist. Es kann sich eine Funktion z. B. als eine Summe oder ein Produkt von unendlich vielen Gliedern darstellen lassen. Es soll nun untersucht werden, wie sich eine solche durch eine unendliche Reihe dargestellte Funktion differentiiren lässt; denn der Schluss, dass die früher entwickelten Regeln ohne weiteres auch für eine Summe aus unendlich vielen Gliedern gelten, ist nicht strenge und häufig sogar unrichtig.“ (Weierstraß 1861, 64)

Auf diese Motivation folgend, wird die gleichmäßige Konvergenz als Kriterium für die Stetigkeit der Summe (im Summentheorem) eingesetzt:

> „Es sei nun eine Reihe gegeben, deren einzelne Glieder stetige Funktionen einer veränderlichen Grösse seien und es sei angenommen,
> $\varphi_0(x) + \varphi_1(x) + \varphi_2(x) + \varphi_3(x) + \cdots$ in infinitum
> dass dieselbe convergent sei für alle zwischen zwei gegebenen Grenzen liegende Werthe von $x$, so ist zunächst zu untersuchen, unter welchen Umständen diese Reihe eine continuirliche Funktion von $x$ darstellt. Eine Reihe $s = t_0 + t_1 + t_2 + t_3 + \cdots$ in inf. heisst überhaupt dann convergent, wenn sie so beschaffen ist, dass die Differenz der ganzen Reihc und der Summe der n ersten Glieder $s - s_n$ durch Vergrösserung von $n$ so klein gemacht werden kann, als man immer will, oder wenn die Summe von $r$ auf das $n$-te Glied folgenden Gliedern $t_n + t_{n+1} + t_{n+2} + t_{n+3} + \cdots + t_{n+r}$, wo $r$ eine ganz beliebige positive Zahl bedeutet, durch Vergrösserung von $n$ kleiner als jede nur angebbare Grösse gemacht werden kann, und zwar so, dass für alle Werthe $x$ dasselbe $n$ zu nehmen ist,

wobei die Eigenschaft auch erhalten bleibt, wenn statt $n$ $n+m$ gesetzt wird, wo $m$ beliebig [?][179] Zahl.
Der Sinn zeigt, dass diejenige Art der Convergenz gemeint ist, welche seither mit dem Namen „Convergenz in gleichen Grade" bezeichnet wird." (ibid.)

Der Charakter einer neu entdeckten Konvergenzform kommt hier zwar zur Geltung, aber Weierstraß hat hier sicherlich nicht zum ersten Mal eine Einführung gegeben, denn er schreibt, die Bezeichnung „im gleichen Grade" werde „seither" gebraucht. Um zu klären, wie weit sich dieser Begriff auch in den Vorträgen am königlichen Gewerbe-Institut zurückverfolgen lässt, kann derzeit nicht gesagt werden, hier müssen weitere Untersuchungen folgen. Das vorliegende Skript von 1861 zeigt aber, dass Weierstraß vor seiner Haupttätigkeit als Ordinarius den Begriff der gleichmäßigen Konvergenz lehrte.

## 6.5 Die Vorlesungen der Jahre 1865 bis 1870 an der Universität zu Berlin

Weierstraß führt erstmalig in den *Principien der Analytischen Functionen* des Wintersemesters 1865/66 in einer Mitschrift von Moritz Pasch (1843-1930) Gleichmäßigkeit als Konvergenz *im gleichen Grade* ein. Der Autor hat auf ein Inhaltsverzeichnis seiner Mitschrift verzichtet. Anhand der Absatzüberschriften kann man aber folgendes Verzeichnis erstellen, das den inneren Aufbau der Vorlesung überblickartig darstellt:

1. Einleitung (S. 2).
2. Von den rationalen Functionen (S. 6)
   a. *Von den reinen Gleichungen*
   b. *Über die Null- und unendlich großen werdenden Functionen.*[180]
3. Von den analytischen Functionen im Allgemeinen (S. 13).
   a. Convergenz von Reihen
   b. Potenzreihen
   c. Differentialkoeffizient und Ableitung
   d. Begriff der analytischen Function
   e. Über den vollständigen Konvergenzbereich einer Reihe
   f. Verhalten einer Funktion in einem nur nach Außen hin begrenzten Bereiche.
4. Eindeutig-analytische Functionen (S. 25)
   a. Eindeutige Functionen, welche in der ganzen Ebene sich wie rationale Functionen verhalten
   b. Von der Integration
   c. Logarithmus und Exponentialfunktion
   d. Allgemeines über die Darstellung der analytischen Functionen
   e. Darstellung von allgemeinen eindeutigen analytischen Functionen.
5. Kriterium und Logarithmusstücke einer analytischen Function (S. 32).

[179] Unleserliches Zeichen.
[180] Null werdende bzw. unendlich klein werdende Funktionen hat zuerst Enne Heeren Dirksen (1788–1850) so bezeichnet.

### 6.5.1 *Unbedingte und gleichmäßige Konvergenz*

Weierstraß stellt zuerst die Beziehung zwischen Produkt und Summe bzgl. unbedingter Konvergenz her: Konvergiert die Reihe $a_1, a_2, \ldots$ unbedingt, so auch das Produkt $(1 + a_1)(1 + a_2) \ldots$. Bei der Diskussion des Weierstraß'schen Produktsatzes[181] und der Folge der Nullstellen der Funktion $f$, die man für die Konstruktion des Weierstraß-Produktes heranzieht (ohne die Null selbst), muss dabei die Eigenschaft erfüllt sein, dass die Reihe $\sum \frac{1}{a^\lambda}$ unbedingt konvergiert, wobei $\lambda$ eine natürliche Zahl ist (Pasch 1865, 30 f.). Die absolute Konvergenz findet also in dem Weierstraß'schen Produktsatz, wie im Diktat an Mertens (1863), eine ihrer großen und wichtigen Anwendungen. Dagegen wird der Begriff jedoch nicht systematisch eingeführt.

Man findet den folgenden Satz aus der komplexen Analysis im Kapitel *Allgemeines über die Darstellung der analytischen Functionen*.

> „Wenn die negativen Potenzen [von $\sum_{r=-\infty}^{+\infty} c_r (x - x_0)^r$] fehlen, so ist $x_0$ kein singulärer Punkt; wenn sie in unendlicher Anzahl vorhanden sind, so hat $f(x)$ in der Umgebung von $x_0$ den Charakter einer rationalen Funktion; sonst ist $f(x)$ unbestimmt" (Pasch 1865, 28).

Dem Beweis dieser Aussage stellt Weierstraß den nächsten Hilfssatz voran, der – als Anwendung der gleichmäßigen Konvergenz – auch die Aussage des Cauchy'schen Summentheorems mit enthält:

> „Wenn für alle $x$ in einem continuirlichen Bereiche eine unendliche Reihe von stetigen Functionen $\varphi(x)$ convergirt und zwar $\sum \varphi(x)$ für alle diese $x$ den gleichen Grad der Convergenz hat (d. h. wenn sich bei gegebenem $\delta$ $\varphi_1(x), \varphi_2(x), \cdots, \varphi_n(x)$ so herausheben lassen, daß $(\sum \varphi(x) - \varphi_1(x) - \cdots - \varphi_n(x)) < \delta$ ist für alle diese $x$), so ist $\sum \varphi(x)$ für diesen Bereich eine stetige Function $f(x)$ und $\int_{x_1}^{x_2} f(x)\,dx = \sum \int_{x_1}^{x_2} \varphi(x)\,dx$" (ibid., 28 f.).[182]

Eine alternative Version des Summentheorems für analytische (statt nur stetige) Functionen folgt kurz darauf:

> „Wenn für alle Punkte eines Kreises mit Ausschluß von einzelnen eine unendliche Summe $\sum \varphi(x)$ von eindeutigen analytischen Functionen convergirt und denselben Grad der Convergenz behält, so daß $\sum \varphi(x) = f(x)$ eine analytische Function für dieselben Punkte ist, so hat man $\int_a^x f(u)\,du = \sum \int_a^x \varphi(u)\,du$, wo alle Integrationen auf demselben Wege innerhalb jedes Kreises auszuführen sind. (Versteht man unter $\varphi(x)$ mehrdeutige Functionen, so sind convergirende Werthe zu nehmen)" (ibid., 31).

Eine im gleichen Grade konvergente Reihe analytischer Funktionen ist wieder analytisch, darüber hinaus ist die Vertauschbarkeit von Summation und Integration erlaubt. Die Tragweite, die dem erstmals 1861 gelehrten Begriff der Gleichmäßigkeit in den darauffolgenden Vorlesungen zukommt, ist hier noch nicht erkennbar. Konvergenz *im gleichen Grade* wird eher

---

[181] Dieses Theorem liefert zu einer gegebenen Folge endlich vieler Werte in $\mathbb{C}$ eine holomorphe Funktion durch ein unendliches Produkt, das genau diese Werte als Nullstellen aufweist.

[182] In dieser Mitschrift (wie in einigen anderen) fehlen die Indizes an den Summenzeichen. Zusätzlich findet man Abwandlungen der heute festgelegten Summennotation. Beispielsweise wurde für die Schreibweise $\sum_{r=-\infty}^{+\infty} \cdots$ auch die Variante $\sum_{-\infty}^{+\infty} r \cdots$ verwendet (Pasch 1865, 28).

beiläufig eingefügt. Den formelmäßigen Ausdruck $(\sum \varphi(x) - \varphi_1(x) - \cdots - \varphi_n(x)) < \delta$ wird Weierstraß später erneut, aber in verbaler Form wiedergeben und erst 1878 durch Ausdrücke wie $|s - s_n| < \delta$ ersetzen. Die Betragsschreibweise als Hilfsmittel einer allgemeinen und streng formalen Definition der gleichmäßigen Konvergenz (auch für die komplexe Analysis) etabliert sich in seinen Vorlesungen erst gegen Ende der siebziger Jahre. Hier ist die Notation $(\sum \varphi(x) - \varphi_1(x) - \cdots - \varphi_n(x)) < \delta$ ohne Absolutbetrag ein Hinweis darauf, dass die Eigenschaft „im gleichen Grad konvergent" für reellwertige Funktionen vorgesehen ist – obwohl der ihr übergeordnete Hilfssatz im Rahmen der Funktionentheorie steht. Der „continuirliche Bereich" lässt sich aber trotzdem als Intervall auslegen. Der Mathematikhistoriker Pierre Dugac spricht von einer weiteren, die termweise Differentiation unendlicher Reihen betreffenden Anwendung (2003, 126). Der von Dugac angeführte Beweis stammt ursprünglich von Weierstraß selbst:

> „Weierstrass démontre ensuite le théorème sur la dérivation terme à terme dùne série infinie, preuve que nous allons présenter pour montrer la facon de procéder de Weierstrass, tout à fait exceptionnelle pour l'époque" (ibid., 126).

Es nicht nachprüfbar, inwieweit Dugac bei seiner Darstellung von Weierstraß abweicht, denn die herangezogenen Seiten sind in der Mitschrift von M. Pasch nicht enthalten. So soll sich Weierstraß am Ende des Beweises, der von der gleichmäßigen Konvergenz Gebrauch macht, auf einen Brief Abels an den norwegischen Mathematiker Bernt Holmboe (16.01.1826) als Quelle der Inspiration beziehen.

Aus dem Winter 1868/69 ist ein gut erhaltenes, 348 Seiten umfassendes Skript über elliptische Funktionen aus dem Nachlass von Schwarz überliefert. In den Anwendungen wird nur unbedingte Konvergenz verwendet. Der Inhalt der Mitschrift lässt sich anhand der Überschriften aus der Feder des Mitschreibers wie folgt gliedern:

1. Untersuchung über die Exponentialgröße (S. 11)
2. Begriff der geschlossenen Integration (S. 26)
3. Untersuchung der Werthe, die eine eindeutige Function annehmen kann. (S. 56)
4. Entwicklung von sin $x\pi$ (S. 69)
5. Eindeutige Funktionen (Titel gesetzt: K.V., S. 74)
6. Aufsuchung der doppelt periodischen Functionen (S. 89)
7. Entwicklung von Potenzen nach $n$ (S. 99)
8. Folgerungen aus dem Additionstheorem der Function $\vartheta$ n (S. 147)
9. Additionstheorem der Quotienten (S. 161)
10. Entwicklung der Θ-Functionen (S. 173)
11. Untersuchung der allgemeinen Θ-Functionen unabhängig von der Entwicklung der ϑ-Functionen (S. 189)
12. Theorie der elliptischen Integrale (S. 255)
13. Die elliptischen Integrale (S. 311)
14. Periodenbestimmung des Normalintegral dritter Gattung (S. 346)

Wie man anhand dieser Gliederung sieht, waren die thematischen Voraussetzungen für den Gebrauch der gleichmäßigen Konvergenz gegeben. Im Abschnitt über die Entwicklung der

Funktion $\sin x\pi$ findet man eine Restreihe in moderner Notationsweise, d. h. mit ausgewiesener Unter- und Obergrenze, wie man sie von Weierstraß für Umschreibung des Restes einer gleichmäßig konvergenten Reihe niemals angewendet findet:

$$\sum_{r=m+1}^{r=\infty} \frac{1}{(r-1)^2+\eta^2}.$$

Der Vorlesungsstoff befand sich in einem beständigen Überarbeitungs- und Änderungsprozess, der durch das Bestreben Weierstraß' nach einem in sich geschlossenen und vollkommenen Theoriegebäude vorangetrieben wurde: Eine Phase der thematischen Neuorientierung, in der er dem Begriff der gleichmäßigen Konvergenz keine explizite Diskussion im Lehrstoff einräumen wollte, könnte das Ausbleiben der Anwendung der gleichmäßigen Konvergenz in den Mitschriften der weiteren Vorlesungszyklen bis 1870 erklären. Eine Klärung kann hier nur durch weitere Forschungen an den Mitschriften stattfinden.

### 6.5.2 *Ein anonymes Skript über Elliptische Funktionen (1870)*

In der Vorlesung über elliptische Funktionen von 1870 – die im Nachlass von Schwarz ohne Angabe des Semesters zu finden war, aber von mir mit Hilfe des Vorlesungsverzeichnisses dem Wintersemester 1870/71 zugeordnet werden konnte – konnte ich das erste Mal nach 1865 in einer Mitschrift Konvergenz *im gleichen Grade* finden. Hier stellt Weierstraß die Rolle dieses Begriffs stärker heraus als noch in den *Principien* (1865).

> „Haben wir [...] das Integral einer unendlichen Summe, die wir mit $\sum \varphi(t)$ bezeichnen wollen, zu bilden, so können wir einen sehr allgemeinen Satz beweisen, der in den meisten Fällen der Anwendung ausreicht [gemeint ist eine Regel für die Vertauschung von Summation und Integration]. Die Bedingungen, unter denen man durch Integration eine convergente Reihe ableiten kann, sind noch nicht genau bekannt.[183]
> Wir verstehen zunächst unter $\varphi(t)$ nur reelle Functionen einer reellen Veränderlichen und müssen dabei jedenfalls annehmen, daß $\sum \varphi(t)$ convergirt für alle $t$, die wir betrachten. Dies [d. h. punktweise Konvergenz] reicht aber nicht aus, sondern die Reihe muss *in gleichem Grade* convergent sein;" (Nachlass Schwarz, Autor N. N., 1870, 126).

Wir finden eine erste Bestimmung der Eigenschaft der Gleichmäßigkeit im Zuge der folgenden Anwendung. Die Reihe der Integrale konvergiert, wenn die ursprüngliche Reihe in gleichem Grade konvergiert. In der darauffolgenden Definition findet man eine interessante Umschreibung der Gleichmäßigkeitseigenschaft:

> „Wir verstehen zunächst unter $\psi(t)$ nur reelle Functionen einer reellen Veränderlichen und müssen dabei jedenfalls annehmen, daß $\sum \varphi(t)$ convergirt für alle $t$, die wir betrachten. Dies reicht aber nicht aus, sondern die Reihe muß in gleichem Grade convergent sein, d. h. es muss möglich sein, eine bestimmte Zahl von Gliedern der Reihe so abzutrennen, daß die Summe der übrigen für alle betrachteten Werthe stets kleiner ist als $\delta$, oder anders ausgedrückt, die Summe derselben Glieder muß für alle betrachteten Werthe von $t$ denselben Grad von Genauigkeit haben. [...] Wenn aber

[183] Mit dieser Aussage übt Weierstraß in indirekter Weise Kritik an Cauchy, der den Satz über die Vertauschbarkeit von Summe und Integral ohne gleichmäßige Konvergenz aufstellt. Diese Aussage zählt zu Cauchys „falschen Sätzen", für die Bottazzini eine Auflistung gibt (s. 1992, LXXXV).

$\sum \varphi(t)$ für alle in Betracht kommenden Werthe von $t$ in gleichem Grade convergirt, so ist auch die Summe der Größen

$$\psi = \int_{\tau}^{\tau'} \varphi(t)dt,$$

deren Existenz wir voraussetzen, convergent, denn wir können zeigen, daß es möglich ist, eine endliche Zahl der Größen $\psi_1 \dots \psi_n$ so abzutrennen, daß die Summe beliebig vieler der übrigen $|\psi_{n+1} + \cdots + \psi_{n+m}| < \delta$ wird, wenn $\delta$ eine beliebig klein angenommene Größe bezeichnet" (Nachlass Schwarz, Autor N. N., 1870, 126-128).

Die Formulierung „derselbe Grad von Genauigkeit" ist ein Novum in der Serie der Mitschriften. Weierstraß spricht hier von den „betrachteten Werthen" und verzichtet auf die Angabe eines konkreteren Konvergenzbereichs. Dies ist typisch für seinen Vorlesungsstil: In dem angekündigten allgemeinen Satz finden wir zumindest eine Präzisierung der Konvergenz, und zwar *in der Umgebung eines Punktes*.

„Ist die unendliche Summe $\sum f(x)$ für alle Punkte *in der Umgebung eines gewissen Punktes* im gleichen Grad convergent, so läßt sich jede bestimmte Integration an den einzelnen Gliedern ausführen" (Nachlass Schwarz, Autor N. N., 1870, 130).

In einer anderen Anwendung geht Weierstraß zur komplexen Analysis über: Wann eine Reihe von rationalen Funktionen $\varphi(x)$ selbst wieder rational wird, ist an eine Bedingung wie die folgende geknüpft:

„Wenn es nun innerhalb dieser von der eben erwähnten Linie begrenzten Fläche nur eine endliche Anzahl von Functionen $\varphi(x)$ giebt, die für Punkte dieser Fläche unendlich groß werden, so ist $\sum \varphi(x)$ eine Function von rationalem Character, vorausgesetzt, daß in der Umgebung jedes Punktes $x_0$ die Bedingung der *gleichmäßigen Konvergenz* erfüllt ist" (Nachlass Schwarz, Autor N. N., 1870, 148).

Hier haben wir nun gleichmäßige Konvergenz (in der Umgebung eines Punktes in $\mathbb{C}$) als Anwendung, obwohl der Begriff *in gleichem Grade* in der Mitschrift nur innerhalb der reellen Analysis definiert wurde. Noch deutlicher wird die funktionentheoretische Anwendung, wenn Weierstraß konkrete Gebilde der Ebene verwendet. Hierfür wechselt er wieder zur Formulierung *im gleichen Grad* über.

„Beschreiben wir nun um den Nullpunkt einen Kreis mit endlichem Radius, so convergirt dieses $\sum \varphi(x)$ in der Umgebung aller Punkte $x_0$, ausgenommen die, für welche $\varphi(x)$ unendlich wird, in gleichem Grade, und es werden für Punkte innerhalb dieses Kreises nur eine endliche Anzahl dieser Größen $\varphi$ unendlich groß" (Nachlass Schwarz, Autor N. N., 1870, 149).

Hier zeichnet sich die Etablierung des Begriffs der „gleichmäßigen Konvergenz" in der Vorlesungsreihe und damit auch in der Praxis der Analysis ab. Als einzige Mitschrift finden sich hier beide der bisher kennengelernten Terminologien für Gleichmäßigkeit und Weierstraß wird sich in seinen weiteren Veranstaltungen über analytische und elliptische Funktionen weitgehend für die noch heute bekannte Formulierung entscheiden.

Der Wortlaut im gleichen Grade verschwindet nach den elliptischen Funktionen des Jahres 1870 aus den weiteren Mitschriften.

### *6.5.3 Die Mitschriften von Killing und Kiepert (1868)*

Für die Sommerveranstaltung über analytische Funktionen des Jahres 1868 besteht der günstige Fall, mehr als eine Mitschrift derselben Veranstaltung vorliegen zu haben. Der Student Wilhelm Killing (1847-1923) hörte seit dem Winter 1867/68 in Berlin unter anderem noch bei Kummer und Helmholtz. Ludwig Kiepert (1846-1934) promovierte 1870 bei Weierstraß. In beiden Mitschriften konnte die gleichmäßige Konvergenz nicht nachgewiesen werden.

Die relevanten Kapitel der Killing-Mitschrift (über Potenzreihen, analytische und rationale Funktionen) liefern keine Belege für den Gebrauch von unbedingter Konvergenz (vgl. Killing 1986). Weiertraß führt Potenzreihen formal ein, definiert Konvergenzgebiete von solchen mit einer und mehreren Veränderlichen. In den beiden letzten Kapiteln fällt die Unvollständigkeit der Mitschrift verstärkt ins Auge: So gibt es im Abschnitt über rationale Funktionen und rationale Zweige jeweils unvollständige Sätze. Weierstraß benutzt hier nur die beständige Konvergenz. Die Mitschrift von Kiepert ist im Nachlass von Schwarz erhalten. Nachfolgend eine von mir erstellte Kapitelübersicht.

1. Arithmetik (S. 3)
2. Multiplication (S. 13)
3. Theorie der komplexen Größen (S. 16)
4. Multiplication (S. 28)
5. Theorie der Funktionen (S. 36)
6. Theorie der Theilbarkeit ganzer Funktionen.
7. Die unendlichen Potenzreihen (S. 61-90)
8. Höhere Ableitungen (S. 90)
9. Taylor'scher Lehrsatz mit Funktionen von 3 Var. (S. 101)
10. Begriff der analyt. Funktion (S. 106-108)
11. Einige Sätze über unveränderliche Größen überhaupt I. (S. 108)
12. Untersuchungen über die Anzahl der Windungen einer gegebenen Kurve um einen Punkt (S. 125)
13. Ausdehnung des Convergenzgebietes unendlicher Reihen (S. 145-149)
14. Convergenz-Bedingungen für Reihen mit positiven Potenzen (S. 149-177)
15. Die einfachsten Gattungen (S. 177)
16. Eindeutige Functionen (S. 180-216)
17. Abschnitt über Differentialgleichungen (S. 216)
18. Begriff des bestimmten Integrals (S. 233)
19. Geometrische Repräsentation der Logarithmen (S. 239)
20. Über trigonometrische Functionen (S. 246)

Trotz des Umfanges dieses Skriptes gehört unbedingte Konvergenz nicht zu ihrem Themenbereich. Genauso wie in der (deutlich kürzeren) Abschrift von Killing findet man hier nur gewöhnliche (z. B. beständige) Konvergenz. Zum Vergleich, die Mitschrift von Killing unterteilt sich in die folgenden sechs Kapitel:

- Einführung in den Zahlbegriff
- Rationale Functionen
- Potenzreihen
- Über stätige Functionen im allgemeinen
- Analytische Functionen
- Ueber die verschiedenen Arten der Functionen

Die Unterschiede im Aufbau der Kapitel beider Mitschriften könnte eine Folge der Abschrift oder einer zweiten Reinschrift sein, die der Student anhand seiner Vorlesungsnotizen zuhause anfertigte. Diesem Prozess verdanken wir evtl. eine neue Gliederung. Womöglich gab Weierstraß keinen durchgehenden, strukturellen Aufbau vor und trieb somit Mitschreiber zu einer Überarbeitung und Neugliederung an.

## 6.6 Die Herausbildung des Weierstraß'schen Gleichmäßigkeitsbegriffs ab 1870

Für die Zeitspanne zwischen dem Winter 1870/71 und dem Sommer 1874 liegen keine Mitschriften vor. Laut der Berliner Vorlesungsverzeichnisse hielt er im SS 72 und WS 72/73 Analytische bzw. Elliptische Funktionen, von denen aber keine Aufzeichnungen erhalten sind. Die Frage ist jetzt, in welcher Zeit Weierstraß die Formulierung *in gleichem Grade* zu Gunsten anderer Ausdruckformen aufgibt. Die erstmalige Anwendung der „gleichmäßigen Konvergenz" konnte ich in den Elliptischen Funktionen des Jahres 1870 nachweisen.

### *6.6.1 Übergangsphasen der Formulierungen*

Es ist also wahrscheinlich, dass er in einer Veranstaltung über analytische Funktionen (SS 1870) den neuen, in Rede stehenden Begriff auch explizit definiert hat. Leider liegen mir für diese Zeit keine sonstigen Mitschriften vor. Die Veröffentlichungen seiner Schüler und Mitarbeiter können aber weitere Hinweise liefern.

Der deutsche Mathematiker H. A. Schwarz (1843-1921) war bis 1864 ein Student von Weierstraß und blieb noch bis in das Jahr 1867 in Berlin – drei Jahre später benutzte Weierstraß in der Mitschrift der Vorlesung über elliptische Funktionen (1870) den Terminus *gleichmäßig*. Im Sommer 1874 taucht der Ausdruck *in gleichem Grade* dagegen nicht mehr auf. In einer Publikation von 1873 präsentiert Schwarz in einer Arbeit ein Beispiel einer überall stetigen und eindeutigen Funktion, die einen in jedem Intervall über alle Größen wachsenden Differenzenquotienten besitzt.[184] Den Stetigkeitsnachweis für diese Funktion führt er über ein Lemma, das wir bereits als Summentheorem kennengelernt haben.

> „Die Reihe convergirt für alle in Betracht kommenden Werthe von $x$ in gleichem Grade. Aus diesem Grunde überträgt sich die Eigenschaft der Eindeutigkeit und Stetigkeit, welche die einzelnen Glieder der Reihe als Functionen von $x$ besitzen, auch auf die Summe derselben" (Schwarz 1873, 272).

Schwarz verwendet die alte Bezeichnung *in gleichem Grade*. Setzt man voraus, dass er (als enger Mitarbeiter) bis 1873 weiterhin über die Beiträge seines ehemaligen Professors zur Analysis informiert war, so kann man aus Schwarz' Veröffentlichung und dem obigen Summentheorem indirekt entnehmen, dass Weierstraß selbst bis 1873 noch den alternativen Terminus *im gleichen Grade* (mit-)verwendete.

---

[184] Schwarz gibt die Reihe in der Form $\sum_n \frac{\varphi(2^n x)}{2^n 2^n}$ an, wobei $\varphi(x) = [x] + \sqrt{x - [x]}$ definiert ist.

### 6.6.2 *Die Hettner-Mitschrift (1874)*

Der in Jena geborene Mathematiker Georg Hettner (1854-1914) studierte anfangs in Leipzig und wechselte zum vierten Semester nach Berlin, wo er in erster Linie bei Weierstraß hörte. Unter den Autoren von Mitschriften nimmt er eine gewisse Sonderstellung ein:

> „Er gehörte zu jenen Studenten, denen von Weierstraß zeitweise das verantwortungsvolle Amt eines Anschreibers an der Tafel übertragen wurde" (Biermann 1988, 144).

Bei Weierstraß, so heißt es nach Biermann, genoss Hettner also einen guten Ruf, der sich „durch Sorgfalt, Umsicht und Gewissenhaftigkeit die höchste Anerkennung" seines Lehrers verdiente (ibid., 144). Somit kann man seine Mitschrift aus dem Sommer 1874 als ebenso gewissenhafte und vor allem authentische Reproduktion der Weierstraß-Vorlesung ansehen. Die vorliegende Mitschrift gilt als die erste zu den *elliptischen Functionen* seit der Winterveranstaltung über *Analytische Functionen* (1865), deren Inhalt auch gleichmäßige Konvergenz umfasst. Das rekonstruierte Inhaltsverzeichnis zu diesem Skript soll Einblick in den inhaltlichen Aufbau der Vorlesung geben. Die Kapitel 4, 6 und 9 waren für meine Untersuchung von besonderer Relevanz.

1. Grundbegriffe der Arithmetik (S. 6-73)
2. Arithmetische Darstellung der imaginären Grössen (S. 74-117)
3. Rationale Funktionen (S. 117-157)
4. Die Potenzreihen (S. 158-206)
5. Die Principien der Differentialrechnung (S. 206-276)
6. Sätze über die Convergenz der Potenzreihen (S. 276-360)
7. Analytische Functionen einer Veränderlichen (S. 361-397)
8. Analytische Functionen mehrerer Veränderlichen (S. 398-490)
9. Eindeutige Functionen (S. 491-512)
10. Die Exponentialfunktion, der Logarithmus, die Potenz (S. 513-541)
11. Die Multiplication complexer Grössen im engeren Sinne (S. 542-550)
12. Complexe Grössen aus mehr als zwei Grundeinheiten (S. 550-567)
13. Die Anzahl der Wurzeln einer Gleichung zwischen complexen Grössen aus mehr als zwei Grundeinheiten (S. 567-583)
14. Ergänzungen zur Theorie der analytischen Functionen (S. 584-624)

Der *neue*, gängige Begriff lautet hier „gleichmäßige Konvergenz", der nicht mehr wie noch im Jahre 1865/66 über eine Vertauschungsregel für Summe- und Integraloperationen motiviert wird, sondern über die Entwicklung von Reihen von Potenzreihen:

> „Wir können jetzt noch ein andres Kriterium für die Umwandlung einer Summe von Potenzreihen in eine Potenzreihe finden. Wir müssen dazu den neuen Begriff der gleichmässig convergenten Reihen einführen" (Hettner 1874, 502).

Weierstraß stellt die Neuartigkeit dieser Konvergenzform heraus, sicherlich da sie im Zyklus der Vorlesungen über analytische Funktionen (in den von mir untersuchten Mitschriften) seit dem Winter 1865/66 nicht mehr Teil des Lehrstoffes war. Gleichzeitig scheint der Begriff an das Themenfeld der Potenzreihen gebunden zu sein (erst in der Mitschrift von A. Kneser wird der Begriff auch für Produkte eingeführt).

Die nachfolgende Passage dokumentiert die bisher erste Definition der gleichmäßigen Konvergenz im Rahmen des Vorlesungszyklus. Man beachte, dass die Wendung „gleichmäßig" bisher in der Vorlesungsreihe über elliptische Funktionen zwar als Anwendung schon 1870 auftritt, aber noch nicht ausdrücklich definiert wird.

„In der Umgebung von $a$ hatten wir [die Potenzreihe] $\sum f(x)$ als konvergent angenommen. Legen wir daher dem $x$ einen bestimmten Wert dieser Umgebung bei, so ist es stets möglich eine endliche Anzahl Glieder so auszuscheiden, dass die Summe der übrigen kleiner als eine beliebig kleine Grösse $\delta$ ist [das ist punktweise Konvergenz]. Wenn nun nach Annahme einer bestimmten, beliebig kleinen Grösse $\delta$ für jeden Wert von $x$ in der Umgebung von $a$ nach Ausscheidung derselben endlichen Anzahl Glieder aus $\sum f(x)$ die Summe der übrig gebliebenen Glieder kleiner als $\delta$ ist, so sagen wir $\sum f(x)$ ist in der Umgebung von $a$ nicht nur [punktweise] konvergent, sondern gleichmässig konvergent" (ibid., 502 f.).

Der Begriff zielt also auf die Anwendung für Potenzreihen ab, vermutlich auch im Komplexen, wie man anhand der unspezifischen Wortwahl „in der Umgebung von $a$" schließen kann.[185] Ebenso muss man hervorheben, dass Weierstraß in dieser Vorlesung (1874) eine verbale Definition einer formalen Definition vorzieht. In der Mitschrift der elliptischen Funktionen (1870) bedient sich Weierstraß der Formulierung „Summe der übrig gebliebenen Glieder" ebenso, wie dem formelmäßigen Ausdruck $|\psi_{n+1} + \cdots + \psi_{n+m}| < \delta$. Bereits in der Pasch-Mitschrift (1865) gebraucht Weierstraß die Schreibweise

$$\left(\sum \varphi(x) - \varphi_1(x) - \cdots - \varphi_n(x)\right) < \delta.$$

Zu den Anwendungen des Begriffes zählt die o. g. Aussage über die Entwicklung einer Reihe von Potenzreihen.

### *6.6.3 Die Mitschriften Rudio und Hurwitz (1878)*

In den bisherigen Mitschriften trat uns der Begriff der gleichmäßigen Konvergenz noch als eine neue Eigenschaft konvergenter Reihen entgegen, ohne aber zu sehr in den Fokus der Vorlesung zu rücken. Der Begriff wurde als Erweiterung der punktweisen Konvergenz präsentiert. Diese Perspektive verliert sich in den Vorlesungen über Analytische Funktionen des Jahres 1878.

Der aus Wiesbaden stammende Ferdinand Rudio (1856-1929) studierte zuerst am Eidgenössischen Polytechnikum Zürich Mathematik und Physik, bevor er für die Jahre von 1877 bis 1880 nach Berlin zog, um dort in Mathematik zu promovieren. Das von ihm aufgezeichnete Skript über die Theorie der analytischen Funktionen dokumentiert eine gesteigerte Einbindung der gleichmäßigen Konvergenz in die Themenaufstellung der Vorlesung. Erstmalig wird in einem Paragraphen (*Erweiterung des Functionenbegriffes. Gleichmäßige Konvergenz*, §36) der Begriff nicht nur zu einem Kernthema erklärt, sondern auch in einem breiteren Kontext herausgearbeitet:

„Wir definieren diesen wichtigen Begriff folgendermaßen: die Summe von unendlich vielen rationalen Functionen der Variablen $x_1, x_2, \ldots, x_n$ ist für ein gewisses Gebiet derselben gleichmäßig convergent, wenn nach Annahme einer noch so kleinen Größe $\delta$, sich für alle Werthsysteme $x_1, x_2, \ldots, x_n$, die dem gegebenen Gebiete angehören, ein und dieselbe endliche Zahl $n$ angeben

[185] Weierstraß' Stil, hier gleichmäßige Konvergenz als konzeptionelle Erweiterung der punktweisen Konvergenz einzuführen, erinnert an die Darstellungsweise der entsprechenden Stelle in (Heine 1870).

läßt, von der Beschaffenheit, daß $|s - s_n| < \delta$ ist. In dieser Definition ist gleichzeitig die Begründung des Wortes gleichmäßig enthalten, es soll eben möglich sein, für alle dem gegebenen Gebiete angehörigen Werthsystemen $x_1, x_2, \ldots, x_n$ eine gleiche Anzahl von Gliedern abzulösen, damit der Fehler [d. h. der Betrag der Reihe der Restglieder] eine gegebene Grenze $\delta$ nicht überschreite. Zunächst erkennt man, daß die gleichmäßige Convergenz die unbedingte Convergenz umfaßt. In der That ist der Begriff der gleichmäßigen Convergenz ein allgemeinerer. Wir haben daher, um die eben gemachte Behauptung zu rechtfertigen, noch nachzuweisen, daß die gleichmäßige Convergenz auch die Stetigkeit einschließt" (Rudio 1878, 201 f.).

Die Definition von Gleichmäßigkeit gewinnt hier durch die Einführung der Größe $n$, der Notation $|s - s_n| < \delta$ und der Ausweitung auf mehrere Veränderliche $x_1, x_2, \ldots, x_n$ deutlich an mathematischer Strenge, die Einführung ist aber noch nicht durchgängig formalisiert. Der so genannte „Fehler" bezeichnet den Ausdruck $|s - s_n|$, was Weierstraß aber formelmäßig so nicht angibt. In dem angrenzenden Paragraphen (*Potenzreihen und die Criterien ihrer Convergenz*) wird der Begriff erneut erklärt:

„Denken wir eine unendliche Anzahl rationaler Functionen mit mehreren Veränderlichen summiert, so nennt man die dadurch entstehende Reihe gleichmäßig convergent, wenn nach Annahme einer beliebig kleinen Größe $\delta$ sich für alle Werthecombinationen $x_1, x_2, \ldots, x_n$ die einen gegebenen Gebiete $2n$ ter Dimension angehören, eine Zahl n bestimmen läßt, so daß $|s - s_n| < \delta$" (ibid., 208).

Beide Definitionen gleichen sich in fast allen Belangen und unterliegen in der Folge auch demselben Mangel: Die Größe $n$ ist mehrfach belegt und bezeichnet sowohl die Anzahl der Veränderlichen $x_1, \ldots, x_n$, als auch die Schwelle für das Kleiner-werden der Restreihe $s - s_n$. In der Phase der Abschrift könnte Rudio diesen Fehler selbst eingebaut haben.

In den vorigen Mitschriften machte Weierstraß für das Kleinerwerden der Restreihe noch keine Angabe zur Existenz eines Startwertes $n$ oder gar einer unteren Grenze . Hier führt er nun in beiden Definitionsvarianten die Ungleichung $|s - s_n| < \delta$ explizit für ein festes $n$ ein und unterstreicht damit dessen Unabhängigkeit gegenüber $x$-Werten. Aus moderner Sicht ist die Definition ohne den Zusatz, dass die Restreihe für alle $n$ ab einem bestimmten Wert kleiner wird, unvollständig. Eine solche Erweiterung findet man in der zweiten Mitschrift von 1878.

Die Verwendung des Absolutzeichens bleibt ein wesentlicher Schritt in der Formalisierung und Mathematisierung des Konvergenzbegriffes. Die Anwendungsfelder lassen sich bereits an den Überschriften der Paragraphen ablesen:

- Erweiterung des Functionenbegriffes. Gleichmäßige Konvergenz (§36) (S. 201-4).
- Potenzreihen und die Criterien ihrer Convergenz (§37): Hier findet man Sätze, wie beispielsweise, dass eine gewisse unbedingt konvergente Potenzreihe auch sofort gleichmäßig konvergent ist, sowie die Aussage, nach der eine gewöhnlich konvergierende Potenzreihe stets gleichmäßig konvergiert (S. 205).
- Die gleichmässige Convergenz als Bedingung der Entwickelbarkeit einer Summe von unendlich vielen Potenzreihen in eine einzige. Anwendung auf das Produkt von Potenzreihen . . . (§50) (S. 284-292).

Im selben Jahr schrieb auch Adolf Hurwitz (1859-1919)[186] die analytischen Funktionen mit. In seinem Skript eröffnet sich ein zweiter, andersartiger Einblick in den Vorlesungsstoff des Jahres 1878. Die Unterschiede zur Rudio-Mitschrift sind so gravierend, dass man die beiden Skripte nicht derselben Vorlesung zuschreiben möchte. Aus dem Vorlesungsverzeichnis der Philosophische Fakultät der Berliner Universität für das Jahr 1878 geht jedoch hervor, dass die *Theorie der analytischen Functionen* nur im Sommer gelesen wurde und meine Untersuchung der archivierten Abgangszeugnisse von F. Rudio und A. Hurwitz bestätigen ihre Teilnahme (s. Anhang). Zu Beginn des dortigen sechsten Kapitels werden Funktionen mehrerer Veränderlichen zu Gunsten der Einfachheit beiseitegelassen („da alles, was im Folgenden gesagt wird, sich mit Leichtigkeit auf den allgemeineren Fall mehrerer Variablen übertragen läßt", Hurwitz 1878, 59). Die Ausrichtung auf den eindimensionalen Fall bedeutet in der nachstehenden Definition sicherlich keine Herabsetzung der mathematischen Strenge.

> „[wir setzen], daß die Reihe $f_1(x), f_2(x), \cdots$ für alle Werthe von $x$, für welche sie überhaupt eine Summe hat, ``gleichmäßig convergiert''. Wir wissen nämlich, daß, wenn die Reihe für $x = x_0$ [punktweise] convergiert, sich für $n$ eine Grenze $\nu$ so feststellen läßt, daß für jeden $n > \nu$ $\left|s_0 - \left(f_1(x_0) + f_2(x_0) + \cdots f_n(x_0)\right)\right| < \delta$, wo $s_0$ die Summe der Reihe für $x = x_0$ und $\delta$ eine beliebig klein angenommene Größe bedeutet. Wenn nun eine Grenze $N$ für $n$ festgesetzt werden kann, so daß für jedes $n > N$ $|s - s_n| < \delta$ wird für alle Werthe des Arguments, die in dem Gültigkeitsbereich[187] der Reihe $f_1(x) + f_2(x) + \cdots$ liegen, so heißt diese letztere Reihe gleichmäßig convergent" (Hurwitz 1878, 59 f.).

Weierstraß hält hier – wie in der Rudio-Mitschrift – an einer an Cauchy orientierten Schreibweise fest; Reihen werden in der Definition der gleichmäßigen Konvergenz mit $s$, $s_0$, $s_n$ bezeichnet. In den vorigen Mitschriften wurde konsequent eine explizite Argumentschreibweise verfolgt: Man findet für Funktionen einer Variablen die Schreibweisen $f(x)$ oder $\varphi(x)$ bzw. $\sum f(x)$ oder $\sum \varphi(x)$. Beide Mitschriften enthalten den Ausdruck $|s - s_n| < \delta$ und decken sich damit gegenseitig. Es kann zweifellos kein Zusatz der Verfasser F. Rudio und A. Hurwitz sein. Diese Bezeichner findet man im Kontext der konvergenten Reihen zuerst bei Cauchy (1821):

> „Nimmt man an, die Reihe
>
> $$u_0, u_1, u_2, u_3 \; etc. \; ...$$
>
> sei convergent, und bezeichnet ihre Summe mit $s$, und die Summe der ersten $n$ Glieder mit $s_n$, so findet man
>
> $$s = u_0 + u_1 + u_2 + \cdots + u_{n-1} + u_n + u_{n+1} + etc. \ldots$$
> $$= s_n + u_n + u_{n-1} + \ldots etc.$$
>
> Aus dieser letzten Gleichung folgt, dass die Zahlgrössen
>
> $$u_n, \quad u_{n+1}, \quad u_{n+2}, \quad etc. \ldots$$
>
> wiederum eine convergente Reihe bilden, deren Summe gleich
>
> $$s - s_n$$

[186] Im Vorwort des Herausgebers (Ullrich 1988) heißt es: Eine „authentische Wiedergabe der Vorlesung". Salvatore Pincherle verwendete seine Mitschrift aus diesem Sommer für sein *Saggio di una introduzione alle theoria delle funzioni analytiche secondo i principii di Prof. C. Weierstrass* (1880)

[187] Der Begriff wird als Synonym für den Konvergenzbereich eingesetzt, in dem die Reihe punktweise konvergiert.

ist." (Itzigsohn 1885, 89 f.; vgl. Cauchy 1821, 119 f.).

In (Cauchy 1853) und der Einleitung für den Beweis des berühmten Summentheorems greift er nach über dreißig Jahren dieselbe Notation erneut auf:

> „Es seien nun:
> $s$ die Summe der Reihe;
> $s_n$ die Summe ihrer n ersten Glieder;
> $r_n = s - s_n = u_n + u_{n+1} + \cdots$ der Rest der unbestimmt lang hinziehenden Reihen ab dem allgemeinen Term $u_n$" (Cauchy 1853, 32 f.; Übersetzung K. V.).

Cauchy verwendet seinerseits keine Kennzeichnung der Veränderlichen und unterscheidet sich deutlich von der strengeren Schreibweise Weierstraß', der wiederum diese Tradition an den genannten Stellen fortführt. Im letzten Teil dieser Definition wählt Weierstraß wieder einen für ihn charakteristischen und aus unserer Sicht exakteren Stil.

> Die Bedingung kann auch so ausgedrückt werden: $|f_{n+1}(x) + f_{n+2}(x) + \cdots in\ inf.| < \delta$ für hinreichend großes $n$ und für jeden Werth von $x$ innerhalb des Gültigkeits- und Convergenzbereiches der Funktion" (Hurwitz 1878, 60).

Im Vergleich zur Rudio-Mitschrift wird hier eine Abgrenzung zur punktweisen Konvergenz vorgenommen („für alle Werthe des Arguments"). Auch hier definiert Weierstraß die Konvergenzeigenschaft für ein „hinreichend großes $n$". Bereits in der Rudio-Mitschrift trat diese aus moderner Sicht unvollständige Definition auf. Weierstraß nennt diese „Kurzdefinition" in einem Atemzug mit der ausführlicheren Variante, die die Existenz einer unteren Grenze für alle $n$ bzw. $v$ fordert. Demnach betrachtet Weierstraß beide Formulierungen als gleichwertig, die an sich nicht nur eine Neuheit im Vorlesungszyklus darstellen, sondern auch die Fortentwicklung der mathematischen Strenge eindrucksvoll belegen.

Weierstraß liefert an anderer Stelle weitere Definitionen (s. Kapitel *Unendliche Summen und Produkte analytischer Funktionen*). Der Begriff der gleichmäßigen Konvergenz integriert sich in dieser Mitschrift stärker in den Vorlesungsstoff. Man findet zwei weitere Erklärungen des Begriffs, einmal für Potenzreihen von $x$ und ein anderes Mal für eine analytische Funktion darstellende Reihe (also eine explizite Einführung des Begriffs für die Funktionentheorie):

- „Hier soll etwas über die gleichmäßige Convergenz eingeschaltet werden. Eine Potenzreihe von x oder eine Reihe von unendlich vielen Rechnungsausdrücken von $x$ heißt gleichmäßig convergent, wenn sich für ein beliebig klein angenommenes $\delta$ *eine Zahl N* so bestimmen läßt, daß für $n \geq N$ $|s - s_n| < \delta$ für jeden Werth von $x$, für welche die Reihe einen endlichen Werth hat" (Hurwitz 1878, 111 f.).
- „Eine eine analytische Funktion definierende Reihe $P(x)$ soll in der Umgebung $\delta$ von $x_0$ gleichmäßig convergent heißen, wenn für $|x - x_0| < \delta$ $P(x \mid x_0)$ gleichmäßig convergent ist" (ibid., 113).[188]

Als Anwendung haben wir, dass eine Reihe von analytischen Funktionen selbst wieder analytisch ist. Die „Umgebung $\delta$" beschreibt ein Gebiet der ℂ-Ebene, genauer gesagt haben wir hier gleichmäßige Konvergenz auf einer offenen Kreisscheibe um $x_0$ mit Radius $\delta$ – der Begriff ist hier endgültig ein fester Bestandteil der Funktionentheorie geworden.

---

[188] Eine im Punkt $x_0$ entwickelte Potenzreihe $P(x)$ wird in der Mitschrift durch $P(x \mid x_0)$ ausgedrückt.

### *6.6.4 Die Einführung der unbedingten Konvergenz im Lehrjahr 1878*

Im Jahr 1878 wurde erstmalig eine neue Formulierung für unbedingte Konvergenz eingesetzt. Die Redeweise „unbedingt summirbar“ (Rudio) ist für die Anwendung in der Reihenlehre gedacht:

> „Nach dieser Einleitung wenden wir uns nun zunächst zu der des Functionenbegriffes, indem wir Summen von unendlich vielen rationalen Functionen ins Auge fassen. Ein solcher Ausdruck hat nur dann eine Bedeutung, wenn er, wenigstens für ein gewisses Gebiet von $x$, unbedingt summierbar ist. Wir wollen uns nur mit solchen Ausdrücken beschäftigen, die für alle Werthe der Variablen innerhalb eines bestimmten Gebietes unbedingt summierbar sind, und innerhalb dieses Gebietes auch den Gesetzen der Stetigkeit genügen. Beiden Forderungen wird durch die Bedingung der gleichmäßigen Convergenz genügt“ (Rudio 1878, 201).

Die Einbindung der unbedingten Konvergenz in den Vorlesungsstoff ist hier deutlich ausgeprägter: Die Forderung nach Stetigkeit und unbedingter Summierbarkeit soll aus der gleichmäßigen Konvergenz folgen. Die Behauptung, Gleichmäßigkeit umfasse die unbedingte Konvergenz, ist allerdings, wie wir heute wissen, mit Vorsicht zu behandeln; auf diesen Fall weist später auch Alfred Pringsheim nachdrücklich hin (vgl. Abbildung 15).

**176) Hervorzuheben ist, dass die *gleichmässige* Konvergenz einer Reihe weder deren *unbedingte* Konvergenz involviert, noch umgekehrt. So konvergiert z. B. $\sum_{1}^{\infty}{}_{\nu}\frac{(-1)^{\nu-1}}{x^2+\nu}$ zwar *gleichmässig* in jedem reellen Intervall, aber durchweg nur *bedingt*; und $\sum_{1}^{\infty}{}_{\nu}\frac{x^2}{1+x^2}\cdot\left(\frac{1}{1+x^2}\right)^{\nu}$ konvergiert zwar für jedes reelle $x$ *unbedingt*, aber bei $x=0$ *ungleichmässig*.**

**Abbildung 15:** Pringsheim 1899, 34.

Diese neuen Formulierungen findet man auch in Teilen der Hurwitz-Mitschrift im Themenabschnitt über *Unendliche Reihen reeller Zahlen:*

> „Die von uns als summierbar bezeichneten Reihen [von reellen Zahlen also, Reihen von Funktionen werden erst im sechsten Kapitel eingeführt] heißen unbedingt convergent, dagegen die von der Anordnung der Glieder abhängigen bedingt convergent.“ (Hurwitz 1878, 19).

Diese Vereinbarung gilt in erster Line für Reihen reeller Zahlen. Im komplexwertigen Fall, so heißt es im Skript, ist die Konvergenz dann gegeben, wenn die Summe der Absolutbeträge ausführbar ist. Nachdem weder Killing, Kiepert und Hettner in ihren Skripten Aussagen mit Verwendung der unbedingten Konvergenz erklärten, liefern diese beiden Mitschriften folgende Formulierungen aus der Gegenposition heraus:

- Bedingte Konvergenz (in »Hurwitz«, als Gegenstück zur unbedingten),
- Bedingt summierbar (»Hurwitz«) und unbedingt summierbar (»Hurwitz«, »Rudio«).

Die folgenden Zitate aus der Hurwitz bzw. Rudio-Mitschrift spiegeln den langsam aus dem Fokus geratenden Begriff der unbedingten Konvergenz als wichtiges „Vorgängermodell“ der gleichmäßigen Konvergenz wieder:

- „Im Folgenden ist unter einer summierbaren Reihe eine unbedingt convergente zu verstehen" (Hurwitz 1878, 19).
- „Wir wollen uns nur mit solchen Ausdrücken beschäftigen, die für alle Werthe der Variablen innerhalb eines bestimmten Gebietes unbedingt summierbar sind" (Rudio 1878, 201).

Damit verschiebt sich der Fokus in diesen Skripten von unbedingter („absolute Konvergenz" wird nicht mehr angesprochen) auf die gleichmäßige Konvergenz.

## 6.7 Die späten Vorlesungen und Forschungen von 1880 bis 1886

Der Zyklus der beiden großen Veranstaltungen *Analytische* und *Elliptische Funktionen* markiert in den achtziger Jahren den nahenden Abschluss der Weierstraß'schen Begriffsentwicklungen. Sein Gesundheitszustand besserte sich über die Jahre nicht, so dass sogar alle seine Vorlesungen des Winters 1883/84 bis 1885/66 und die des Semesters 1887/88 ausblieben. Bis auf einige Termine im Januar 1889 war dies das Ende seiner Vorlesungen an der Berliner Universität (Biermann 1988, 140). Fortan konzentrierte sich Weierstraß auf die Fertigstellung und Publikation seiner *Mathematischen Werke*.

### *6.7.1 Die Kneser-Mitschrift (1880/81)*

Der in Grüssow in Mecklenburg geborene Adolf Kneser (1862-1930) studierte Mathematik in Heidelberg, Rostock und Berlin. Er promovierte im Jahre 1884 bei Kronecker und Kummer, hörte aber auch Vorlesungen von Weierstraß, wie man aus den Einschreibungsbögen der Berliner Universität entnehmen kann, insbesondere auch im Winter 1880/81. Meine Nachforschungen über den Verbleib dieser Mitschrift der Analytischen Funktionen haben ergeben, dass sich der Nachlass Kneser im Besitz der Niedersächsischen Staats- und Universitätsbibliothek Göttingen befindet.[189] Hier hat der Begriff der Gleichmäßigkeit einen neuen (und auch heute noch, wenn auch selten, gebrauchten) Bezeichner empfangen:

> „Eine Reihe konvergiert innerhalb eines gewissen Bereiches $B$ der $x$ gleichförmig, wenn es nach Annahme eines beliebig kleinen $\epsilon$ stets möglich ist, eine Anzahl von $n$ ersten Gliedern so abzusondern, daß der absolute Betrag des Restes stets $< \epsilon$ ist, für alle $x$ innerhalb des Bereichs $B$" (Kneser 1880, 76).

Der Strengegrad entwickelte sich also durchaus nicht linear, da die o. g. Definition wieder stärker auf Verbalisierung setzt: Die betrachtete Reihe hat kein formales Symbol und auf Terme zur Darstellung der Restsumme wie $|s - s_n| < \delta$ oder

$$\left|s_0 - \left(f_1(x_0) + f_2(x_0) + \cdots f_n(x_0)\right)\right| < \delta \quad (1878)$$

wird in dieser Definition verzichtet. An anderer Stelle findet man dafür eine neue, formalere Ausdrucksweise hinsichtlich der Restgliedsumme:

> „Aus der vorausgesetzten gleichförmigen Konvergenz von $F(x)$ folgt, daß für ein bestimmtes $n$
>
> $$\left|\sum_{v=m}^{\infty} f_v(x)\right| < \delta$$
>
> gemacht werden kann, sobald $m \geq n$" (ibid., 96).

---

[189] Ich bedanke mich bei Peter Ullrich für seinen Hinweis über den Verbleib des Nachlasses.

Die erste Anwendung dieses Begriffes bildet das Summentheorem – nur dass Weierstraß die Stetigkeit der Reihenglieder nicht mitfordert:

„Konvergirt eine Reihe innerhalb eines gewissen Bereichs gleichförmig, so ändert sich ihr Werth in diesem Bereich stetig – die Reihe sei $\sum_{\nu=0}^{\infty} f_\nu(x) = F(x)$" (ibid., 76).

Die Formulierung „gleichmäßig" hat Weierstraß weiter verwendet, wie in dem nächsten Satz, dass eine Potenzreihe auf dem Kreisrand innerhalb einer offenen Scheibe gleichmäßig konvergiert:

„Es sei nun $F = \sum_{\lambda=0}^{\infty} A_\lambda x^\lambda$ eine für alle $|x| < r$ konvergente Potenzreihe; ist $|\varsigma| < r$, so konvergiert die Reihe für alle $|x| = \varsigma$ gleichmäßig" (ibid., 92).

An anderer Stelle heißt es:

„[...] also ist für ein beliebig kleines $\varepsilon$ und bestimmtes $n \leq m$

$$\left|\sum_{\lambda=m}^{\infty} f_\lambda(x)\right| < \varepsilon$$

Die Reihe $\sum_0^m \varphi_\lambda(x)$ konvergirt also gleichfalls gleichmäßig für $|x| < \varrho$. [...] Konvergieren also zwei Potenzreihen für alle $|x| < \varrho$ gleichförmig, so kann man sie wie endliche Summen gliedweise multiplizieren für alle diesem Bereich angehörige $x$" (ibid., 101).

Aus der Analyse der Vorlesungsmitschriften zeigt sich, dass die Formulierung gleichförmig deutlich überwiegt.[190] Wie wir schon in der Mitschrift von Rudio (1878) gesehen haben, existiert Gleichmäßigkeit nicht länger nur für den eindimensionalen Fall. Nachdem Weierstraß erklärt, was man unter einer konvergenten Reihe mehrerer Variablen der Form $\sum a_{\lambda\mu\nu} x^\lambda y^\mu z^\nu$ verstehen muss, erklärt er zusätzlich gleichförmige Konvergenz für multivariable Reihen:[191]

„Haben alle Glieder einer Potenzreihe mit mehreren Argumenten für die sie sämtlich von 0 verschiedenen Werthen $x = x_0$, $y = y_0$, $z = z_0$ ... absoluten Beträge, die alle unter einer bestimmten positiven Größe $g$ liegen, so konvergiert die Reihe für jedes Werthsystem, das der Bedingung $|x| < |x_0|$ $|y| < |y_0|$ ... genügt.
Hat man im vorliegenden Falle beliebige Größen $h < |x_0|$ $k < |y_0|$ $l < |z_0|$ ... und setzt man voraus $|x| < h$ $|y| < k$ $|z| < l$ ... so konvergirt die Reihe in dem hierdurch definirten Bereich gleichförmig" (ibid., 82).

Wie man schon im Jahre 1878 gesehen hat, wird das Anwendungsfeld der gleichmäßigen Konvergenz, darunter vor allem die unendlichen Reihen, um die unendlichen Produkte erweitert. In der Kneser-Mitschrift werden unendliche Produkte direkt in Verbindung mit gleichförmiger Konvergenz besprochen. Weierstraß entschied sich hier gegen den Ansatz, Produkte über ihre korrespondierende Reihe einzuführen (s. Rudio 1878, 291 f.):

„Hat das unendliche Produkt $\prod_{\nu=0}^{\infty} f_\nu(x) = 1 + q_n$ einen endlichen Werth, so ist

$$\prod_{\nu=n}^{\infty} f_\nu(x) = 1 + q_n$$

190 Weitere Vorkommen in Kneser 1880/81 auf den Seiten 96-103, 106, 112-115, 124, 143 f., 147, 149 und 158.

191 Multivariable Reihen sind kein Novum und wurden schon im Jahre 1874 (Hettner) eingeführt (multivariable Potenzreihen).

wo $q_n$ unendlich klein wird für $n = \infty$. Ist für alle $x$, welche der Bedingung $|x - x_0| < \delta$ genügen, $q_n < \epsilon$, sobald $n$ eine bestimmte Größe erreicht hat, wo $\epsilon$ eine beliebig klein vorgelegte Größe ist, so sagt man, das Produkt convergire gleichförmig in der Umgebung δ der Stelle $x_0$" (Kneser 1880, 77 f.).

### 6.7.2 *Die Thieme-Mitschrift (1882/83)*

Das letzte von mir analysierte Skript aus den turnusmäßigen Vorlesungen ist durch den Schwarz Nachlass überliefert und trägt den Titel „Einleitung in die Theorie der analytischen Functionen. Vorlesungen des Professor Dr. Weierstrass Berlin W.S. 1882-83". Der Verfasser des Heftes ist „G. Thieme", jedoch stammt diese Mitschrift, wie meine Nachforschungen ergeben konnten, nicht aus dessen Feder, da es zu dieser Zeit keinen Studenten mit diesem Namen an der Berliner Universität gab. Vielmehr handelt sich bei der Person G. Thieme wahrscheinlich um Karl Gustav Thieme (geb. 1852), der zwischen 1873 und 1877 in Breslau studierte und fortan als Lehrer arbeitete. So zeigt Abbildung 16, dass derselbe Herr Thieme im Besitz einer Abschrift der Vorlesung *Ausgewählte Kapitel aus der Funktionenlehre* (1886) war. Es waren also nicht nur Studenten Weierstraß' durch ihre direkte Teilnahme an den Vorlesungen im Besitz solcher Skripte, sondern ebenso andere Mathematiker außerhalb Berlins, die sich als Reaktion auf das stetig wachsende Renomées Weierstraß' eine begehrte Abschrift seiner Berlin-Vorlesungen aneignen wollten.

In der »Thieme«-Mitschrift betont Weierstraß die Notwendigkeit der gleichmäßigen Konvergenz für die Aussage des Summentheorems:

> „Es fragt sich nun, welche Bedingungen müssen für $\sum f(x)$ erfüllt sein, damit es eine stetige Function sei. Der Beweis hat bis jetzt nur für den Fall geliefert werden können, daß die Reihe gleichförmig convergent ist" (Thieme 1882, 303).

Weierstraß bedient sich in dieser Definition der gleichförmigen Konvergenz erneut stark der Cauchy-Notation (ibid., 303 f.). Im Vergleich dazu stelle ich eine weitere Definition gegenüber, welche gleichmäßige Konvergenz „in der Nähe" eines Punktes beschreibt und auf die „allgemeine Definition der gleichförmigen Definition" gründet:

- „Man habe eine Reihe mit einer Veränderlichen. $X$ sei ein bestimmter Wert derselben im Konvergenzbezirk, $S$ die Summe der Reihe, $S_n$ die Summe der $n$ ersten Glieder. Man weiß dann, daß der absol. Betr. von $S - S_n$ kleiner wird als eine beliebig angenommen Größe $\delta$, so bald $n$ eine gewisse Grenze $m$ erreicht oder überschreitet. Dies gilt für jeden einzelnen Wert innerhalb des Convergenzbereiches. Wir sagen nun, eine Summe von Gliedern, die rationale Functionen von $x$ sind, convergieren innerhalb eines bestimmten Bereiches gleichförmig, wenn es nach Annahme einer beliebig kleinen Größe $\delta$ möglich ist, $n$ so zu bestimmen, daß $|S - S_n| < \delta$ ist für alle $x$, die innerhalb des betrachteten Bereiches liegen" (ibid.).
- „Es sei $a$ ein bestimmter Wertm für den die Reihe convergiert. Wir sagen dann, die Reihe convergiert in der Nähe von $a$ gleichmäßig, wenn sich eine positive Größe $\delta$ so bestimmten läßt, daß für alle $x$, die der Bedingung $|x - a| \leq \delta$ genügen, die Reihe gleichmäßig convergiert" (ibid., 306).

Auf diese Weise gelangt Weierstraß zu der Konvergenz in der Umgebung, denn „wenn eine Reihe in der Nähe einer Stelle $a$ gleichförmig convergiert, so wird sich auch eine andere Stelle $a_1$ angeben [lassen] in deren Umgebung sie gleichförmig convergiert" (ibid.). Durch einen kleineren Kreis um $a_1$, der im Kreis um $a$ liegt, „haben wir eine Umgebung von $a_1$ angegeben, in der die Reihe gleichförmig konvergiert“ (ibid.).

Trotz der noch nicht einheitlichen und durchgängig strengen Definitionsweise tritt hier eine zunehmende Systematisierung dieses Begriffs ein: Die allgemeine Definition wird in neue Spezialformen („in der Nähe“, „in der Umgebung“ etc.) zerteilt.

Weierstraß untersucht des Weiteren die Reihe $1 + x + x^2 + x^3 + \cdots$ für Werte kleiner gleich $\rho < 1$, „denn dann läßt sich zeigen, daß für Werte von $x$, deren absoluter Betrag $\leq \rho$ ist, der Wert der Differenz $S - S_n$ stetig kleiner ist als $\frac{\rho^n}{1-\rho}$ oder höchstens gleich diesem Ausdruck“ (ibid., 304). Er stellt fest: Für $|x| \leq \rho$ ist die Reihe gleichmäßig konvergent (ibid., 304 f.). Für die Definition des Begriffs im mehrdimensionalen Fall verwendet Weierstraß wiederum eine modernere Schreibweise. Allerdings ist es erwähnenswert, dass er hier wieder ohne einen formelmäßigen Ausdruck für die Restgliedreihe arbeitet:

„Ausdehnung auf mehrere Veränderliche. Wir betrachten die unendliche Reihe:

$$F(x\, x_1\, x_2 \,..\, x_\tau) = \sum_{\gamma=0}^{\infty} f_\gamma(x\, x_1, ..\, x_\tau)$$

die $f$ seien rationale Functionen der gegebenen Veränderlichen. Nimmt man in dem Bereich der Veränderlichen eine Stell $a\, a_1$.. willkürlich an, so sagt man, die Reihe convergiere in der Nähe von $a\, a_1$.. gleichförmig, wenn sich eine Größe $\delta$ so bestimmen läßt, daß für alle Systeme $x\, x_1$.., wo

$$|x - a| < \delta, |x_1 - a_1| < \delta, ...$$

die Differenz zwischen der Summe der Reihe und der Summe der $n$ ersten Glieder dem absoluten Betrag nach kleiner als die beliebig klein angenommene Größe $\varepsilon$ ist, so bald n eine gewisse Grenze $m$ […]“ (ibid., 310).

### *6.7.3 Die Ergänzungsveranstaltung Ausgewählte Kapitel aus der Funktionenlehre (1886)*

Aus den späten Jahren ist uns eine weitere Mitschrift einer Veranstaltung überliefert, die Weierstraß im Sommer 1886 (25. Mai bis 3. August) in Berlin abhielt. Sie war als einmalige Ergänzung seiner turnusmäßigen Veranstaltung „Einleitung in die Theorie der analytischen Funktionen“ angelegt und wurde im Anschluss an das Wintersemester 1884/85 unter dem Titel „Ausgewählte Kapitel aus der Funktionenlehre“ gehalten. Im Vorwort beschreibt der Herausgeber (Siegmund-Schultze 1988) den Charakter dieser straff durchgeführten Vorlesung.

„Somit kann also in einem gewissen Sinne […] auch die Vorlesung von 1886 durchaus als ein ‚einheitliches Ganzes‘ angesehen werden. Dies wird besonders deutlich an der durchgängigen Betonung des zentralen Begriffs der ,,gleichmäßigen Konvergenz‘‘ und seiner unterschiedlichen Bedeutung im Reellen und im Komplexen. […]
in ihr nehmen historische und methodologische Reflexionen einen breiteren Raum als gewöhnlich ein, während hinsichtlich mathematischer Einzelheiten vielfach auf jene Einleitungsvorlesung zurückverwiesen wird“ (ibid., 8).

Die in (Siegmund-Schultze 1988) vorliegende Mitschrift stammt aus der Feder einer unbekannten Person und ist eine von mehreren überlieferten Versionen derselben Sommervorlesung (1886). Sie wird in der Abbildung 16 mit dem Buchstaben „L“ bezeichnet.

In der Universitätsbibliothek Bielefeld befindet sich eine weitere, inhaltlich entsprechende Maschinenschrift-Version der lithographierten Mitschrift „L". In Exemplaren wie dieser ist es üblich, die mathematischen Zeichen und Symbole nachträglich handschriftlich zu ergänzen. Auffällig ist die Modifizierung der Schriftsprache in der Publikation durch Siegmund-Schultze. Das Ziel war vor allem, die Lesbarkeit zu erhöhen und Uneindeutigkeiten aufzulösen. „Die Orthographie ist generell modernisiert, jedoch nicht der Ausdruck", so der Herausgeber (ibid., 18).

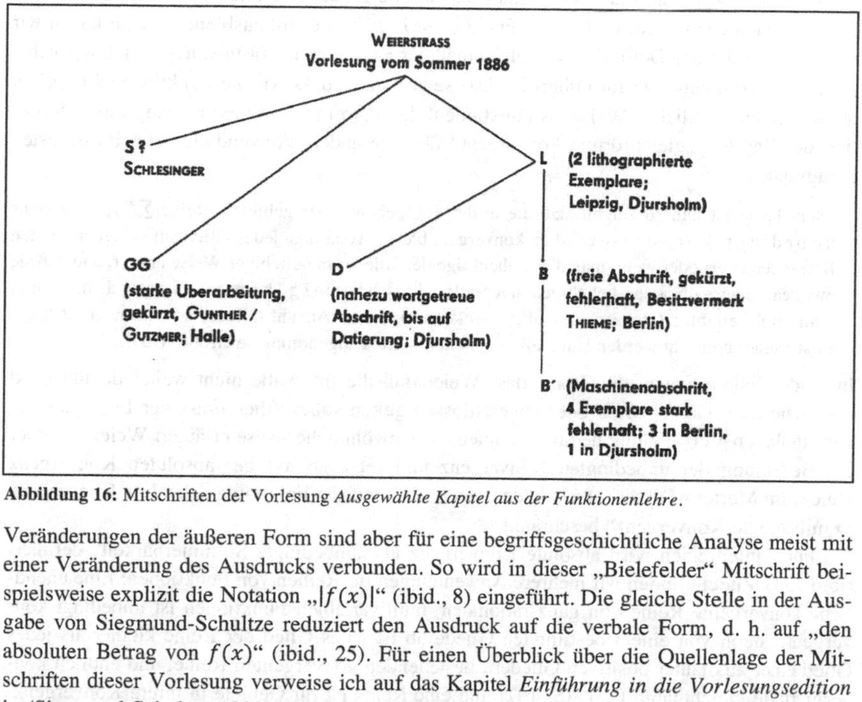


**Abbildung 16:** Mitschriften der Vorlesung *Ausgewählte Kapitel aus der Funktionenlehre*.

Veränderungen der äußeren Form sind aber für eine begriffsgeschichtliche Analyse meist mit einer Veränderung des Ausdrucks verbunden. So wird in dieser „Bielefelder" Mitschrift beispielsweise explizit die Notation „$|f(x)|$" (ibid., 8) eingeführt. Die gleiche Stelle in der Ausgabe von Siegmund-Schultze reduziert den Ausdruck auf die verbale Form, d. h. auf „den absoluten Betrag von $f(x)$" (ibid., 25). Für einen Überblick über die Quellenlage der Mitschriften dieser Vorlesung verweise ich auf das Kapitel *Einführung in die Vorlesungsedition* in (Siegmund-Schultze 1988). Abbildung 16 stellt die bekannten Abschriften zusammenhängend dar (Quelle: ibid., 14).

In dieser Mitschrift, wie in der von Adolf Kneser (1880/81), existieren beide Formulierungen, gleichmäßig und gleichförmig, parallel. Eine unter Umständen bestehende Zweckmäßigkeit dieser Unterscheidung schließt der Herausgeber aus (als Anmerkung an die Einführung des Begriffs im dritten Paragraphen auf S. 231 heißt es „W. schwankt in der Wortwahl zwischen ‚gleichförmig' und ‚gleichmäßig'."). In diesem Abschnitt wird der Beweis vorgeführt, dass $\lim_{k=0} F(x,k) = f(x)$ gilt, wenn man $F(x,k) = \frac{1}{2k\omega}\int_{-\infty}^{+\infty} f(u)\psi\left(\frac{u-x}{k}\right)du$ mit $\omega = \int_0^{\infty} \psi(u)\,du$ wählt.

Die vorangestellte Definition von „gleichförmiger Annäherung" wird für ihren Anwendungszweck schon mit dem Thema des Paragraphen verknüpft und dahingehend angepasst:

„Setzt man für $x$ zwei endliche Grenzen $a$ und $b$ fest, so sagt unser Satz, daß man nach Annahme einer beliebig kleinen Größe $\epsilon$ eine obere Grenze $\bar{k}$ für $k$ so festsetzen kann, daß für jeden beliebigen Wert von $x$ innerhalb des genannten Intervalls $|F(x,k) - f(x)| < \epsilon$ ist. Man sagt in diesem Falle, die Annäherung sei für jeden Wert von $x$ innerhalb des endlichen Intervalls $(a \ldots b)$ eine gleichförmige." (Weierstraß, nach Siegmund-Schultze 1988, 26).

Die gegebene Definition unterscheidet sich also von Gleichmäßigkeit in der Weise, dass die Ungleichung $|F(x,k) - f(x)| < \epsilon$ für Werte $k_1 > k$ streng genommen nicht gelten muss. Wenn man diese betragsmäßige Abschätzung für alle größeren Werte von $k$ hinzunimmt und den Anwendungsrahmen, in dem die Funktionen $F(x,k)$ stehen, ausblendet, dann haben wir die bisher modernste Definition von gleichmäßiger Konvergenz vor uns, nämlich eine solche, die für Funktionenfolgen formuliert ist. Das setzt voraus, dass wir die Funktionen $F(x,k)$ in der heute gebräuchlichen Weise als Funktionenfolge $F_k(x)$ interpretieren. Eine zweite Definition des Begriffs „gleichförmig konvergent" für eine andere Anwendung folgt im nächsten Paragraphen:

„Sehr leicht ist nun zu zeigen, daß die in der angegebenen Art gebildete Reihe $\sum_0^\infty f_\nu(x)$ erstens unbedingt konvergiert, d. h. konvergent bleibt, wenn man jedes Glied auf seinen absoluten Betrag reduziert oder wenn man die Reihenfolge der Glieder in beliebiger Weise ändert, und daß sie zweitens innerhalb jedes beliebigen Intervalls gleichförmig konvergiert, d. h., nimmt man zwei beliebige Grenzen $x_1$ und $x_2$, so kann man eine Anzahl Glieder so abtrennen, daß der Rest kleiner gemacht werden kann, als eine beliebig klein angenommene Größe" (ibid., 33).

In beiden Fällen zeigen die Zitate, dass Weierstraß die Intervalle nicht weiter dahingehend spezifiziert, ob sie als offen oder abgeschlossen gelten sollen (dies muss der Leser aus der unmittelbaren Verwendung heraus erkennen). Ungewöhnlicherweise erläutert Weierstraß hier die Bedeutung der unbedingten Konvergenz und setzt sie mit der absoluten Konvergenz gleich. Im Mertens-Diktat (1863) hatte er sich noch auf die Folgerung „absolute Konvergenz $\Rightarrow$ unbedingte Konvergenz" beschränkt.

Für Zahlenreihen wird absolute Konvergenz als „unbedingte Summierbarkeit" definiert (ibid., 33). Zudem finden wir mehrere Anwendungen für Reihen von Funktionen: Eine unendliche konvergente Reihe von ganz rationalen, multivariablen Funktionen ist unbedingt konvergent, „denn von einem bestimmten Gliede ab ist jedes Glied der Reihe kleiner als jedes Glied einer aus lauter positiven Gliedern bestehenden konvergenten Reihe, und endlich konvergiert sie gleichmäßig [...]" (S. 107) und eine Reihe ist für Gebiete in ihrem Konvergenzbezirk unbedingt und gleichmäßig konvergent (S. 119).

## 6.8 Der Durchbruch für die Epsilon-Delta-Notation

Das erste Auftauchen dieses heute etablierten Formalismus findet man bei Augustin Louis Cauchy (1789-1867). Er verwendete schon 1823 in seiner Arbeit *Recherches sur l'équilibre et le mouvement intérieur des corps solides ou fluides, élastiques ou non élastiques* für seine Definition des Differentials die Größen $\varepsilon, \delta$:

„Let $\delta, \varepsilon$ be two very small numbers; the first is chosen so that for all numerical values of $i$ less than $\delta$, and for any value of $x$ included, the ratio $(f(x+i) - f(x))/i$ will always be greater than

$f'(x) - \varepsilon$ and less than $f'(x) + \varepsilon$" (Cauchy 1823, 44; transkribiert v. Judith Grabiner, ohne Übernahme der Kommentare und Änderungen).

Das Epsilon begrenzt die betragsmäßigen Veränderung des Funktionswertes $f(x)$ für sich verändernde Werte des Arguments. Dieses Schema für die Verwendung des Epsilon-Symbols findet man auch in den heutigen formalen Definitionen der Konvergenz wieder. Cauchy steht somit am Anfang dieser Tradition, obwohl er, wie viele seiner Beweise, Sätze und Definitionen in verbaler bzw. halb-formaler Form zeigen, eine Epsilon-Delta-Notation nicht konsequent anwendete (so auch für die Definition von Grundbegriffen: „Cauchy gave a purley verbal definition of limit, which at first glance does not resemble modern definitions", Grabiner 1983, 185). Beispiele sind die berühmten Summentheoreme von 1821 und 1853, die belegen, dass Cauchy für die Theorie der Konvergenz keine formale Strenge dieser Art durchgesetzt hat. Epsilon und Delta haben also noch nicht ihren festen Bestandteil in der Konvergenzdefinition gefunden, obwohl Cauchy sie bereits für die Infinitesimalrechnung benutzte.

Weierstraß, als Nachfolger des Wegbereiters Cauchy, entwickelte diese Tradition erst im Laufe seiner Lehrtätigkeit als Ordinarius weiter. Im Laufe der späteren Vorlesungsperiode konnte ich einen wie heute verwendeten Epsilon-Formalismus nachweisen, erstmals in der Mitschrift von Adolf Kneser (1880/81) und der dortigen Definition für unendliche Produkte. Das häufig anzutreffende Delta-Symbol ersetzt Weierstraß durch das Epsilon-Symbol. Diese Schreibweise überträgt sich hier auf die Theorie der unendlichen Reihen. Das Deltasymbol definiert eine Umgebung von „Werthsystemen" (heute mit n-Tupeln vergleichbar), während der Bezeichner ε seine noch heute für die Analysis traditionelle Rolle als Obergrenze der Zuwächse von Funktionswerten antritt. Vor 1882/83 gab es noch einen anderen Mathematiker der Weierstraß-Periode, mit dem diese Tradition der ε-Anwendung anbrach: Bei Eduard Heine (1821-1881) findet man denselben zweckmäßigen Gebrauch des Epsilonsymbols (1870). Die Vorlesung über analytische Funktionen des Winters 1880/81 markiert den Beginn der Epsilon-Delta-Analysis. Dieses Verdienst wird sonst Cauchy zugeschrieben, der jedoch diese Notation kaum verwendet hat. Für die Hypothese, Weierstraß habe diese Notation von Heine kopiert, konnte ich keine Hinweise finden.

## 6.9 Die Verwendung der gleichmäßigen Konvergenz in den Publikationen von Weierstraß

Es wurde schon deutlich, dass Weierstraß' wissenschaftliche Arbeiten fast ausschließlich über seine Lehrvorträge veröffentlicht wurden, aber dennoch gibt es einige wenige, für diese Untersuchung relevante Publikationen, entweder als Bericht in der *Königlichen Akademie der Wissenschaften* (Berlin) oder als (nachbearbeiteter) Artikel seiner *Mathematischen Werke*.

### *6.9.1 Über die Veröffentlichung* Zur Functionenlehre *(1880)*

Die Untersuchung der Vorlesungen „Analytische Functionen" schließt mit der Thieme-Mitschrift ab, aber man kann diese Übersicht durch eine themenverwandte Veröffentlichung wie die *Zur Functionenlehre* (aus den Berichten der Königlichen Akademie der Wissenschaften Berlin) ergänzen. Sie gibt, ohne auf einer Universitätsvorlesung zu basieren, einen weiteren Einblick in die Theorie der analytischen Funktionen und insbesondere in die Entwicklung der gleichmäßigen Konvergenz. Weierstraß leitet die Veröffentlichung mit einer kleinen Inhaltsangabe ein:

„Im Nachstehenden theile ich einige auf unendliche Reihen, deren Glieder rationale Functionen einer Veränderlichen sind, sich beziehende Untersuchungen mit, welche hauptsächlich den Zweck haben, gewisse, bisher – soviel ich weiss – nicht beachtete Eigenthümlichkeiten, die solche Reihen darbieten können und deren Kenntniss für die Functionenlehre von Wichtigkeit ist, klar zu stellen. [...]

Lässt sich ferner für eine bestimmte Stelle $a$ dieses Bereichs eine positive Grösse $\varrho$ so annehmen, dass die Reihe für die der Bedingung

$$|x - a| \leq \varrho$$

Entsprechenden Werthe von $x$ gleichmässig*) convergirt, so will ich sagen, die Reihe convergire gleichmässig in der Nähe der Stelle $a$" (Weierstraß 1880, 201 f.).

Hinter dieser Fußnote verbirgt sich die eigentliche Definition des Begriffs:

„Eine unendliche Reihe

$$\sum_{\nu=0}^{\infty} f_\nu,$$

deren Glieder Functionen beliebig vieler Veränderlichen sind, convergirt in einem gegebenen Theile $(B)$ ihres Convergenzbereichs gleichmässig, wenn sich nach Annahme einer beliebig kleinen positiven Grösse $\delta$ stets eine ganze positive Zahl $m$ so bestimmen lässt, dass der absolute Betrag der Summe

$$\sum_{\nu=n}^{\infty} f_\nu,$$

für jeden Werth von $n$, der $\geq m$, und für jedes dem Bereiche $B$ angehörige Werthsystem der Veränderlichen kleiner als $\delta$ ist" (Weierstraß 1880, 202).

Die Publikation stammt von Weierstraß selbst, das Risiko einer inhaltlichen Verfälschung durch einen Zweiten ist hier nicht gegeben. Ebenso fällt die zu den in den Vorlesungen verwendete andersartige Ausdrucksweise der Restreihe auf, denn man hat hier den Term $\sum_{\nu=n}^{\infty} f_\nu$ vor sich. Weierstrass verwendet hier das Summenzeichen und hebt die Unter- und Obergrenze explizit hervor. Unbedingte Konvergenz wird in dieser (schon späteren) Veröffentlichung nicht mehr eingeführt, aber in der Anwendung mit gleichmäßiger Konvergenz verbunden: Er beweist, dass eine bestimmte analytische Funktion $\psi$ für einen Bereich der $x$-Werte „unbedingt und gleichmäßig" konvergiert (ibid., 212-217).

### *6.9.2 Nachtrag zu den Publikationen Zur Theorie der eindeutig analytischen Functionen*

Die Nachbearbeitung, die Weierstraß einigen seiner Veröffentlichungen angedeihen ließ, waren, wie man schon anhand der auf das Jahr 1841 datierten, aber eindeutig nachbearbeiteten Arbeit *Zur Theorie der Potenzreihen* sehen konnte, ein besondere Herausforderung. Neuere Auflagen wurden mit dem Datum der Erstfassung versehen publiziert.

Aber auch Mehrfachveröffentlichungen waren keine Seltenheit: Die Abhandlung *Zur Theorie der eindeutig analytischen Functionen* liegt in zwei Versionen vor. Die Erstausgabe erschien im Jahre 1876 in den *Abhandlungen der königlichen Akademie der Wissenschaften zu Berlin*. Derselbe Titel taucht dann erneut in dem Sammelband „K. Weierstraß, Abhandlungen aus der Functionenlehre" (1886)[192] auf und wurde dafür einer Bearbeitung unterzogen, die allerdings nicht kommentiert wurde. Die Titelseite verweist auf die Publikation des Jahrs 1876! Weierstraß beschränkte seine Revision, d. h. die häufigsten, meist kosmetischen Änderungen, auf den Anfangsteil. Die die Anwendung der gleichmäßigen und unbedingten Konvergenz enthaltenden Textteile (Weierstraß 1876, 34, 58 bzw. 28, 34, 45, 57, 58), die ohne Definition auftreten, sind von der Revision nicht betroffen und in beiden Veröffentlichungen identisch.

## 6.10 Resümee

Weierstraß' Gesundheitszustand verschlechterte sich in der zweiten Hälfte der achtziger Jahre zunehmend und verhindernde in größerem Ausmaß die regelmäßige Weiterführung seiner Vorlesungen. Der Rückzug Weierstraß' aus dem aktiven Lehrdienst war absehbar. Aus diesem Grund endet die Untersuchung seiner Mitschriften mit dem jüngsten Skript zu der Ergänzungsveranstaltung *Ausgewählte Kapitel aus der Funktionenlehre*. Aus der Untersuchung der insgesamt fünfzehn Mitschriften für die Entwicklung der gleichmäßigen Konvergenz bei Weierstraß tritt deutlich der begriffliche Formulierungswechsel hervor.

Seit dem Beginn der Lehrtätigkeit an der Berliner Universität begegnet man der Formulierung „im gleichen Grade". Sie stellt die bisher älteste Umschreibung der gleichmäßigen Konvergenz da und findet sich nachweislich das erste Mal in C. Gudermanns Abhandlung über Modularfunktionen (1838), wenn auch in anderer Bedeutung. In Hoppes Lehrbuch (1865) lassen sich Indizien für einen Gebrauch des Begriffs finden, wobei hier ebenso wie bei Gudermann auf eine genauere Erläuterung verzichtet wurde.

Mit Weierstraß setzt eine Bedeutungsverschiebung ein: Er benutzt den Begriff „im gleichen Grade" seit der Vorlesung über Differentialrechnung (1861) für seine Form der gleichmäßigen Konvergenz und wird ihn auch vorher schon verwendet haben. In der Mitschrift von H. A. Schwarz (1861) heißt es: „Der Sinn zeigt, dass diejenige Art der Convergenz gemeint ist, welche seither mit dem Namen ‚Convergenz in gleichen Grade' bezeichnet wird". Zum jetzigen Zeitpunkt steht eine Analyse weiterer Manuskripte aus der Zeit von Weierstraß am Gewerbe-Institut aus. Sie könnte aufklären, wie und wann diese Verschiebung eintrat.

### *6.10.1 Parallel auftretende Ausdrucksformen der gleichmäßigen Konvergenz*

Weierstraß verwendet in den von mir untersuchten turnusmäßigen Veranstaltungen über analytische bzw. elliptische Funktionen drei verschiedene Formulierungen für gleichmäßige Konvergenz:

- Im gleichen Grade,
- gleichmäßig (die auch heute geläufige Wortwahl) und
- gleichförmig (welche ebenso heute gelegentlich angetroffen wird).

Die unterschiedlichen Formulierungen sind mathematisch nicht voneinander getrennt, sie bezeichnen dieselbe *Grundidee* von gleichmäßiger Konvergenz. Sie markieren jedoch unterschiedliche Entwicklungsphasen der mathematischen Strenge und werden isoliert für bestimmte Anwendung eingeführt, darunter Funktionen einer und mehrerer Variablen, Reihen

[192] Der Artikel wurde unverändert in die Mathematischen Werke (1895) übernommen.

und Produkte im reellen oder komplexen Fall. Die erste der drei Formulierungen findet man bis in die Vorlesung des Winters 1870/71 (elliptische Funktionen), sie verschwindet danach aber vollständig. Parallel dazu erscheint in derselben Vorlesung der sich etablierende Begriff „gleichmäßig", dessen Verwendung sich in den meisten der von mir untersuchten Mitschriften bis 1886 fortsetzt. Zehn Jahre später, im Winter 1880/81, beginnt Weierstraß damit, die dritte Formulierung („gleichförmig") zu lehren, die bis in die jüngsten Vorlesungsskripte anzutreffen ist und oft parallel zur Formulierung „gleichmäßig" auftritt.

### 6.10.2 *Turnusmäßige Vorlesungen ohne den Begriff der gleichmäßigen Konvergenz*

Meine Analyse der Mitschriften konnte zeigen, dass es Vorlesungen des turnusmäßigen Zyklus gab, die auf den Begriff der gleichmäßigen Konvergenz gänzlich verzichteten, obwohl dieselbe Veranstaltung in anderen Semestern das Thema der gleichmäßigen Konvergenz behandelte (siehe dazu auch die untenstehende Tabelle). Dies betrifft die Mitschriften der elliptischen bzw. analytischen Funktionen der Jahre 1868 und 1868/89, da sie keine explizite Definition oder Anwendung der gleichmäßigen Konvergenz enthalten. Dies lässt sich zum jetzigen Zeitpunkt nur über die Persönlichkeit Weierstraß' als Forscher und Lehrer erklären: Der Aspekt der Gleichmäßigkeit war für den Zeitraum um 1868 kein erkennbarer Forschungsschwerpunkt, gleichzeitig könnte Weierstraß mit der Entwicklungsstufe dieses Begriffes unzufrieden gewesen sein. Die tatsächlichen Gründe bleiben unklar.

### 6.10.3 *Die Anwendung der gleichmäßigen Konvergenz im Laufe der Vorlesungen*

Die Anwendungsgeschichte beginnt bei Weierstraß schon vor der Zeit als Professor an der Universität, mit den Vorlesungen am Gewerbe-Institut. Der praxisorientierte Rahmen, in der die Infinitesimalrechnung gelesen werden musste, beschränkte die Anwendung der gleichmäßigen Konvergenz noch auf den traditionellen Lehrsatz über die Summe einer unendlichen Reihe von stetigen Funktionen (siehe Schwarz 1861).

In den Universitätsvorlesungen wird das Spektrum der Anwendungen vertieft und erweitert, die Regeln der Vertauschbarkeit (wie sie heute zu den Grundlagen der Analysis zählen) finden ab den siebziger Jahren keine explizite Erwähnung hinsichtlich der gleichmäßigen Konvergenz mehr. Die letzte Mitschrift, die die Vertauschbarkeit von Integration und Summation im Zusammenhang mit gleichmäßiger Konvergenz nennt, ist die Mitschrift *Elliptische Funktionen* eines unbekannten Verfassers aus dem Semester 1870/71. Die Aussage des Cauchy'schen Summentheorems, die zuerst in der Schwarz-Mitschrift (1861) als Motivation der Einführung des Begriffs herangezogen wird, zählt dagegen zu den immer wiederkehrenden Anwendungen, da sie sowohl in den frühen als auch in den späten Weierstraß-Vorlesungen Platz gefunden hat (Pasch 1865/66, Kneser 1880/81, Thieme 1882/83). Eine weitere, häufig auftretende Anwendung ist die Entwicklung einer Summe von Potenzreihen in eine Potenzreihe (Hettner 1874, Rudio 1878). So heißt es in der Überschrift eines Paragraphen aus der Rudio-Mitschrift: „Die gleichmässige Convergenz als Bedingung der Entwickelbarkeit einer Summe von unendlich vielen Potenzreihen in eine einzige. Anwendung auf das Produkt von Potenzreihen." Hier erkennt man die beginnende Ausdehnung des Begriffs auf unendliche Produkte, die mit der Definition der gleichmäßigen Konvergenz für Produkte (Kneser 1880/81) systematisch vorgenommen wurde. Diese fachmathematische Entwicklung legt zugleich den Grundstein für den Beginn einer allgemeineren Definitionsweise, die mit der Einführung der gleichmäßigen Konvergenz für Funktionenfolge, wie es sie bei Weierstraß noch nicht gab, die heute etablierte Stufe der Abstraktion darstellt.

### *6.10.4 Ein Kriterium für gleichmäßige Konvergenz*

Traditionell war die Reihenlehre das Hauptanwendungsfeld der gleichmäßigen Konvergenz. In der Theorie wurde die Konvergenz stets mithilfe der Definition nachgeprüft, für die im günstigsten Fall eine geschlossene Form der Teilreihen $s_n$ bzw. $r_n$ vorlag.

Um zu zeigen, dass eine bestimmte Reihe nicht gleichmäßig war, hielten sich Autoren wie Liebmann (1900) und Björling (1853) daran, das „Nichterfüllen" der definitionsmäßigen Voraussetzungen nachzuweisen.

Der Beweis der Gleichmäßigkeit einer Reihe konnte erstmalig durch das Majorantenkriterium allgemein vereinfacht werden. Nach den Bezeichnung aus (Remmert 1984), die ich leicht abändere, ist eine Funktionenfolge $f_v: X \to \mathbb{C}$ auf einer nicht-leeren Teilmenge $A$ nach dem Majorantenkriterium gleichmäßig konvergent, wenn es ein Folge reeller Zahlen $a_v \geq 0$ mit $\sum a_v < \infty$ gibt, so dass $|f_v| \leq a_v$ auf ganz $A$ und für alle $v$ gilt. Remmert schreibt dazu: „WEIERSTRASS hat sein Kriterium 1880 in seiner Abhandlung Zur Functionenlehre als Fußnote (S. 202) angegeben" (Remmert 1984, 74). In dieser Abhandlung wird das Kriterium auf Funktionenreihen $\sum f_v$ anwendet und in einem Zug mit der Einführung der gleichmäßigen Konvergenz genannt:

> „Diese Bedingung [der gleichmäßigen Konvergenz] ist sicher erfüllt, wenn es eine Reihe bestimmter positiver Grössen
>
> $$g_1, g_2, g_3, \ldots$$
>
> giebt, für die sich feststellen lässt, dass an jeder Stelle des Bereichs $B$
>
> $$|f_v| \leq g_v, \quad (v = 0, \ldots \infty)$$
>
> und die Summe
>
> $$\sum_{v=0}^{\infty} g_v,$$
>
> einen endlichen Werth hat" (Weierstraß 1880, 202).

Weierstraß gibt hier den Inhalt des heutigen Majorantenkriteriums an, führt es aber noch nicht als eigenständige Eigenschaft ein. Das Kriterium wird erneut in einer Abhandlung aus den Sitzungsberichten der Preussischen Akademie (Weierstrass 1885, 637) zum Zwecke der Potenzreihenentwicklung angewendet.[193]

Eine Einführung des Majorantenkriteriums konnte in den vorliegenden Vorlesungsmitschriften allerdings nicht nachgewiesen werden.

---

[193] Die dortige Anwendung der „Majorantenmethode" wird in (Siegmund-Schultze 1988, 247) erwähnt.

### *6.10.5 Schlussbemerkung*

Die Frage, wie Weierstraß als Mitbegründer den Stand der Rezeption der gleichmäßigen Konvergenz reflektiert, kann durch einen Brief vom 6. März, 1881 an H. A. Schwarz erhellt werden:[194]

> „In den Osterferien werde ich eine neue umgearbeitete und vermehrte Auflage meiner Abhandlung über die eindeutigen Funktionen veranstalten, wozu ich vielseitig, auch von Frankreich aus aufgefordert bin. Bei den Franzosen hat namentlich meine letzte Abhandlung [Anm.: hierbei handelt sich um (Weierstraß 1876)] mehr Aufsehen gemacht als sie eigentlich verdient. Man scheint endlich einzusehen, welche Bedeutung der Begriff der gleichmäßigen Konvergenz hat".[195]

Durch diesen, auch schon von Ludwig Bieberbach (1923) kommentierten Brief an Schwarz, wird zum einen deutlich, dass Weierstraß die Schaffung und Etablierung des Begriffs für sich beansprucht, und zum anderen erhalten wir einen Hinweis über die Rezeption der gleichmäßigen Konvergenz außerhalb Deutschlands, in diesem Fall Frankreich, die für das ausgehende neunzehnte Jahrhundert durch Camille Jordan und seine modernisierte Auflage von A. L. Cauchys *Cours d'analyse* repräsentiert wird (siehe hierzu Kapitel 7).

[194] Der Brief befindet sich im Nachlass Schwarz im Archiv der Berlin-Brandenburgischen Akademie der Wissenschaften.
[195] Nachlass Schwarz, 1175, Brief von Weierstraß an H. A. Schwarz vom 6. März 1881, Blatt 124, 125.

## 6.11 Kurzübersicht der untersuchten Vorlesungsmitschriften

| Vorlesungstitel | Verfasser der Mitschrift, Jahr und Semester | Begriffsdefinitionen für gleichmäßige Konvergenz | Anwendung des Begriffs |
|---|---|---|---|
| Differential- und Integralrechnung | G. Schmidt (SS 1859) | Nein | / |
| Differentialrechnung | H. A. Schwarz (SS 1861) | Im gleichen Grad | Summentheorem |
| Principien der Analytischen Functionen | M. Pasch (WS 65/66) | Im gleichen Grad | Summentheorem<br>Integration von Reihen (stetige und analytische Funktionen) |
| Einführung in die Theorien der analytischen Funktionen | W. Killing, L. Kiepert (SS 68) | Nein | / |
| Elliptische Funktionen | N. N.*) (SS 68)***) | Nein | / |
| Theorie der elliptischen Functionen | N. N.*) (WS 68/69) | Nein | / |
| Theorie der elliptischen Functionen | N. N.*) (WS 70/71) | Im gleichen Grade, gleichmäßig | Integration der Glieder einer Reihe<br>Reihe rationale Funktionen<br>Reihen in ℂ |
| Einleitung in die Theorie der analytischen Funktionen | G. Hettner (SS 74) | Gleichmäßig | Reihen von Potenzreihen |
| Theorie der elliptischen Functionen | J. Knoblauch**) (WS 74/75) | Nein | / |
| Theorie der analytischen Functionen | F. Rudio*) (SS 78) | Gleichmäßig (für multivariable Ausdrücke) | Reihen von Potenzreihen<br>Produkt von Potenzreihen<br>Potenzreihen in ℂ |
| Einleitung in die Theorie der analytischen Funktionen | A. Hurwitz (SS 78) | Gleichmäßig (Funktiontheoretische Def.) | Potenzreihen in ℂ<br>Reihen analytischer Funktionen |
| Einleitung in die Theorie der analytischen Functionen | A. Kneser (WS 80/81) | Gleichförmig (für multivariable Ausdrücke).<br>Gleichmäßig | Summentheorem<br>Potenzreihen<br>unendl. Produkte |
| Analytische Functionen | G. Thieme*) (WS 82/83) | Gleichförmig (für multivariable Ausdrücke)<br>Gleichmäßig | Potenzreihen (Sinusreihe)<br>Summentheorem<br>Umwandlung von transzendenten Ausdrücken in Potenzreihen. |
| Ausgewählte Kapitel aus der Funktionenlehre (Ergänzungveranstaltung) | N. N. (SS 86) | Gleichförmig<br>Gleichmäßig | Ein spezieller Satz über Funktionenfolgen,<br>unbedingt konvergente Potenzreihen konvergieren gleichmäßig. |

*) Mitschriften und Notizen aus dem Nachlass von H. A. Schwarz.

**) Die publizierte Ausarbeitung umfasst 34 Kapitel. Johannes Knoblauch schreibt im Vorwort des fünften Bandes: „[...] der Theorie der elliptischen Functionen liegt für die Kapitel 1 bis 9, 12 und 13 ein Manuscript zu Grunde, das Weierstrass im Jahre 1863 Herrn F. Mertens dictirt hat. Für einige specielle Abschnitte der Anfangskapitel ist eine Ausarbeitung von Herrn Felix Müller aus dem Wintersemester 1864-65 zu Rathe gezogen worden. Das übrige ist nach meiner Nachschrift einer von Weierstrass im Wintersemester 1874-75 gehaltenen Vorlesung ausgearbeitet worden, [...]" (Vorwort zu Band V: Vorlesungen über die Theorie der elliptischen Funktionen).

***) Laut Vorlesungsverzeichnis wurde im Sommersemester 1868 von Weierstraß keine elliptischen Funktionen gelesen. Vielleicht ist eine Umdatierung auf das WS 1868/69 sinnvoll.

# 7 Weiterentwicklungen und Anwendungen

## 7.1 Einleitung

Bislang war nicht untersucht worden, wie die Begriffsentwicklung zur gleichmäßigen Konvergenz von anderen Mathematikern aufgenommen und verarbeitet worden ist, welches die Anwendungsschwerpunkte waren und welche Weiterentwicklungen sich aus den Rezeptionen ergeben haben. Ausgehend von dem im Anfangskapitel dargestellten Analyseprogramm der Hermeneutik ist es besonders relevant, dabei die internationale Rezeption differenziert zu betrachten, entsprechend den Arbeitshorizonten in den jeweiligen mathematischen *communities*.

Es wird hier daher zunächst untersucht, wie Schüler und (enge) Mitarbeiter von Weierstraß die begriffliche Entwicklung aufgenommen haben. Danach wird deren Verbreitung in deutschsprachigen Lehrbüchern untersucht. An weiteren mathematischen *communities* werden anschließend die französische und die italienische untersucht. Die französische ist besonders relevant, da die Ablehnung des Programms der Strenge, insbesondere der dadurch produzierten „Monster"-Funktionen, durch Teile dieser community bekannt sind. Die italienischen Mathematiker wiederum sind aufschlussreich: einmal, wegen deren frühen Kontakte mit Weierstraß und andererseits wegen der beispielhaften Rolle, die Dinis Lehrbuch für die Verbreitung des Programms der Strenge zugesprochen wird.

## 7.2 Beiträge der Schüler und Mitarbeiter von Karl Weierstraß

### *7.2.1 Hermann Amandus Schwarz (1843-1921)*

Schwarz studierte bis 1867 in Berlin und war bis 1864 ein Schüler von Weierstraß. In seiner Zeit als Professor der Mathematik an der Eidgenössischen Technischen Hochschule in Zürich wurde seine Abhandlung über ein *Beispiel einer stetigen nicht differentiierbaren Function* (1873) publiziert.[196] Schwarz und Weierstraß standen über viele Jahre hinweg in Briefkontakt, die Korrespondenz wird auf den Zeitraum zwischen dem Herbst 1866 und 1893 datiert (Thiele 2008, 400). Als Inspiration diente sicherlich ein Brief von Weierstraß an Schwarz, indem er ihm von einer neu entdeckten stetigen, aber nirgends differenzierbaren Funktion berichtete. Im Jahre 1873 greift er erneut die Frage auf, ob es eine Bedingung gibt, nach der die Differenzierbarkeit einer stetigen Funktion gesichert wird. Diese Diskussion „hat in Kreisen deutscher Mathematiker schon vor mehr als zehn Jahren aufgehört [...]" (Schwarz 1873, 269). Er wusste, Weierstraß verneinte diese Frage schon im Jahre 1861 in einer seiner Vorlesungen und gab die Funktion $\varphi(x) = E(x) + \sqrt{x - E(x)}$ als Beispiel an, wobei $E(x) = \lfloor x \rfloor$ gesetzt ist (Schwarz 1873, 270).[197] Er schreibt:

> „Herr Weierstrass [hat] im Jahre 1861 in den Vorlesungen, welche derselbe in dem Gewerbeinstitute in Berlin über Differential- und Integralrechnung hielt, die richtige Darlegung des wahren Sach-

---

[196] Weierstraß hat diese Arbeit später als unzureichend bezeichnet.

[197] Man findet eine Erwähnung dieser Funktion $\varphi(x)$ im Abschnitt *Nouvelles fonctions continues n'ayant pas de dérivée* bei Darboux (1875, 98).

verhalts gegeben, gemäss dem alle Versuche, die Existenz einer Ableitung für stetige Functionen eines reellen Argumentes allgemein zu beweisen, ohne Ausnahme als verfehlt betrachtet werden müssen" (Schwarz 1873, 269).

Ebenso ist bekannt, dass Weierstraß ein Beispiel einer stetigen, nirgends differenzierbaren Funktion im März 1872 vortrug, aber nicht publizierte. Gegenteiliges behauptet Thiele in seiner Veröffentlichung *The Weierstrass-Schwarz Letters* (2008): „it was not before 1874 that he actually found a counterexample, as read in a letter of April 19, 1874" (Thiele 2008, 406). Bei dem besagten Brief bezieht sich Thiele auf folgenden Auszug:

„Von dem gestern erwähnten Beispiel, daß es stetige Functionen einer reellen Veränderlichen giebt, die an keiner Stelle einen bestimmten Differentialquotienten besitzen, übersende ich Ihnen hierbei eine von meiner Schülerin gemachte Ausarbeitung [Anm.: Es handelt sich bei dieser Schülerin um Sonja Kowalewski (1850-1891)], welche ich durchgesehen habe. Sie werden sofort erkennen, wie sich allgemeine Reihen von der Form

$$\sum_{n=0}^{n=\infty} b_n \cos(a_n x + c_n)$$

bilden lassen, welche Functionen von derselben Beschaffenheit wie die beispielsweise von mir betrachteten darstellen" (Transkribiert nach der Reproduktion bei Thiele 2008, 406).

Diese Mitteilung an Schwarz interpretiert Thiele falsch, denn dieser hat von Weierstraß schon sehr viel früher ein Beispiel erhalten. Gerade in der Abhandlung von (Schwarz 1873) findet man den Beweis, dass Schwarz schon vor 1874 ein Beispiel kannte. Er erhielt im Jahre 1873 einen Brief von Weierstraß, in dem ein Bespiel einer solchen Ausnahmefunktion erwähnt wird. Schwarz bezieht sich in seiner Publikation von 1873 direkt auf das Summentheorem mit gleichmäßiger Konvergenz (hier *im gleichen Grade*):

„Die Reihe

$$\sum_n \frac{\varphi(2^n x)}{2^n \cdot 2^n} \quad (n = 0,1,2, \dots \infty)$$

convergirt für alle in Betracht kommenden Werthe von $x$ in gleichem Grade. Aus diesem Grund überträgt sich die Eigenschaft der Eindeutigkeit und Stetigkeit, welche die einzelnen Glieder der Reihe als Function von $x$ besitzen, auch auf die Summe derselben" (Schwarz 1873, 272).

Die Funktion $\varphi(x)$ definiert Schwarz als $\lfloor x \rfloor + \sqrt{x - \lfloor x \rfloor}$ und findet für sie die Abschätzung $\varphi(x) \leq x + \frac{1}{4}$, die man sich wie folgt erklären kann: Sei $\{x\} = x - \lfloor x \rfloor$, dann ist $\varphi(x) = x + \sqrt{\{x\}}(1 - \sqrt{\{x\}})$. Die Funktion $\varphi(x) - x$ hat ihr Maximum an der Stelle $\frac{1}{4}$. Man kann nun zeigen, dass die Reihe $f(x) := \sum_n \frac{\varphi(2^n x)}{2^n \cdot 2^n}$ in gleichem Grade konvergiert. Es gilt

$$|f_v| = \left|\frac{\varphi(2^v x)}{4^v}\right| \leq \frac{|x|}{2^v} + \frac{1}{4^v} =: g_v \quad \text{und} \quad \sum_v g_v = 2|x| + \frac{4}{3} < \infty.$$

Demnach konvergiert $f(x)$ nach dem Weierstraß'schen Majorantenkriterium im gleichen Grade, und zwar auf jedem beschränkten Intervall. Mit der Annahme, die Funktion $\sum_{n=0}^{\infty} \frac{\varphi(2^n x)}{2^n \cdot 2^n}$ sei nirgends differenzierbar, lag Schwarz allerdings falsch. Darboux erkannte, dass die „Schwarz-Funktion" an unendlich vielen Punkten differenzierbar ist. Dies geht aus einem Brief von Weierstraß an Du Bois-Reymond aus dem Jahr 1875 hervor (Schubring 2012b, 572 f.).

Da diese Mitteilung aus dem Jahre 1873 stammt, muss er die mathematische Forschung von Weierstraß gekannt haben, schließlich waren beide in engem Briefkontakt. Man findet hier trotzdem nicht die neuere Formulierung „gleichmäßig". Entweder kannte Schwarz die aktuellen Forschungsstand seines früheren Lehrers aus den frühen siebziger Jahren nicht, in denen er „gleichmäßig" schrieb, oder Weierstraß selbst hat bis 1873 selbst noch die Formulierung „im gleichen Grade" verwendet. Wie ich aber zeigen konnte, verwendete er schon in seiner Vorlesung über elliptische Funktionen aus dem Winter 1870/71 den Begriff „gleichmäßig".

### *7.2.2 Du Bois-Reymond und das Thema der stetigen, nicht-differenzierbaren Funktionen*

Nicht nur Schwarz, auch Du Bois-Reymond hat sich über die Entdeckung der Weierstraß'schen Funktionen geäußert und schreib in seiner Publikation *„der Versuch einer Classification der willkürlichen Functionen reeller Argumente nach ihren Aenderungen in den kleinsten Intervallen"* (1874):

> „Ganz etwas Anderes [Anm.: als die Sachlage für die Funktion $x \cdot \sin\frac{1}{x}$ für $x = 0$] scheinen mir aber die Functionen zu bedeuten, die Herr Weierstrass seinen Bekannten mittheilt, die in keinem Punkte einen Differentialquotienten besitzen, was noch von keiner der vorher angeführten Functionen nachgewiesen worden ist, und welche bei ihrer grossen Einfachheit und scheinbaren Unverfänglichkeit ahnen lassen, eine wie verbreitete Eigenschaft die Nichtdifferentiierbarkeit der Functionen sein mag. Hier sind nicht besondere Zahlenarten, die doch schließlich immer isolirt auftreten, mit gewissen Singularitäten behaftet, sondern diese sind durch das ganze Grössengebiet des Arguments gleichförmig und gleichsam stetig vertheilt" (Du Bois-Reymond 1874, 29).

Diese in der Rezeption und Weiterentwicklung einmalige und nicht vollständig bestimmbare Formulierung Du Bois-Reymonds („gleichförmig und gleichsam") wird von dem Franzosen Jean Gaston Darboux (1842-1917) für seine Formulierung der gleichmäßigen Konvergenz aufgegriffen. Siehe dazu den entsprechenden Abschnitt 7.2.9.1.

Heines Darstellung einer solchen Funktion, die die auf alle Zahlenwerte ausgedehnte Eigenschaft der „Nichtdifferentiierbarkeit" besitzt, stützt sich auf eine Mitteilung von Weierstraß, die Du Bois-Reymond als Zitat wiedergibt:

> „Es sei $x$ eine reelle Variable, $a$ eine ungerade ganze Zahl, $b$ eine positive Constante, kleiner als Eins, und
>
> $$f(x) = \sum_0^\infty {}_n (b^n \cos(a^n x)\pi)$$
>
> so ist $f(x)$ eine stetige Function, von der sich zeigen lässt, dass sie, sobald der Werth des Products $ab$ eine gewisse Grenze übersteigt, *an keiner Stelle einen bestimmten Differentialquotienten hat*" (Weierstraß, zit. nach Du Bois-Reymond 1874, 29).

### *7.2.3 Das Summentheorem von Paul Du Bois-Reymond (1831-1889)*

Du Bois-Reymond zählt zwar nicht zu den Schülern Weierstraß (er schrieb seine Dissertation unter der Leitung von Kummer), unterhielt mit ihm aber einen Briefwechsel. Er lehrte zwischen 1870 und 1874 an der Universität Freiburg. Im Jahre 1871 wurde in den Mathematischen Annalen ein Artikel mit dem Titel *Notiz über einen Cauchy'schen Satz, die Stetigkeit von Summen unendlicher Reihen betreffend* publiziert, in dem er eine „durch passende Einschränkungen berichtigte" Version des Cauchy-Theorems von 1821 vorträgt (Pringsheim 1899). Du Bois-Reymond nimmt zu Cauchys unrichtigem Summensatz Stellung und betont, dass sehr wohl eine Beziehung zwischen den stetigen Gliedern einer Reihe und deren Summe hergestellt werden kann. Dies zeigen die trigonometrischen Reihen, so Du Bois-Reymond, aber der folgende Satz sei „meines Wissens noch nicht mitgetheilt worden":

> „Wenn in der unendlichen Reihe $w_1\mu_1 + w_2\mu_2 + \cdots$ die $\mu$ von $x$ unabhängig sind und die Reihe $\mu_1 + \mu_2 + \cdots$ absolut convergirt, wenn ferner die Grössen $w_1 = w_1(x)$, $w_2 = w_2(x)$,.. im Intervalle $x = a$ bis $x = b$ für jeden endlichen Index stetige Functionen des Arguments $x$ sind, wenn endlich keine dieser Functionen incl. $w_\infty$ für einen dem Intervall $x = a$ bis $x = b$ angehörigen Werth von $x$ [unter $w_p(x)$ stets $\lim_{\varepsilon=0} w_p(x \pm \varepsilon)$ verstanden] unendlich wird, so ist die Summe der Reihe $w_1\mu_1 + w_2\mu_2 + \cdots$ eine im Intervall $x = a$ bis $x = b$ stetige Function von $x$" (Du Bois-Reymond 1871, 135).

In moderner Notation haben wir die folgenden Bedingungen an die Reihe $\sum_{j=1}^{\infty} w_j(x)\mu_j$ geknüpft:

- $\sum_{j=1}^{\infty} \mu_j$ ist absolut konvergent.
- Jedes $w_j$ ist stetig und beschränkt.
- Die Grenzwertfunktion $\lim_{j\to\infty} w_j$ ist beschränkt.

Du Bois-Reymond betrachtet die Reihenglieder in einer differenzierteren Weise als das Cauchy in seiner $u_n$- Schreibweise tat. Die allein nicht ausreichende Bedingung der Stetigkeit der Glieder wird durch die absolute Konvergenz erweitert um zur Stetigkeit der Summe zu gelangen. Die absolute Konvergenz übernimmt in dieser klassischen Anwendung also eine „Vorgängerrolle" gegenüber der gleichmäßigen Konvergenz ein, und das, obwohl sie (wie man im Folgenden sehen wird) für den Beweis des Satzes nicht herangezogen wird. Du Bois geht folgendermaßen vor, um die Stetigkeit der Reihe $w_1\mu_1 + w_2\mu_2 + \cdots = U_\infty$ zu zeigen:

$$U_n(x+\varepsilon) - U_n(x) = \sum_{j=1}^{m} \big(w_j(x+\varepsilon) - w_j(x)\big)\mu_j + \sum_{j=m+1}^{n} \big(w_j(x+\varepsilon) - w_j(x)\big)\mu_j.$$

Aus den Differenzen $w_j(x+\varepsilon) - w_j(x)$ werden „Mittlere Werthe" in Abhängigkeit der Größen $m, n, \varepsilon$ gebildet; Das Gleichheitszeichen aus der Vorlage habe ich durch ein passenderes Zeichen ersetzt:

$$\sum_{j=1}^{m} \big(w_j(x+\varepsilon) - w_j(x)\big)\mu_j + \sum_{j=m+1}^{n} \big(w_j(x+\varepsilon) - w_j(x)\big)\mu_j \approx \Delta W_m \sum_{j=1}^{m} \mu_j + \big(W_{m,n}^{(1)} - W_{m,n}\big) \sum_{j=m+1}^{n} \mu_j.$$

Der Exponent in $W_{m,n}^{(1)}$ soll die Abhängigkeit von der Größe $\varepsilon$ symbolisieren. Du Bois-Reymond folgert ohne weitere Erklärung, dass $\Delta W_m = 0$ für $\varepsilon \to 0$ gilt. Der Grund dafür liegt in der Bedingung „Jedes $w_j$ ist stetig und beschränkt". Für $n \to \infty$ erhält er die Gleichung:

$$\lim_{\varepsilon\to 0}\big(U_\infty(x+\varepsilon) - U_\infty(x)\big) = \Big(\lim_{\varepsilon\to 0} W_{m,\infty}^{(1)} - W_{m,\infty}\Big) \sum_{j=m+1}^{\infty} \mu_j.$$

Da die Mittelwerte $W_{m,\infty}^{(1)}, W_{m,\infty}$ immer endlich sind ($\lim_{j\to\infty} w_j$ ist beschränkt, s. oben) und die rechte Seite für wachsende $m$ beliebig klein gemacht werden kann, ist die Stetigkeit der Reihe $U_\infty$ gezeigt. Die absolute Konvergenz wird also als Vorbedingung des Satzes gefordert, aber im Beweis nicht explizit aufgeführt.

Gleichzeitig ist es erstaunlich, dass Du Bois-Reymond, der in Kontakt mit Weierstraß und dessen Mathematik stand, hier nicht auf gleichmäßige Konvergenz zurückgreift. Sie erscheint in keiner Anmerkung, was angesichts des Jahres der Veröffentlichung (1871) und seiner Beziehung zu Weierstraß eine große Auffälligkeit bedeutet.

In seiner Arbeit *Zur allgemeinen Functionenlehre* (Erster Teil, 1882) kommt Du Bois-Reymond auf seine Arbeit von 1871 zurück. Hier findet allerdings wider Erwarten keine Auseinandersetzung mit dem Begriff der gleichmäßigen Konvergenz statt. Stattdessen zeigt der folgende Ausschnitt, in wie weit das Thema der Konvergenz behandelt wird:

> „So wenig Beachtung war ihm geschenkt worden [dem *allgemeinen Convergenz- und Divergenzprinzip*], dass ich 1871 einen besonderen Fall des Princips (dass eine Reihe $u_1 + u_2 + etc.$ convergirt, wenn der Cauchysche Ausschnitt $u_m + u_{m+1} ... u_n$ bei in Unbegrenzte zunehmenden $m$ und $n$ stets die Grenze Null hat) für eines Beweises bedürftig erklären musste“ (Du Bois-Reymond 1882, 165).

Er schildert kurz das „Prinzip“, nach dem eine Reihe dann konvergiert, wenn sie (modern gesagt) das Cauchy-Kriterium erfüllt und eine Cauchyfolge bildet. Man kann Du Bois-Reymond also nicht als einen „Verbreiter“ des Weierstraß'schen Gleichmäßigkeitsbegriffs betrachten, es ist sogar unklar, warum er den Begriff in seinen Arbeiten nicht verwendet hat.

### *7.2.4 Eduard Heine (1821-1881)*

Von 1838 an studierte Heine ein Semester in Berlin (vom 29.9.1838 bis zum 25.3.1839), darauffolgende drei Semester in Göttingen (u. a. bei Gauss) und kam schließlich wieder an die Berliner Universität zurück. Dort war er vom 10.10.1840 bis zum 22.3.1842 immatrikuliert und studierte innerhalb dieser drei Semester die folgenden Vorlesungen bei Dirichlet privat:

- Elemente der Reihenlehre und Partielle Differentialgleichungen (WS 40/41),
- Zahlentheorie (SS 41) und
- Bestimmte Integrale und Anwendung der Lehre von den bestimmten Integralen (WS 41/42),

wobei Dirichlet für Heine „den ausgezeichneten“ bzw. „rühmlichsten Fleiß bezeugt“.[198] Heine beendete sein Studium in Berlin im Jahr 1842 und wurde schließlich, am 6. September 1856, als ordentlicher Professor nach Halle berufen. Diese Stelle behielt er ohne Unterbrechnungen bis zu seinem Lebensende. A. Wangerin (1928, 431) betont, dass Heine jedoch mit den Berliner Mathematikern Weierstraß, Kummer, Kronecker und Borchardt, befreundet war:

> „Er liebte es, sich gerade mit ihnen über wissenschaftliche Fragen zu unterhalten, und reiste zu dem Zwecke oft nach Berlin, besonders in den Osterferien“ (ibid.).

Seine mathematischen Beiträge sind also durch die Weierstraß'sche Entwicklung beeinflusst worden und bilden keinen eigenständigen Zweig der Begriffsgeschichte. Als Indiz für die Kenntnis Heines zum Forschungsstand bei Weierstraß kann folgendes Zitat dienen:

[198] Siehe dazu die Anmeldebögen Heines im Anhang.

„Bis in die neueste Zeit glaubte man, es sei das Integral einer convergenten Reihe, deren Glieder zwischen endlichen Integrationsgrenzen endlich bleiben, gleich der Summe aus den Integralen der einzelnen Glieder, und erst Herr *Weierstraß* hat bemerkt, der Beweis dieses Satzes erfordere, dass die Reihe in den Integrationsgrenzen nicht nur convergire, sondern dass sie auch in gleichem Grade convergire" (Heine 1869, 353)

In diesem Artikel Heines werden, ähnlich wie in der Mitschrift über elliptische Funktionen desselben Jahres, beide Benennungen, *gleichmäßig* und *in gleichem Grade*, verwendet. Der formale Unterschied zu punktweiser Konvergenz wird besonders hervorgehoben.

„Eine Reihe von Gliedern $g_1, g_2, g_3, \cdots g_m$ heisst *convergent,* wenn von einem angebbaren Werthe $n$ an, für stets wachsende Werthe von $n$, die Summe $g_n + g_{n+1} + g_{n+2} + \cdots + g_{n+m}$ unter jede beliebig gegebene von Null verschiedene Grösse $\varepsilon$ herabsinkt, welche positiven Werth man auch $m$ geben möge.
Hängen die Glieder g von eine Veränderlichen $x$ ab, welche alle Werthe von $\alpha$ bis $\beta$ (incl. $\alpha, \beta$) durchlaufen darf, so heisst die Reihe innerhalb dieser Grenzen *in gleichem Grad convergent, wenn das Criterium der Convergenz für jedes gegebene $\varepsilon$, während $x$ alle Werthe durchläuft, durch dasselbe $n$ erfüllt wird*; für $n$ hat man erst dann einen anderen Werth zu nehmen, wenn ein anderes $\varepsilon$ gegeben ist." (Heine 1869, 355 f.).

Die Gemeinsamkeit mit Weierstraß und seinem Begriff (*im gleichen Grade*) legt die Vermutung nahe, er habe an dieser oder einer zeitnahen Veranstaltungen teilgenommen. Eine Summe von $m + 1$ vielen Gliedern notiert Heine in seiner Definition von „convergent" durch den Ausdruck $g_n + g_{n+1} + g_{n+2} + \cdots + g_{n+m}$. Eine verwandte Schreibweise für die Darstellung einer Summe von Gliedern $\psi_n$ findet man in einer Weierstraß-Mitschrift desselben Jahres, und zwar die Ungleichung $|\psi_{n+1} + \cdots + \psi_{n+m}| < \delta$.

Heine promovierte im Jahre 1842 und verließ Berlin endgültig 1856 für eine Professur in Halle. Somit war er kein Hörer dieser Vorlesungen und konnte Weierstraß' Lehrstoff nur über Dritte kennen. Es gibt jedoch nicht nur Übereinstimmungen. So hat Heine (wie das Zitat aus Heine 1869, 355 f. deutlich macht) noch vor Weierstraß die *Konvergenz im gleichen Grade* auf abgeschlossenen Intervallen anwendet. Auf diesem Fundament definiert er den Begriff *im gleichen Grade* weiter aus: Konvergenz (auf einem abgeschlossenen Intervall) *abzüglich* einer Menge von Umgebungen.

„*Im allgemeinen*, d. h. mit Ausnahme der Umgebung gewisser Punkte, *in gleichem Grade convergent* von $\alpha$ bis $\beta$ nenne ich eine Reihe, welche das Criterium der gleichmässigen Convergenz auf der ganzen Linie von $\alpha$ bis $\beta$ erfüllt, nachdem man aus derselben vorher beliebig kleine Stücke ausgeschieden hat, welche die erwähnten Punkte einschließen" (ibid., 356).

Heines drei Sätze aus dem Gebiet der Fourieranalysis, die auf den Arbeiten von Dirichlet und Fourier fußen, können wir als Anwendungen dieser neuen Begriffsbestimmung ansehen.

Da Georg Cantor von 1863 bis 1867 in Berlin studiert hat, u. a. bei Weierstraß, und da er ab Anfang 1869 in Halle in enger Kommunikation mit Heine wirkte, liefert Cantor möglicherweise Anregungen für Heine.

Die Ergebnisse seiner Arbeit gab Heine an Cantor weiter, von dem er Anmerkungen erhielt und darauf aufmerksam gemacht wurde, dass der Begriff im gleichen Grade von Seidel (1847) verwendet wurde. Ein solcher Zusammenhang existiert jedoch nicht und Cantor muss einem Irrtum zum Opfer gefallen sein. In der zitierten Arbeit von Seidel, die im Jahre 1848 an der Münchener Akademie veröffentlicht wurde, findet sich keine Spur dieser Formulierung.

### *7.2.5 Axel Harnack (1851-1888)*

Als Mathematiker studierte Harnack ab 1869 zunächst in seiner Heimatsstadt Dorpat und fünf Jahre später weiter in Erlangen. Seine Doktorarbeit schrieb er unter der Leitung von Felix Klein. Nach seiner Habilitation führte ihn seine erste Professur an das Polytechnikum in Darmstadt. Er wechselte ein Jahr später (1877) an das Polytechnikum in Dresden, an dem er bis zum frühen Ende seiner Karriere lehrte. Im Zuge dieser Anstellung publizierte er 1881 ein Lehrbuch, das er als Vorbereitung zum Studium der mathematischen Analysis für die technischen Berufe konzipierte. Im Vorwort spricht er die Gegebenheiten seiner Lehrtätigkeit an, die die inhaltlichen Grenzen seines Lehrbuchs mitdefinierten:

> „Bei meinen Vorträgen über die Differential- und Integralrechnung an dem hiesigen Polytechnikum habe ich vor allem die Zwecke der Techniker zu berücksichtigen, denen das Studium der Analysis vornehmlich als Hülfsmittel zur Lösung mechanischer Probleme dienen soll" (Harnack 1881, 3).

Es ist daher zu erwarten, dass bei der Darstellung analytischer „Hülfsmittel" eine Vorauswahl zu treffen war, um den Umfang eines solchen, anwendungsorientierten Lehrbuchs anzupassen. Harnack musste also entscheiden, welche Konzepte für ein Ingenieursstudium relevant oder zumindest als Ergänzung interessant und hilfreich sein mögen.

Dabei muss beachtet werden, ob diese Konzepte bereits für die Praxis der technischen Anwendung gegenwärtig oder zukünftig, soweit absehbar, von Nöten sind oder ob ihre Kenntnis zum Verständnis dieser Anwendung maßgeblich mitwirken.

In jedem Fall entschied sich Harnack den Begriff der gleichmäßigen Konvergenz einzuführen, der sich im letzten Viertel des 19. Jahrhunderts durch die Vorlesungen von K. Weierstraß in Deutschland auf der Schwelle zu einem anerkannten Begriff in der Lehre der Analysis befand.

Eingangs definiert er ausführlich (gewöhnliche) Konvergenz von Zahlenreihen (ibid., 69 f.) und schließt hieran als Bemerkung zum Beweis des Satzes, dass eine Potenzreihe $\sum a_n x^n$ im Intervall ihrer absoluten Konvergenz stetig ist, folgendes an:

> „Zufolge dieser Eigenschaft, dass für dasselbe $n$, $\psi(x)$ sowohl wie $\psi(x \pm \delta)$ [es gilt $\psi(x) = a_n x^n + a_{n+1} x^{n+1} + a_{n+2} x^{n+2} + \cdots$] kleiner werden als $\varepsilon$, heissen die Potenzreihen in gleichem Grade oder gleichmässig convergente. Abel hat zuerst im oben angeführten Aufsatze darauf aufmerksam gemacht, dass aus der Stetigkeit der Reihenglieder nicht ohne weiteres auch die Stetigkeit der Reihe folgt" (ibid., 76)

Zum ersten Mal in der Begriffsrezeption werden die beiden unterschiedlichen Formulierungen *im gleichen Grade* und *gleichmässig* zusammengeführt (siehe Kapitel 6). Er nennt ebenso Abels Summentheorem für Potenzreihen und verwendet in seiner eigenen Notation bereits eine Form der Epsilon-Delta-Schreibweise, wie sie heute gebräuchlich geworden ist. Sein Wissen um die Weierstraß'sche Lehre, wie sie in den Berliner Vorlesungen über analytische Funktionen vorgetragen wurde, bringt Harnack direkt ein und merkt an:

> „Die gleichmässige Convergenz lehrt auch, dass die unendliche Reihe in ihrem ganzen Convergenzintervalle mit beliebiger Annäherung durch dieselbe ganze rationale Function ersetzt werden kann.

Man bezeichnet daher nach Weierstrass die durch die Potenzreihe dargestellte Function als eine solche, welche den Charakter einer ganzen rationalen Function hat“ (ibid.).

Im Kapitel *Ueber gleichmässige Convergenz, Differentiation und Integration einer unendlichen Reihe* wird der Begriff allgemeiner behandelt und für Reihen von Funktionen eingeführt (ibid., 232). Zusätzlich klärt Harnack die Frage, ob die stetige Summe stetiger Funktionen im Allgemeinen gleichmäßig konvergiert, und fügt die folgende Fußnote als Erläuterung an:

„Dass in der That die Stetigkeit einer convergenten Reihe für sich allein noch keine hinreichende Bedingung gleichmässiger Convergenz ist, lässt sich durch Beispiele von stetigen aber ungleichmässigen convergenten Reihen, wie sie neuerdings von Du-Bois Reymond, Darboux and Cantor gebildet worden sind, darthun. Ein von Cantor gegebenes Beispiel lautet: Die unendliche Reihe, deren allgemeines Glied ist:

$$f_n(x) = \frac{nx}{n^2x^2+1} - \frac{(n+1)x}{(n+1)^2x^2+1}$$

convergirt, denn es ist $R_n = \frac{nx}{n^2x^2+1}$ für $n = \infty$ Null, und die Summe der Reihe ist die stetige Function:

$$F(x) = \frac{x}{x^2+1}.$$

In der Umgebung der Stelle $x = 0$ convergirt diese Reihe ungleichmässig; denn die Function $R_n(x)$ besitzt für $x = \pm\frac{1}{n}$ einen Maximalwerth gleich $\pm\frac{1}{2}$. Es lässt sich also kein noch so kleines Intervall bei Null angeben, in welchem die Beträge aller Reste von einer Stelle ab kleiner als eine beliebig kleine Zahl bleiben.“ (ibid., 235).

Pringsheim zitiert (ebenso ohne Quellenangabe) die obige und „im wesentlichen nach G. Cantor“ gegebene Beispielreihe (Pringsheim 1899, 35 f.). Harnack liefert diese Anmerkung über die Umkehrung des Summentheorems also bereits achtzehn Jahre zuvor.

Die Entdeckung der unbedingten Konvergenz rechnet er Cauchy an („der Begriff der unbedingten Convergenz ist von Cauchy eingeführt; von Dirichlet, Abhandlungen der Berliner Academie 1837, erörtert worden“, ibid., 128). De facto hat Cauchy keine unbedingte oder absolute Konvergenz eingeführt, sondern auf einer anderen begrifflichen Ebene die Summierungen von Moduln betrachtet. Ein eigenständiges Konzept entwickelte er aber nicht.

Im Vergleich zu Stolz‘ Lehrbuch und dessen Behandlung der gleichmäßigen Konvergenz wird ersichtlich, dass Harnack eine in theoretischer Sicht weitaus fundiertere und tiefere Rezeption des Themas liefert. Durch seine detailreiche Einführung und seine Bezugnahmen auf weitere Autoren wie Cantor, Darboux, Du Bois-Reymond und Weierstraß nimmt Harnack bereits den Geist der resümeeartigen Darstellung der gleichmäßigen Konvergenz von Pringsheim (1899) vorweg.

### *7.2.6 Otto Stolz (1842-1905)*

Otto Stolz war ein österreichischer Mathematiker, der zunächst an der Universität Innsbruck studierte. Nach seiner Habilitation an der Universität in Wien blieb er dort bis 1869 als Privatdozent tätig. Es folgte ein weiteres Studium der Mathematik in Berlin, bei dem Stolz bis 1872 bei Kronecker, Kummer und Weierstraß, dessen Analysis-Lehre ihn besonders beeindruckte, hörte. In den neunziger Jahren publizierte er die *Grundzüge der Differential und Integralrechnung* in drei Bänden. Die ersten beiden sind der reellen bzw. komplexen Analysis gewidmet, der dritte Teil über Doppelintegrale wird in dieser Darstellung ausgelassen. Der allgemeinen Auffassung nach, war dieses Werk eine Verwirklichung der Weierstraß'schen Strenge in Lehrbuchform.

Stolz gibt keine formale Einführung des Begriffs der gleichmäßigen Konvergenz, wie es ein Grundlagenwerk dieses Zeitraumes erwarten lassen würde.[199] Stattdessen fokussiert er die Anwendung, die sich an den Standardeigenschaften gleichmäßig konvergenter Folgen und Reihen orientiert: Das Differential einer gleichmäßig konvergenten Reihen ergibt sich aus den Ableitungen der Glieder (Stolz 1893, 64 f.) und gleichmäßig konvergente Reihen liefern konvergente Reihen der Integrale der Glieder (ibid., 425). Ferne gelte die Vertauschung von Integration und Summation. Hierzu formuliert Stolz die Kontraposition, die er als Ergebnis Darboux anrechnet:

> „Wenn die Reihe $f_0(x) + f_1(x) + \ldots + f_n(x) + \cdots$ für die Werthe von $x$ im Integrationsintervalle nicht gleichmäßig convergirt, so kann das Ergebnis der gliedweisen Integrations von dem Integrale der Reihensumme verschieden sein" (ibid., 429).

Bemerkenswert ist im nachstehenden Fall die nicht-exklusive Verwendung der Formulierung „gleichmäßig" für die gleichnamige Konvergenzform. Nach Stolz führe ich folgende Bezeichnung ein: Es seien $a$ und $b$ die Grenzen eines Intervalls und $a_{n-1} = aq^{n-1}$ eine Art der Unterteilung des Intervalls, wobei $q = \sqrt[n]{b:a} > 1$ ist und dieser Wert für $n \to \infty$ gegen eins konvergiert. Die Strecke $b - a$ lässt sich damit in $\delta_r = a_r - a_{r-1} = aq^{r-1}(q-1)$ zerlegen, die für jedes $r$ *gleichmäßig* gegen Null konvergieren.

Aus dem Beginn des Beweises entnimmt man die folgende Eigenschaft für die Funktionenfolge $\delta_r$: „[...] jedem $\Delta > 0$ entspricht ein $\mu > 0$, so daß $\delta_r < \Delta$, wenn nur $n > \mu$ ist" (ibid., 362 f.).

Dies beschreibt eine Form der gleichmäßigen Konvergenz. Die Angabe, für wie viele $n$-Werte diese Eigenschaft eintritt, fehlt allerdings.

Im zweiten Teil, der komplexen Analysis, finden wir ebenso wenig eine Definition der gleichmäßigen Konvergenz. Ihr erstes Erscheinen in diesem Band fällt auf eine Fußnote (Stolz 1896, 84), in der Stolz die zusätzliche Bedingung dieser Konvergenz an eine Funktionenfolge einfordert.

Das analoge Resultat über die gliedweise Integration einer unendlichen Reihe präsentiert sich in diesem Band im Kontext der Funktionentheorie: Man findet hier gleichmäßige Konvergenz „für alle Punkte des Weges". Der Beweis beginnt mit einer direkten Konklusion aus einer Voraussetzung, die rückwirkend als Definition verstanden werden kann und einen kurzen Einblick in Stolz' formale Einbettung des Begriffs gibt:

> „Setzen wir [...] so lässt sich zufolge der gleichmässigen Convergenz der Reihe $f_0(x) + f_1(x) + \ldots + f_n(x) + \cdots$ längs $w$ jedem $\varepsilon > 0$ ein $\mu > 0$ so zuordnen, dass $|r_n(x)| < \varepsilon$ ist, wenn nur $n > \mu$ ist, mag $x$ was immer für ein Punkt von $w$ sein." (ibid., 193 f.).

Hier erkennt man die Weiterentwicklung der Anwendung dieses Begriffs im Zuge der Funktionentheorie und die moderne Verwendung der Epsilon-Schreibweise gepaart mit Ungleichungen und Beträgen (statt verbaler Beschreibungen). Die weiteren Anwendungen sind als Standardergebnisse nicht weiter von Belang.

---

[199] Stolz verwendet zusätzlich den Begriff „ungleichmäßig", siehe ibid., 436.

Ausgehend von seinen *Grundzügen* sieht er das *Fehlen* der gleichmäßigen Konvergenz in Cauchys mathematischem Werk als Lücke an. In der Fußnote des zwölften Absatzes (Überschrift: Bestimmte Integrale und Differentialquotienten der Grenzwerthe von unendlichen Reihen mit einer complexen Veränderlichen) schreibt Stolz:

> „Die Sätze dieser Nummer [d. h. solche dieses Absatzes] hat, abgesehen von der Forderung der gleichmässigen Convergenz (über deren Nachweis die Note auf S. 200 zu vergleichen ist), bereits Cauchy gegeben (vgl. Laurent, Traité d'Anal. III. S. 275)“ (ibid., 193).

Das Werk von Stolz zeichnet als überblickartige Darstellung der Analysis im Reellen und Komplexen ein anwendungsorientiertes und weitgehend gefestigtes Bild dieses langsam zum Kanon zählenden Begriffs der gleichmäßigen Konvergenz. Er verzichtet auf eine Definition oder Einführung gänzlich und ordnet die gleichmäßige Konvergenz ohne besondere Akzentuierung in den Begriffskanon der aktuellen Infinitesimalrechnung ein.

### 7.2.7 *Weiterentwicklungen in Italien*

#### *7.2.7.1 Felice Casorati (1835-1890)*

Zu den Beiträgen bzw. Verbreitungen der Analysis von Weierstraß lässt sich die wichtige Abhandlung *Teorica delle funzioni di variabili complesse* (1868) von Felice Casorati (1835-1890) zählen. Casorati unternahm 1858 eine erste Reise nach Berlin, eine zweite folgte 1864 (Schubring 2012a).

> “In his activity as mathematics professor at the university of Pavia, Casorati dedicated himself highly not only in disseminating recent results of research in Europe on the foundations of the calculus, but also in particular to apply and make known Weierstraß's conceptions of function theory” (Schubring 2012a, 30).

Während seiner Besuche in Berlin hat er zweimal an Vorlesungsstunden von Weierstraß teilgenommen und verarbeitete dieses Wissen in seiner Arbeit von 1868. Ihr Inhalt spiegelt also den Forschungsstand der Weierstraß-Arbeit noch vor 1865 wieder – und gibt damit noch vor Moritz Paschs Mitschrift einen Einblick in die *Analytischen Functionen*. Im Jahre 1868 der Veröffentlichung des ersten Bandes seiner *Teorica* schrieb er an Weierstraß einen Brief, in dem er um seine Durchsicht und Kommentierung bittet. Die folgende Passage zeigt trotz der sprachlichen Schwierigkeiten das hohe Ansehen, in dem der deutsche Kollege Weierstraß für Casorati stand.

> „Mein hoch verehrter Freund!
>
> Wahrscheinlich werden Sie schon angenommen haben, oder doch bald annehmen, den ersten Band der von mir in Pavia gehaltenen Vorlesungen, unter dem Titel Teorica delle funzioni di variabili complesse. Ich soll Sie wiederum bitten die zahlreichen Unvollkommenheiten und das für die Meister nur zu kleines Interesse dieses Bandes verzeihen zu wollen. Für die jungen Leute meines Vaterlandes habe ich diese lästige Arbeit unternommen; und würde sehr zufrieden sein, wenn die Meinung meines großen Freundes wäre dass dieselbe, trotz aller Unvollkommenheiten, die richtige Kenntniß der modernen wichtigen analytischen Ergebnisse in Italien etwas befördern könne. Hätte ich weniger Trauer um meine Familie tragen müßen, so wäre vielleicht etwas besser und auch früher diese Arbeit erschienen. Wenn mir das Glück käme daß Sie die Zeit meinen Index oder irgendeinen Theil des Bandes zu lesen fänden, dann würde ich Sie dringend bitten, alle Rathschläge bin-

nen diesem Jahre mir geben zu wollen, welche, ihrem hoch befügten Urtheile nach, im zweiten Bande, oder in einer späteren Ausgabe ganzes Werkes (da bei der jetzigen nicht zu viele Exemplare abgedruckt worden sind) benutzt werden könnten. In den ersten Sektionen werden Sie eine ungleich umständliche, wo aber die wahre Theorie der Functionen anfängt, und zwar im vierten Kapitel der dritten und überall in der vierten Sektion, eine (wie ich hoffe) befriedigendere regelmäßigere Redaktion“ (zit. nach Schubring 2012a, 30).

Der Konvergenzbegriff wird in Casoratis Arbeit für Reihen und unendliche Produkte (ab S. 336) verwendet. Eine Einführung in den Begriff, eine Definition oder Erklärung gibt er nicht. Der Begriff „convergenza“ entspricht der gewöhnlichen Konvergenz, da Casorati keine explizite Definition präsentiert:

„Wenn, innerhalb einer Umgebung $S$ der Ebene $z$, die

$$Q_1(z), Q_2(z), \dots$$

stetige, endliche und monodrome Funktionen[200] sind, und die Reihe

$$Q_1(z) + Q_2(z) + \dots$$

konvergent ist:

1. Die Summe $\Phi(z)$ dieser Reihe wird auch monodrom stetig und endlich innerhalb von $S$;
2. Innerhalb von $S$ haben wir

$$\frac{d\Phi(z)}{dz} = \frac{dQ_1(z)}{dz} + \frac{dQ_2(z)}{dz} + \cdots;$$

3. Wir haben außerdem

$$\int \Phi(z)dz = \int Q_1(z)dz + \int Q_2(z)dz + \cdots,$$

Was bedeutet, dass alle Integrale entlang der gleichen Linie endlicher Länge in $S$ genommen werden“ (Casorati 1868, 267; übersetzt: K.V.).[201]

Anhand dieses Theorems sieht man, wie Casorati eine Regel zur Vertauschung von Integral- bzw. Differentialoperation mit der Summation ohne Hinzunahme der gleichmäßigen Konvergenz aufstellt. Des Weiteren benutzt Casorati die Konvergenz in typischer Weise für die Funktionentheorie: Er betrachtet Konvergenzkreise („cerchio di convergenza“, S. 270 bzw. „convergente in un cerchio“, S. 83) und Konvergenz in der Umgebung bzw. Nachbarschaft

---

[200] Man nennt eine Funktion *monodrom*, wenn jeder von einem Punkt ausgehende Weg denselben Funktionswert erreicht.

[201] „Se, entro una porzione $S$ del piano z, le

$$Q_1(z), Q_2(z), \dots$$

siano funzioni monodrome continue finite, e la serie

$$Q_1(z) + Q_2(z) + \dots$$

sia convergente:

1. La somma $\Phi(z)$ di questa serie sarà pure funzione monodrama continua e finite entro $S$;
2. Entro $S$ si avrà

$$\frac{d\Phi(z)}{dz} = \frac{dQ_1(z)}{dz} + \frac{dQ_2(z)}{dz} + \cdots;$$

3. Si avrà pure

$$\int \Phi(z)dz = \int Q_1(z)dz + \int Q_2(z)dz + \cdots,$$

intendendo che glie integrali sieno presi tutti lungo una medesima linea di lunghezza finite tracciata entro $S$.“

(„convergente per tutto l'intorno del punto", S. 421). Nur einmal wird ein Konvergenzverhalten, im Falle einer Potenzreihe, konkretisiert:

> „Diese Reihe, die nach quadratischen Potenzen von $e^{\alpha}$ verläuft, präsentiert für alle endlichen Werte der Variablen die schnellste Konvergenz und von der man in der Analysis bisher kein Beispiel gegeben hatte" (Casorati 1868, 310; übersetzt: K.V.).[202]

Die Formulierung „convergenza la più rapida" bedeutet übersetzt „schnellste Konvergenz" und soll – wie man schon bei (Gudermann 1844) gesehen hat – den Grad der Konvergenzgeschwindigkeit umschreiben. Auch hier ist nicht von Gleichmäßigkeit die Rede. Geht man von der Annahme aus, dass Casorati während seiner Besuche bei Weierstraß mit dessen Konzept von gleichmäßiger Konvergenz in Kontakt kam, so müsste dieser Begriff in dieser Arbeit von 1868 (auf Grund seiner Bedeutung für die Funktionentheorie, die Casorati erkannt haben müsste) nachweisbar sein. Stattdessen zeigen Lemmata wie das obige über monodrom stetige Funktionen, wie Casorati alternative Bedingungen aufführt, um die typischen Sätze der gleichmäßigen Konvergenz zu erhalten.

*7.2.7.2 Salvatore Pincherle (1853-1936)*

Pincherle war seit seinem Abschluss im Jahre 1874 Lehrer in Pavia und studierte ab 1877 von neuem Mathematik, diesmal bei Weierstraß in Berlin, wo er die Vorlesung über analytische Funktionen hörte. Von Weierstraß tief beeindruckt, agierte er nach seiner Rückkehr in Italien als bedeutender Vertreter der Weierstraß'schen Lehre. In dem folgenden, auf den 2.2.1881 datierten Brief an Weierstraß lässt Pincherle die Motivation für seine Veröffentlichung durchscheinen:

> Après avoir assisté à Vos leçons et avoir pris connaissance des cahiers de plusieurs de Vos éléves, je me suis penetré de leur extrême importance et j'en ai fait le sujet exclusive de mes études. Et désireux que les étudiants de mon pays eussent au moins une idée de Votre méthode, qui renouvelle la science, j'ai fait un cours sur ce sujet à l'Université de Pavie.
>
> Malgré mon incapacité, ce cours a fait désirer à plusieurs personnes très compétentes et à de nombreux étudiants italiens qu'il y fût donné une plus grande publicité: et après avoir hesité longtemps, partagé d'un côté par la crainte de vous déplaire et le sentiment de mon insuffisance, et de l'autre par le désir de faire connaître en Italie l'importance de Vos leçons, je me suis decidé à publier le fascicule que je Vous présente.
>
> Mais je ne continuerai pas cette publication avant d'avoir su que je ne vous ai pas offensé; et honteux de ma temerité je vous prie de me pardonner ma liberté, et de me tenir, très illustre Professeur, pour votre très humble et devoué serviteur et eléve.
>
> (Nachlass *Weierstraß*, nach der Reproduktion bei Schubring 2012a, 31).

So flossen seine eigenen Notizen, wie auch die Mitschriften einiger, nicht namentlich genannter Mitstudenten in seine Aufarbeitung der Analytischen Funktionen (1878) ein, die er *Saggio di una introduzione alle theoria delle funzioni analytiche secondo i principii di Prof. C. Weierstrass* (1880) nannte (Schubring 2012a, 30 f.).

---

[202] „Questa serie, siccome procedente secondo le potenze quadratiche di $e^{\alpha}$, presenta per tutti i valori finiti della variabile la convergenza la più rapida, e di cui non si era per anche dato alcun esempio nell' analisi" (Casorati 1868, 310).

#### *7.2.7.3 Convergenza in egual grado oder Konvergenz in gleichem Maße*

Pincherle bespricht Konvergenz im Abschnitt über *die unendlichen Summen von rationalen Funktionen* (ital.: le somme di infinite funzioni razionali) und beginnt zunächst mit einem Rückgriff auf (gewöhnliche) Konvergenz auf Basis der Cauchy-Notation. Er verwendet die Bezeichner $S$ und $S_n$, die wir als Großbuchstaben auch bei Weierstraß gefunden haben:

„Es wurde bereits gesagt, dass eine Summe von unendlich (vielen) Größen (oder eine Reihe) als konvergent bezeichnet wird, wenn man

$$\mathrm{S_n} = \sum_{r=1}^{n} \mathrm{u_r}, \qquad \mathrm{S} = \sum_{r=1}^{\infty} \mathrm{u_r}$$

setzen, eine beliebig kleine Zahl $\varepsilon$ und eine dazu korrespondierende Zahl $N$ bestimmen kann, und zwar so groß, dass für $n > N$ immer

$$|\mathrm{S} - \mathrm{S_n}| < \varepsilon$$

ist“ (Pincherle 1880, 324; übers.: K.V.).

Hier findet man nur gewöhnliche Konvergenz der summierbaren Größen $u_r$, welche nicht als Funktionen zu verstehen sind (daher ist der Ausdruck „immer“ hier kein Hinweis auf eine irgendwie geartete Gleichmäßigkeit). An diese Wiederholung schließt Pincherle den Übergang zu konvergenten Reihen rationaler Funktionen der Form $\sum_{r=1}^{\infty} \varphi_r(x)$ an. Die Ungleichung $|S - S_n| < \varepsilon$ verwandelt sich zu $|\sum_1^{\infty} \varphi_r(x_0) - \sum_1^{m} \varphi_r(x_0)| < \varepsilon$ bzw. $|\sum_{m+1}^{\infty} \varphi_r(x_0)| < \varepsilon$. Auf diese Weise definiert er Konvergenz zunächst in einem Punkt $x = x_0$:

„Wenn die Konvergenz für verschiedene Werte von $x$: $x_0, x_1$, .... eintritt, wird es passend zu einer bestimmten Zahl $\varepsilon$ einem Wert $N_0$ geben, so daß für $n > N_0$

$$\left|\sum_{n+1}^{\infty} \varphi_n(x_0)\right| < \varepsilon$$

ist“ (Pincherle 1880, 324; übersetzt: K.V.).[203]

Zu demselben $\varepsilon > 0$ existiert für jedes weitere $x_1, x_2$ ... ein korrespondierendes $N_1, N_2$, .... Auf diese Weise definiert er gewöhnliche Konvergenz in verschiedenen Punkten $x_0, x_1, x_2$ ..., was ihn in einer bei Weierstraß auf diese Weise nicht anzutreffenden Weise zur Einführung der gleichmäßigen Konvergenz führt:

„Wenn diese Zahlen $N_0, N_1, \ldots$, derart für einen festen Wert von $\varepsilon$ und die Werte $x_0, x_1, \ldots$ von $x$ definiert sind, eine endliche Obergrenze $N$ haben, dann wird für alle Werte $n > N$ und für alle Werte $x_0, x_1, \ldots$ des Konvergenzbereichs

$$\left|\sum_{n+1}^{\infty} \varphi_r(x)\right| < \varepsilon,$$

[203] Pincherle 1880, 324: "Se la convergenza si verifica per vari valori di $x$: $x_0, x_1, \ldots$, si avrà corrispondentemente ad un numero determinato $\varepsilon$ un valore $N_0$ tale che sia, per $n > N_0$

$$\left|\sum_{n+1}^{\infty} \varphi_n(x_0)\right| < \varepsilon;"$$

und innerhalb dieses Bereiches wird man sagen, die Reihe konvergiert in gleichem Maße“ (Pincherle 1880, 324 f.; übersetzt: K.V.).[204]

Genau genommen haben wir hier aber nur gleichmäßige Konvergenz für abzählbar viele Punkte! Pincherle verallgemeinert und gibt eine Definition für Funktionen von drei Variablen, die auf Grund einer anders gewählten Formulierung nicht für abzählbar viele Punkte, sondern für einen ganzen (kontinuierlichen) Bereich bestimmt ist:

„Eine ähnliche Definition der Konvergenz in der gleichen Position können Sie auch auf die Reihe von mehreren Variablen zu geben; Man sagt, dass eine Reihe

$$S(x,y,z) = \sum_{r=1}^{\infty} \varphi_r(x,y,z)$$

In gleichem Maße konvergiert in einem gewissen Bereich $C$ der Werte $x, y, z$, wenn man für eine beliebig kleine Zahl $\varepsilon$ einen Wert $N$ finden kann, der für alle Systeme von Werten $(x, y, z)$ des Bereiches $C$ gilt, und das für $m > N$

$$\left|\sum_{1}^{\infty} \varphi_r(x,y,z) - \sum_{1}^{m} \varphi_r(x,y,z)\right| < \varepsilon$$

ist“ (ibid., 327; übersetzt: K.V.).[205]

### *7.2.7.4 Ulisse Dini (1845-1918)*

Seine Rolle als Verbreiter der gleichmäßigen Konvergenz basiert auf der großen Veröffentlichung über die *Grundlagen für eine Theorie der Functionen einer veränderlichen reellen Grösse* (1878)[206], die aus seinen Vorlesungen der Jahre 1871/72 entstand (Dini lehrte seit 1866 an der Universität Pisa, von 1871 an auch Analysis und Geometrie). Laut dem Herausgeber der Übersetzung flossen hier auch Arbeiten von Hankel, Dedekind, Cantor und Heine sowie Mitteilungen von Schwarz ein.

Im Abschnitt über unendlichen Reihen definiert er zunächst die Konvergenz dieser Objekte in der üblichen Cauchy-Notation. Die Summen werden durch den Ausdruck $u_1 + u_2 + \cdots + u_n \ldots$ gekennzeichnet und Konvergenz mit dem Verschwinden der Summe $r_n$ für wach-

---

[204] “Se questi numeri $N_0, N_1, \ldots$ cosí definiti per un valore fisso $\varepsilon$ e per i valori $x_0, x_1, \ldots$ di $x$ hanno un limite superiore finito $N$, allora per tutti i valori $n > N$ e per tutti i valori $x_0, x_1, \ldots$ del campo di convergenza sarà

$$\left|\sum_{n+1}^{\infty} \varphi_r(x)\right| < \varepsilon,$$

ed entro quel campo la serie si dirà *convergente in egual grado.*”

[205] “Una definizione analoga della convergenza in egual grado si può dare anche per le serie di più variabili; una serie

$$S(x,y,z) = \sum_{r=1}^{\infty} \varphi_r(x,y,z)$$

si dirà convergente in egual grado entro un certo campo $C$ di valori $x, y, z$ se preso un numero $\varepsilon$ piccolo ad arbitrio si potrà trovare un valore $N$ valido per tutti i sistemi di valori $(x, y, z)$ del campo $C$e tale ché per $m > N$ sia

$$\left|\sum_{1}^{\infty} \varphi_r(x,y,z) - \sum_{1}^{m} \varphi_r(x,y,z)\right| < \varepsilon."$$

[206] Im weiteren Verlauf wird die Übersetzung von Jacob Lüroth und Adolf Schepp (1892) herangezogen und mit dem italienischen Original verglichen.

sende $n$ beschrieben. Ebenso zieht er eine Grenze zwischen den unbedingten und gewöhnlichen konvergenten Reihen (Dini 1892, 126 f.; Dini 1878, 94).

Dini verwendet dieselbe Schreibweise mit $\sum u_n$ auch für unendliche Reihen von Funktionen im Intervall „$(\alpha, \beta)$". Obwohl er noch stark von der Cauchy'schen Notation der Reihen beeinflusst ist (d. h. er benutzt die bei Cauchy eingeführten Bezeichner $u_n$ ohne Angabe der Variable), scheint er eine feste Notation für offene Intervalle zu gebrauchen, da er abgeschlossene Intervalle mit dem Zusatz „$(\alpha, \beta)$ ($\alpha$ und $\beta$ eingeschlossen)" (1892, 136-8) bzw. „$(\alpha, \beta)$ ($\alpha$ e $\beta$ inclus.)" (1878, 110-2) versieht. Dini setzt sich in diesem Aspekt der formalen Strenge von Weierstraß ab, der in seinen Vorlesungen (Mitschriften) keine solchen Angaben zum Intervall macht.

> „Mit Rücksicht auf diese Möglichkeit wird eine unendliche Reihe $\sum u_n$, deren Glieder in einem gegebenen Intervall $(\alpha, \beta)$ Functionen von $x$ sind oder auch allgemeiner Grössen sind, die man für eine unendlich grosse Menge von Punkten x deselben Intervalls kennt, als in dem ganzen Intervall $(\alpha, \beta)$ oder wenigstens für alle Punkte oder Werthe $x$, die in demselben Intervall in Betracht kommen können, in gleichem Grad oder gleichmäßig convergent bezeichnet, wenn zu jeder positiven und beliebig kleinen Zahl $\sigma$ eine endliche Zahl $m$ zu finden ist von der Eigenschaft, dass für $n \geq m$ und für alle Werthe von $x$, die zwischen $\alpha$ und $\beta$ in Betracht kommen können [dies ist ein weiterer Hinweis auf den Gebrauch eines echt offenen Intervalls], dem absoluten Werth nach $R_n < \sigma$ ist" (Dini 1892, 137).

Vergleicht man die Definition der Übersetzung mit dem Original, so stellt sich heraus, dass in derselben Passage, beginnend mit „in vista di questa circostanza" keine Rede von „gleichmäßig" ist. Es heißt lediglich: „si dirà che questa serie è convergente in ugual grado in tutto l'intervallo [...]" (1878, 102). Jacob Lüroth und Adolf Schepp schlagen irreführenderweise für den Ausdruck „convergente in ugual grado" die Übersetzung „gleichmäßig convergent" vor und verfälschen dadurch die Begriffsrezeption von Dini. Er benutzt in seiner Arbeit aus dem Jahre 1878 den Begriff der gleichmäßigen Konvergenz, wie er ihn durch Weierstraß aufgenommen hatte, *nur* in Gestalt der Konvergenz im gleichen Grade.

Im Anschluss formuliert Dini die Kontraposition und definiert damit die *nicht im gleichem Grade* konvergenten Reihen. Das Ende dieser Passage wird mit dem Verweis auf L. Seidels Abhandlung in der Münchner Akademie (Seidel 1847), in der beliebig langsame Konvergenz eingeführt wurde, versehen. Dinis Originalarbeit zeigt, dass diese Anmerkung nicht von ihm selbst, sondern von den Übersetzern stammt (siehe Fußnote, Dini 1878, 102). Dies ist besonders irreführend, da der Leser die Fußnote der Originalarbeit und damit dem Autor Dini zuschreiben könnte.

#### *7.2.7.5 Woher bezog Dini sein Wissen um gleichmäßige Konvergenz?*

Wie bereits im Vorwort der Übersetzung angedeutet wurde, kannte er die Arbeiten von E. Heine und wahrscheinlich auch die Arbeit *Über trigonometrische Reihen* (1869) (näheres dazu in Abschnitt 7.2.4), in der der Autor dieselbe Formulierung einführt. Welche weiteren Indizien stellen eine Verbindung zu (Heine 1869) her? Zum einen benutzt Dini wie Heine eine Indexschreibweise für die Funktionen, die ohne die Angabe der Veränderlichen auskommt (Heine schreibt auch $g_1, g_2, g_3, \cdots g_m$ für Reihen von Funktionen von $x$), zum anderen finden wir in beiden Texten dieselben griechischen Symbole $\alpha$ und $\beta$ für die untere und obere

Intervallgrenze (Heine verwendet in seiner Definition abgeschlossene Intervalle, in dem er beifügt „incl. $\alpha, \beta$" (Heine 1869, 355 f.)), wogegen Dini entweder nur $(\alpha, \beta)$ schreibt oder den Zusatz „$\alpha$ e $\beta$ inclus." mit angibt (Dini 1878, 103). Eine Definition für das Intervall und für die Punkte darin – also Konvergenz in der Umgebung oder an der Stelle – liefern beide Mathematiker.

Des Weiteren findet man zwei weitere Unterbegriffe in Dinis Arbeit. Der erste, „nur im Allgemeinen im gleichen Grade" (oder convergente in egual grado *soltanto in generale*, Dini 1878, 102 f.) führen beide Mathematiker ein.[207] Der andere Begriff ist die bis dato neuartige Abschwächung der gleichmäßigen Konvergenz: Fasst man die Erklärung Dinis zusammen, ergibt sich, dass nach der Wahl eines $\sigma > 0$ der Rest $R_m < \sigma$ (für $m > m'$) ist, jedoch „nur eine oder einige ganze Zahlen $m$ vorhanden sind" (Dini 1892, 137), für die diese Ungleichung erfüllt ist. Die Übersetzung weicht allerdings nicht unwesentlich von der italienischen Vorlage ab, denn dort heißt es:

> „E si dirà infine che una serie $\sum u_n$ è *convergente in ugual grado semplicmente* nell'intervallo [...], quando per ogni numero positivo e arbitrariamente piccolo $\sigma$ e per *ogni* numero $m'$ esiste un numero intero $m$ non inferiore a $m'$ [...]" (Dini 1878, 103)

Das bedeutet, für jede Zahl $m'$ existiert *eine* ganze Zahl $m \geq m'$ mit der betrachteten Eigenschaft. Zudem ist die Formulierung „einfach gleichmäßige Konvergenz" der Übersetzung eine unsachgemäße Modernisierung und Verfälschung der tatsächlichen Begrifflichkeit „convergente in ugual grado semplicemente". Dini hat also den Ausdruck „gleichmäßige Konvergenz" nicht verwendet, obwohl er ihn von (Heine 1869) rezipiert haben könnte.

### 7.2.8 *Ein Resümee über die italienischen Entwicklungen*

Die Bestrebungen der italienischen Mathematiker galten der Begründung einer Funktionentheorie, die sie nach dem Vorbild Weierstraß' zu entwickeln versuchten. Dini rezipierte den Begriff der Konvergenz im gleichen Grade in seinem *Fondamenti per la teorica delle funzioni di variabili reali* (1878). Pincherle galt nach seinen Berlinaufenthalten als wichtiger Vertreter der Weierstraß'schen Lehre – und das nicht zuletzt durch seine Arbeit über analytische Funktionen (1880), die den Berliner Vorlesungen von Weierstraß nachempfunden ist.

Die neuen Begrifflichkeiten werden hier in besonders hohem Maße realisiert und in der Form neuer Lehrbücher für die (komplexe) Analysis aufgenommen.

### 7.2.9 *Weiterentwicklungen in Frankreich*

#### 7.2.9.1 *Jean Gaston Darboux (1842-1917)*

Darboux studierte seit dem Jahre 1861 an der École polytechnique und (später) École normale supérieure in Paris. Seine Arbeit *Mémoire sur les fonctions discontinues* (1875) wurde während seiner Zeit als Assistent (fr.: suppléant) von Liouville publiziert (1873-1878). Hier greift Darboux gleich zu Beginn des Kapitels *Des séries* den Begriff der absoluten Konvergenz auf:

[207] Heines Definition findet man im Abschnitt über Eduard Heine (1821-1881).

„Toutes les fois qu'une série reste convergente quand on prend tous ses termes avec la même signe, la somme de cette série est indépendante de l'ordre des termes, et nous dirons, pour abréger, que la série est *absolument convergente*“ (Darboux 1875, 77).

Demnach folgt aus absoluter Konvergenz die Unabhängigkeit der Reihenfolge der Terme (= unbedingte Konvergenz). Als Anwendung formuliert Darboux sein

„THÉORÈME IX. – Si une série $f(x)$ dont les termes sont des fonctions continues

$$\varphi_1(x) + \varphi_2(x) + \cdots + \varphi_n(x) + \cdots$$

est absolument convergente pour $x = a$, $x = b$ et toutes les valeurs de x comprises entre $a$ et $b$ et que dans cet intervalle la série puisse se partager en deux autres, pour chacune desquelles les termes varient tous dans le même sens, la série reprèsente une fonction continue de $x$ dans l'intervalle $(a, b)$“ (Darboux 1875, 86).

Dieser Satz ist im allgemeinen nicht richtig, wie ein von Pierre Dugac entlehntes Beispiel zeigt: Die (absolut) konvergente Reihe

$$\frac{x}{1+x^2}\sum_{n=0}^{\infty}\frac{1}{(1+x^2)^n}$$

liefert im Limes eine im Punkt $x = 0$ unstetige Funktion (vgl. Fußnote 47).

Als zweite wichtige Eigenschaft führt er die gleichmäßige Konvergenz ein: Seine Definition ist dabei klassisch und dem Thema des Kapitels angepasst an Funktionenreihen gebunden:

„Nous dirons qu'une série

$$\varphi_0(x),\ \varphi_1(x),\ \varphi_2(x), \ldots,$$

dont tous les termes sont des fonctions continues ou discontinues de $x$, est *également ou uniformément (gleichmässig) convergente dans un intervalle donné* $(a, b)$ quand on peut prendre $n$ assez grand pour que le reste $R_n$ de la série soit inférieur à une quantité aussi petite qu'on le veut pour toutes les valeurs de $x$ égales à $a$, $b$ ou comprises entre $a$ et $b$“ (Darboux 1875, 77).

Die angegebene Übersetzung des Wortes *uniformément* als *gleichmässig* deutet bereits die Quellenlage und den Ursprung des Begriffes bei Darboux an, die er in einer Fußnote noch konkretisiert:

„*Voir*, au sujet des séries à égale convergence et de leur emploi dans la représentation des fonctions en séries trigonométriques, différents travaux de MM. *Heine, Thomae[,] Cantor*, dans *le Journal de M. Borchardt*“ (ibid.).

Er bezieht sich also für das Thema der *égale convergence* (diese Formulierung ist einmalig bei Darboux) und der Darstellung durch trigonometrische Reihen auf die Arbeiten von Heine, Cantor und Thomae, wobei seine Formulierung *également ou uniformément convergente* eine freie Übersetzung der deutschen Begriffe „gleichförmig und gleichsam“ darstellt. Diesen Wortlaut findet man bei Du Bois-Reymond (1874) im Kontext der gleichmäßigen Stetigkeit. Das französische *également* entspricht hier der Bedeutung von *gleichmäßig* bzw. *gleichförmig*. Die entstandene Begriffskombination markiert eine in der Begriffsbildung abweichende Rezeption. Der Historiker Pierre Dugac, der den Beitrag von Darboux als Antwort auf eine These von Philipp Seidel erwähnt, kommentiert diese besondere Formulierung nicht und schreibt stattdessen nur: „Après avoir introduit la notion de série « également ou uniformément (gleichmässig) convergente », …“ (Dugac 2003, 122). In Darboux' Anwendung, die stringent die Formulierung *uniformèment convergente* umsetzt, findet man seine Theoreme IV (Summentheorem auf Intervallen $(a, b)$), V (gliedweise Integration)[208], VI (gleichmäßige Konvergenz der Ableitung) und VII (gliedweise Differentiation).

### *7.2.9.2 Camille Jordan (1838-1922)*

Camille Jordan war ein bedeutender französischer Mathematiker, der ab 1855 an der École polytechnique in Paris studierte und im Jahre 1876 dort Professor wurde. In den Jahren 1893-1896 publizierte eine erheblich überarbeitete Auflage des dreibändigen Werkes *Cours d'analyse de l'École polytechnique*, das als Weiterentwicklung der *Cours d'analyse* (1821) von Cauchy gilt. Wie das Fazit von Kapitel 6 schon angedeutet hat, spiegelt die Arbeit von Camille Jordan den Stand der Rezeption der gleichmäßigen Konvergenz in Frankreich wieder. Der erste Band *Calcul différentiel* soll Zeugnis darüber ablegen, ob die Entwicklungen durch Weierstraß auf dem Gebiet der Analysis, insbesondere die gleichmäßige Konvergenz, in diesem Lehrbuch rezipiert wurden. Der Begriff wird im Kapitel „*Fonctions continues*“ (Abschnitt „*Convergence uniforme*“) für Funktionen mehrerer Veränderlichen eingeführt:

> „*62*. Eine Funktion $f(x, y, ...)$ heißt *stetig auf einer Menge E*, wenn sie stetig in jeden ihrer Punkte ist.
>
> *Wenn die Menge E beschränkt und vollkommen ist, wird y gleichmäßig stetig sein.*
>
> Dieser Begriff bedarf einer Erklärung.
>
> Es ist im Allgemeinen $\varphi$ eine Funktion von zwei Reihen von Variablen $x, y, ...$ und $h, ...$ . Wir nehmen an, dass, für jeden der Werte von $x, y, ...$ innerhalb der Menge $E$, $\varphi$ gegen eine feste Grenze läuft, wenn $h, ...$ gegen gegebene Grenzen $\alpha, ...$ laufen. Die Menge dieser Grenzwerte wird zu einer bestimmten Funktion $\Phi$ von Variablen $x, y, ...$ .
>
> Wir können, nach Definition, für jede positive Zahl $\varepsilon$ und für jeden Punkt $(x, y, ...)$ aus $E$, eine positive Zahl $\delta$ zuweisen, so dass man immer
>
> $$|\varphi(x, y, ..., h, ...) - \Phi(x, y, ...)| < \varepsilon$$
>
> hat, sobald $|h - \alpha|, ... < \delta$ sind“ (Jordan 1893, 48 f.; transkribiert: K.V.).

Betrachten wir der Einfachheit halber die Funktion $\varphi$ zunächst als Funktion von drei Variablen, d. h. mit $x, y$ und $h$. Die Funktion $\Phi$ wird nur sehr vage definiert: „L'ensemble de ces valeurs limites sera une certaine fonction $\Phi$ des variables $x, y, ...$“ (ibid., 48). Es gilt $\lim_{h\to\alpha} \varphi(x, y, \alpha) = \Phi(x, y)$. *Die hier definierte* Stetigkeit verstehe ich, modern formuliert, wie folgt:

$$\forall\varepsilon\ \forall x, y\ \exists\delta : |h - \alpha| < \delta \Longrightarrow |\varphi(x, y, h) - \varphi(x, y, \alpha)| < \varepsilon. \tag{1}$$

Dies entspricht der Stetigkeit der Funktion $\varphi(x, y, h)$ im Punkt $h = \alpha$. Jordan fährt mit seiner Einführung der gleichmäßigen Konvergenz, die Stetigkeit „bedeutet“, fort und schreibt:

---

[208] Darboux führt zwei Theoreme mit der Nummer fünf an. Das erste der beiden behandelt links bzw. rechtsseitige Stetigkeit einer gleichmäßig konvergenten Reihe (ibid., 80).

„Es gibt in der Tat unendlich viele $\delta$ die diese Bedingung erfüllen; Denn, wenn es für einen kleineren Wert von $\delta$ erfüllt ist, wird es für jeden kleineren Wert erfüllt sein. Wir bezeichnen mit $\Delta$ das Maximum der Zahlen $\delta$ (wenn die Bedingung für jeden Wert von $\delta$ erfüllt wäre, wäre $\Delta$ unendlich). Man erhält, für jeden Wert von $\varepsilon$, eine Reihe von positiven Zahlen $\Delta$ entsprechend den verschiedenen Punkten von $E$. Diese Reihe von Zahlen liefert ein kleinstes positives $\eta$ (oder Null), das nicht mehr von $\varepsilon$ abhängt, und die Bedingung (1) ist für alle Punkte aus $E$ erfüllt,so dass wir

$$|h-a|<\eta, \ldots$$

erhalten.

Wenn also für ein kleines $\varepsilon\ \eta > 0$ ist, so können wir, für jeden positiven Wert von $\varepsilon$, eine weitere positive Zahl $\eta$ *unabhängig von* $x, y, \ldots$ zuweisen und derart, dass, für jeden Punkt von $E$,

$$|\varphi(x,y,\ldots,h,\ldots) - \Phi(x,y,\ldots)| < \varepsilon$$

sobald $|h-a|, \ldots < \eta$ sind" (Jordan 1893, 49; transkribiert: K.V.).

Überträgt man diese Erklärung auf das obige Beispiel, erhält man die folgende modernisierte Bedingung:

$$\forall\varepsilon\ \exists\eta : \forall x,y \text{ und } |h-\alpha| < \eta \Longrightarrow |\varphi(x,y,h) - \varphi(x,y,\alpha)| < \varepsilon. \tag{2}$$

Die hervorgehobene Unabhängigkeit der Größe $\eta$ von der Wahl der Punkte $x, y$ ändert nichts an der Aussage: Für jedes Paar $(x, y)$ ist die Funktion $\varphi$ lediglich in der dritten Komponente $(h = \alpha)$ stetig. Jordan resümiert aber: „Wir sagen in diesem Fall, die Funktion $\varphi$ *konvergiert gleichmäßig* gegen die Grenze $\Phi$ über die gesamte Menge $E$" (Jordan 1893, 49; transkribiert: K.V.).

Es ist unklar, wie Jordan aus dem Gesagten auf gleichmäßige Konvergenz des Ausdrucks $\varphi$ schließt, denn dafür müsste man zumindest eine Funktionenfolge betrachten. Zudem bestand sein Vorhaben darin, den Begriff der gleichmäßigen Stetigkeit zu vertiefen, was anhand seiner Ausführungen aber, wie ich gezeigt habe, nicht geschah.

Von diesen, der Definition und Einführung gewidmeten Textteilen, gehen wir auf die Kapitel der Anwendung über, welche die *Séries de fonctions* und insbesondere die *Séries de puissances* umfassen. Interessanterweise macht hier Jordan gleich zu Beginn von der ursprünglichen Cauchy-Notation mit $s = u_1 + u_2 + \cdots + u_n + \ldots$ Gebrauch. Einzige Neuerung ist der Übergang zu mehreren Variablen $x, y, \ldots$ und einer Konvergenz „pour tous les système de valeurs" (ibid., 310 f.). Im Einführungsteil hat Jordan die schon lange etablierte Argumentschreibweise verwendet, fällt hier jedoch in die für das Jahr 1893 nicht mehr zeitgemäße, traditionelle Reihenschreibweise zurück. Seine Definition der Gleichmäßigkeit behält diese formale Tradition, verbindet sie aber mit den nötigen Ergänzungen, um eine korrekte Begriffsbestimmung zu erzielen:

„Die Konvergenz der Reihe ist gleichmäßig, wenn es möglich ist, ungeachtet der positiven Größe $\varepsilon$, eine ganze Zahl $\nu$, unabhängig von $x, y, \ldots$, und derart zu bestimmen, daß wir für $n > \nu$ stets

$$|s - s_n| < \varepsilon$$

erhalten" (Jordan 1893, 311; übersetzt: K.V.).

Darin schließt Jordan im Satz-Beweis-Satz Stil vier klassische Theoreme über gleichmäßig konvergente Reihen an (S. 311-314):

- Das Summentheorem, in einer stark an A. L. Cauchy angelehnten, verbalen Form; der Beweis beginnt in klassischer Art mit der Aufteilung der Reihe mit den bekannten Bezeichnern: $s = s_n + R$.
- Ein Satz über Reihen integrabler Funktionen. Er lautet: *„Eine gleichmäßig konvergente Reihe $s = u_1 + \cdots + u_n + \cdots$, deren Glieder integrable Funktionen in einem beschränkten Bereich E sind, ist selbst in diesem Bereich integrabel; Sie liefert für das Integral die Reihe $S_E u_1 de + \cdots + S_E u_n de + \cdots$, welche gleichmäßig konvergent ist"* (Übersetzung: K.V.). Das Theorem, nach dem bei gleichmäßiger Konvergenz die Vertauschung von Summation und Integration legitim ist, hat Weierstraß als Anwendung schon 1865/66 angeführt. Jordans Satz dagegen stellt dieses Ergebnis hier nicht deutlich heraus: Die Summe der integrablen Terme ist zwar wieder integrabel, die Gleichheit zwischen der Summe der Integrale und dem Integral der Summe kommt aber nicht zum Ausdruck.
- Jordans Anwendung in der Differentialrechnung findet sich in diesem Satz wieder: *„Wenn die Reihe $s(x) = f_1(x) + \cdots + f_n(x) + \cdots$ konvergent ist und die Reihe $\sigma(x) = f_1{}'(x) + \cdots + f_n{}'(x) + \cdots$ im Inneren eines Bereichs E gleichmäßig konvergent ist; Sind darüber hinaus die Funktionen $f_1{}'(x) + \cdots + f_n{}'(x) + \cdots$ im Inneren von E' stetig, dann besitzt $s(x)$ im Inneren von E eine Ableitung, die gleich $\sigma(x)$ ist"* (Übersetzung: K.V.). Weierstraß hat das Resultat dieses Satzes als Motivation in (Schwarz 1861) verwendet: „Es soll nun untersucht werden, wie sich eine solche durch eine unendliche Reihe dargestellte Funktion differentiiren lässt […]". Zu diesem Zweck untersucht er anfangs die Stetigkeit solcher Reihe und gelangt auf diesem Wege zum Summentheorem. Einen allgemeinen Satz über die termweise Differentiation gibt es dort nicht. Jordan kann diesen Satz schließlich über die Bedingung der gleichmäßigen Konvergenz aufstellen.
- In der Tradition von Cauchy formuliert Jordan das Pendant zu Theorem III für holomorphe Funktionen, benutzt aber jetzt fortlaufend eine Variablennotation: *„Sei $s(z) = f_1(z) + \cdots + f_n(z) + \cdots$ eine konvergente Reihe, deren Terme in einem bestimmten Bereich holomorphe Funktionen von z sind. Wenn die Reihe $\sigma(z) = f_1{}'(z) + \cdots + f_n{}'(z) + \cdots$ gleichmäßig konvergent ist, wird $s(z)$ in diesem Bereich eine holomorphe Funktion von z, deren Ableitung $\sigma(z)$ ist"* (Übersetzung: K.V.).

Jordans pragmatische Anwendung der $s, s_n, u_n$-Schreibweise offenbart seine mangelhafte Rezeptionsleistung der Begriffsentwicklung der vergangenen Jahrzehnte. Ausgehend vom Jahr 1893 fallen seine Anwendung, die an keiner Stelle über die Grundlagenergebnisse von Weierstraß aus seinen früheren und mittleren Lehrjahren hinausgehen, eher spärlich aus.

Seine formalen Mittel müssen als lückenhaft angesehen werden, da die weiterentwickelte Strenge der Beweisführung im ausgehenden 19. Jahrhundert eine bereits verworfene und unzureichende Notationsweisen in dieser Arbeit enthüllt; wenn Jordan beispielsweise die Reihe der Terme $x(1-x^2)^{n-1}$ betrachtet, findet man die Gleichungen $u_n = x(1-x^2)^{n-1}$ und

$$s - s_n = R_n = \frac{(1-x^2)^n}{x}.$$

In beiden Fällen wird auf der linken Seite kein Bezug zu der Veränderlichen $x$ hergestellt. Die Anwendung der gleichmäßigen Konvergenz auf das Gebiet der Potenzreihen geschieht kanonisch. So sind solche Reihen im Inneren ihres Konvergenzkreises absolut und gleichmäßig konvergent (verbale Aussage, ibid., 321), ebenso ihre Ableitungen. Jordan hebt die Formulierung *cercle de convergence* als feststehenden Ausdruck hervor (ibid., 322). Auch in diesem Abschnitt wirkt die Cauchy-Notation nach, denn Jordan benutzt für die Summe der Potenzreihen wie im Falle allgemein konvergenter Reihen den Bezeichner

$$S = \sum_{0}^{\infty} A_n (z-a)^n,$$

ebenso $S'$ für die formal differenzierte Reihe und auch Ausdrücke wie $f(z) = S$ (ibid., 327). In der Anwendung begegnet man also – bis auf die beständig wiederkehrende Tradition der Cauchy-Notation – keinen Besonderheiten.

### *7.2.9.3 Charles Méray (1835-1911)*

Der französische Mathematik Charles Méray studierte von 1854 bis 1857 zunächst an der École normale supérieure in Paris bevor er als Gymnasiallehrer in Saint-Quentin und später als Dozent an der *faculté des sciences* in Lyon tätig wurde. 1866 wurde er als Professor an die *faculté des sciences* in Dijon berufen. Dort blieb er bis zur Beendigung seiner beruflichen Karriere. Er publizierte zwischen 1894 und 1897 ein vierbändiges Lehrbuch zur Analysis mit dem Titel *Leçons nouvelles sur l'analyse infinitésimale et ses applications géométriques*. Man erkennt deutlich Mérays Leitidee, nach der die Analysis durch Funktionen in der Form von Taylorreihen betrachtet wird. Der erste Band (1894) ist den *principes généraux* gewidmet und führt die gewöhnliche Reihenkonvergenz für *series en général* und *séries entières* ein. Für den Anwendungsbezug der Entwickelbarkeit verzichtet Méray auf die Einführung der gleichmäßigen Konvergenz und hinterlässt damit im direkten Vergleich mit Jordans Lehrbuch (siehe unten) einen noch größeren Mangel. Für die neunziger Jahre des 19. Jahrhundert ist ein Ausschluss dieses Begriffs für den Lehrstoff der Analysis im Hochschulunterricht sehr auffällig und nur durch den konzeptionellen Ansatz des Autors zu erklären.

Méray führte Lagranges Anschauung weiter, nach der man Reihenentwicklungen nach Taylor zur Basis des calculus erhob. Dieses Programm wird bereits im Vorwort deutlich herausgearbeitet und hier findet sich der einzige Hinweis auf Mérays Rezeption von Cauchy und seinen Beiträgen zur Entwicklung der gleichmäßigen Konvergenz. In einer Fußnote schreibt er:

„(4) Die Geschichte der Infinitesimalrechnung liefert verschiedene Beispiele [für die Methode der Elimination], einschließlich die, die ich in der Notiz (1) als auffällig angegeben habe. Unter denjenigen, die ich in der Anmerkung (1) angeführt habe, ist diese, die auffallend ist. Die folgende Aussage […] [XI], mit der gleichen Zuversicht angewendet, basiert auf einem Beweis, der für nicht weniger gut gehalten wird. *Die Möglichkeit jeder unbestimmten Integration führt (wie üblich durch die Stetigkeit erhalten) zu der Formel*

$$\int_{y_0}^{Y} dy \int_{x_0}^{X} f(x,y)\,dx = \int_{x_0}^{X} dx \int_{y_0}^{Y} f(x,y)\,dy.$$

Dies ist in vielen Fällen nicht weniger überflüssig und es ist die *Erfahrung*, die diese Ungenauigkeiten aufgezeigt hat.

Genau gleichfalls [zeigt] für dieses andere Theorem, das kategorisch auf S. 131 des Buches von Cauchy mit dem Titel Cours d'Analyse de l'École royale polytechnique, publiziert 1821, bewiesen ist: [Anm.: Hier zitiert Méray das Summentheorem von Cauchy] Man hat die Aussage und den Beweis berichtigt, aber erst nachdem man erfahrungsmäßig die Fehlerhaftigkeit in Fällen von der Art gefunden hat, wie sie in n°127 dieses Bandes berichtet sind" (1894, X-XI).

Méray, der im Zuge dieser Anmerkungen die Richtigkeit einer Reihe von Sätzen kritisiert, gibt hier eine nur schwache Darstellung der Thematik. Er verzichtet auf eine Kontextualisierung des Summentheorems, das, als ein „anderes Theorem" angeführt, in der Folge des sehr oberflächlich wiedergegebenen Satzes über mehrdimensionale Integration nahezu bedeutungslos erscheint. Ebenso gibt er ein Beispiel für die schwache Rezeption der lediglich „berichtigten Aussage" (Méray) des revidierten Summentheorems von 1853.

Der folgenreiche Fehler in Cauchys erstem Summentheorem wird von Méray auf die Stufe einer „Ungenauigkeit" gestellt. Die historische und mathematische Relevanz wird in seiner vagen Erläuterung vollständig ausgeklammert. Damit ist der Trend einer schwach ausgeprägten theoretischen Fundierung hier bereits gut zu erkennen und er wird sich in der Folge bei Camille Jordan weiter fortsetzen.

*7.2.9.4 Henri Poincaré (1852-1912) und das Drei-Körper-Problem*

Poincaré war seit 1862 ein Schüler des Lyceé in Nancy und studierte nach elfjährigem Aufenthalt bis zu seinem Abschluss im Jahre 1875 an der berühmten École Polytechnique in Paris. Im Jahre 1879 erhielt er durch seine Arbeit über Differentialgleichungen als Schüler von Charles Hermite (1822-1901) den Doktorgrad.

In welcher Verbindung stand er zu Weierstraß und seinem Begriff der gleichmäßigen Konvergenz? Der schwedische König Oskar Friedrich Bernadotte (1829-1907) stellte anlässlich seines 60. Geburtstages und unter der Anleitung des damaligen bedeutendsten skandinavischen Mathematikers Magnus Gösta Mittag-Leffler (1846-1927) eine Reihe von Preisaufgaben. Die erste Frage sollte ein offenes Problem der Astronomie lösen. Für ein System aus $n$ sich gegenseitig anziehenden Massen wird eine allgemeine Lösung in Form einer *gleichförmig* konvergenten Potenzreihe nach Raum und Zeit gesucht. Die Idee und Vorlage für diese Aufgabenstellung lieferte K. Weierstraß, der schon lange am sogenannten $n$-Körper-Problem interessiert war und der zusammen mit Hermite und Mittag-Leffler den mathematischen Teil des Komitees bildete (s. Barrow-Green 1997, 59). Poincaré nahm sich dieser Aufgabe an und untersuchte einen eingeschränkten Fall des $n$-Körper-Problems mit drei Teilchen. In der unveröffentlichten Ersteinsendung erklärte er einleitend:

> „I consider three masses, the first very large, the second small but finite, the third infinietely small; I assume that the first two each describe a circle around their common centre of gravity and that the third moves in the plane of these circles. An example would be the case of a small planet perturbed by Jupiter, if the eccentricity of Jupiter and the inclination of the orbits are disregarded" (in Barrow-Green 1997, 73).

Vor der endgültigen Veröffentlichung der Arbeit *Sur le problème des trois corps et les équations de la dynamique* (1889) in Mittag-Lefflers *Acta mathematica* nahm er zwei Veränderungen am *memoir* vor, die erste entstand auf Bitten von Mittag-Leffler selbst und bestand in dem Zusatz eines Kommentars (*Notes*). Die zweite und letzte Fassung erfuhr eine inhaltliche Überarbeitung, die der Entdeckung eines Fehlers voranging (s. ibid., 71 f.).

Zu den mathematischen Werkzeugen gehören bestimmte trigonometrische Reihen, die von dem schwedischen Astronom Anders Lindstedt (1854-1939) entwickelt wurden (ibid., 74). Poincaré kommentiert Lindstedts Beitrag und seine Anwendung zur Lösung des Drei-Körper-Problems: Man nahm bisher an, dass diese Reihen, von Poincaré in der Form

$$\sum A_n \sin \alpha_n t + \sum B_n \cos \alpha_n t$$

notiert, *im Allgemeinen* als konvergent betrachtet werden können. Diese These wird von Lindstedt unbewiesen aufgestellt und von Poincaré zurückgewiesen. Eine Übersetzung dieser Arbeit findet man im Anhang.

*7.2.9.4.1 Poincarés Abhandlungsreihe LES SÉRIES TRIGONOMÉTRIQUES*

Die von den Astronomen Hugo Gyldén (1841-1896) und Lindstedt entwickelten trigonometrischen Reihen wurden von Poincaré vor dessen Preisarbeit in drei kleinen Publikationen mit dem Titel *LES SÉRIES TRIGONOMÉTRIQUES* (1882, 1883, 1885) auf ihre Konvergenzeigenschaften untersucht. Hierbei deckte er Bedingungen für das Eintreten absoluter bzw. gleichmäßiger Konvergenz auf. June Barrow-Green nennt hierbei konkret die erste und letzte Veröffentlichung (1882 und 1885), in denen Poincaré zeigt, dass bei gewöhnlicher, nicht gleichmäßiger Konvergenz die Reihen unbeschränkt wachsen können – «tend vers l'infini», wie er selbst schreibt.

Der Artikel von 1882 enthält jedoch keine expliziten Erläuterungen zur gleichmäßigen oder absoluten Konvergenz, er wird aber von J. Barrow-Green herangezogen (1997, 41). Der 1885 publizierte vierte Teil der Abhandlungsserie *LES SÉRIES TRIGONOMÉTRIQUES* führt dagegen anschaulich die Auswirkungen fehlender Gleichmäßigkeit vor. Poincaré (1885) kündigt hier zu Beginn an, „*je vais montrer par deux exemples que les deux cas peuvent se présenter*", und zeigt für den ersten Fall, dass die Reihe

$$\sum_{m=0}^{\infty} A^m \sin \frac{t}{2^m},$$

die für $A > 1$ nicht gleichmäßig, aber für $A < 2$ absolut konvergiert, stets größer als

$$\frac{1}{A-1} + A^n h \quad (h > 0)$$

ist, wobei

$$2^n t_0 < t < 2^{n+1} t_0.$$

Sie wird demzufolge größer als jeder gegebene positive Wert (s. Poincare 1885, 164 f.) und ist damit unbeschränkt, obwohl sie absolut konvergiert.

Der zweite Artikel (1883) nahm jenes Resultat, dass trigonometrische Reihen, die stets eine Summe haben, unbeschränkt sein können (s. Poincaré 1883, 588), bereits vorweg. Dazu ergänzt J. Barrow-Green in Hinblick auf die Astronomie, „Poincaré had proved that there were cirumstances under which Lindstedt's series were not convergent" und kritisiert, er habe trotz alledem die allgemeine Frage nach der Lösbarkeit durch konvergente trigonometrische

Reihen ignoriert (Barrow-Green 1997, 126). In der Endfassung seiner Preisarbeit konkretisiert Poincaré sein Ergebnis, das er als Einwand gegen Lindstedts Methode benutzt:

> „Und, im besonderen Fall des Drei-Körper-Problems, das wir studiert haben, und daher auch im allgemeinen Fall, konvergiert die Reihe von M. Lindstedt für alle Werte der beliebigen Integrationskonstanten, die sie enthalten, nicht gleichmäßig" (Poincaré 1889, 259; transkribiert: K.V.).

Die Durchsicht der publizierten Version von 1890 zeigt, dass Poincaré keine weiteren Erklärungen zur Divergenz dieser Reihe abgibt und Barrow-Green resümiert dazu: „He gave no consideration to the cirumstances under which convergence could occur, with the result that he gave no indication of what proportion of the series were divergent" (1997, 127).

Eine eingehende Besprechung der Konvergenz der Lindstedt-Reihen findet man in (Poincaré 1893), eine Zusammenfassung in (Barrow-Green 1997, 155 ff.). Interessanterweise nimmt Poincaré für den Konvergenzbegriff hier verschiedene Perspektiven ein, nicht nur die eines (strengen) Mathematikers: Für ihn sei die Reihe der Glieder $\frac{1000^n}{n!}$ konvergent, die der Quotienten $\frac{n!}{1000^n}$ aber divergent, wogegen der Astronom zu dem umgekehrten Ergebnis gelangen würde.

Die Annahme, die Reihen von Lindstedt konvergieren, sei weiterhin fehlerbehaftet, so J. Barrow-Green. Poincaré liefere hierfür keinen Beweis. Er betone aber die Möglichkeit unterschiedlicher Interpretationen der Konvergenz in verschiedenen Themenfeldern der theoretischen Auseinandersetzung und der praktischen Anwendung (ibid., 156).

Praxisnahe Ergebnisse können also Legitimationen solcher Methoden liefern, womit Poincaré die ergebnisortientierte Geisteshaltung der Naturwissenschaft des 18. Jahrhunderts teilt und vorsichtig bzw. indirekt verteidigt. Damit ist er vor dem Hintergrund des 19. Jahrhunderts und ihrer neuen „analytischen Strenge" als Verbreiter der gleichmäßigen Konvergenz ein starker Fürsprecher für deren intuitive Anwendung.

In einer weiteren Publikation mit dem Titel *Sur la convergence des séries trigonométriques* ergänzt er die bisher ausgebliebene Erläuterung dieses Begriffs und erklärt, dass durch die praktische Relevanz der trigonometrischen Reihen in der Himmelsmechanik eine strenge Untersuchung ihrer Konvergenzeigenschaften weitgehend vernachlässigt wurde. Hier gibt Poincaré eine *nahezu* allgemein-mathematische Definition der gleichmäßigen Konvergenz und grenzt sie zusätzlich von der absoluten Konvergenz ab – nahezu, da Poincaré ihre Anwendung in der Astronomie durch die Wahl von $t$ als Zeitmaß (Definitionsmenge) nie ganz vergisst.

Von seiner verbalen Einführung der absoluten Konvergenz ausgehend, schreibt er:

> „Mais il y a encore une distinction à faire. La convergence peut être *uniforme*, si l'erreur commise, lorsqu'on s'arrête au $n^{\text{ième}}$ terme de la série, reste pour toutes les valeurs du temps inférieure à une certaine quantité $\rho_n$ ne dépendant que de $n$ et tendant vers zero quand $n$ croît indéfiniment" (Poincaré 1884, 321),

und bemerkt, dass es möglich ist, eine absolut, aber nicht gleichmäßig konvergente Reihe zu finden. Als Beispiel dient die Reihe $\sum 2^n \sin \frac{t}{3^n}$ (ibid.). Dagegen stellt eine gleichmäßig konvergente Reihendarstellung sicher, dass der Absolutbetrag der Funktion stets endlich bleibt.[209]

Der Begriff der Gleichmäßigkeit wird mit einem minimalen Formalismus eingeführt und auf Grund des besonderen Anwendungsgebietes eng mit dem Begriff der absoluten Konvergenz behandelt. Dies wird in aller Kürze in Poincarés Resümee (326 f.) deutlich, in dem er die möglichen Implikationen zwischen absoluter und gleichmäßiger Konvergenz schildert – ohne sie jedoch allgemein mit beliebigen Reihen zu beweisen.

Seine Publikationen *LES SÉRIES TRIGONOMÉTRIQUES* zeigen ebenso, dass er diesen Begriff vor seiner Preisarbeit (1890) noch mit geringem Interesse einsetzt. In der darauffolgenden und letzten Veröffentlichung der Reihe *LES SÉRIES TRIGONOMÉTRIQUES* aus dem Jahre 1885 verwendet er den Begriff nunmehr ausdrücklich und verzichtet auf eine Einleitung („les séries […] qui sont convergentes sans l'être uniformément […]").

### *7.2.9.4.2 Resümee zu Poincaré*

Das Ziel der Bearbeitung des n-Körper-Problems war, die Stabilität des Weltsystems zu zeigen. Mathematisch bedeutete das insbesondere, dass die aus den Differentialgleichungen des Problems, mit der Zeit $t$ als unabhängiger Variablen, sich ergebenden Reihenentwicklungen für alle Zeiten konvergent bleiben mussten - so dass also die gleichmäßige Konvergenz vom Problem selbst her gefordert war. Dabei sind die Arbeiten von Poincaré, insbesondere die Veröffentlichungen über trigonometrische Reihen ein Beleg für die Rezeption der Weierstraß'schen Begriffsentwicklung und ihrer Anwendung in einem breiten Anwendungsfeld, allerdings ohne eine begriffliche Vertiefung.

Die einzige Einführung bleibt in der Form einer Anmerkung im Vergleich zu einer theoretischen Diskussion des Begriffs unbefriedigend.

### *7.2.9.5 Ein Resümee über die Rezeptionen aus Frankreich*

Die Analyse der französischen Abhandlungen hat gezeigt, dass eine Rezeption der gleichmäßigen Konvergenz nicht konsequent stattgefunden hat. Eine Einführung des Begriffs ist weitgehend ausgeblieben

Jordan hat als einziger den Versuch einer theoretischen Grundlegung unternommen, blieb aber, ohne die durch Weierstraß angestoßenen Entwicklungen aufzugreifen, in der Cauchy'schen Tradition verhaftet. Mérays Lehrbuch klammert die gleichmäßige Konvergenz bei seiner auf Taylor-Entwicklung basierenden Analysis weitgehend aus. Am Beispiel von Poincaré schließlich wird die strikte Praxisorientierung auf Anwendungen, die auf eine vertiefende Reflektion verzichtet, besonders deutlich. Die gleichmäßige Konvergenz wird sowohl bei Jordan, als auch bei Poincaré den Erfordernissen mathematischer Probleme entsprechend eingesetzt, aber nicht weiterentwickelt.

---

[209] "Lorsqu'une fonction $\varphi(t)$ peut être représentée par une série trigonométrique *uniformément* convergente, on est certain que sa valeur absolue $|\varphi|$ restera finie quand le temps croîtra indéfiniment." (Poincaré 1884, 322).

## 7.3 Ausblick auf das 20. Jahrhundert

Die allmähliche Verallgemeinerung und Ausdifferenzierung der gleichmäßigen Konvergenz nimmt gegen Ende des 19. Jahrhunderts rasch zu. Eine theoretische Weiterentwicklung der *infinitely slow convergence* (Stokes) lieferte bereits die Rezeption von (Hardy 1918) mit der sogenannten Quasi-Konvergenz in verschiedenen Ausprägungen.

Zur Wende des 19./20. Jahrhunderts verfasste der englische Mathematiker William Henry Young (1863-1942) einige Forschungsartikel, die den nunmehr etablierten Begriff der Gleichmäßigkeit konzeptionell weiterentwickelten (1903a[210] und 1907). Young studierte ab 1881 in Cambridge, wo er durch seine Tutorentätigkeit seine zukünftige Frau, die Mathematikerin Grace Chisholm, kennenlernte. Heute ist er durch seine Leistungen zur multivariablen Analysis bekannt. Zudem entdeckte er mit zeitlicher Verzögerung einen zu Lebesgue äquivalenten Integralbegriff.

Im ersten Artikel *On non-uniform convergence and term-by-term integration of series* wird der in (Stokes 1847) aufgeworfene Begriff des *point of uniform convergence* weiter untersucht (1903a, 92):

> "It was first pointed out by Stokes that, when the sum of a series of continuous functions is discontinuous at a point $P$, that point is necessarily a point of non-uniform convergence of the series. It was at first supposed that the converse was true, *i.e.*, that there were no other points of non-uniform convergence."

Young stellt die Reihen $s_n = \frac{n^2x+a}{1+n^3x^2}$ und $s_n = \frac{nx+a}{1+n^2x^2}$ vor, die für $a = 0$ an der Stelle $x = 0$ einen Punkt nicht-gleichmäßiger Konvergenz aufweisen, obwohl die Summen auf ganz [0,1] stetig ist. Für $a \neq 0$ ist die Summe an der Stelle $x = 0$ unstetig und Stokes behält Recht (1903a, 92 f.).

Der Fall, dass nicht nur die Summe der Reihe, sondern die Glieder selbst punktweise unstetig sind, sei aufwendiger zu untersuchen, so Young, und leite zu einer Erweiterung dieses Begriffs über.

In seinem Artikel von 1907 wird eine Alternativdefinition der gleichmäßigen Konvergenz im Punkt vorgestellt, die die Nachteile der klassischen Epsilon-Definition umgehen kann, die wie folgt lauten:

> „It involves the remainder function $R_n(x)$, and therefore the possibly unknown sum, or limiting function $f(x)$, which may be discontinuous even when the functions $f_n(x)$ are all continuous. [...] It affords us no means of *classifying* points of non-uniform convergence" (ibid., 30).

Sei für eine Funktion $f(x)$ der Punkt $P$ der rechte Außenpunkt eines Intervalls, so betrachtet man die obere Grenze für die inneren Punkten, während das Intervall verkleinert wird. Hierdurch verkleinert sich die obere Grenze. Diese Zuweisung, die für jeden solchen Punkt $P$ deklariert ist, wird die *upper left-hand limiting function* $\phi_L(P)$ genannt. Durch die Betrachtung von linker bzw. rechter Seite und oberer bzw. unterer Grenze entstehen insgesamt vier solcher

[210] Inhaltliche Ergänzungen werden in 1903b gegeben.

Funktionen. Sie dienen dazu, statt der klassischen Definition[211] der gleichmäßigen Konvergenz eine *neuartige* Form zu finden:

> „*the equality of these functions at a point is the necessary and sufficient condition for uniform convergence at the point,* so that we may, if we please, give this equality as a new definition of uniform convergence at a point. This definition is precisely analogous to that referred to of continuity at a point; it is not, however, intended to replace the other, which is indeed fundamental" (ibid., 31).

---

[211] „The series of functions $f_1, f_2, \ldots$ is said to 'converge uniformly to the function $f$ at the point $P$,' if, given any positive quantity $\varepsilon$, however small, an interval $d$ can be described, having $P$ as internal point, so that, for all points $x$ within the interval $d$,

$$|f(x) - f_n(x)| < \varepsilon$$

for all values $n > m$, where $m$ is an integer, independent of $x$, which can always be determined" (Young 1907, 36).

# 8 Ausblick

## 8.1 Vorwort

Die Herausbildung der gleichmäßigen Konvergenz setzte sowohl ein tiefgehendes Verständnis der gewöhnlichen Konvergenz, als auch eine ausreichende mathematische Formelsprache voraus. Mit ihrer Hilfe ließ sich die Eigenschaft der Gleichmäßigkeit von einer diffusen, sprachlichen Ebene auf einem streng mathematischen Fundament gründen. Wie sich die gleichmäßige zur gewöhnlichen Konvergenz verhält, so verhält sich auch die gleichmäßige Stetigkeit zur einfachen Stetigkeit: Als spezialisierte Ausprägung eines Grundbegriffs fordert sie ebenso viel Zeit zur Reifung wie der Grundgedanke, aus dem sie hervorging. Ihre Entwicklungsgeschichte ist ebenso verzweigt und teilweise verworren wie die der gleichmäßigen Konvergenz: Auch hier begegnet man verschiedenen Zuschreibungen über die Entstehung und Rezeption des Begriffs. Die Ausgangslage bilden in beiden Fällen die Arbeiten des französischen Mathematikers A. L. Cauchy.

Wie die Stunde null der gleichmäßigen Konvergenz (wie allgemein anerkannt ist) mit der Publikation der *Cours d'analyse* gezählt wird, kann man den Ausgangspunkt der Entwicklung der gleichmäßigen Stetigkeit in seinem zweiten Lehrbuch (Cauchy 1823) festsetzen. Diese Datierung basiert auf dem Standpunkt des französischen Mathematikhistorikers Pierre Dugac, der die ungeschriebene Anwendung der gleichmäßigen Stetigkeit am Beispiel der Integralrechnung aufgedeckt haben will (Dugac 2003).[212] Interpretative, modernisierende Ansätze dieser Art sind, wie wir sie bereits sehr häufig für den Begriff der gleichmäßigen Konvergenz kennengelernt haben, keine Seltenheit und finden sich ebenso für diesen Begrif. Die nachfolgende Diskussion soll die Notwendigkeit einer weiterführenden mathematikhistoriographischen Gesamtanalyse der Begriffsentwicklung ersichtlich machen.

## 8.2 Über die Anwendung der gleichmäßigen Stetigkeit bei Cauchy

In der jüngeren Mathematikgeschichte vertritt Pierre Dugac (2003) die Auffassung, Cauchy habe schon im Jahre 1823 implizit von der gleichmäßigen Stetigkeit Gebrauch gemacht. Die explizite Nutzung soll – *ohne* das Auftreten des Begriffs „gleichmäßig stetig" – weiterhin bei Dirichlet und schließlich in aller Form durch Heine erreicht worden sein:

> „C'est Cauchy qui a donné le premier une dèfinition de l'intégrale définie d'une fonction continue dans $[a, b]$. À cette occasion, une nouvelle notion importante fera son apparition. D'abord implicitement chez Cauchy, puis explicitement chez Dirichlet - qui n'utilisera pas l'expression continuité uniforme - pour être enfin complètement explicitée chez Heine" (Dugac 2003, 101).

Dugac rekonstruiert folgende Definition aus (Cauchy 1823): Für eine stetige Funktion $f$ definiert Cauchy die Summe $S = (x_1 - x_0)f(x_0) + \cdots + (X - x_{n-1})f(x_{n-1})$. Über die genauen Eigenschaften schreibt er: „Soit $f$ une fonction réelle, continue dans l'intervalle $[x_0, X]$ ..." (ibid.). Hier und an anderer Stelle interpretiert Dugac ein abgeschlossenes Intervall, Cauchy schreibt aber explizit über die Veränderliche $x$, sie sei „entre deux limites finies $x = x_0$,

[212] Das Buch ist posthum publiziert worden.

$x = X$" (Cauchy 1823, 122). Damit ist vorerst unklar, ob es sich um ein offenes oder die Grenzen mit einschließendes Intervall handelt. Tatsächlich wird jedoch implizit letzteres angenommen, denn Cauchy verwendet für die Konstruktion der Summe $S$ den Wert $f(x_0)$ und dieselbe Funktion wird als integrabel *bis* $x = X$ deklariert.

Die Summe $S$ soll die folgenden Abhängigkeiten aufweisen:[213] „1° du nombre $n$ des éléments dans lesquels on aura divisé la différence $X - x_0$; 2° des valeurs mêmes de ses éléments et, par conséquent, du mode de division adopté" (ibid.). Insbesondere ist die zweite Bedingung, die die Abhängigkeit von denselben „Werten dieser Elemente" und der „Art der Unterteilung" ausdrückt, sehr unpräzise und nicht streng ausformuliert. Es bleibt unklar, wie man den „mode de division adopté" mathematisch verstehen muss. Dugac unternimmt keinen Versuch, den Beweis Cauchys zu rekonstruieren, behauptet aber folgendes: „Pour démontrer que la limite de $S$, lorsque le pas de la subdivision $h = \sup_{0 \leq i \leq n} x_i - x_{i-1}$ tend vers zéro, ne dépend pas de la subdivision choisie, Cauchy utilise implicitement la propriété de continuité uniforme de la fonction continue $f$ sur $[x_0, X]$" (Dugac 2003, 101). Dugacs Schlussfolgerung lautet also, dass der Beweis für die Unabhängigkeit des *Grenzwertes* von $S$ von der Wahl der Unterteilung („subdivision") implizit die gleichmäßige Stetigkeit verwendet. Zunächst ist Dugacs Schreibweise der Größe $h$ (gleich $\sup_{0 \leq i \leq n} x_i - x_{i-1}$) nicht dem Original zu entnehmen: Cauchy führt die Bezeichner „$\Delta x = h = dx$" als „un accroissement fini attribué à la variable $x$" (S. 125 f.) ein und benutzt ihn, um Terme der Summe $S = (x_1 - x_0)f(x_0) + \cdots + (X - x_{n-1})f(x_{n-1})$ in der Formel $hf(x) = f(x)dx$ *zusammenzufassen* (Cauchy 1823, 126):

„de laquelle on les déduira l'un après l'autre, en posant d'abord

$$x = x_0 \quad \text{et} \quad h = x - x_0$$

puis

$$x = x_1 \quad \text{et} \quad h = x_2 - x_1, \quad \ldots"$$

Damit kann Cauchy die Summe $S$ zu $\sum h\, f(x) = \sum f(x)\Delta x$ umschreiben. Die Notation $\Delta x = h = dx$, für die Dugac aber unpassenderweise das *Supremum* der $x_i - x_{i-1}$ vorsieht, erklärt sich aus einer Passage der vorigen Seite: „Donc, lorsque les éléments de la différence $X - x_0$ deviennent infiniment petits, le mode de division n'a plus sur la valeur de $S$ qu'une influence insensible" (ibid., 125). Wenn die Teilintervalle (hier die *éléments de la différence*) unendlich klein werden, hat die *mode de division* keinen Einfluss mehr auf den Wert von $S$. Diese Beschreibung erhält ihr formales Analogon durch die zitierte $h$-Notation und erweckt damit den Anschein eines streng begründeten calculus. Cauchy hat zwar gezeigt, dass

$$\sum h\, f(x) = (x_1 - x_0)f(x_0) + \cdots + (X - x_{n-1})f(x_{n-1})$$

gilt, aber der Übergang von der Summe $\sum h\, f(x)$, die für ein endliches $n$ ein Mittelwert von $S$ bleibt, zu $\sum f(x)\Delta x$ bzw. $\int f(x)dx$ wird auf Erklärungen in Textform gegründet (ibid.) (man interpretiere wie folgt: Die Größe $h$ muss auf der ersten Seite der Gleichung die Werte von $x_0$ bis $x_{n-1}$ durchlaufen). Folglich hat uns Cauchy keinen mathematischen Beweis für die Unabhängigkeit der Summe von der Wahl der Unterteilung geliefert.

[213] Die Notation „S" als Integralsymbol findet sich noch bei Camille Jordan (1893) (siehe Kapitel 7).

Ebenso wenig kann man eine implizite Benutzung der gleichmäßigen Stetigkeit ableiten. Die dafür notwendige Unabhängigkeit der Unterteilungen $(x_i - x_{i-1})f(x_{i-1})$ wird in Cauchys Erklärungen selbstverständlich und ohne zusätzliche Konotationen benutzt, so dass man vielmehr von seiner Unkenntnis gegenüber der gleichmäßigen Stetigkeit ausgehen muss, statt sie ihm zu zuschreiben.

**Si l'on fait dans cette dernière équation**

$$f[x_0 + \theta_0(x_1 - x_0)] = f(x_0) \pm \varepsilon_0,$$
$$f[x_1 + \theta_1(x_2 - x_1)] = f(x_1) \pm \varepsilon_1,$$
$$\dots\dots\dots\dots\dots\dots,$$
$$f[x_{n-1} + \theta_{n-1}(X - x_{n-1})] = f(x_{n-1}) \pm \varepsilon_{n-1},$$

**on en tirera**

$$(6) \quad \begin{cases} S = (x_1 - x_0)[f(x_0) \pm \varepsilon_0] + (x_2 - x_1)[f(x_1) \pm \varepsilon_1] + \dots \\ \qquad + (X - x_{n-1})[f(x_{n-1}) \pm \varepsilon_{n-1}], \end{cases}$$

**puis, en développant les produits,**

$$(7) \quad \begin{cases} S = (x_1 - x_0)f(x_0) + (x_2 - x_1)f(x_1) + \dots + (X - x_{n-1})f(x_{n-1}) \\ \qquad \pm \varepsilon_0(x_1 - x_0) \pm \varepsilon_1(x_2 - x_1) \pm \dots \pm \varepsilon_{n-1}(X - x_{n-1}). \end{cases}$$

**Ajoutons que, si les éléments $x_1 - x_0$, $x_2 - x_1$, ..., $X - x_{n-1}$ ont des valeurs numériques très petites, chacune des quantités $\pm \varepsilon_0$, $\pm \varepsilon_1$, ..., $\pm \varepsilon_{n-1}$ différera très peu de zéro, et par suite il en sera de même de la somme**

$$\pm \varepsilon_0(x_1 - x_0) \pm \varepsilon_1(x_2 - x_1) \pm \dots \pm \varepsilon_{n-1}(X - x_{n-1}),$$

**qui est équivalente au produit de $X - x_0$ par une moyenne entre ces diverses quantités. Cela posé, il résulte des équations (2) et (7) com-**

**Abbildung 17:** Der Einsatz von Epsilon-Größen in (Cauchy 1823, 124 f.).

Ein Ausschnitt seines Beweises (vgl. Abbildung 17) zeigt die Stelle, an der Cauchy eine Folge von Epsilon-Größen einsetzt, um die Veränderung der Funktionswerte bei einer gegebenen Partitionierung des Intervalls $x_0 \dots X$ anzugeben. Für eine feine Unterteilung von $x_1 - x_0$, $x_2 - x_1$, usw. werden auch die Epsilons nur noch geringfügig von Null verschieden sein, so Cauchys Überlegung. Eine Formulierung darüber, dass die Epsilon-Familie gleichmäßig verschwindet, finden wir jedoch nicht. Es handelt sich also um eine moderne Interpretation, die sich mathematikhistorisch anhand des Textes nicht verifizieren lässt.[214]

## 8.3 Lejeune Dirichlet und eine Fundamentaleigenschaft der stetigen Funktionen

Johann Peter Gustav Lejeune Dirichlet (1805-1859), der in Berlin seit 1839 ordentlicher Professor war und im Jahr 1855 nach Göttingen wechselte, hielt dort achtundachtzig Vorlesungen und war damit „der erste Mathematiker in Berlin, der, selbst an vorderster Front der For-

[214] Auch Arsacs Analyse zufolge findet eine Verwendung der gleichmäßigen Stetigkeit bei Cauchy nicht statt. Dies führt er zum einen auf dessen noch eingeschränkten Stetigkeitsbegriff zurück, als auch auf das Fehlen von Belegen (*démonstration*) in (Cauchy 1821) und (Cauchy 1823). Auf Grund der Abwesenheit einer modifizierten Notationsweise habe Cauchy keinen Blick für eine solche Verschärfung der gewöhnlichen Stetigkeit entwickeln können.

schung stehend, seine Hörer mit den neuesten Ergebnissen in der Erweiterung der mathematischen Erkenntnis vertraut machte" (Biermann 1988, 47). Später sollte ihm Weierstraß in dieser Tradition folgen. In welcher Weise Dirichlet zur mathematischen Strenge stand verdeutlicht ein Auszug aus einem Brief von Carl Gustav Jacob Jacobi an Alexander von Humboldt (1846):

> „Dirichlet allein, nicht ich, nicht Cauchy, nicht Gauß, weiß, was ein vollkommen strenger mathematischer Beweis ist, sondern wir lernen es erst von ihm. Wenn Gauß sagt, er habe etwas bewiesen, ist es mir sehr wahrscheinlich, wenn Cauchy es sagt, ist ebensoviel pro als contra zu wetten, wenn Dirichlet es sagt, ist es *gewiß*" (nach Biermann 1988, 46).

Als eine der letzten Veranstaltungen Dirichlets in Berlin liegen uns heute die *Vorlesungen über die Lehre von den einfachen und mehrfachen bestimmten Integralen* (hrsg. v. Gustav Arendt, 1904)[215] aus dem Sommer 1854 vor, von denen in der Mathematikgeschichte durch Hélène Gispert-Chambaz und ihre Dissertation (*Camille Jordan et les fondements de l'analyse*, 1982) die These vertreten wird, Dirichlet habe in dieser Vorlesung den Begriff der gleichmäßigen Stetigkeit eingeführt – um in der Anwendung die Durchführung der gliedweisen Integration zu ermöglichen (Gispert 1982, 26, FN 15). Dieselbe Auffassung vertritt Pierre Dugac (2003), der den Begriff der gleichmäßigen Stetigkeit in dieser Vorlesung ein „mot qui sera introduit en 1872 par Heine" (ibid., 115) nennt und damit korrekterweise betont, dass Dirichlet an keiner Stelle den Ausdruck „gleichmäßig" verwendet (über eine Zuschreibung der Formulierung an Heine wird noch zu sprechen sein). Dugacs Analyse stützt sich auf Dirichlets „Fundamentaleigenschaft der stetigen Funktionen", die wie folgt lautet:

> „Es sei $y = f(x)$ eine in dem endlichem Intervall von $a$ bis $b$ stetige Funktion von $x$, und unter Teilintervall verstehe man die Differenz jeder zweier beliebigen Werte von $x$, also jedes beliebige Stück der Abscissenachse zwischen $a$ und $b$. Dann besteht immer die Möglichkeit, zu einer beliebig klein gewählten absoluten Größe $\varrho$ eine zweite ihr proportionale kleine Größe $\sigma$ von solcher Beschaffenheit zu finden, daß in jedem Teilintervall, welches $\leq \sigma$ ist, die Funktion $y$ sich um nicht mehr als höchstens $\varrho$ ändert" (Dirichlet 1854/1904, 4).

Die Eigenschaft, deren Erklärung mit der dritten Zeile einsetzt, lässt sich modernisierend zusammenfassen: In der letzten Formulierung, dass „die Funktion $y$ sich um nicht mehr als höchstens $\varrho$ ändert" lassen sich keine Zuordnungen nach Werten von $x$ finden, daher habe ich mich für die Übersetzung $\max_{u,v \in I_\sigma} |f(u) - f(v)|$ entschieden, wobei $I_\sigma = [i, j]$ ein gegebenes Teilintervall der Länge $\leq \sigma$ aus $[a, b]$ ist. Warum ist das Intervall von $a$ bis $b$ geschlossen? In der Tat, Dirichlet benutzt in seiner Formulierung der „Fundamentaleigenschaft der stetigen Funktionen" nicht eindeutig ein abgeschlossenes Intervall. In seinem Beweis be-

[215] Bei der Betrachtung der verwendeten Konvergenzarten fällt Dirichlet durch seine Benutzung der sogenannten Semikonvergenz auf, einem Begriff für unendliche Reihen, den er nicht exakt definiert, jedoch beschreibt und mit Beispielen füllt: „Unter einer semikonvergenten Reihe versteht man eine unendliche Reihe, deren Glieder zwar anfangs bis zu einem gewissen Range immer kleiner werden, darüber hinaus aber im Gegenteil bis ins Unendliche wachsen" (Dirichlet, s. Arendt 1904, 210 f.). Im Folgenden findet er für das Integral $\int_0^\infty \frac{e^{-kx}}{1+x^2}\,dx$ eine semikonvergente Reihe (auch eine *série limite* genannt) (ibid., 212-215). Heute wird der Begriff eher selten für divergente Reihe gebraucht, deren Partialsummen zur Berechnung von Näherungswerten dienen. Ein bekanntes Beispiel ist die Näherung von $\ln(n!)$ durch die *Stirlingsche* Reihe.

zeichnet er jedoch die Größe $a$ als Anfangswert und erlaubt die Existenz des Teilintervalls $[c_{u-1}, b]$ (Arendt 1904, 5). Eine Überführung in Formelsprache ergibt:

$$\forall \varrho\ \exists \sigma : \max_{u,v\in[i,j]} |f(u) - f(v)| \leq \varrho\ \forall [i,j].$$

Die Eigenschaft gilt für jedes Teilintervall der Länge $\leq \sigma$, also kann man ebenso diejenigen Werte von $u, v$ betrachten, die höchstens $\sigma$ voneinander entfernt liegen. Außerdem gilt $|f(i) - f(j)| \leq \max_{u,v\in[i,j]} |f(u) - f(v)|$, woraus man die Formel

$$\forall \varrho\ \exists \sigma\ \forall i, j\in[a,b] : |i - j| \leq \sigma \Rightarrow |f(i) - f(j)| \leq \varrho$$

folgern kann, die direkt eine moderne Definition der gleichmäßigen Stetigkeit liefert.

Somit *folgt* aus der Dirichletschen Vorlage die gleichmäßige Stetigkeit und die zitierte Fundamentaleigenschaft birgt das bekannte Theorem, nach welchem eine auf einem beschränkten und abgeschlossenen Intervall stetige Funktion dort gleichmäßig stetig ist. Zu diesem Ergebnis kommt auch Dugac: „à savoir le théorème sur la continuité uniforme d'une fonction continue sur un intervalle fermé et borné de $\mathbb{R}$", wobei Dugac diesen Satz Heine zuschreibt (Dugac 2003, 115). Dirichlets „concept de continuité uniforme" führt Dugac auf gewöhnliche Stetigkeit im Intervall $I$, d. h. in moderner Form

$$\forall x_0\in I\ \forall \varepsilon\ \exists \eta(x_0,\varepsilon): |x - x_0| \leq \eta(x_0,\varepsilon) \Rightarrow |f(x) - f(x_0)| \leq \varepsilon,$$

und den Fall, dass das Infimum der $\eta(x_0, \varepsilon)$ die globale Größe $\eta(\varepsilon)$ wiederspiegelt, zurück. Es ist diese Unabhängigkeit, die letztlich zur gleichmäßigen Stetigkeit führt, so Dugac (ibid., 115). Er folgert obendrein: „qu'on peut recouvrir $I$, qui est borné, par un nombre fini d'intervalles ouverts" (ibid., 115 f.), d. h. das Intervall $I$ kann durch solche Teile der Form $]x_0 - \eta(\varepsilon), x_0 + \eta(\varepsilon)[$ überdeckt werden. Diese von Dugac aufgestellte Überdeckungseigenschaft rekonstruiert Dirichelts Resultat, nach dem zusätzlich zur „Fundamentaleigenschaft" folgendes gilt: „Es kann daher das Intervall $b - a$ nur eine endliche Anzahl von Teilintervallen von der geforderten Beschaffenheit enthalten" (Dirichlet 1854/1904, 6). Dugac übergeht jedoch, wie die von ihm angedeutete Überdeckung abzählbar gemacht werden kann. Seine Reproduktion des Dirichletschen Beweises, die er seiner knappen Analyse der Dirichletschen Eigenschaft anschließt, kommentiert die Vorlage ohne dagegen Neues zu Tage fördern zu können (siehe Dugac 2003, 116).

Dirichlet besaß eine Vorstellung dieser Eigenschaft, die aber nicht als gleichmäßige Stetigkeit ausgelegt werden darf, da sie nur als Hilfsmittel der Anwendung in der Integralrechnung fungiert. Bottazzini (1986, LXXXIX) gelangte zu einem ähnlichen Schluss: Zum einen gebrauche Dirichlet im Allgemeinen, wenn er von stetigen Funktionen spricht, nicht-gleichmäßige Stetigkeit (andernfalls hätte die Fundamentaleigenschaft nicht als gesondertes Theorem aufgenommen werden müssen) und zum anderen erfülle die neue Eigenschaft (der Gleichmäßigkeit) nur den praktischen Zweck, jenen Satz zu begründen.[216] Die Kennzeichen einer allgemeinen Begriffsbildung sind hier aber nicht gegeben.

[216] „[...] he needed it to introduce the concept of a definite integral of a continuous function without commiting the ‚mistake' involving uniformity that Cauchy made" (ibid.).

## 8.4 Die gleichmäßige und ungleichmäßige Stetigkeit bei Ulisse Dini

Dini führt in seiner bereits in Kapitel 6 diskutierten Arbeit „Grundlagen für eine Theorie der Functionen einer veränderlichen reellen Grösse" (orig. 1878, dt. Übersetzung von 1892) nicht nur gleichmäßige Konvergenz, sondern (als Teil des Kapitels über Funktionen, die in gegebenen Intervallen stetig sind) auch gleichmäßige Stetigkeit ein. Ausgehend von der Frage, ob es im Falle der Stetigkeit ein Epsilon für sämtliche Werte des Definitionsbereiches gibt, heißt es in der Originalfassung des Einleitung:

> „In altri termini, si ha così il dubbio che in certi casi non esista un numero $\varepsilon$ differente da zero che serva per tutti i valori di $x$ da $\alpha$ a $\beta$ ($\alpha$ e $\beta$ inclus.) ; ed è appunto per questo dubbio che si era da taluno proposto di distinguere la continuità di una funzione che è continua in un certo intervallo $(\alpha, \beta)$ in continuità *uniforme*, e continuità *non uniforme* secondochè per ogni numero positivo e arbitrariamente piccolo $\sigma$ esistesse o nò un numero differente da zero e positivo $\varepsilon$ tale che per tutti i valori di $\delta$ numericamente minori di $\varepsilon$ pei quali il punto $x + \delta$ cade nell'intervallo dato $(\alpha, \beta)$ ($\alpha$, e $\beta$ inclus.), e per *tutti* i valori di $x$ nello stesso intervallo (gli estremi ancora inclus.) si avesse in valore assoluto $f(x+\delta) - f(x) < \sigma$" (Dini 1878, 47).

In der Ausgabe des Jahres 1892 (Lüroth und Schepp) wird diese Definition folgendermaßen transkribiert:

> „Mit anderen Worten, es könnte zweifelhaft sein, ob in gewissen Fällen auch wirklich eine von Null verschiedene Zahl $\varepsilon$ existirt, welche für alle Werthe von $x$ von $\alpha$ bis $\beta$ ($\alpha$ und $\beta$ eingeschlossen) ihren Zweck erfüllt. Gerade dieses Zweifels wegen hatte man vorgeschlagen1), die Stetigkeit einer Function, die in einem gewissen Intervall $(\alpha, \beta)$ continuirlich ist, in gleichmässige und ungleichmässige Stetigkeit zu unterscheiden, je nachdem für jede positive und beliebig kleine Zahl $\sigma$ eine von Null verschiedene und positive Zahl $\varepsilon$ vorhanden wäre oder nicht, welche von der Artist, dass für alle Werthe von $\delta$, die numerisch kleiner als $\varepsilon$ sind und für welche der Punkt $x + \delta$ in das gegebene Intervall $(\alpha, \beta)$ ($\alpha$ und $\beta$ eingeschlossen) fällt und für alle Werthe von $x$ in demselben Intervall (die Enden ebenfalls eingeschlossen)
> $$|f(x+\delta) + f(x)| < \sigma$$
> ist." (S. 63)

In der Übersetzung finden wir eine zusätzliche, nicht (!) von Dini stammende Bemerkung der Textstelle „si era da taluno proposto" (zu dt. es wurde von jemandem vorgeschlagen) in Form einer Fußnote, die auf Heines Publikation *Ueber trigonometrische Reihen* (1869, 1870 im Crelle-Journal publ.) verweist. Die These, Dini habe den Begriff aus der Veröffentlichung von Heine übernommen, wird von den Autoren der Übersetzung nicht belegt oder zumindest kommentiert. Darüber hinaus verwendet er (1869) einen Spezialfall der gleichmäßigen Stetigkeit, die hier in der Einführung von Dini nicht angebracht wäre. Heine betrachtet in der zitierten Quelle eine allgemeine trigonometrische Reihe der Form

$$\frac{1}{2}a_0 + r(a_1 \cos x + b_1 \sin x) + r^2(a_2 \cos 2x + b_2 \sin 2x) + \cdots$$

und bemerkt dabei, dass „die Funktion ($\beta$.) [eben diese] bei festgehaltenem $r$ sich mit $x$, bei festgehaltenem $x$ sich mit $r$ […] continuirlich ändert" (S. 361). Darauf folgt eine Definition des Begriffs der gleichmäßigen Stetigkeit für eine Funktion in zwei Variablen[217], die er zuerst schriftsprachlich beschreibt:

„Es scheint aber noch nicht bemerkt zu sein, dass diese Eigenschaft, diese *Continuität in jedem einzelnen Punkte nach zwei Richtungen hin*, nicht diejenige Continuität ist, welche man voraussetzen muss, wenn man auf die Function analoge Schlüsse anwenden will, [...] und die man *gleichmässige Continuität* nennen kann, weil sie sich gleichmäßig über alle Punkte und alle Richtungen erstreckt" (Heine 1869, 361).

Der Begriff findet sich also bei Heine schon im Jahre 1869 und bei Dini im Jahre 1878. Die Verbindung, die die Herausgeber Lüroth und Schepp (1892) durch ihre Fußnote herstellen, ist nicht nachvollziehbar. Zwar kommentiert Dini, dass die Unterscheidung von gleichmäßige und ungleichmäßige Stetigkeit bereits von jemand anderem vorgeschlagen wurde, aber er gibt keine genaue Auskunft zu dieser Person.

## 8.5 Eduard Heines Eigenschaft continuirlicher Functionen

In einer Arbeit Heines aus dem Jahre 1872 (*Die Elemente der Functionenlehre*) finden wir erneut die gleichmäßige Stetigkeit. Er liefert dort eine Reihe von Eigenschaften und Sätzen im Lehrbuchstil über stetige Funktionen einer Variable. Seine Gliederung ist nach Zahlen und Funktionen vorgenommen, im ersten Teil werden allgemeine und rationale Zahlenfolgen eingeführt, der zweite behandelt die für uns interessante Definition der Stetigkeit.

„Eine Function $f(x)$ heißt continuirlich von $x = a$ bis $x = b$, wenn sie bei jedem einzelnen Werthe $x = X$ zwischen $x = a$ und $x = b$, mit Einschluss der Werthe $a$ und $b$, *continuirlich* ist; sie heisst *gleichmässig continuirlich* von $x = a$ bis $x = b$, wenn für jede noch so kleine gegebene Grösse $\varepsilon$ eine solche positive Größe $\eta_0$ existirt, dass für alle positiven Werthe $\eta$, die kleiner als $\eta_0$ sind, $f(x \pm \eta) - f(x)$ unter $\varepsilon$ bleibt" (ibid, 184).

Nach Pierre Dugacs Annahme führt Heine in dieser Arbeit erstmalig den Ausdruck „gleichmäßig stetig" bzw. „gleichmässig continurlich" in der Mathematik ein (2003, 115). Diese Behauptung ist nicht zutreffend: Der Begriff wird von Heine schon im Jahre 1869 eingeführt (s. voriger Abschnitt). Darüber hinaus liefert gerade diese Arbeit des Jahres 1872, die viele „durch mündliche Mittheilung übernommenen Gedanken Anderer, besonders des Herrn *Weierstrass* enthält" (Heine 1872, Vorwort), Indizien dafür, dass er den Begriff nicht selbst unter diesem Terminus entwickelt hat.

Die Neuerung der gleichmäßigen Stetigkeit in (1872) wird in der anschließenden Bedingung an die Größe $\eta_0$ festgehalten:

„Welchen Werth man auch $x$ geben möge, nur vorausgesetzt, dass $x$ und $x \pm \eta$ dem Gebiete von $a$ und $b$ angehören, muss *dasselbe* $\eta_0$ das Geforderte leisten" (S. 184).

Dies entspricht der heute geläufigen Formulierung:

[217] Heines Definition lautet wie folgt: „Eine Funktion zweier Veränderlichen $x, y$ heiße gleichmässig continuirlich in einem Gebiete, wenn für jede beliebig kleine gegebene Grösse $\varepsilon$ Grössen $h_1$ und $k_1$, von denen keine Null ist, existiren, so dass die Differenz $f(x+h, y+k) - f(x,y)$ kleiner als $\varepsilon$ bleibt, so lange h und k resp. $h_1$ und $k_1$ nicht überschreiten, und zwar muss dieses bei gegebenem $\varepsilon$ und festgehaltenen $h_1$ und $k_1$ für alle Punkte $(x,y)$ und $(x+h, y+k)$ stattfinden, die dem Gebiete, seine Begrenzung eingeschlossen, angehören" (1869, 361).

$$\forall \varepsilon > 0\, \exists \eta_0 > \eta > 0\, \forall x, x \pm \eta \in [a,b] : |f(x \pm \eta) - f(x)| < \varepsilon.$$

Als Anwendungen sind bekannt, dass jede ganze Potenz und jede ganze Funktion zwischen Grenzen gleichmäßig stetig ist (1. Lehrsatz, 1. Folgerung, S. 184 f.). Diese münden in dem „Lehrsatz", dass alle auf einem abgeschlossenen Intervall stetigen Funktionen dort gleichmäßig stetig sind (S. 188). Gispert-Chambaz betont, „cette propriété, ainsi que la notion de continuité uniforme, fut utilisée par d'autres mathématiciens auparavant dont Cantor" (1982, 18), und ergänzt:

> „15. En effet si la définition de la continuité uniforme est de Heine, la démonstration de [Heine 1872] est sinon de Cantor, du moins très directement inspirée de celle de ce dernier, qui à ce sujet ne se réfère pas à Heine mais à Cantor." (ibid., 26)

Für ihre Behauptung, Heine habe sich für seinen Beweis der Fundamentaleigenschaft von dem Cantors zumindest inspirieren lassen, liefert sie keinerlei Belege.

## 8.6 Die gleichmäßige Stetigkeit bei Weierstraß

Der Begriff wird in der einmaligen Ergänzungsveranstaltung über *Ausgewählte Kapitel aus der Funktionenlehre* (SS 1886) als das Oberthema eines eigenen Kapitels eingeführt. Nachdem die Stetigkeit für Funktionen von $n$-vielen Variablen eingeführt wird, ergänzt Weierstraß in Epsilon-Delta-Notation:

> „Von dem Begriffe der Stetigkeit gehen wir zu einem weiteren über, der eine Folge desselben ist, gleichwohl aber früher oft übersehen worden ist; wir meinen den Begriff der gleichmäßigen Stetigkeit. Gleichmäßig stetig nennen wir eine Funktion innerhalb eines bestimmten Intervalls (a … b), wenn es nach Angabe einer beliebig kleinen positiven Größe $\varepsilon$ möglich ist, eine Größe $\delta$ so zu bestimmen, daß die Bedingung
>
> $$|f(u') - f(u)| < \varepsilon, \text{wenn } |u' - u| < \delta,$$
>
> für beliebig viele Wertepaare[218] $u$ und $u'$ innerhalb des Intervalls (a … b) erfüllt ist" (Siegmund-Schultze 1988, 74).

Anschließend zeigt er, dass diese Eigenschaft eine Folge der (gewöhnlichen) Stetigkeit ist, und resümiert:

> „Die Wichtigkeit dieses Satzes besteht eben darin, daß man bei einer speziellen Funktion, deren Stetigkeit nachgewiesen ist, des Nachweises der gleichmäßigen Stetigkeit nunmehr überhoben ist, ein Nachweis, der in speziellen Fällen wahrscheinlich oft sehr mühsam sein würde" (ibid., 76).

Als Anwendung bezieht Weierstraß den später nach ihm benannten Approximationssatz heran:

> „Beiläufig bemerkt, können wir in diesem Falle [von Funktionen die sich, wie Weierstraß sagt, als Summe *von unendlich vielen ganzen rationalen Funktionen darstellen lassen*] die gleichmäßige Stetigkeit aus der dort nachgewiesenen gleichmäßigen Konvergenz direkt folgern" (ibid., 79).

[218] Weierstraß verwendet hier die Formulierung „beliebig viele" statt „für alle". In der Herleitung der gleichmäßigen Konvergenz für Funktionen mehrerer Veränderlicher fordert er allerdings wieder $|f(u_1', \dots, u_n') - f(u_1'', \dots, u_n'')| < \varepsilon$ für alle Stellen $(u_1', \dots, u_n')$ und $(u_1'', \dots, u_n'')$ (s. Siegmund-Schultze 1988, 77). Hierbei handelt es sich um eine Eigenart von Weierstraß, der keine inhaltliche Bedeutung zu kommt.

Hier scheint es sich, wie der Herausgeber betont, um einen Fehler Weierstraß‘ zu handeln, „da der Beweis des [Approximationssatzes] die gleichmäßige Stetigkeit implizit voraussetzte“ (ibid., 242). Dieselbe Behauptung findet sich laut Siegmund-Schultze auch in der Güntherschen Mitschrift dieser Vorlesung (vgl. Abbildung 16), in der es allerdings „widersprüchlich“ heißt:

> „Man hat früher diesen Begriff der gleichmäßigen Stetigkeit nicht vorausgesetzt; erst Prof. Weierstrass hat darauf aufmerksam gemacht, daß diese Eigenschaft für den Begriff eines bestimmten Intergrals vorausgesetzt werden muß, während man bei den früheren Beweisen der darauf sich beziehenden Sätze die gleichmäßige Stetigkeit stillschweigend vorausgesetzt hatte“ (zit. nach Siegmund-Schultze, 242).

Eine Einführung des Majorantenkriteriums konnte in den übrigen, hier vorliegenden Vorlesungsmitschriften nicht nachgewiesen werden. Aus dem obigen Zitat kann man jedoch entnehmen, dass Weierstraß den Begriff schon weit vor 1886 verwendete.

## 8.7 Fazit zur Rezeption

Die hier diskutierten Beiträge zeigen bereits ein gewisses Maß an unaufgelösten bzw. irrtümlichen Rezeptionsverbindungen auf: Die von Dugac postulierte implizite Verwendung der gleichmäßigen Stetigkeit bei Cauchy (1823) muss angezweifelt werden. Eduard Heine und Ulisse Dini führen die Begriffe in ihren Arbeiten zwar schon in den Jahren 1872 und 1878 ein, jedoch sind ihre Quellen bisher nicht genau bekannt. Der Standpunkt von Gispert-Chambaz, Heines Anwendung sei durch Cantor inspiriert, ist rein spekulativ. Dinis Rezeption der gleichmäßigen Stetigkeit bei Heine bleibt trotz der unzutreffenden Fußnote der Herausgeber Lüroth und Arendt plausibel: Er war mit Heines Arbeiten vertraut (Heine 1869) und kannte ebenso die Forschungen von Weierstraß. Es wurde hier herausgestellt, dass Dirichlet zumindest die Grundlagen zum Begriff der gleichmäßigen Stetigkeit gelegt und damit Heine angeregt hat.

Das veröffentlichte Skript seiner Vorlesung aus dem Jahre 1854 zeigt, dass gleichmäßige Stetigkeit nicht in diesem Rahmen gelehrt wurde, und doch postulieren Gispert-Chambaz und Dugac Dirchlets Verwendung des Begriffs in dieser (oder einer anderen) Vorlesung des Jahres 1854.

# 9 Anhänge

## 9.1 Transkription des *mémoire* von J.-C. Bouquet und C. Briot vom 7. Februar 1853

[1]
7 février 1853
Mémoire des MM. Bouquet et Briot[219]

Lemme 1

Lorsqu'on multiplie les termes d'une série dont tous les termes sont positifs, respectivement par des nombres quelconques, mais qui n'augmentent pas à l'infini, on obtient une nouvelle série convergente ;

Soit

$u_0 + u_1 + u_2 + \ldots$

une série convergente dont tous les termes sont positifs. Si l'on multiplie les termes de cette série respectivement pas les nombres

$a_0 + a_1 + a_2 + \ldots$

qui n'augmentent pas à l'infini on obtient une nouvelle série convergente

$a_0 u_0 + a_1 u_1 + a_2 u_2 + \ldots$

En effet, prenons les termes à partir de celui de rang n, la somme

$a_n u_n + a_{n+1} u_{n+1} + \cdots + a_{n+p-1} u_{n+p-1}$

égale évidemment la somme

$u_n + u_{n+1} + \cdots + u_{n+p-1}$

multipliée par une moyenne entre les quantités . La série proposée étant convergente cette dernière somme a pour limite zéro, quelque grand que soit p, quand n augmente indéfiniment ; par l'hypothèse, les nombres multiplicateurs, et par conséquent la moyenne, conservent des valeurs finies ; dans la première somme a aussi pour limite zéro et la nouvelle série Convergente.

---

[219] Notiz der Académie am Rande:
MM.
Cauchy
Liouville
Binet

Théorème 1. Lorsqu'une série ordonnée suivant les puissances croissantes d'une variable imaginaire z est convergente pour une valeur de la variable [2] ayant pour module R, elle est aussi convergente pour toutes les valeurs de la variable dont le module est plus petit que R.

Soit

$u_0 + u_1 z + u_2 z^2 + \cdots$

la série proposée dans la quelle la lettre $z$ désigne une variable imaginaire, et les lettres $u_0, u_1, u_2$ ... des coefficients réels ou imaginaires.

Appelons

$a_0, a_1, a_2, \ldots$

les modules des coefficients ; la série proposée étant convergente pour une valeur de $z$ ayant pour module $R$, les modules des termes

$a_0, a_1 R, a_2 R^2, \ldots$

n'augmentent pas à l'infini.

Donnons maintenant à la variable $z$ une autre valeur dont le module ρ soit plus petit que $R$, et considérons la progression géométrique

$1 + \frac{\rho}{R} + \frac{\rho^2}{R^2} + \ldots$

décroissante à l'infini ; si nous multiplions les termes de cette série convergente respectivement par les nombres

$a_0, a_1 R, a_2 R^2, \ldots$

nous obtiendrons, d'après le lemme précédent une nouvelle série convergente

$a_0, a_1 \rho, a_2 \rho^2, \ldots$

Ainsi, pour toute valeur de $z$ dont le module est plus petit que $R$, la série des modules des termes de la série proposée est convergente, et par suite cette série elle-même.

Abel a demontré ce théorème dans le cas ou la variable est réelle, ainsi que les coefficients.

Scholie I. La démonstration du théorème précédent ne suppose pas nécessairement que la série soit convergente pour la valeur de [3] $z$ ayant pour module $R$, mais seulement que les modules des termes n'augmentent pas indéfiniment. Si pour cette valeur de $z$ la somme termes de la série oscillait entre deux limites finies, on pourrait encore conclure que la série est convergente pour toutes les valeurs de $z$, dont le module est plus petit que $R$.

Ainsi, nous pourrons supposer que $R$ désigne le plus grand module des valeurs de z pour lesquelles les termes de la série ne croissent pas à l'infini, ou [ ?] la limite de ces modules ; ce module $R$ est ce que nous appellerons la limite de convergence de la série.

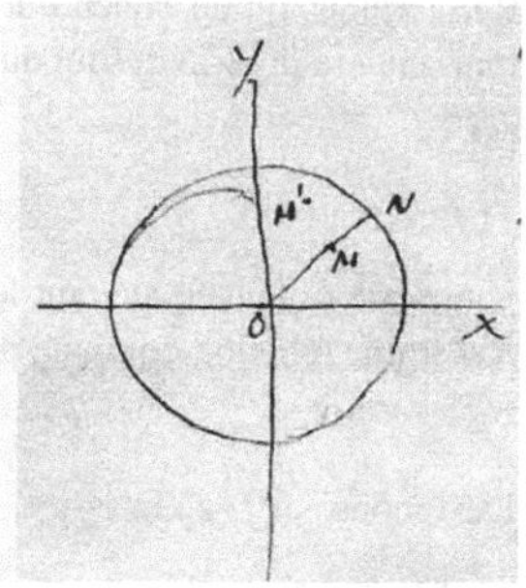


Scholie II. Représentons géométriquement la variable imaginaire, comme l'a fait Mr. Cauchy. Posons $= x + y\sqrt{-1}$ , et supposons que les deux quantités réelles $x$ et $y$ soient les deux coordonnées rectangulaires d'un point $M$ du plan. A chaque valeur de la variable correspond une position particulière de ce point ; quand $z$ varie d'une manière continue le point $M$ décrit une courbe plane, et ainsi se trouve figuré la Marche de la variable imaginaire $z$. La distance de l'origine au point $M$ représente le module.

De l'origine comme centre avec un rayon égal à la limite de convergence $R$, décrivons un cercle. La série sera convergente autour les points situés à l'intérieur du cercle ; comme d'ailleurs en chacun de ces points elle a une valeur unique et déterminée elle définit nettement une fonction de la variable z dans l'intérieur du cercle que nous nommons cercle de convergence. Dès que l'on sort du cercle, les termes de la série croissent à l'infini. Sur la circonférence même la série peut être convergente en certains points, infinie ou indéterminée en d'autres.

[4]

Je citerai comme exemple la série

$$1 + \frac{z}{1} + \frac{z^2}{2} + \frac{z^3}{3} \ldots$$

Dont la limite est l'unité. Quand le module de $z$ égale 1, la série est encore convergente pour l'argument $\pi$?, mais elle est infinie pour l'argument 0.

Considérons encore la série

$$1 + z + z^2 + z^3 \ldots$$

convergente dans le cercle de rayon 1. Supposons que le point $M$ parcoure un rayon en s'éloignant du centre ; c'est à dire posons

$$z = \rho e^{\theta\sqrt{-1}}$$

l'argument $\theta$ étant fixe, le module $\rho$ croît de 0 jusqu'à l'unité, la série est convergente et sa valeur tend vers une limite finie et déterminée (excepté pour $\theta = 0$) ; cependant si dans la série on fait $z = e^{\theta\sqrt{-1}}$ la somme est indéterminée.

Une série ordonnée suivant les puissances croissantes de $z$ peut être convergente dans toute l'étendue du plan ; telle est la série

$$1 + \frac{z}{1} + \frac{z^2}{1 \cdot 2} + \frac{z^3}{1 \cdot 2 \cdot 3} + \ldots$$

Une pareille série peut servir à définir une fonction dans toute l'étendue du plan.

Au contraire une série peut n'être convergente pour aucune valeur de la variable, excepte pour $z = 0$ ; dans ce cas la série ne peut servir à définir une fonction. Il en est ainsi de la série

$$1 + 1 \cdot z + 1 \cdot 2z^2 + 1 \cdot 2 \cdot 3z^3 + \ldots$$

Remarquons qu'en chacun des points intérieurs au cercle non seulement la série elle même, mais encore la série des modules de ses termes sont convergentes.

[5]

Théorème II

Une série ordonnée suivant les puissances croissantes de $z$, et convergente jusqu'au module $R$, est une fonction continue de la variable imaginaire $z$ jusqu'à la même limite.

Désignons par $f(z)$ la série

$u_0 + u_1 z + u_2 z^2 + \ldots$

Que nous supposerons convergente jusqu'au module $R$. Appelons $S_n$ la somme des $n$ premiers termes et $r$ le reste :

$f(z) = S_n + r$ .

De l'origine comme centre avec un rayon égal à $R - \varepsilon$, ($\varepsilon$ désignant une quantité très petite) décrivons un cercle. En chaque point intérieur à ce second cercle nous pouvons assigner une valeur de $n$ telle que pour cette valeur et pour toutes les plus grandes le module du reste $r$ soit plus petit qu'une quantité donnée $\delta$, quelque petite qu'elle soit ; en effet, on a

$\operatorname{mod} r < a_n \rho^n + a_{n+1} \rho^{n+1} + \ldots$ ;

la série des modules étant convergente, le second membre devient plus petit que toute quantité donnée quand $n$ est suffisamment grand. Prenons pour $n$ la plus grande des valeurs ainsi déterminées pour les divers points intérieurs au second cercle.

Supposons maintenant qu'après avoir donné à la variable une valeur $z$, nous lui donnions ensuite une valeur peu différente $z'$ , en d'autres termes passons du point $M$ à un point voisin $M'$ ; nous aurons

$f(z) = S_n + r.$

$f(z') = S'_n + r'$ ;

d'où

$f(z') - f(z) = S'_n - S_n + r' - r$ .

Le polynôme entier $S_n$ étant une fonction continue de la variable $z$, nous pouvons prendre sa différence $z' - z$ assez petite que la [6] variation $S'_n - S_n$ du polynome est un module plus petit que toute grandeur donné $\delta$ . Mais les modules des restes $r$ et $r'$ sont plus petit que $\delta$ ; d'ou la variation $f(z') - f(z)$ de la fonction aura un module plus petit que $3\delta$. Cette variation pourra donc être rendue plus petite que toute quantité donnée. Ainsi la série varie d'une manière continue.

Corollaire. Une série convergente

$u_1 z + u_2 z^2 + \ldots$

qui ne renferme pas de terme constant, a une valeur infiniment petite quand la valeur de $z$ est infiniment petite. Ceci résulte du Théorème précédent ; puisque la série proposée est une fonction continue de $z$ et qu'elle est nulle pour $z = 0$, elle doit être infiniment petite quand la variable $z$ est infiniment petite.

On peut d'ailleurs le démontrer directement. Ecrivons la série sous la forme

$z(u_1 + u_2 z + u_3 z^2 + \cdots)\ldots$

Le module de la série est plus petit que

$\rho(a_1 + a_2\rho + a_3\rho^2 + \cdots)$

Or la série des modules étant convergente, la parenthèse a une valeur finie qui diminue avec $\rho$ ; donc le produit tend vers zéro.

Scholie. Nous venons de démontrer qu'une série ordonnée suivant les puissances croissantes de $z$, est une fonction continue de la variable $z$, tant que cette variable reste comprise dans le cercle de convergence. Lorsqu'une série jouit de quelques propriétés remarquables, lorsqu'on la rencontre souvent dans l'analyse, il convient, à fin d'abréger l'écriture, et de faciliter le raisonnement, se la représenter par un signe particulier. Ainsi les mathématiciens sont convenus de le présenter par les symboles $e^z$, $\sin z$, $\cos z$ les trois séries

$$1 + \frac{z}{1} + \frac{z^2}{1 \cdot 2} + \frac{z^3}{1 \cdot 2 \cdot 3} + \cdots$$

$$z - \frac{z^3}{1 \cdot 2 \cdot 3} + \frac{z^5}{1 \cdot 2 \cdot 3 \cdot 4 \cdot 5} - \cdots$$

$$1 - \frac{z^2}{2} + \frac{z^4}{1 \cdot 2 \cdot 3 \cdot 4} - \cdots$$

convergentes dans toute l'étendue de plan. Ces trois symboles se ramènent à un seul, à cause de la relation

$e^{z \cdot \sqrt{-1}} = \cos z + \sqrt{-1} \sin z$

De ces considérations il resulte que l'étude de séries joue en role important dans la théorie générale des fonctions.

[7]

Théorème III

Lorsqu'une série ordonnée suivant les puissances croissantes de la variable $z$ est convergente pour une valeur de $z$ ayant pour module $R$, la série formée en prenant la dérivée de chaque terme séparément, est aussi convergente pour toutes les valeurs de $z$ dont le module est plus petit que $R$.

[...]

[8]
Théorème IV

Etant donnée une série

$f(z) = \varphi_0(z) + \varphi_1(z) + \varphi_2(z) + \dots$

dont les différents termes sont des séries ordonnées suivant les puissances croissantes de $z$ ; si pour une valeur dont le module est $R$ la série obtenue en remplaçant dans la série proposées tous les termes élémentaires par leurs modules est convergente, la série proposée pourra être disposée en une série ordonnée suivant les puissances croissantes de $z$ et convergente pour toutes les valeurs de $z$ dont le module est plus petit que $R$.

[...]

[9]
Théorème V

Si dans une série ordonnée suivant les puissances croissantes de $z$ et convergente jusqu'au module $R$ on remplace $z$ par $z + h$, le résultat peut être développé en une série ordonnée suivant les puissances croissantes de $h$ et convergente tant que le module de $h$ est inférieur à l'excés de $R$ sur le module de $z$.

[...]

[11]
Théorème VI

Une série ordonnée suivant les puissances croissantes de $z$, et convergente jusqu'au module $R$, a une dérivée unique et déterminée pour chaque valeur de $z$ dont le module est plus petit que $R$.

[...]

[13]
Théorème VII

Lorsqu' une série ordonnée suivant les puissances croissantes d'une variable $z$ et convergente jusqu'au module $R$ s'annule quand on donne à $z$ la valeur particulier $\alpha$ (le module de $\alpha$ étant nécessairement plus petit que $R$) elle est divisible par $z - \alpha$ ; c'est à dire que le quotient est développable en une série ordonnée suivant les puissances croissantes de $z$ et convergente jusqu'au module $z$.

[...]

[17]

Théorème VIII

Lorsque deux séries ordonnées suivant les puissances croissantes d'une variable $z$, sont convergentes pour une valeur de la variable ayant pour module $R$, et quand on multiplie ces deux séries terme à terme de manière à former une nouvelle série ordonnée suivant les puissances croissantes de la variable $z$, celle nouvelle série est convergente, et égale au produit de deux série proposées pour toutes les valeurs de la variable dont le module est plus petit que $R$.

[...]

[18]

Théorème IX

Si l'on désigne par $f(z)$ une série ordonnée suivant les puissances croissantes de la variable $z$, et convergente jusqu'au module $R$, la fonction $\frac{1}{f(z)}$ peut être développée en une série des ordonnée suivant les puissances croissantes de $z$ et convergente pour toutes les valeurs de $z$ dont le module est plus petit que $R$, si aucune de ces valeurs n'annulle $f(z)$ ; sinon jusqu'au plus petit module des quantités qui annullent $f(z)$.

[...]

[22]

Théorème X

Etant donné un nombre indéfini de séries convergentes ; si pour une valeur de $z$ dont le module est $R$, le produit des séries obtenues en remplaçant dans les séries proposées chaque terme par son module conserve une valeur finie, le produit des séries proposées pourra être développé en une série ordonnée suivant les puissances croissantes de $z$ et convergente jusqu'au module $R$.

[...]

Corollaire

[…]

Scholie générale. Etant données plusieurs séries ordonnées suivant les puissances croissantes et convergentes jusqu'à certains modules, toutes fonctions composée avec les séries d'une manière [23] quelconque, au moyen des signes d'addition, de soustraction, de multiplication, de division, de puissance entière et d'exponentielle est développable elle-même en une série ordonnées suivant les puissance croissantes de la variable $z$ et convergente jusqu'à un limite qu'il est facile d'assigner. Cette limite est la plus petite limite de convergence des séries qui entrent dans la fonction proposée, ou le plus petit module des quantités qui annullent un dénominateur et produisent des discontinuités.

## 9.2 Transkription des *mémoire* von J.-C. Bouquet und C. Briot vom 21. Februar 1853[220]

Note sur le développement des fonctions en séries convergentes ordonnées suivant les puissances croissantes de la variable ; par MM. Briot et Bouquet

Le beau théorème de Mr. Cauchy sur le développement des fonctions en séries convergentes reste encore enveloppé de quelques nuages. On n'est pas d'accord sur les conditions nécessaires à l'existence du théorème.

Dans l'énoncé de son théorème, (……) Mr. Cauchy dit que ce développement est possible lorsque la fonction est continue ainsi que la première dérivée. Mr. Lamarle, (…..) pense que la continuité de la fonction suffit ; mais la démonstration de Mr. Lamarle suppose une condition dont il ne parle pas. Plus tard, Mr. Wantzel (…..) crût trancher la difficulté en démontrant que si la fonction est continue la dérivée l'est aussi. La démonstration de Mr. Wantzel suppose la même condition que celle de Mr. Lamarle ; elle est d'ailleurs complètement inutile, car si la condition dont il s'agit est remplie la continuité de la dérivée serait immédiatement. Nous espérons que cette note lèvera toutes les difficultés qui obscurcissaient encore cette importante question.

Nous commençons par poser quelques principes sur la manière de définir une fonction d'une variable imaginaire. Nous examinerons ensuite à quelles conditions doit satisfaire la fonction pour être développable en série ordonnée suivant les puissances croissantes de la variable. Ces conditions sont au nombre de trois : 1. La fonction doit être finie et continue pour toutes les valeurs de la variable imaginaire dont le module est moindre qu'une certaine quantité R, en d'autres termes, si l'on représente la variable [2] imaginaire dont le module

Usw. auf Blatt 2, wie auf S. 335 der Comptes Rendus der Acdémie für 1853.

Es folgen nähere Ausführungen in 13 Abschnitten.

Zunächst zeigen die Autoren, daß die drei Bedingungen notwendig und hinreichend sind (1 bis 4). Ab 5 wird das Verhalten von Kurven = Funktionen im Imaginären untersucht, um zu zeigen, wann die Funktion eine eindeutige Ableitung in jedem Punkt besitzt. Dann ist auch die Ableitung wieder eine stetige Funktion (8). Dann Untersuchung von Integralen entlang der Kurve. Damit werden die « hypothèses » von Cauchy « rigoureuses ».

Damit bestätigt sich, daß die Funktion f(z) in eine konvergente Potenzreihe entwickelt werden kann (12).

220 Notiz der Académie am Rande:
MM.
Cauchy
Liouville
Binet

[9] 13. Nous avons supposé qu'au point m la dérivée de la fonction f(z) a une valeur fini ; cette restriction est inutile ; car il est aisé de voir maintenant qu'elle ne peut devenir infinie ou indéterminée en aucun point du cercle. En effet la série écrite plus haut représente la fonction proposée pour tous les points intérieurs au cercle, excepté ceux qui rendent la dérivée discontinue. Nous avons démontré dans le mémoire rappelé plus haut qu'une semblable série est une fonction finie et continue de la variable $z$ dans l'intérieur du cercle sans exception. La série et la fonction proposée, étant continues dans toute l'étendue du cercle, et égales en tous les points, exceptées certains points particuliers, ne peuvent différer même en ces points. Ainsi le développement s'applique à tous les points du cercle R. Nous avons démontré aussi dans le même mémoire que les dérivées successives d'une fonction représentée par une série ordonnée suivant les puissances croissantes de la variable sont elles mêmes des fonctions finies et continues dans l'intérieur du cercle de convergence.

Supposons maintenant que la fonction satisfasse aux trois conditions dans une portion finie du plan de forme quelconque, comme on peut prendre l'origine arbitrairement dans cette portion du plan, il en résulte que dans toute cette étendue les dérivées de la fonction jouissent des mêmes propriétés que la fonction elle-même.

Puisque les dérivées sont finies et continues, il est aisé de démontrer que les coefficients da la série ont pour valeurs

$$f(0), \quad \frac{f'(0)}{1}, \quad \frac{f''(0)}{1 \cdot 2}, \ldots..$$

## 9.3 Übersetzung der Abhandlung *Om oändliga serier* … (1853) von E. G. Björling

Ich danke Bengt Johannson (Göteborg) für seine Hilfe bei der Übersetzung von Worten aus dem alten Schwedisch des 19. Jahrhunderts.

**[147]**

…

***2. Von unendlichen Reihen, deren Glieder stetige Funktionen einer reellen Variable zwischen Grenzen sind, in denen die Reihen konvergieren,*** – Herr E. G. BJÖRLING hat die folgenden Abhandlung eingereicht:

1. In einem Aufsatz mit dem Titel Bemerkungen zur Konvergenz der unendlichen Reihen, aufgezeichnet in *Grunert's Archiv* Buch XX (1852), hat Herr F. ARNDT in Stralsund die Aufmerksamkeit darauf gerichtet, dass Herr CAUCHY'S bekannter Satz*)

*»Lorsque les différents termes d'une série sont des fonctions d'une même variable x, continues par rapport à cette variable dans le voisinage d'une valeur particulière pour laquelle la série est convergente, la somme S de la sèrie est aussi, dans le voisinage de cette valeur particulière, fonction continue de x«*

**[148]** für »unrichtig« erklärt werden muss; Als Beweis dieser Behauptung nennt er nicht nur die an einschlägigen Stellen erwähnte und oft beschworene Reihe

(1) $\sin\varphi,\ -\frac{1}{2}\sin 2\varphi,\ \frac{1}{3}\sin 3\varphi,\ etc.$

sondern auch die Reihe

(2) $x^{2m}(1-x), x^{2m+2}(1-x), x^{2m+4}(1-x), etc.$

sowie, dass diese für jeden positiven $x$-Wert kleiner als 1 (sogar unbegrenzt nahe bei 1) konvergent und die Summe $\frac{x^{2m}}{1+x}$ ist, als auch, dass dies in der Folge einen treffenden Beweis für seine Behauptung darstellt, dass, wenn die Glieder dieser Reihe kontinuierliche Funktionen von $x$ in der Nähe von $x = 1$ sind, ihre Summe jedoch in der gleichen Nachbarschaft diskontinuierlich ist, »da sie für diesen Wert« ($x = 1$) »verschwindet, während $\frac{x^{2m}}{1+x}$, gegen die Grenze $1/2$ konvergiert, wenn $x$ sich der 1 nähert.«

*Bemerkung:* Bevor wir fortfahren, ist es wichtig zu bemerken, dass, wenn

(α) $1 - x + x^2(1-x) + x^4(1-x) + \ldots + x^{2p}(1-x) = \frac{1-x^{2p+2}}{1+x}$, man offenbar erhält

(β) $1 - x + x^2(1-x) + x^4(1-x) + \ldots = \lim\limits_{(n=\infty)} \frac{1}{1+x}(1-x^{2n})$;

Durch diese wird klar, dass die Reihe (2) sicherlich konvergent ist für jedes gegebene $x$ kleiner als 1 und man die Summe

*) Analyse algébrique, S. 131.

$$\frac{x^{2m}}{1+x}$$

erhält (wie auch, dass für $x = 1$ die Summe 0 wird), aber nicht für positive $x$-Werte, die *beliebig* kleiner als die Eins sind, weil

$$\lim_{(n=\infty)} \frac{x^{2m}}{1+x}(1 - x^{2n})$$

für solche $x$-Werte offenbar ein unbestimmter Zwischenwert zwischen 0 und 1 ist. **[149]** Obwohl es *falsch* ist zu behaupten, für positive $x$-Werte beliebig kleiner als Eins sei die Formel

$$(\gamma)\quad x^{2m}(1-x) + x^{2m+2}(1-x) + x^{2m+4}(1-x) + etc. = \frac{x^{2m}}{1+x}$$

wahr, können wir Herrn Arndts oben zitierte Prämisse [Anm.: dass die Glieder der Reihe kontinuierliche Funktionen von $x$ in der Nähe von $x = 1$ sind] nicht zulassen; Jedoch bleibt sein *Resultat*, dass die in Rede stehende Reihe (2) ein treffender Beweis für die Fehlbarkeit des zitierten Cauchy'schen Theorems ist, unbestreitbar wahr, denn man kann nicht leugnen, dass die Reihenterme kontinuierliche Funktionen von $x$ in der Nähe von $x = 1$ sind und die Reihe für jeden einzelnen $x$-Wert konvergent ist.[221] Man kann aber nicht sagen, dass »die Summe der Reihe auch in der Nähe dieses besonderen Wert eine stetige Funktion von $x$ ist«, wenn nämlich für $x$-Werte »in der Nähe dieses besonderen Wertes« die Reihe nicht konvergent und sie damit *nicht einmal mehr* eine feste *Summe* ist (d. h. eine Grenze, zu der die Summe der Terme sich bei einer beliebig wachsenden Anzahl an Termen beliebig annähert).

Darüber hinaus räumte selbst Herr CAUCHY in der Sitzung der französischen Akademie der Wissenschaften am 14. März*), wegen einer Bemerkung gegen den gleichen Satz, erhalten von den Herren BOUQUET und BRIOT, ein, dass dieselbe Unvollständigkeit, was noch gezeigt wird, so abgeändert werden kann, dass sie keinen Raum mehr für Ausnahmen zu lassen kann. Und diese Änderung ist in der folgenden, berichtigten und neuen Aussage des Satzes enthalten:

»*Si les différents termes de la série*

(3) $u_0, u_1, u_2, \ldots, u_n, u_{n+1}, \ldots$

*sont des fonctions d'une même variable réelle* $x$, *continues, par rapport à cette variable, entre des limites données, si, d'ailleurs, la somme* **[150]**

(4) $u_n + u_{n+1} + \ldots + u_{n'-1}$

*devient toujours infiniment petite pour des valeurs infiniment grandes des nombres entiers* $n$ *et* $n' > n$, *la série (3) sera convergente, et la somme S de la série (3) sera, entre les limites données, fonction continue de la variable* $x$.«

---

[221] A.d.Ü.: Hier wurde der Satz an der Stelle „*convergerande, men man ändock*" zerteilt.

*) Siehe »Compte rendu« für das Datum [Anm.: Dies ist auf den 14. März 1853 datiert]. Der Aufsatz heißt: *Note sur les séries convergentes dont les divers termes sont des fonctions continues d'une var. réelle ou imaginaire, entre des limites données*.

Zur gleichen Zeit hat auch Herr CAUCHY beobachtet, dass man durch diese Aussage das Resultat erhält, dass die Terme der Reihe

(1') $\sin\varphi, \frac{1}{2}\sin 2\varphi, \frac{1}{3}\sin 3\varphi, etc.$

stetige Funktionen von $\varphi$ in der Nähe von (beispielsweise) $\varphi = 0$ sind und für diesen [speziellen] $\varphi$-Wert die Reihe konvergent ist, sich der falsche Schluss ziehen lässt, dass »la somme de la série est aussi, dans le voisinage de cette valeur particulière, fonction continue de $\varphi$.«[222] Er zeigt nämlich, dass die Bedingung[223] des neuen Theorem, »*si d'ailleurs la somme - - - - infiniment grandes des nombres entiers* $n$ *et* $n' > n$,«[224] nicht für $\varphi$-Werte beliebig nahe bei 0 erfüllt ist, oder - was offensichtlich das gleiche ist -, dass die Reihe (1') in der Tat für solche $\varphi$-Werte nicht konvergent ist. –

Bemerkung.[225] Nach den letzten Bemerkungen wird deutlich, dass das Gleiche über die Reihe (2) gesagt werden kann, oder der Einfachheit halber, über die Reihe

(5) $(1-x), x^2(1-x), x^4(1-x), x^6(1-x), etc.$

Für diese Reihe übernimmt nämlich die Summe (4) in dem neuen Theorem die Form

(4') $x^{2n}(1-x) + x^{2n+2}(1-x) + x^{2n+4}(1-x) + \ldots + x^{2n'-2}(1-x),$

und sie bleibt nicht »toujours infiniment petite pour des valeurs infiniment grandes des nombres entiers $n$ et $n' > n$.«[226]

Egal zu welcher[227] Zahl $n$ wird, wir erhalten nämlich für $n' = \infty$

$= x^{2n}(1-x)[1 + x^2 + x^4 + \ldots] = \frac{x^{2n}}{1+x}$, **[151]** und so zum Beispiel für $x = 1 - \frac{1}{2n}$,

$= \frac{(1-\frac{1}{2n})^{2n}}{2-\frac{1}{2n}}$,

ein Ausdruck, der keineswegs aber „infiniment petite“ bleibt, sondern, wenn $n$ beliebig wächst, sich dem Limes $1/2e$ beliebig nähert. –

Unter solchen Umständen erscheint es nicht unpassend, dass ich es wage aus der Königlichen Akademie (der Zeit) den folgenden Auszug aus einer meiner Abhandlungen »*Doctrinae serierum infinitarum exercitationes*«, vorgestellt 1846 in der Königlichen Wissenschaftsgesellschaft in Upsala *Nova Acta Vol. XIII, Fascic. 1,* zu zitieren, da der nächste Auszug zum Inhalt gehört, der auch das Thema der oben genannten zwei Essays von den Herren CAUCHY und ARNDT ist [Anm.: Gemeint sind die Abhandlungen Note sur les séries convergentes ... (1853) und Bemerkungen zur Konvergenz ... (1852)].

[222] A.d.Ü.: Zu dt. »die Summe der Reihe auch in der Nähe dieses besonderen Wertes eine stetige Funktion von $\varphi$ ist.«

[223] A.d.Ü.: von *vilkoret*.

[224] A.d.Ü.: Zu dt. »wenn die Summe zusätzlich - - - - unendlich große Zahlen $n$ und $n' > n$«

[225] A.d.Ü.: Diese Anmerkung gilt einem anderen Satz, s. Briot und Bouquet. Cauchys Satz von 1853 ist gänzlich neu.

[226] A.d.Ü.: in dt. »immer unendlich klein für unendlich große Werte der Zahlen $n$ und $n' > n$.«

[227] A.d.Ü.: *ehvad* durch *evad* ersetzt.

Auf Seite 65f (in vol. XIII erwähnt) wird der folgende Satz mit Nachweis präsentiert sowie folgende, dazu in Verbindung stehende Bemerkung gemacht:

*»Theorem. Wenn eine Reihe von reellen Termen*

(6) $f_1(x), f_2(x), f_3(x), etc.$

*konvergent ist für jeden reellen x-Wert von einschließlich $x_0$ bis einschließlich*[228] *X und obendrein ihre spezifischen Terme kontinuierliche Funktionen von x zwischen diesen Grenzen sind; So muss notwendig die ganze Summe*

(7) $f_1(x) + f_2(x) + f_3(x) + etc.$

*eine kontinuierliche Funktion von x zwischen denselben Grenzen sein*[*)].

**[152]** *Beweis*: Da die Reihe (6) für jeden x-Wert von $x_0$ bis $X$ konvergent ist , muss – egal welcher Wert an $x$ vergeben wird, solange sie nicht diese Grenzen überschreiten – die Summe

$f_{n+1}(x) + f_{n+2}(x) + f_{n+3}(x) + etc.,$

**[153]** für ein gegebenes $n$ und alle größeren numerisch kleiner werden als eine vorher gegebene Zahl $w/2$, und zwar so klein wie gewünscht.[229] Dieses $n$ ist offensichtlich im Allgemei-

[228] A.d.Ü.: Björling schreibt im Original från och med $x_0$ till och med $X$. Damit beschreibt er deutlich ein Intervall mit einbegriffenen Grenzen, also ein abgeschlossenes Intervall. Hierbei handelt es sich um das wesentliche Merkmal seines Summentheorems.

[*)] »Für diesen in der Reihenlehre höchst gewichtigen Satz hat man eigentlich Herrn Cauchy zu danken. Jedoch kann gegen den Satz, welcher sich aus Herr Cauchy's Revision dieses Theorems (siehe seine *Analyse algébrique*, S. 131) bildet, mit Recht viel eingewendet werden. So ist z. B. klar – wie bereits Abel (in *Oeuvres complètes* T. 1, S. 71) bemerkt –, dass die Summe der Reihe

(a) $\sin x, \frac{1}{2}\sin 2x, \frac{1}{3}\sin 3x, etc.$

in keiner Umgebung entweder von $x = 2k\pi$ oder $x = -2k\pi$ eine stetige Funktion von $x$ sein kann, weil diese Summe z. B. für jeden $x$-Wert innerhalb der Grenzen $\pi$ und 0 gleich $\frac{\pi - x}{2}$ ist, aber gleich 0 für $x = 0$; Und doch kann nicht geleugnet werden, dass die Reihenterme stetige Funktionen von $x$ sind in der Umgebung eines bestimmten Wertes $x = 0$, für welche auch die Reihe selbst konvergent ist. Dass der obige Satz von dieser Art Einwand unabhängig ist, erkennt man leicht durch denselben Beweis. - So ist z. B. auch die Reihe (a) für jeden *gegebenen* $x$-Wert innerhalb der Grenzen 0 und $2\pi$ konvergent; Aber dies berechtigt keineswegs zum Urteil, dass die Reihe für jeden $x$-Wert von einschließlich der einen Grenze bis einschließlich der anderen konvergent ist. Im Gegenteil kann man gerade wegen unseres obigen Satzes versichert sein, dass *es nicht so ist*. –

In diesem Zusammenhang kann man an diesen in der Reihenlehre besonders wichtigen Umstand erinnern, wobei gelegentlich noch Autoren dies nicht angemessen berücksichtigen, obwohl auf der anderen Seite davon ausgegangen werden sollte, dass man sich bereits lange der Tatsache einig war, dass, *da man zufällig eine Reihe fand, deren Terme Funktionen einer Variable x sind und die für jeden x-Wert bis zu einer gewissen Grenze X konvergent ist, man kein Vertrauen in die Konvergenz der Reihe auch für x-Werte beliebig nahe der genannten Grenze verspürt*. Z. B. ist die Reihe

(b) $\cos x, \frac{1}{2}\cos 2x, \frac{1}{3}\cos 3x, etc.$

für jeden gegebenen $x$-Wert *innerhalb* der Grenzen 0 und $2\pi$ konvergent, jedoch an den Grenzpunkten desselben [Intervalls] divergent. Aber dass die Reihe (a) wie behauptet wurde auch für diese Grenzpunkte konvergent ist, jedoch für $x$-Werte, die durch 0 und $2\pi$ begrenzt sind [und] sich beliebig diesen nähern, nicht konvergent ist, ist nicht so sehr selbstverständlich. In solchen Fällen dient unser obiger Satz dazu, jeglichen Zweifel zu vertreiben. – Mittlerweile, in einer Sache, so bekannt wie diese, braucht es keine Ausführlichkeit, auch wenn nicht immer ausreichend darauf aufmerksam gemacht wurde. Es sollte jedoch nicht ohne Vorteil sein, diese Beziehung noch einmal in klaren Worten zu benennen.«

[229] A.d.Ü.: Der Bezeichner $w$ erscheint hier zum ersten Mal im Beweis und fungiert wie ein $\varepsilon$-Wert.

nen unterschiedlicher Größe für verschiedene $x$-Werte; Aber es ist sicher, dass zu einem bestimmten $x$-Wert (oder mehreren) ein *maximales* $n$ gehört . Es sei $\xi$ ein solcher $x$-Wert.

Dann ist nicht nur die Summe

$f_{n+1}(\xi) + f_{n+2}(\xi) + etc. = R_n$ numerisch kleiner als $w/2$, sondern auch – für alle[230] anderen $x$-Werte, die von $x_0$ und $X$ beschränkt werden und mit $\zeta$ und $\zeta'$ bezeichnet sein mögen – die beiden Summen

$f_{n+1}(\zeta) + f_{n+2}(\zeta) + etc.,$

$f_{n+1}(\zeta') + f_{n+2}(\zeta') + etc.,$jede[231] numerisch kleiner als $w/2$,

und daher der Unterschied zwischen diesen beiden letztgenannten Summen mit aller Sicherheit numerisch kleiner $w$. –

Das war die Vorbereitung. – Kommen wir zur Sache!

Um die Richtigkeit des Theorems festzustellen, brauchen wir anscheinend nur zu beweisen, dass, gleich welche $x$-Werte zwischen $x_0$ und $X$ und als $z$ und $z+\alpha$ bezeichnet, ein $\alpha$ und jedes nummerisch kleinere $\alpha$ die Differenz $\overset{(z+\alpha)}{S} - - \overset{(z)}{S}$ numerisch kleiner machen kann als eine vorher gegebene Zahl $2w$, und zwar so klein wie erwünscht[232] ( $\overset{(z)}{S}$ bezeichnet die Reihe im Hinblick auf die Summe für $x = z$). – Hier ist der Beweis!

Da die beiden Reihen

$f_1(z), f_2(z), f_3(z), etc.$

$f_1(z+\alpha), f_2(z+\alpha), f_3(z+\alpha), etc.$

konvergent sind, so ist auch die Reihe

$f_1(z+\alpha) - f_1(z), f_2(z+\alpha) - f_2(z), f_3(z+\alpha) - f_3(z), etc.$

konvergent und wir erhalten

$\overset{(z+\alpha)}{S} - \overset{(z)}{S} = [f_1(z+\alpha) - f_1(z)] + [f_2(z+\alpha) - f_2(z)] + \ldots + [f_n(z+\alpha) - f_n(z)] + r_n,$
mit $r_n = [f_{n+1}(z+\alpha) - f_{n+1}(z)] + [f_{n+2}(z+\alpha) - f_{n+2}(z)] + etc.$

Sei jetzt $n$ eine so große Zahl, dass für diese (und jede größere) die genannte Summe $R_n$ numerisch kleiner als $w/2$ ist. **[154]** (Dieses $n$ ist somit abhängig von $\xi$ und $w$, aber unabhängig von $\alpha$). *Dann ist auch selbst* $r_n$ *numerisch kleiner als* $w$, wie schon in der Vorbereitung erwähnt. – Unabhängig vom zugeordneten Wert, den $\alpha$ annimmt (solche nämlich wie oben erwähnt), muss natürlich mindestens einer der Terme

$f_1(z+\alpha) - f_1(z), f_2(z+\alpha) - f_2(z), \ldots, f_n(z+\alpha) - f_n(z)$

numerisch am größten sein. Sei dies durch

$$f_m(z+\alpha) - f_m(z)$$

[230] A.d.Ü.: *hvilka* übersetzt als *vilka*.

[231] A.d.Ü.: *hvardera* ersetzt durch *vardera*.

[232] A.d.Ü.: Nach moderner Stetigkeitsauffassung muss $\alpha$ von der Größe $w$ abhängen.

gekennzeichnet, so ist $m$ eine ganze Zahl, die eine Funktion von $\alpha$ sein kann [und] zumindest $n$ nicht übersteigt; Es ist sicherlich $\overset{(z+\alpha)}{S} - \overset{(z)}{S} - r_n$numerisch nicht größer als der Absolutbetrag von $n \cdot [f_m(z+\alpha) - f_m(z)]$.[233]
Und $f_m(x)$ war kontinuierlich zwischen $x_0$ und $X$ (und $n$ ist unabhängig von $\alpha$); Es ist klar, dass man $\alpha$ einen so kleinen Zahlenwert zuordnen kann, dass

der Absolutbetrag von $n \cdot [f_m(z+\alpha) - f_m(z)]$ kleiner als $w$ wird.

Der Rest liegt auf der Hand.«[234] –

Es ist offensichtlich, dass nicht nur die Frage nach der Notwendigkeit einer Änderung des ursprünglichen Cauchy'schen Theorems bereits im Jahre 1846 innerhalb der Gesellschaft der Wissenschaften zu Upsala gebracht wurde und dass zur Erfüllung dieses Bedürfnisses in ihrer »Nova Acta« im gleichen Jahr veröffentlicht wurde, sondern auch, dass das Ergebnis dieser Studie, nämlich das eben zitierte Theorem, vollständig mit dem neuen Theorem aus Art. 1 der zitierten Abhandlung von Herrn CAUCHY, bis auf die beiden Reihen mit reellen Termen, übereinstimmt. Hinsichtlich des scheinbaren Unterschieds zwischen diesen beiden Sätzen, nämlich dass der eine - aus der Nova acta - festlegt , dass wenn die Reihe (6) für jeden $x$-Wert von einschließlich einer Grenze bis einschließlich einer zweiten konvergent ist usw., aber der zweite Satz, bzw. Herr Cauchy's neues Theorem, dass wenn für jeden x-Wert zwischen Grenzen die Summe

$$(4') \qquad f_n(x) + f_{n+1}(x) + f_{n+2}(x) + \ldots + f_{n'-1}(x)$$

**[155]** immer beliebig klein für beliebig große ganzzahlige Werte von $n$ und $n' > n$, so ist die Reihe konvergent für jeden solchen $x$-Wert usw., so ist dieser Unterschied offenbar nur eine andere Weise dieselbe Bedingung zu äußern, insofern als die Reihe (6) nur konvergent ist, wenn die in Herr CAUCHY'S Theorem genannte Eigenschaft der Summe (4') eintritt. –

Es sollte jedoch nicht ungenannt bleiben, dass Cauchys neues Theorem in so weit umfangreicher ist als das der Nova acta.[235] Das alte beschränkt sich – sowohl in der Aussage als auch im Beweis – nur auf Reihen mit reellen Termen, im Gegensatz dazu behandelt aber der letzte Satz [als der neue] auch Reihen mit imaginären Termen (nämlich imaginäre Funktionen von einer reellen Variablen) behandelte. In jeder Beziehung wird man sich erinnern, dass, um den Satz in der Nova acta so umfassend zu machen, zu seiner Aussage die herausgenommenen[236] Worte »von reellen Termen« und nach dem darüber zitierten Beweis – dessen Gründlichkeit, seinem Ruf entsprechend, viel Aufmerksamkeit verdient – die Bemerkung eingefügt [werden muss], dass wenn die Terme (6) nicht reell sind, aber (unter der Annahme) kontinuierliche Funktionen von x zwischen Grenzen sind und jede von ihnen in die Form

$$\varphi_n(x) + i\psi_n(x)$$

[233]A.d.Ü.: hier stand *num. val.*, was nach Cauchy mit Absolutbetrag übersetzt werden muss.
[234]A.d.Ü.: *sjelfklart* durch *självklart* ersetzt.
[235]A.d.Ü.: Hier wurde der Satz geteilt.
[236]A.d.Ü.: von *uttaga*.

gebracht werden kann, nämlich jedes $\varphi_n(x)$ und $\psi_n(x)$ eine solche Funktion von x ist, wie $f_n(x)$ in dem vorherigen Beweis angenommen wurde*), und auch jede der Reihen

$$\varphi_1(x), \varphi_2(x), \varphi_3(x), etc.$$

$$\psi_1(x), \psi_2(x), \psi_3(x), etc.$$

notwendig eine solche ist, wie es im selben Beweis für die Reihe (6) angenommen wird und wonach die Schlussfolgerung offensichtlich ist. – Man sollte erkennen, dass Herr CAUCHY in seinem Essay gleich unmittelbar nach dem jetzt genannten Satz über Reihen, deren Terme Funktionen von einer *reellen Variabel* sind, **[156]** daraus auch einen analogen Satz für Reihen, deren Terme Funktionen einer *imaginären Variabel* sind, ableitet. –

3. Herr Arndts erwähnter Aufsatz jedoch gab besonderen Anlass zu weiteren Zitaten aus der zuvor erwähnten Abhandlung der *Nova acta*.

Wie bereits in den beiden vorangegangenen Anmerkungen in Art. 1 über diesen angemerkt wurde, fügte Herr Arndt vorsichtshalber hinzu, dass man eine Reihe der Form

$$f_1(x), f_2(x), f_3(x), etc.$$

gefunden hat, die für jeden gegebenen $x$-Wert innerhalb gewisser Grenzen $x_0$ und $X$ konvergent sei, ohne bedingungslos die Konvergenz der Reihe auch für $x$-Werte (innerhalb der Grenzen) beliebig nahe neben beiden Grenzen zu stoppen, denn z. B. für $X$ könnte man nicht wissen, ob die Reihe

$$f_1(X), f_2(X), f_3(X), etc.$$

konvergent ist. – Aber was in dieser Hinsicht schon in der zitierten Fußnote (S. 4) zu dem Theorem auf S. 3 bemerkt wurde,[237] (so) sollte es nicht unangemessen sein die Aufmerksamkeit darauf [zu lenken], dass, *wenn* die Vorsichtsmaßnahmen nicht nötig wären, man nicht nur - ... - gezwungen wäre zuzugeben, dass die Summe der Reihe

$$\sin\varphi + \frac{1}{2}\sin 2\varphi + \frac{1}{3}\sin 3\varphi + etc.$$

eine kontinuierliche Funktion von $\varphi$ zwischen Grenzen $\varphi = 0$ und $\varphi = \pi$ ist, sondern würde auch zu der Absurdität gelangen – auf Grund der folgenden kurzen Argumentation*) –, dass für $\varphi = 0$ die Summe gleich $\pi/2$ werden würde, da die Formel

---

*) siehe zum Beispiel meine Abhandlung *»Om det Cauchy'ska kriteriet på de fall, då functioner af en variabel låta utveckla sig«* etc. gegen Ende von Art. 2 (Vetensk. Akademiens Handl. des Jahres 1852, Seite 175.)

[237] A.d.Ü.: Björling stellt den Bezug zu der *citerade note* und dem Theorem auf S. 151 etwas umständlich mit den Wort *... under texten vid mitt i art. 2 här ofvan reproducerade theorem (ur afhandlingen i Noca acta)* her. Ich habe diese Passage deshalb nur sinngemäß übersetzt.

*) Diese Argumentation ist in dem folgenden Auszug aus der *Pars 2:da* meiner *Doctrinae serierum infinitarum exercitationes* (Nova acta,T. XIII, 1846, Seite 157): »Falls man hat, dass die folgende Gleichung mit reellen Termen

(c) $$F(x) = f_1(x) + f_2(x) + f_3(x) + etc.$$

für jeden *gegebenen* reellen $x$-Wert von einschließlich $x = x_0$ bis ausschließlich $x = X$ gilt und falls die Terme der Reihe auf der letzten Seite kontinuierliche Funktionen von x zwischen diesen Grenzen $x_0$ und $X$ sind und obendrein die Reihe stets konvergent bleibt für jeden $x$-Wert (zwischen den Limiten) bis einschließlich $x = X$, so weiss man nach Theorem II aus Pars1:ma (d. v. s. des über Art. 2 zitierten Theorems), dass die ganze Summe

(d) $$f_1(x) + f_2(x) + f_3(x) + etc.$$

notwendig eine kontinuierliche Funktion von x zwischen den genannten Grenzen sein muss. – Und da nunmehr $F(x)$ der richtige Ausdruck dieser Summe für jeden gegebenen $x$-Wert (zwischen den Grenzen) bis ausschließlich $x = X$ – aus diesem, gemäß dem obigen Theorem II, folgt, dass dieses $F(x)$ kontinuierlich ist

$$\frac{\pi - \varphi}{2} = \sin\varphi + \frac{1}{2}\sin 2\varphi + \frac{1}{3}\sin 3\varphi + etc.$$

**[157]** für jeden gegebenen und reellen $\varphi$-Wert innerhalb der gerade genannten Grenzen gilt, und es gilt $\lim \frac{\pi-\varphi}{2} = \frac{\pi}{2}$ für beliebig an 0 konvergierende $\varphi$. –

Ferner, obwohl Herr ARNDT nicht, wie Herr CAUCHY in seiner „Note", keine neue Fassung von dem oben genannten [und] in seiner Allgemeinheit zu Recht getadelten Cauchy-Theorems herausgab, hat er wohl für den speziellen Fall, dass die Reihe eine solche ist welche sich nach steigenden Potenzen einer reellen Variable fortsetzt, ein Theorem[238] analog zu dem oben zitierten aus der *Nova Acta* angegeben [siehe S. 3 unten], *aber mit der angehängten Bedingung, dass die Reihe auch nach dem Austausch ihrer Terme gegen ihre numerischen Werte konvergent bleibt.* – Auf Grund dieses letzten Umstandes, sei es mir erlaubt das zum Teil unnötige zu diesem besonderen Vorbehalt zu bemerken, in jedem Fall, wo die Reihe (6) für jeden x-Wert von einschließlich einer Grenze bis einschließlich einer anderen ohne Unterbrechung konvergent ist, ist durch den oben zitierten Satz aus der Nova Acta vollständig geklärt [und] teilweise auch in Bezug auf Reihen bemerkt, welche nach aufsteigenden **[158]** Potenzen von $x$ fortgesetzt werden, die für einen speziellen $x$-Wert ungleich $X$ konvergent sind und wirklich für jeden x-Wert (ohne Ausnahmen) konvergent sind, der nicht jenseits der Grenzen $x = 0$ und $x = X$ liegt[*)]; Deshalb gibt es auch keinen Zweifel daran, eine solche Reihe zu finden, die für einen bestimmten $x$-Wert ungleich $X$ konvergent ist, und daraus zu schließen, dass die Summe der Reihe eine kontinuierliche Funktion von x zwischen den Grenzen $x = 0$, $x = X$ ist.

Schließlich sollte, auf Grund der aus der zweiten Bemerkung am Anfang des vorliegenden Aufsatzes zitierten Worte aus Herr Arndts Abhandlung [siehe Seite 1], noch schnell ein Moment der Reihenlehre berührt werden, der nicht selten beiseite gelassen wird. Es scheint bisweilen nicht korrekt, eine Reihensumme

(6) $$f_1(x) + f_2(x) + f_3(x) + etc.$$

mit der Funktion $F(x)$ gleichzustellen, wenn, wie man vielleicht weiß, sie deckungsgleich ist ……. zu dieser Reihensumme zwischen gewissen Grenzen[**)]. [Hier beginnt ein neuer Satz] Denn es kommt recht oft vor, dass die Reihe

---

zwischen x= $x_0$ und einem Wert von $x$ innerhalb der Grenzen $x_0$ und $X$ – ist eindeutig, dass, *wenn $F(x)$, bei beliebig gegen X konvergierenden x aus $x_0$ -Richtung , selbst beliebig gegen irgendeine endliche und bestimmte Grenze „lim $F(x)$" konvergiert,* um festzustellen, dass die Summe der konvergenten Reihe

(e) $$f_1(X), f_2(X), f_3(X), etc.$$

nur unter dieser Grenze sein muss.«

[238] A.d.Ü.: Björling bezieht sich auf (Arndt 1852, 48 f).

*) Dieser Satz als auch der Beweis für denselben, wie ich ihn in der *Nova acta* (T. XIII Seite 158) gegeben habe, stellen jeweils ein erhöhtes Bedürfnis an eine Neuauflage von Abels entsprechenden Satz und Beweis. (*Oeuvr. Compl.* T. I S. 69).

**) So zum Beispiel Herr ARNDT, der in den oben genannten (im Zusammenhang mit den zweiten [zuvor] in seiner Abhandlung geäußerten aufgenommen) zitierten Worten offenbar die Natur der Reihe

$$x^{2m}(1-x) + x^{2m+2}(1-x) + etc.$$

durch die Funktion

$$\frac{x^{2m}}{1+x}$$

$$f_1(x), f_2(x), f_3(x), etc.$$

**[159]** zwischen den Grenzen $x = x_0$ und $x = X$ konvergent ist, ja sogar, dass obendrein ihre spezifischen Terme kontinuierliche Funktionen von x dazwischen sind, aber dennoch kann die Summe der Reihe (6) nicht korrekt durch das *gleiche* $F(x)$ in diesem Intervall ausgedrückt werden. Ein Beispiel soll genügen. Wie Herr SCHLÖMILCH in *Grunert's Archiv* Band 10, S. 47 richtig bemerkt, ist die Summe für jeden reellen $x$-Wert der konvergenten Reihe

$$\frac{1}{2}(\frac{2x}{1+x^2}), \frac{1}{2.4}(\frac{2x}{1+x^2})^3, \frac{1.3}{2.4.6}(\frac{2x}{1+x^2})^5, \frac{1.3.5}{2.4.6.8}(\frac{2x}{1+x^2})^7, etc.$$

= x von einschließlich $x = 0$ bis einschließlich $x = 1$,

aber = $1/x$ für jeden $x$-Wert oberhalb[239] von $x = 1$ (einschließlich). –

Man hat bereits erkannt, wie notwendig es ist, dass, wie man vielleicht festgestellt hat, die Summe der Reihe (6) in gewissen Grenzen $x_0$ und $X$ konvergent ist, solange man in einem Bereich dieses Intervalls bleibt, [und] stets gleich einem bestimmten $F(x)$, *jedoch nicht ohne spezielle Untersuchung zu unternehmen, dass dasselbe für alle Intervalle gilt.*

Wer sieht, dass man sich vor einer solchen falschen Zuweisung vorsehen muss, erkennt auch, wie in der Argumentation aus der ersten der Notizen von Art. 3 zitiert wurde [siehe Björlings Fußnote auf S. 7], vorbehalten für *Funktionen* $F(x)$ *konvergierend gegen eine endliche und feste Grenze (in der sich x beliebig X nähert)* wirklich die gewünschte Forderung, dass man von Gleichung (c) aus mit Sicherheit auf dieselbe Weise an derselben Stelle diese Schlussfolgerung erreichen könnte oder, in kurz,

$$F(X) = f_1(x) + f_2(x) + f_3(x) + etc.$$

erzielen könnte [Anm.: Der vorige Satz ist nur grob sinngemäß übersetzt]. Jedoch wurde dieses Thema, als noch nichts weiteres über die Natur von $F(x)$ bekannt war, über die richtige Summe der Reihe

$$f_1(x), f_2(x), f_3(x), etc.$$

**[160]** für jeden gegebenen $x$-Wert von einschließlich $x_0$ bis ausschließlich $X$ ausgedrückt, und dass es daher eine kontinuierliche Funktion von $x$ zwischen $x = x_0$ und einem gegebenen $x$-Wert gibt, welcher jederzeit innerhalb der Grenzen $x_0$ und $X$ ist; Und von dort ist natürlich nicht alles inbegriffen, dass $F(x)$ ist, als Summe der Reihe (d) und ohne Unterbrechung bis an die Grenze $x = X$ kontinuierlich.

Aber auf der anderen Seite folgt auch direkt aus der Mittelteilung des Art. 3 und aus der oben genannten Anmerkung seiner früheren Betrachtungen, dass für Herrn ARNDT in seinem

---

auch für x-Werte *beliebig* nahe der **1** ausdrücken will, jedoch für solche x-Werte diese beiden überhaupt nicht identisch sind (siehe nächsten Hinweis, nach den zitierten Worten).

Die gleiche Unachtsamkeit hat den Grund, wie jeder weiss, wie etwa für die Reihe (**1**) behauptet wird ihre Summe sei auch für $\varphi$-Werte *beliebig* nahe bei $\pi$ oder $-\pi$ gleich ½ $\varphi$. Man kann sicherlich sagen, dass die Summe

$$\sin\varphi - \frac{1}{2}\sin 2\varphi + \frac{1}{3}\sin 3\varphi - etc.$$

gleich ½ $\varphi$ für jeden *gegebenen* $x$-Wert numerisch kleiner als $\pi$ ist, aber keineswegs für $\varphi$-Werte *beliebig* nahe den Grenzen [freie Übersetzung des Wortes *derintill*, bzw. *därintill*], wie auch schon oben erklärt wurde. – Man kann Herr ARNDT nicht davon freistellen, diesen Fehler begangen zu haben (siehe *Grunerts Arch*. Th. XX p. 44).

---

[239] A.d.Ü.: *ofvanom* ersetzt durch *ovan om*.

Aufsatz (*Grunert's Archiv* Buch XX Seite 49) keine Notwendigkeit besteht, es für nötig zu halten für eine Gleichung wie

$$\log(1+x) = x - \frac{1}{2}x^2 + \frac{1}{3}x^3 - etc.\,(-1 < x < 1)$$

einen besonderen Weg zu suchen sich von der Wahrheit der Formel

$$\log(2) = 1 - \frac{1}{2} + \frac{1}{3} - etc.$$

zu überzeugen. Die oben genannte Bemerkungen im Zusammenhang mit der im Art. 3 angeführten Satz, dass eine nach aufsteigenden Potenzen laufende und für $x = X$ konvergente Reihe als konvergent für jeden $x$-Wert, der nicht außerhalb der Grenzen $x = 0$ und $x = X$ ist, erweist, folgt nämlich für solche Reihen direkt, das (aus der *Nova acta*, Buch XIII und auf Seite 159 bereits belegte)

*Korollar. »Wenn die Gleichung* $F(x) = \alpha_0 + \alpha_1 x + \alpha_2 x^2 + \alpha_3 x^3 + etc.$*, mit reellen Termen gegeben, für jeden gegebenen x-Wert (von 0 an gerechnet) bis* $x = X$*, aber ohne diesen Wert, gilt und obendrein die Reihe*

$$\alpha_0, \alpha_1 X, \alpha_2 X^2, \alpha_3 X^3, etc.$$

*konvergent ist, so ist es erforderlich, für das Auffinden der Summe der Reihe den lim* $F(x)$ *zu suchen (und) ebenso häufig nähert sich* $F(x)$ *beliebig einer endlichen und festen Grenze lim* $F(x)$ *für ein beliebig an X (aus 0-Richutng) konvergierendes* $x$*.«*

## 9.4 Übersetzung der Abhandlung *Sur Les Séries Trigonométriques* (1883) von H. Poincaré

M. Lindstedt veröffentlichte vor kurzem in den *Comptes rendus* und den *Astronomischen Nachrichten* eine neue Lösung des Drei-Körper-Problems, die ihm erlaubt, die Koordinaten der drei Massen durch rein trigonometrische Reihe ausdrücken. Dieses wichtige Ergebnis gibt ein gewisses Interesse für eine Bemerkung, die ich in einer *Note* machte, die ich die Ehre hatte, der Akademie am 30. Oktober 1882 zu präsentieren. Ich zeigte in dieser Arbeit, dass eine rein trigonometrische und immer konvergente Reihe trotzdem über alle Grenzen hinaus wachsen kann. Selbst wenn alle Schwierigkeiten überwindet werden können, die sich aus Fragen der Konvergenz [ergeben], so hätte das Ergebnis von Lindstedt nicht die Stabilität des Sonnensystems im strengen Wortsinn zur Folge.

Ich möchte ein paar Kommentare zum Thema der schönen Methode von M. Lindstedt machen. Der gelehrte Astronom drückt sich folgendermaßen aus:

«Ohne in die Diskussionen über die Bedingungen der Konvergenz einzusteigen, gehen wir davon aus, dass unsere Konstanten derartige Werte haben, dass unsere Entwicklungen *immer* konvergent sind.»

Im Gegensatz dazu sagte M. Lindstedt in den *Astronomischen Nachrichten,* er werde seine Konstanten in einer solchen Weise wählen, dass seine Reihen *zumindest für ein bestimmtes Zeitintervall* konvergieren. **[589]**

Ich möchte zeigen:

1° wenn diese konvergenten Reihen für ein Zeitintervall, so klein es sein mag, konvergieren, dann konvergieren sie immer;

2° dass es nicht sicher ist, dass man die Konstanten in einer solchen Weise wählen kann, dass die Reihen konvergieren;

3° dass die Reihen, selbst wenn sie nicht konvergieren, Lösungen des Problems mit unbestimmter Approximation geben können.

Lindstedt sagt außerdem, er habe die wahre Anzahl der Argumente gefunden, die in den Ausdrücken der Koordinaten der Massen eingeführt werden müssen. Das macht nur Sinn, wenn sich die Koordinaten nur auf eine Weisein eine konvergente trigonometrische Reihen entwickeln lassen, und das ist sicherlich die Annahme des Geometers von Dorpat. Ich möchte zeigen, dass diese Vermutung richtig ist, was nicht *a priori* klar ist.

Die Reihen von M. Lindstedt sind von der Form

$$\sum A_m \cos(\alpha_m t + \varpi_m) = \sum(B_m \cos\alpha_m t + C_m \sin\alpha_m t).$$

Ich nehme sie als konvergent an in einem kleinen Zeitintervall auf beiden Seiten des Zeitpunkts Null. Das Ergebnis ist, dass die beiden Reihen

$$\sum B_m \cos\alpha_m t, \ \sum C_m \sin\alpha_m t$$

getrennt konvergent sind; und es handelt sich natürlich um *absolute* Konvergenz, da Lindstedt die Reihenfolge der Terme unbeachtet lässt. Ich sage, dass die beiden Reihen immer konvergent sind. Dies ist für die erste offensichtlich, da die Reihe $\sum B_m$ konvergieren muss. Wenn nunmehr die zweite für einen bestimmten Wert von $t$ konvergiert, wird es das gleiche sein für

$$\sum(C_m \sin \alpha_m t \times 2 \cos \alpha_m t) = \sum C_m \sin 2\alpha_m t.$$

Somit, wenn die Reihe in einem bestimmten Zeitintervall konvergiert, wird sie in einem doppelten Intervall konvergieren; Es folgt, dass sie immer konvergiert.

Es kommt manchmal vor, dass eine trigonometrische Reihe, obwohl immer konvergent, eine bestimmte Funktion nur in einem begrenzten Intervall repräsentiert. Das ist der Fall bei der Reihe $\sum \frac{\sin nt}{n}$, die, wenn $t$ zwischen Null und $2\pi$ ist, nicht von der Funktion $\frac{\pi - t}{2}$ repräsentiert werden kann. Das kann aber hier nicht der Fall sein, da die Reihen von Lindstedt **[590]**, subsituiert in die Gleichungen des Problems, dieselbe Annahme, dass sie konvergieren, erfüllen.

Schließlich kann es nicht zwei Lösungen des Problems geben; Die gleiche Funktion kann nicht von zwei trigonometrischen Reihen dargestellt werden, sonst gäbe es identisch

$$(1) \sum B_m \cos \alpha_m t + \sum C_m \sin \alpha_m t = 0.$$

Ich zeigte aber (Comptes rendus, Band 95, S. 766)([240]), dass der absolute Wert einer Reihe wie das des ersten Elements wenigstens gleich $\frac{B_m}{4}$ oder $\frac{C_m}{4}$ werden kann. Es ist wahr, der Beweis ist gültig nur für eine bestimmte Reihe, aber es ist leicht, durch einen einfachen Kunstgriff, ihn auf den allgemeinen Fall ausdehnen. Eine Gleichung wie die (1) ist also unmöglich. All diese Annahmen von M. Lindstedt sind deshalb bestätigt. Ich glaube nicht, dass das Gleiche für eine andere Hypothese im gleichen *Mémoire* gemacht werden kann. Der gelehrte Astronom setzt voraus, dass man Konstanten derart wählen kann, dass diese Entwicklungen konvergent sind. Es stimmt, dass, für einige *besondere* Werte der Konstanten, die gegenseitigen Abstände der drei Körper in konvergente trigonometrische Reihen entwickelt werden können (enthaltend selbst nur ein Argument), wie ich in einer *Note* des 23. Juli 1883 gezeigt habe([241]). Aber es ist nicht evident, es ist [sogar] sehr unwahrscheinlich, dass Konvergenz bestehen bleibt, wenn die Werte der Konstanten hinreichend benachbart zu diesen bestimmten Werten liegen. Ich kenne in der Tat ganz analoge Probleme, bei denen die Konvergenz nicht eintritt.

Aber, selbst wenn sie divergieren, können die Reihen von M. Lindstedt eine Lösung des Problems mit unbestimmter Approximation bieten, das heißt, dass konvergente Reihen gefunden werden können, deren Koeffizienten sich beliebig wenig unterscheiden von den gegenseitigen Abständen, die auszudrücken versucht. Es ist in diesem Sinne, dass die Lindstedt-Methode uns eine echte Lösung des Problems liefert.

---

[240] Siehe Buch IV, S. 585.

[241] Siehe Buch VII.

## 9.5 Die Reproduktionen der Abgangszeugnisse

Die Reproduktion des Anmeldebogens aus dem Abgangszeugnis vom 22. März 1842 mit den besuchten Vorlesungen von Eduard Heine (1821–1881). Er war seit dem 10. Oktober 1840 immatrikuliert.

218

Bemerkung. Nach der Bestimmung in der hohen Ministerialverfügung vom 26. September 1829. hat jeder Studirende während der Vorlesung nur denjenigen Platz in dem Auditorium einzunehmen, welchen die ihm von dem betreffenden Lehrer gegebene Nummer auf dem Anmeldungsbogen bezeichnet und zwar das ganze Semester hindurch. Auch soll, wenn ein Studirender verhindert wird, einige Tage oder länger an den Vorlesungen Theil zu nehmen, kein anderer befugt seyn, von dessen Platz unter irgend einem Vorwande Besitz zu nehmen.

# Friedrich-Wilhelms-Universität zu Berlin.

## Anmeldungsbogen.

Der Studiosus *philosophiae Heinrich Eduard Heine aus Berlin*

| Hat hier nachstehende Vorlesungen angenommen | bei | No. der Zuhörer-Liste | Vermerk des Quästors betreffend das Honorar | Zeugniß der Docenten über den Besuch der Vorlesungen |
|---|---|---|---|---|
| *1) Winter-Semester 1840/41* | | | | |
| *1, Meteorologie und Klimatologie* | *Dove* | *6* | *1, publ.* | *Sehr fleißig gehört Dove 4/3 41* |
| *2, Experimental-Physik* | *Dove* | *15* | *2, erlassen* | *Sehr fleißig gehört Dove 4/3 41* |
| *3, [illegible]* | *Dirichlet* | *1* | *3, publ.* | *[illegible] Dirichlet 26/3 41* |
| *4, [illegible]* | *Dirichlet* | *1* | *4, erlassen* | |
| *5, [illegible] Mineralogie* | *Weiss* | *6.* | *5. [illegible] d. 27/10 40 [illegible] 20/4 41* | *[illegible] Weiss 2/4 41.* |
| *2) Sommer-Semester 1841* | | | | |
| [illegible] | [illegible] | *3* | *1 [illegible]* | |
| *1) [illegible]* | *[illegible]* | *27* | *2 [illegible]* | *ausgezeichnet fleißig [illegible] 25/4 41* |
| *2) [illegible]* | *Dirichlet* | *7* | *3 [illegible] 30/4 41* | *[illegible] Dirichlet 7/8 41.* |

| Hat hier nachstehende Vorlesungen angenommen | bei | No. der Zuhörer-Liste | Vermerk des Quästors betreffend das Honorar | Zeugnifs der D[…] über den Besuch der Vor[…] |
| --- | --- | --- | --- | --- |
| Wintersemester 1841/42. | | | | |
| 1) Pflanzen- und Thier-Chemie | | | [illegible] | [illegible] |
| 2) Bestimmte Integrale | Dirichlet | 1 | [illegible] | [illegible] |
| 3) Anwendung der Lehre von den bestimmten Integralen | Dirichlet | 1 | [illegible] | [illegible] |
| 4) Über Maxima und Minima | Steiner | 1 | [illegible] | [illegible] |

Die Reproduktion des Abgangszeugnisses vom 4. Juni 1860 mit den besuchten Vorlesungen von Leo Königsberger (1837–1921). Er war seit dem 22. April 1857 immatrikuliert.

# Wir Rector und Senat

der Königlichen Friedrich Wilhelms Universität zu Berlin

beurkunden durch dieses Abgangszeugniß, daß

Herr Leo Koenigsberger

geboren zu Posen

Sohn des Kaufmanns Koenigsberger das.

zu den mathematischen Studien auf dem K. Mag. G. zu Posen

vorbereitet, auf den Grund des 3. der Reife

2. Cl.

22. April 1857.

am [illegible] bei uns immatrikulirt

worden ist, sich seitdem bis zum Schluß des W. S. 1859/60

als Studirender hier aufgehalten und

der Philosophie

beflissen hat, auch am 22. Mai d. J. zum Doctor philosophiae promovirt worden ist

Während dieses Aufenthaltes hat derselbe bei unserer Universität nach den vorgelegten Zeugnissen die nachstehend verzeichneten Vorlesungen gehört.

Hat Koenigsberger nicht täglich promovirt?

B. 29/5 60.

No 941

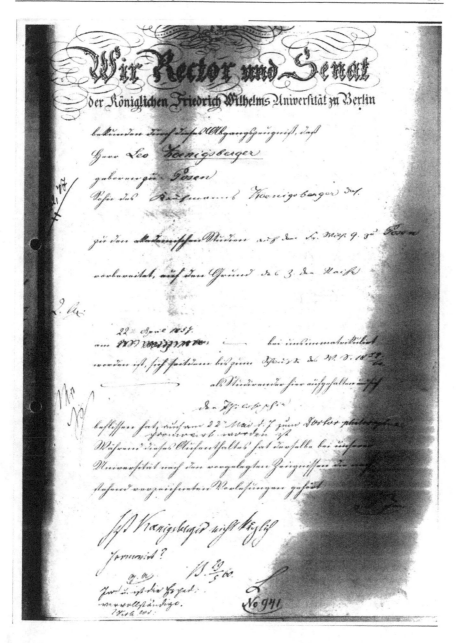

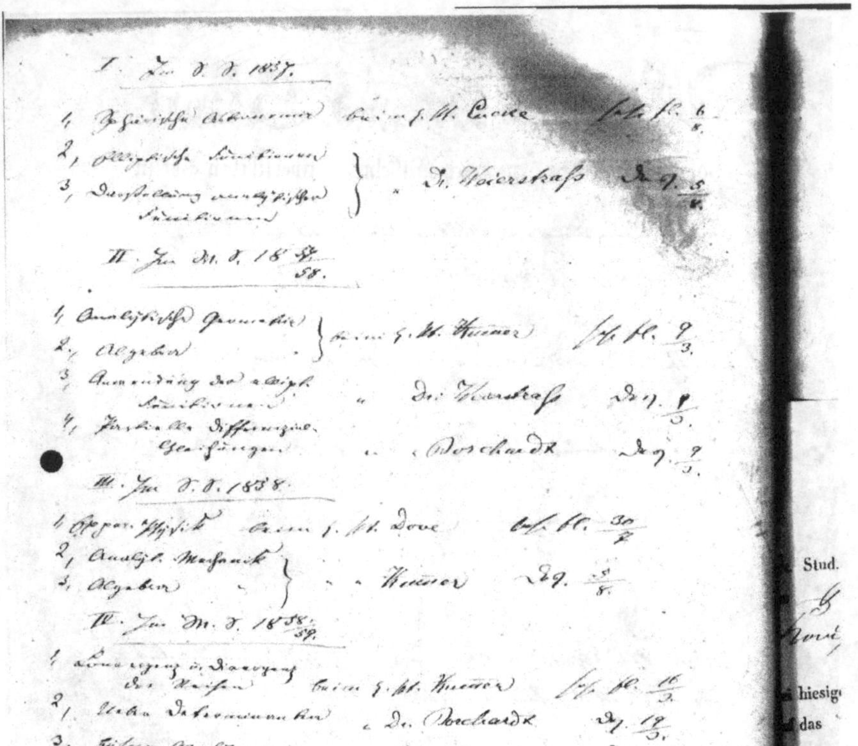

I. Im W. S. 1857.

1, Sphärische Astronomie bei Prof. Dr. Encke sehr fl. 6/8.
2, Elliptische Functionen
3, Darstellung analytischer Functionen } " Dr. Weierstraß desgl. 5/8.

II. Im W. S. 1857/58.

1, Analytische Geometrie
2, Algebra } bei Prof. Dr. Kummer sehr fl. 9/3.
3, Anwendung der ellipt. Functionen " Dr. Weierstraß desgl. 9/3.
4, Partielle Differenzial-Gleichungen " Borchardt desgl. 9/3.

III. Im S. S. 1858.

1, Experim. Physik bei Prof. Dr. Dove sehr fl. 30/7
2, Analyt. Mechanik
3, Algebra } " " Kummer desgl. 5/8.

IV. Im W. S. 1858/59.

1, Convergenz u. Divergenz der Reihen bei Prof. Dr. Kummer sehr fl. 16/3.
2, Ueber Determinanten " Dr. Borchardt desgl. 19/3.
3, Höhere Gleichungen " Prof. Ohm desgl. 16/3.
4, Ueber Electricität " Dr. Franz desgl. 16/3.
5, Geschichte der Physik " Prof. Poggendorff desgl. 16/3.
6, Geschichte der Philosophie " " Trendelenburg fl. 11/3.

V. Im S. S. 1859.

1, Theorie der krummen Flächen u. Curven
2, Complexe Zahlen } bei Prof. Dr. Kummer sehr fl. 4/8.
3, Integration [illegible] 2ten Grades
4, Anwendung geometr. u. mechanischer Probleme } " Dr. Weierstraß sehr fl. 2/8.
5, Logik " Prof. Trendelenburg fl. 4/8.

VI. Im W. S. 1859/60.

1, Physik bei Prof. Dr. Magnus sehr fl. 23/2.
2, Krumme Oberflächen " Kummer desgl. 22/2.
3, Analytische Dynamik " Dr. Weierstraß desgl. 23/2.

Die Reproduktion des Abgangszeugnisses vom 4. Dezember 1869 mit den besuchten Vorlesungen und dem Anmeldeschein von Wilhelm Killing (1847–1923). Er war seit dem 29. Oktober 1867 immatrikuliert.

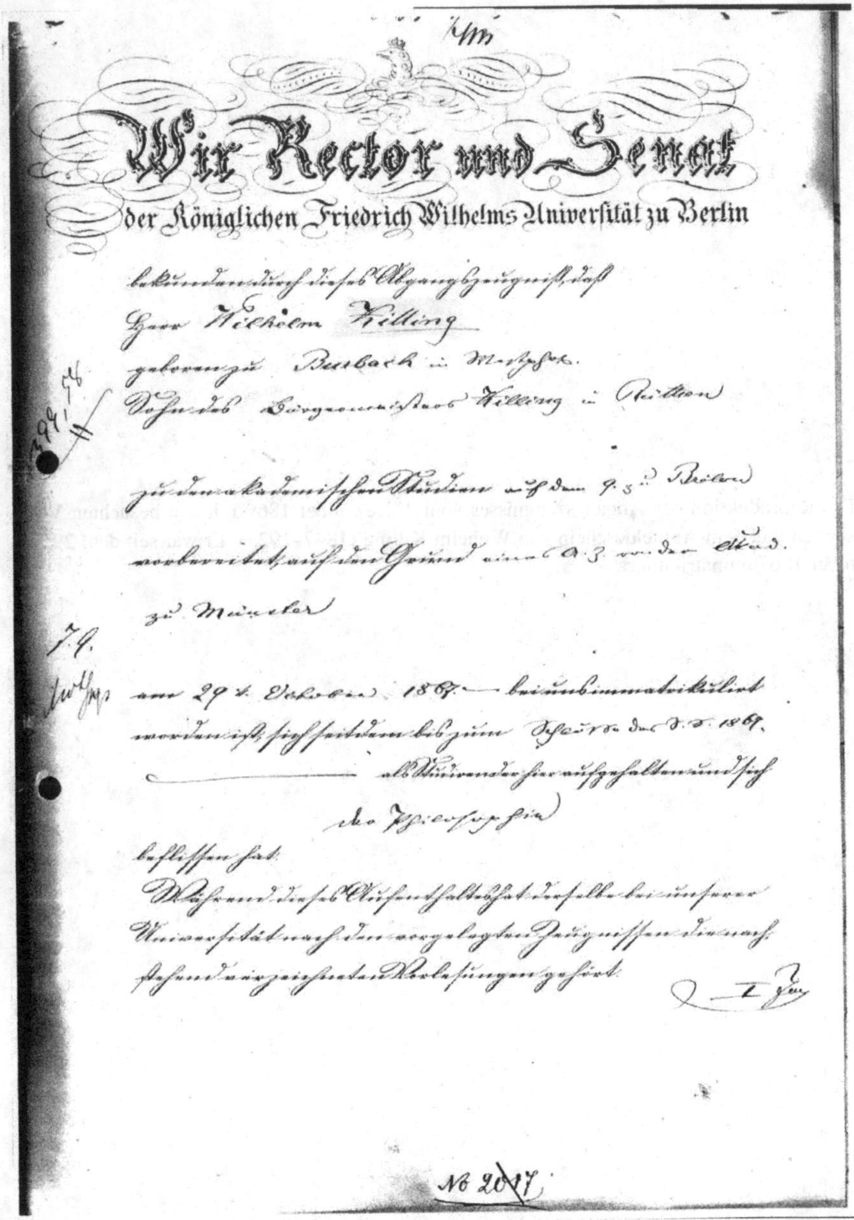

Wir Rector und Senat
der Königlichen Friedrich Wilhelms Universität zu Berlin

beurkunden durch dieses Abgangszeugniß, daß
Herr Wilhelm Killing
geboren zu Burbach in Westphal.
Sohn des Bürgermeisters Killing in Rüthen

zu den akademischen Studien auf dem Gymnasium zu Brilon
vorbereitet, auf den Grund eines ... von der Akad.
zu Münster

am 29t. October 1867 hier immatrikulirt
worden ist, sich seitdem bis zum Schluss des S. S. 1869
als Studirender hier aufgehalten und sich
der Philosophie
beflissen hat.

Während dieses Aufenthalts hat derselbe bei unserer Universität nach den vorgelegten Zeugnissen die nachstehend verzeichneten Vorlesungen gehört.

No 2017

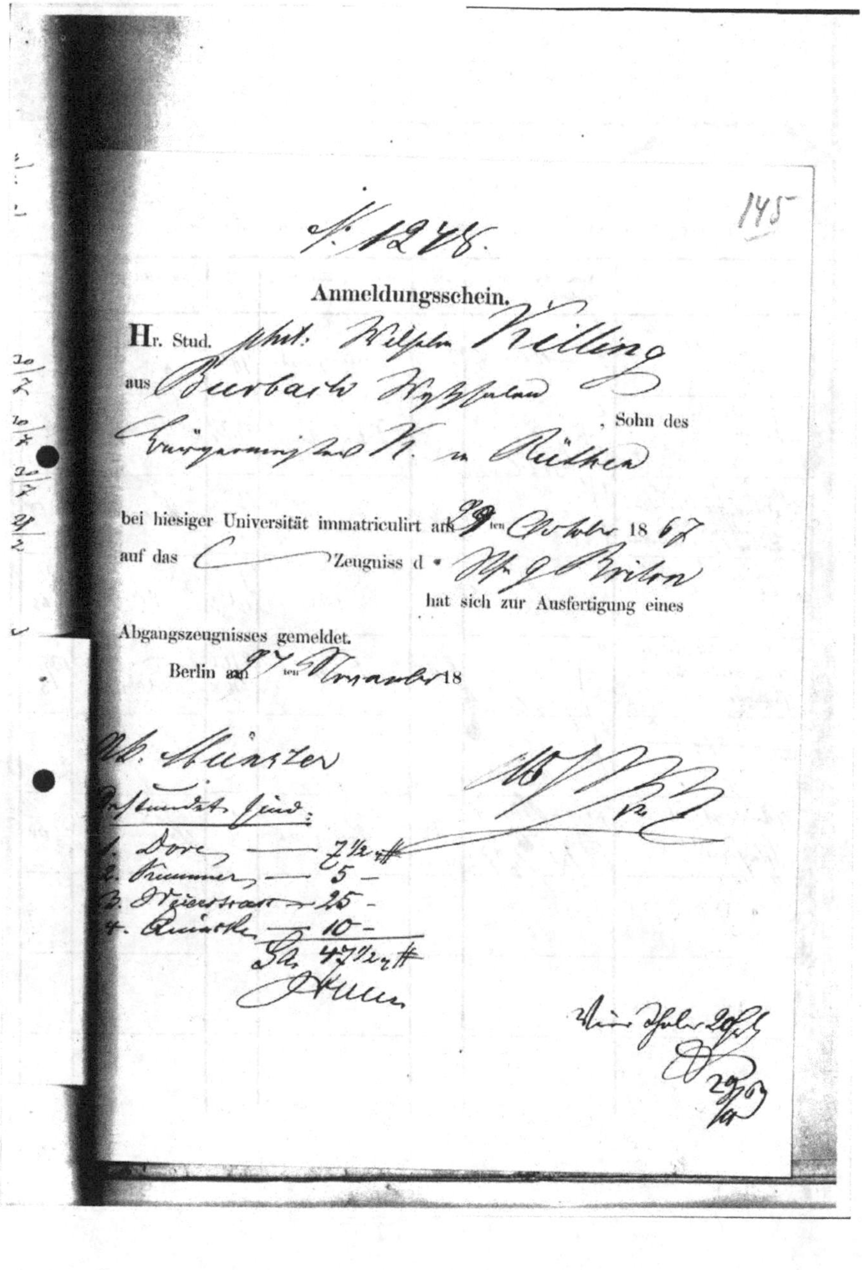

145

No. 1248.

Anmeldungsschein.

Hr. Stud. phil: Wilhelm Killing

aus Burbach Westfalen

, Sohn des

Bürgermeisters K. zu Rüthen

bei hiesiger Universität immatriculirt am 29ten October 1867

auf das Zeugniss d. Gymn. zu Brilon

hat sich zur Ausfertigung eines

Abgangszeugnisses gemeldet.

Berlin am 27ten November 18

Ob. Münster

Rückstände sind:

1. Dove — 7½ rt
2. Kummer — 5 –
3. Weierstrass — 25 –
4. Quincke — 10 –

Sa. 47½ rt

Vier Thaler 20 Sgr

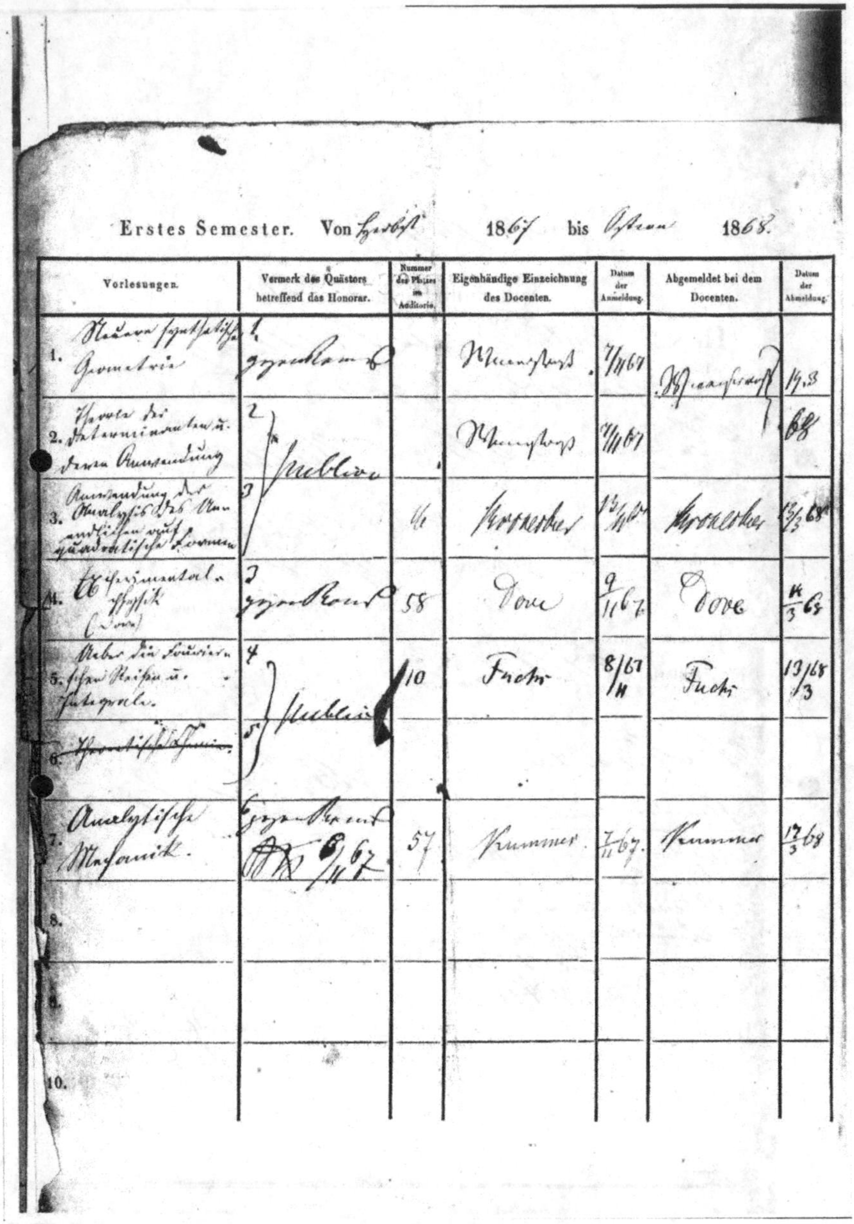

Erstes Semester. Von Herbst 1867 bis Ostern 1868.

| Vorlesungen. | Vermerk des Quästors betreffend das Honorar. | Nummer des Platzes im Auditorio. | Eigenhändige Einzeichnung des Docenten. | Datum der Anmeldung. | Abgemeldet bei dem Docenten. | Datum der Abmeldung. |
|---|---|---|---|---|---|---|
| 1. Neuere synthetische Geometrie | 1. gezahlt | | Weierstraß | 7/11 67 | Weierstraß | 19.3 68 |
| 2. Theorie der Determinanten u. deren Anwendung | 2. gestundet | | Weierstraß | 7/11 67 | | |
| 3. Anwendung der Analysis des Unendlichen auf quadratische Formen | 3. | 46 | Kronecker | 13/11 67 | Kronecker | 13/3 68 |
| 4. Experimental-Physik (Dove) | 3 gezahlt | 58 | Dove | 9/11 67 | Dove | 14/3 68 |
| 5. Ueber die Fourier'schen Reihen u. Integrale | 4 gestundet | 10 | Fuchs | 8/11 67 | Fuchs | 13/3 68 |
| 6. ~~[illegible]~~ | 5 | | | | | |
| 7. Analytische Mechanik | gezahlt 9/11 67 | 57 | Kummer | 7/11 67 | Kummer | 17/3 68 |
| 8. | | | | | | |
| 9. | | | | | | |
| 10. | | | | | | |

Umstände unmöglich machen,

**Zweites Semester.** Von Ostern 1868 bis Herbst 1868.

| Vorlesungen. | Vermerk des Quästors betreffend das Honorar. | Nummer des Platzes im Auditorio. | Eigenhändige Einzeichnung des Docenten. | Datum der Anmeldung. | Abgemeldet bei dem Docenten. | Datum der Abmeldung. |
|---|---|---|---|---|---|---|
| 1. Analytische Functionen. | 1. gegen Revers | | Weierstraß | 20.5 68 | Weierstraß | 30.7 68 |
| 2. Wahrscheinlichkeitsrechnung. | 2 publice | 25 | Kummer | 8/5 68 | Kummer | 30/7 68 |
| 3. Akustik | 3 gegen Revers | 5 | Quincke | 30/4 68 | Quincke | 30/7 68 |
| 4. Methode der kleinsten Quadrate | 4 publice | 1 | Foerster | 4/5 68 | Foerster | 27/7 68 |
| 5. Wärmetheorie [illegible] | 5 [illegible] 23/4 68 | | | | | |
| 6. Theoretische Chemie Dr. Wichelhaus | | | | | | |
| 7. | | | | | | |
| 8. | | | | | | |
| 9. | | | | | | |
| 10. | | | | | | |

**Drittes Semester.** Von 18 bis 18

| | Vorlesungen. | Vermerk des Quästors betreffend das Honorar. | Nummer des Platzes im Auditorio. | Eigenhändige Einzeichnung des Docenten. | Datum der Anmeldung. | Abgemeldet bei dem Docenten. | Datum der Abmeldung. |
|---|---|---|---|---|---|---|---|
| 1. | Elliptische Functionen. Weierstrass. | 1. [illegible] | 27 | Weierstraß | 11.11 68 | Weierstraß | 8.3 69 |
| 2. | Theorie der algebraischen Gleichungen. Kronecker. | 2 publice | 46 | Kronecker | 11/11 68 | | |
| 3. | Electricität. Quincke. | 3 [illegible] | 13 | Quincke | 11.11.68 | Quincke | 8/3 69 |
| 4. | Optik Quincke. | 4 publice [illegible] 10/11 68 | 13 | Quincke | 11.11.68 | Quincke | 8/3 69 |
| 5. | | | | | | | |
| 6. | | | | | | | |
| 7. | | | | | | | |
| 8. | | | | | | | |
| 9. | | | | | | | |
| 10. | | | | | | | |

Umständen unmöglich machen,

Viertes Semester. Von 18 bis 18

| | Vorlesungen. | Vermerk des Quästors betreffend das Honorar. | Nummer des Platzes im Auditorio. | Eigenhändige Einzeichnung des Docenten. | Datum der Anmeldung. | Abgemeldet bei dem Docenten. | Datum der Abmeldung. |
|---|---|---|---|---|---|---|---|
| 1. | Elliptische Functionen | 1) gezahlt [illegible] | 16 | Weierstraß | 1/5 | Weierstraß | 28 |
| 2. | Anwendungen der elliptischen Functionen. | 2) [illegible] 30/4 69 | 10 | Weierstraß | 69 | | 69 |
| 3. | | | | | | | |
| 4. | | | | | | | |
| 5. | | | | | | | |
| 6. | | | | | | | |
| 7. | | | | | | | |
| 8. | | | | | | | |
| 9. | | | | | | | |
| 10. | | | | | | | |

I. Im W. S. 18 67/68

1, Neuere synthetische Geometrie
2, Theorie der Determinanten u. deren Anwendung } beim G. R. Weierstraß anf. 7/11 abg. 19/3
3, Anwendung der Analysis des Unendlichen auf quadratische Formen " " Kronecker " 12/11 " 12/3
4, Experim. Physik " " Dove " 7/11 " 14/3
5, Ueber die unendlichen Reihen und Integrale " Dr. Fuchs " 8/11 abg. 12/3
6, Analytische Mechanik " G. R. Kummer 3/11 " 17/3.

II. Im S. S. 1868.

1, Analyt. Functionen beim G. R. Weierstraß anf. 20/4 abg. 20/7
2, Wahrscheinlichkeitsrechnung " " [illegible] " 4/5 " 30/7
3, Akustik " " Quincke " 20/4 " 30/7
4, Methode der kleinsten Quadrate " " Foerster " 4/5 " 27/7

III. Im W. S. 18 68/69.

1, Elliptische Functionen beim G. R. Weierstraß anf. 11/11 abg. 8/3
2, Electricität
3, Optik } " " Quincke " 11/11 " 8/3.

IV. Im S. S. 1869.

1, Abelsche Functionen
2, Anwendung der elliptischen Functionen } beim G. R. Weierstraß anf. 1/5 abg. 2/8.

Von vorstehenden Vorlesungen ist dem Stud. Killing ein Honorar mit = 47 1/2 r. 4 nach Maßgabe des ~~Ministerial~~ Reglements vom 16. ten März 1844. S. 32. laut gerichtlichen Protokoll gestundet worden.

recep. 29/11

Die Reproduktion des Abgangszeugnisses vom 15. Dezember 1877 mit den besuchten Vorlesungen von Georg Hettner (1854–1914). Er war seit dem 22. Oktober 1873 immatrikuliert.

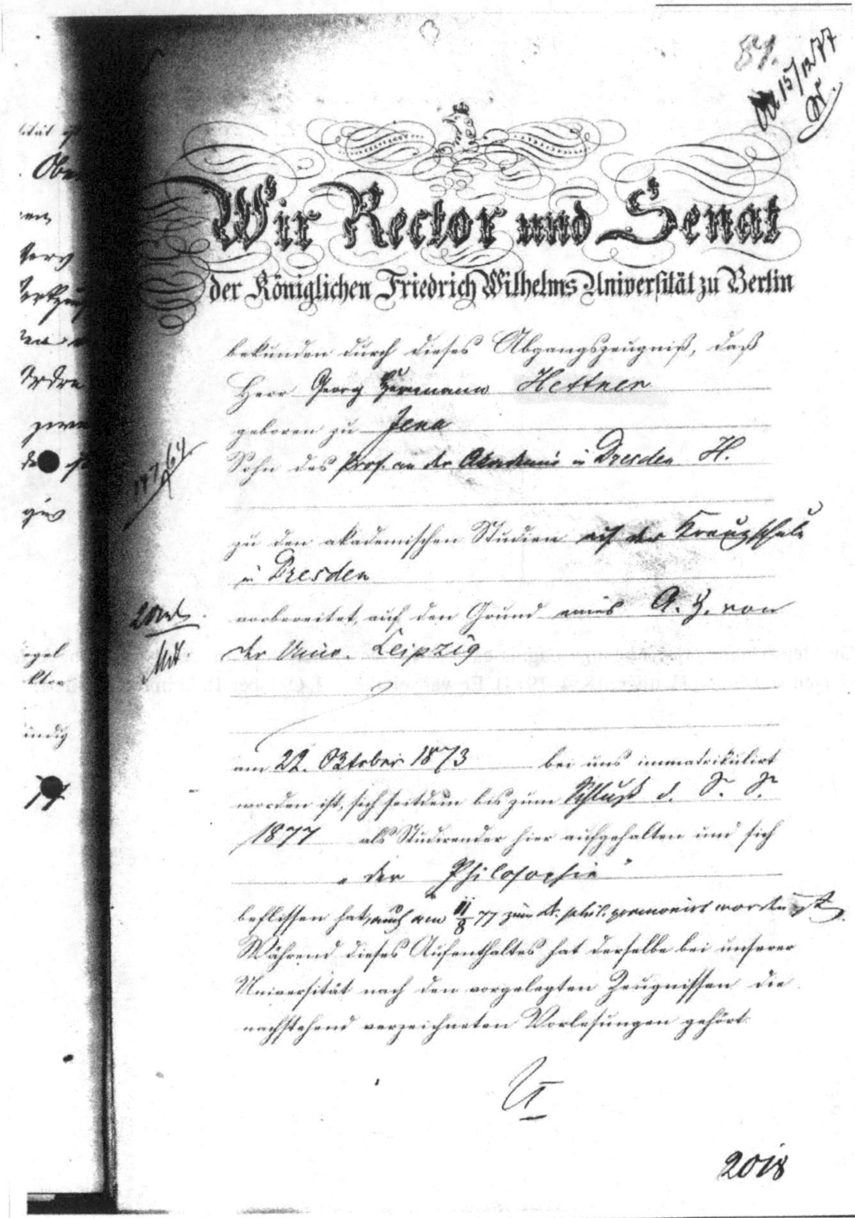

Wir Rector und Senat
der Königlichen Friedrich Wilhelms Universität zu Berlin

beurkunden durch dieses Abgangszeugniß, daß
Herr Georg Hermann Hettner
geboren zu Jena
Sohn des Prof. an der Akademie in Dresden H.

zu den akademischen Studien auf der Kreuzschule zu Dresden
vorbereitet, auf den Grund eines A. Z. von der Univ. Leipzig

am 22. Oktober 1873 bei uns immatrikulirt worden ist, sich seitdem bis zum Schluß d. J. 1877 als Studirender hier aufgehalten und sich der Philosophie beflissen hat, auch am 11/8 77 zum Dr. phil. promovirt worden ist.

Während dieses Aufenthaltes hat derselbe bei unserer Universität nach den vorgelegten Zeugnissen die nachstehend verzeichneten Vorlesungen gehört.

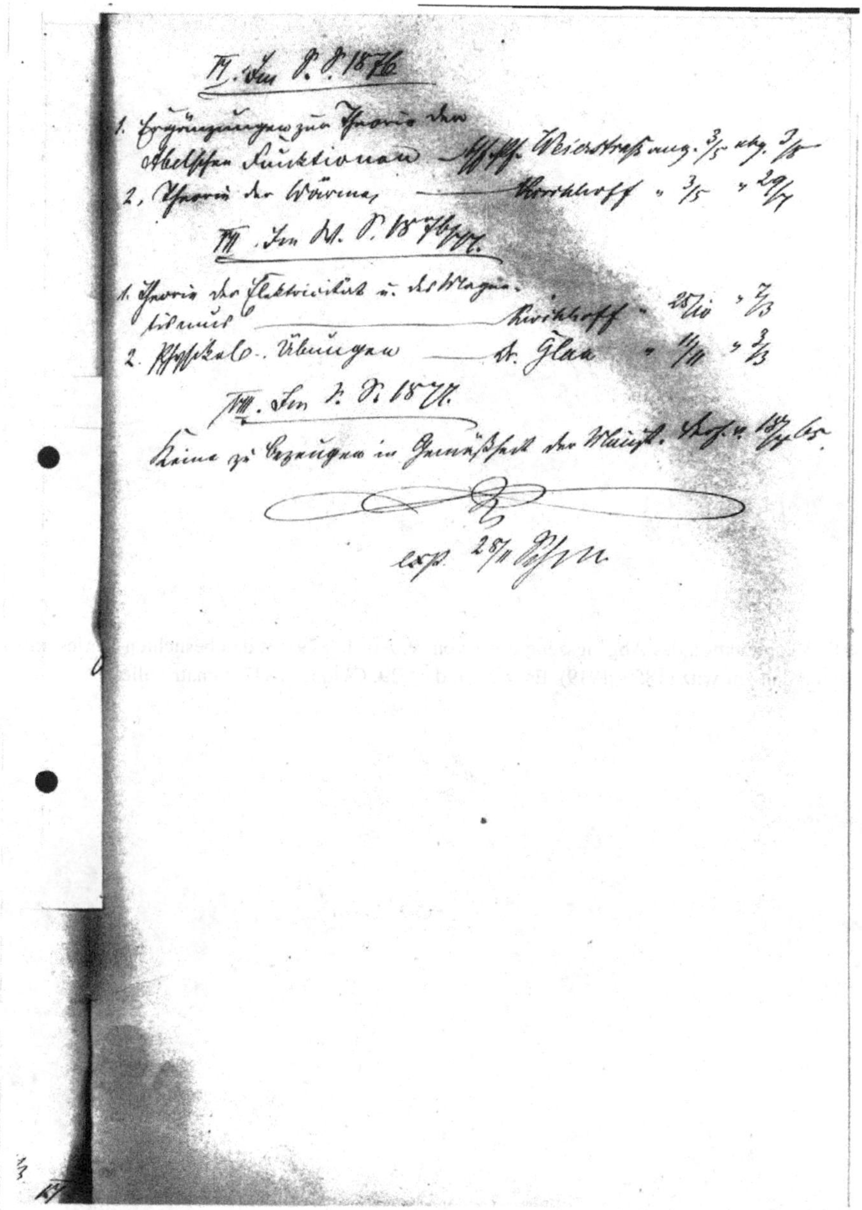

VI. Sem. S. S. 1876

1. Ergänzungen zur Theorie der Abelschen Funktionen — Prof. Weierstraß ang. 3/5 abg. 7/8
2. Theorie der Wärme — Kirchhoff „ 3/5 „ 29/7

VII. Sem. W. S. 1876/77.

1. Theorie der Elektricität u. des Magnetismus — Kirchhoff „ 25/10 „ 7/3
2. Physikal. Übungen — Dr. Glan „ 11/11 „ 3/3

VIII. Sem. S. S. 1877.

Keine zu bezeugen in Gemäßheit der Minist. Verf. v. 18/7 65.

exp. 28/11

Die Reproduktion des Abgangszeugnisses vom 9. April 1879 mit den besuchten Vorlesungen von Adolf Hurwitz (1859–1919). Er war seit dem 29. Oktober 1877 immatrikuliert.

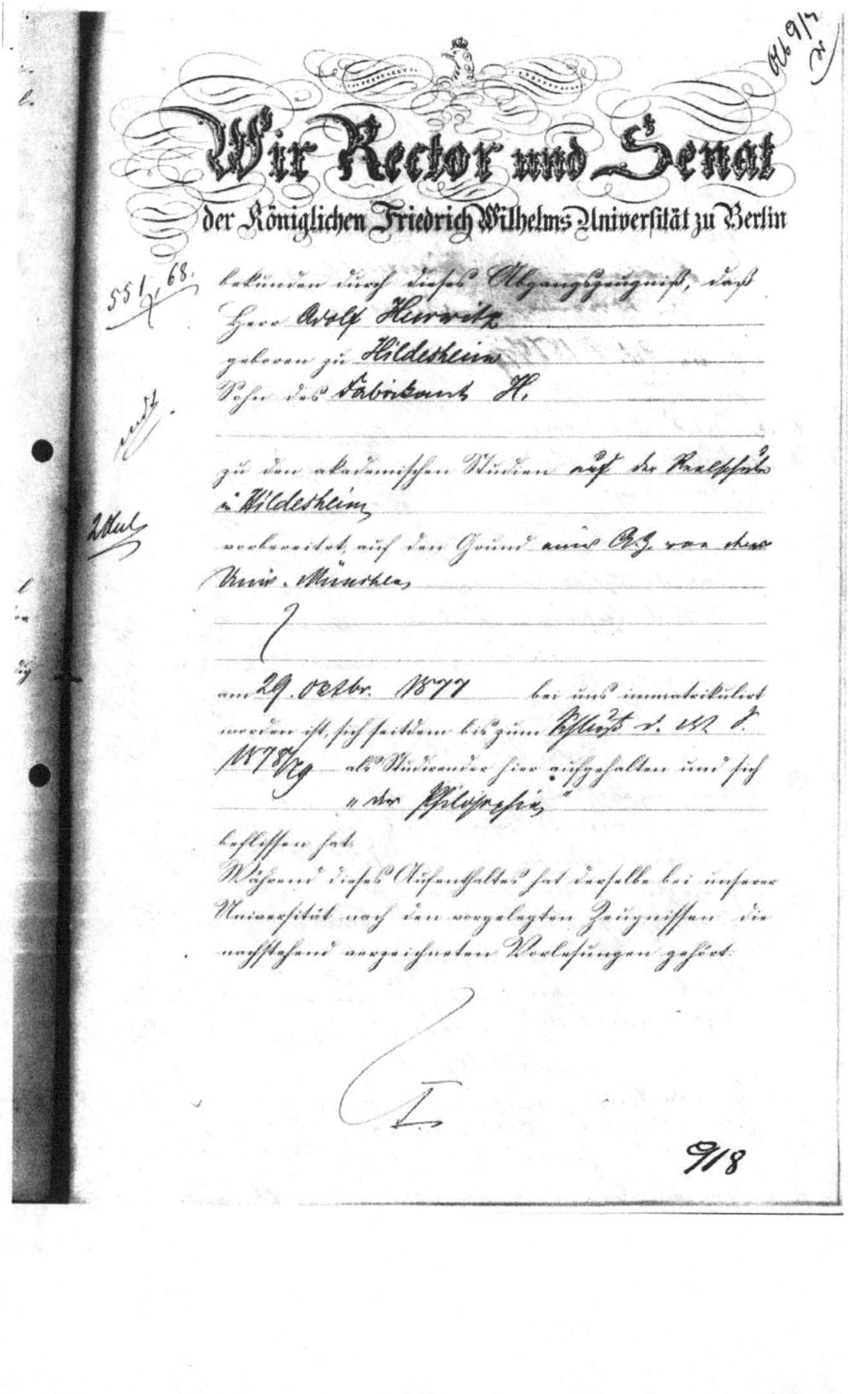

Wir Rector und Senat
der Königlichen Friedrich Wilhelms Universität zu Berlin

551/68

beurkunden durch dieses Abgangszeugniß, daß
Herr Adolf Hurwitz
geboren zu Hildesheim
Sohn des Fabrikant H.

zu den akademischen Studien auf der Realschule
i. Hildesheim
vorbereitet, auf den Grund eines Abg. von der
Univ. München

am 29. Octbr. 1877 bei uns immatrikulirt
worden ist, sich seitdem bis zum Schluß d. W. S.
1878/79 als Studirender hier aufgehalten und sich
der Philosophie
beflissen hat.
Während dieses Aufenthaltes hat derselbe bei unserer
Universität nach den vorgelegten Zeugnissen die
nachstehend verzeichneten Vorlesungen gehört.

9/18

I. Im W. S. 1873/74

1. Analyt. Mechanik — bei Hr. Kummer ang. 30/10 abg. 12/3
2. Theoret. Physik — Helmholtz " 26/10 " 9/3
3. Theorie der Potential-Funktionen — Thomé " 12/11 " 11/3
4. Physische Anthropologie — du Bois-Reymond " 24/11 " 9/3
5. Materialismus in Philos. u. Naturwissenschaft — Dr. [illegible] " 3/12 " 5/3

II. Im S. S. 1874

1. Einleitg. in die Theorien der analyt. Funktionen — Hr. Weierstraß " 4/5 " 5/8
2. Analyt. Geometrie — Kummer " 1/5 " 4/7
3. Deut. Gesch. seit 1815 — v. Treitschke " 1/5 " 30/7
4. Determinanten — Frobenius " 7/5 " 30/7

III. Im W. S. 1874/75

1. Theorie der elliptischen Funktionen — Weierstraß " 26/10 " 18/3
2. Theorie der algebraischen Gleichungen — Kronecker " 28/10 " 13/3
3. Zahlentheorie — Kummer " 2/11 " 11/3
4. Allg. Gesch. der Philos. — Zeller " 27/10 " 11/3
5. Synthet. Geometrie — Frobenius " 4/11 " 13/3

IV. Im S. S. 1875

1. Anwendung der elliptischen Funktionen auf Geometrie u. Mechanik }
2. Variationsrechnung } Weierstraß " 29/4 " 2/8
3. Einige Theile aus der Lehre der algebraischen Gleichungen — Kronecker " 12/5 " 24/7
4. Theorie der krummen Oberflächen u. der Linien doppelter Krümmung — Kummer " 27/4 " 2/8
5. Mechanik fester u. flüssiger Körper — Kirchhoff " 1/5 " 31/7

V. Im W. S. 1875/76

1. Theorie der Abelschen Funktionen — Weierstraß " 5/11 " 3/3
2. Anwendung der Analysis des Unendlichen auf die Zahlentheorie — Kronecker " 6/11 " 3/3
3. Mathemat. Optik }
4. Ausgewählte Kapitel der Hydrodynamik } Kirchhoff " 6/11 " 10/3

Die Reproduktion des Abgangszeugnisses vom 23. März 1880 mit den besuchten Vorlesungen von Ferdinand Rudio (1856–1929). Er war seit dem 17. Oktober 1877 immatrikuliert.

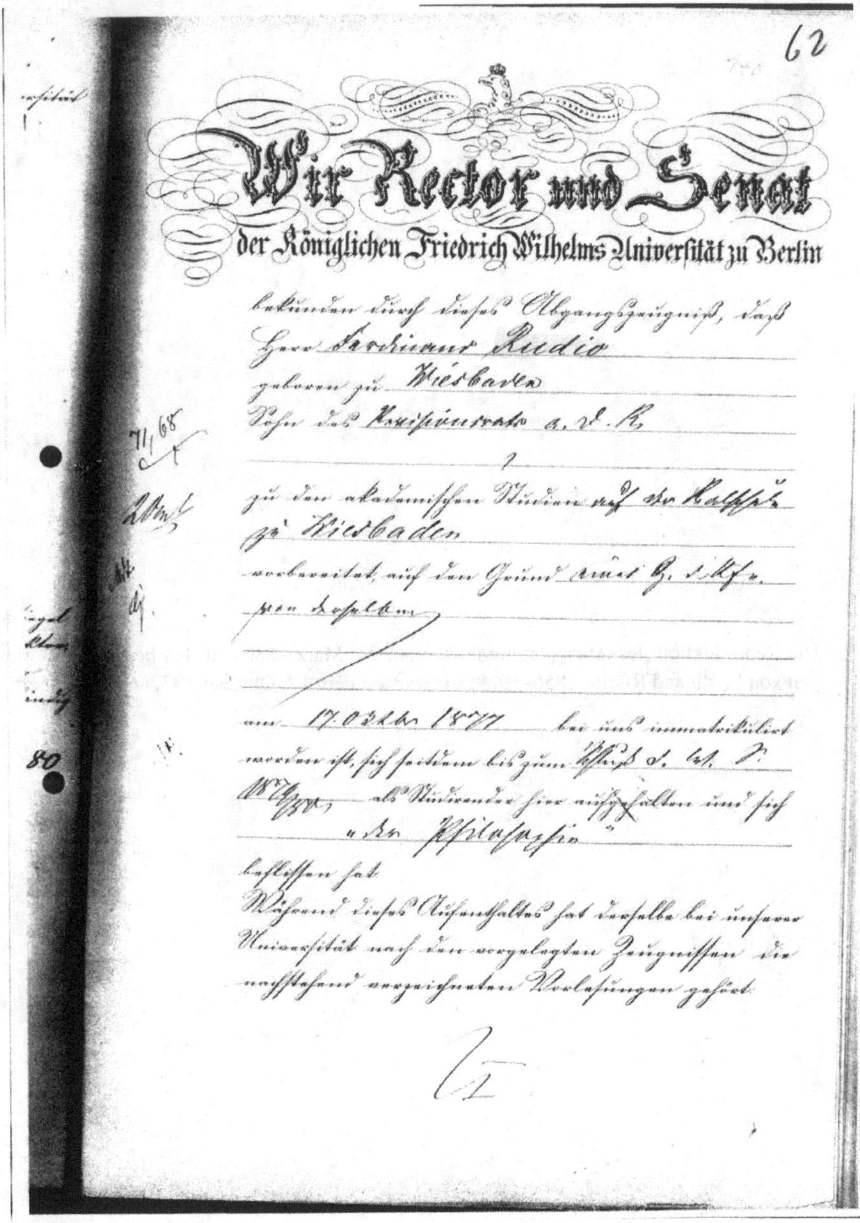

62

Wir Rector und Senat
der Königlichen Friedrich Wilhelms Universität zu Berlin

bekunden durch dieses Abgangszeugniß, daß
Herr Ferdinand Rudio
geboren zu Wiesbaden
Sohn des Kreisgerichtsrats a. D. R.

zu den akademischen Studien auf der Realschule
zu Wiesbaden
vorbereitet, auf den Grund eines Z. d. Reife
von derselben

am 17. Oktbr 1877 bei uns immatrikulirt
worden ist, sich seitdem bis zum Schluß d. W. S.
1877/78 als Studirender hier aufgehalten und sich
der Philosophie
beflissen hat.
Während dieses Aufenthaltes hat derselbe bei unserer
Universität nach den vorgelegten Zeugnissen die
nachstehend verzeichneten Vorlesungen gehört.

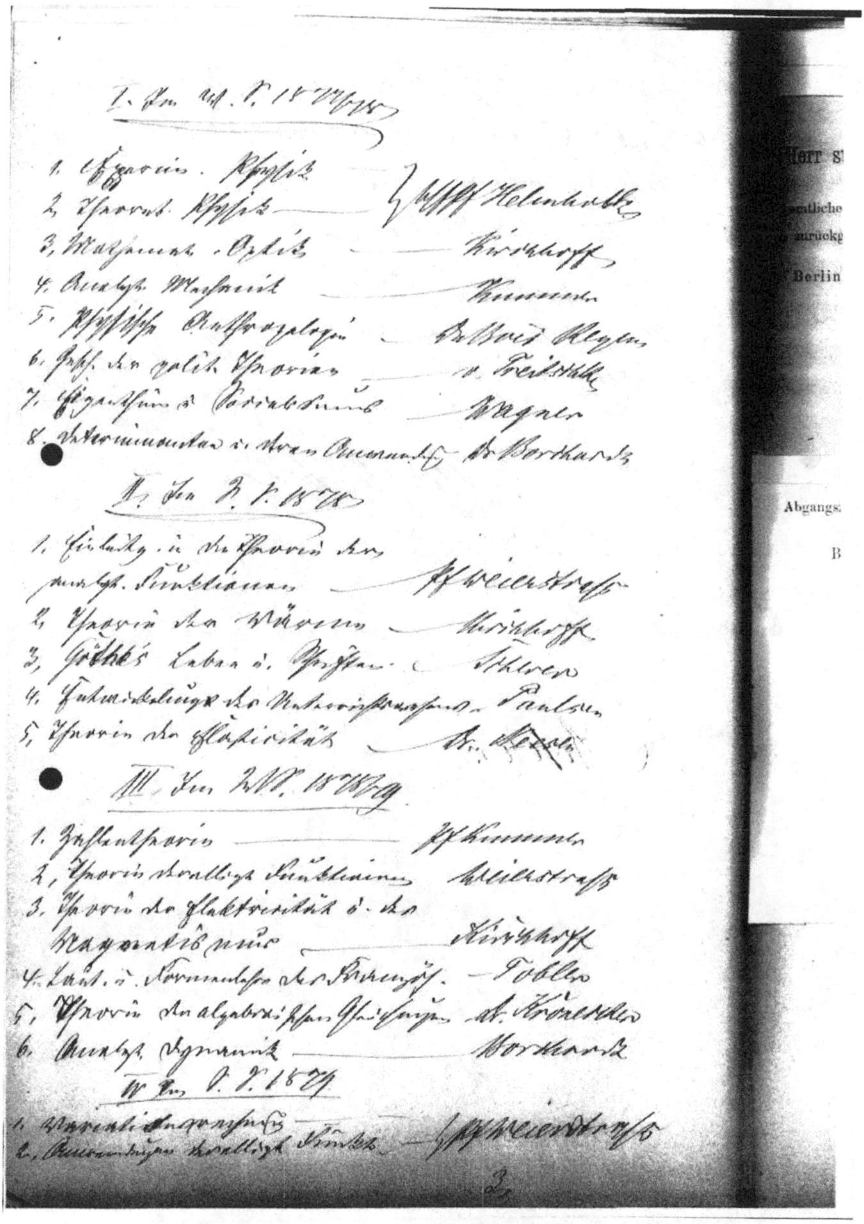

I. Im W. S. 1877/78

1. Experim. Physik — } Prof. Helmholtz
2. Theoret. Physik —
3. Mathemat. Optik — Kirchhoff
4. Analyt. Mechanik — Kummer
5. Physische Anthropologie — Du Bois Reymond
6. Gesch. der polit. Theorien — v. Treitschke
7. Eigenthum u. Socialismus — Wagner
8. Determinanten u. deren Anwendg. — Dr. Borchardt

II. Im S. S. 1878

1. Einleitg. i. die Theorie der analyt. Functionen — Prof. Weierstraß
2. Theorie der Wärme — Kirchhoff
3. Göthe's Leben u. Schriften — Scherer
4. Entwicklungsg. des Unterrichtswesens — Paulsen
5. Theorie der Elektricität — Dr. [illegible]

III. Im W. S. 1878/79

1. Zahlentheorie — Prof. Kummer
2. Theorie der elliptisch. Functionen — Weierstraß
3. Theorie der Elektricität u. des Magnetismus — Kirchhoff
4. Laut- u. Formenlehre der Französ. — Tobler
5. Theorie der algebraischen Gleichungen — Dr. Kronecker
6. Analyt. Dynamik — Borchardt

IV. Im S. S. 1879

1. Variationsrechnung } Prof. Weierstraß
2. Anwendungen d. ellipt. Funkt.

3.

3. Theorie der diff. Gleichungen — [illegible]
4. Logik u. Erkenntnißtheorie — Zeller
5. Gesch. der neueren Philos. — Paulsen

V. Sem. W.S. 1879/80

1. Theorie der Abelschen Funkt. — Weierstraß
2. Theorie u. Anwendung der Determinanten — Dr. Borchardt

[illegible]

# Literaturverzeichnis

## Quellen


UNIVERSITÄTSBIBLIOTHEK BIELEFELD, SONDERAUFSTELLUNG QC

QC081+QC069 W418, Mitschrift der Vorlesung von K. Weierstraß: Ausgewählte Kapitel aus der Funktionenlehre. Unbekannter Autor. Sommer-Semester 1886, 1886.

ARCHIV DER BERLIN-BRANDENBURGISCHEN AKADEMIE DER WISSENSCHAFTEN, BERLIN

453, G. Schmidt, Mitschrift der Vorlesung von K. Weierstraß: Differential- und Integralrechnung. 1859. 1 H., 35 B.

454, Theiler, Mitschrift der Vorlesung von K. Weierstraß (?): Differentialrechnung. 1868, 1869. 3 H. (Nr. II, III, IV).[242]

*Nachlass* H. A. Schwarz

463 L. Kiepert, Mitschrift der Vorlesung von K. Weierstraß: Analytische Funktionen. 1868

464, F. Rudio, Mitschrift der Vorlesung von K. Weierstraß: Analytische Funktionen. 1878.

465, G. Thieme, Mitschrift der Vorlesung von K. Weierstraß: Analytische Funktionen. 1882/83.

466, Mitschrift der Vorlesung von K. Weierstraß: Analytische Funktionen. Ohne Datum, Schreiber unbekannt.

470, Mitschrift der Vorlesung von K. Weierstraß: Elliptische Funktionen. 1868/69. Schreiber unbekannt.

471, Mitschrift der Vorlesung von K. Weierstraß: Elliptische Funktionen. 1870. Schreiber unbekannt.

1175, Brief von Weierstraß an H. A. Schwarz vom 6. März 1881.

NIEDERSÄCHSISCHE STAATS- UND UNIVERSITÄTSBIBLIOTHEK GÖTTINGEN, HANDSCHRIFTEN, AUTOGRAPHEN, NACHLÄSSE, SONDERBESTÄNDE

Signatur Cod. Ms. A. Kneser B 3, K. Weierstrass, Adolf Kneser [Schreiber]: Vorlesungsnachschrift: Einleitung in die Theorie der analytischen Functionen. Berlin, WS 1880/81.

UNIVERSITÄTSBIBLIOTHEK GIEßEN, SONDERSAMMLUNGEN

*Nachlass* Moritz Pasch, Signatur I, 19: Nachschrift einer Weierstraß-Vorlesung v. Moritz Pasch. Berlin, 1865/66.

HUMBOLDT-UNIVERSITÄT ZU BERLIN, UNIVERSITÄTSARCHIV, REKTOR & SENAT

Gedruckte Vorlesungsverzeichnisse der philosophischen Fakultät von 1865 bis 1883.

Abgangszeugnisse:

25.03.1839, Nr. 832/28.Rektorat, Eduard Heine


[242] Dies ist die Verzeichnung im Archiv. Man ist nicht sicher, ob es eine Vorlesung von Weierstraß war.

22.03.1842, Nr. 900/30.Rektorat, Eduard Heine
04.06.1860, Nr. 622/47.Rektorat, Leo Königsberger
04.12.1869, Nr. 399/58.Rektorat, Wilhelm Killing
15.12.1877, Nr. 147/64.Rektorat, Georg Hettner
09.04.1879, Nr. 551/68.Rektorat, Adolf Hurwitz
23.03.1880, Nr. 71/68.Rektorat, Ferdinand Rudio

MITTAG-LEFFLER-INSTITUT STOCKHOLM, SAMMLUNG DER VORLESUNGSMITSCHRIFTEN
H. A. Schwarz, Vorlesungsmitschrift von K. Weierstraß: Differentialrechnung. SS 1861.

ARCHIVES DE L'ACADÉMIE DES SCIENCES DE PARIS, MANUSKRIPTE DER EINGEREICHTEN *MÉMOIRES*
dossier de la séance du 7 février 1853: mémoire de Briot et Bouquet, Recherches sur les séries […]
dossier de la séance du 21 février 1853: mémoires de Briot et Bouquet, *Note sur le développement […]*

**Publikationen**

Abel, Niels Henrik (1826): Untersuchungen über die Reihe: [...]. In: *Journal für die reine und angewandte Mathematik (Crelle's Journal)* 1, S. 311–339.

Abel, Niels Henrik (1881): Brief an Bernt M. Holmboe, 16.01.1826. In: Niels Henrik Abel: Oeuvres complètes (Les mémoires posthumes d'Abel, 2), S. 256–258.

Arendt, Gustav (Hrsg.) (1904): G. Lejeune-Dirichlets Vorlesungen über die Lehre von den einfachen und mehrfachen bestimmten Integralen. Braunschweig: Vieweg.

Arndt, Peter Friedrich (1852): Bemerkungen zur Convergenz der unendlichen Reihen. In: *Grunert's Archiv der Mathematik und Physik* 20 (1853), S. 43–58.

Arsac, Gilbert (2013): Cauchy, Abel, Seidel, Stokes et la convergence uniforme. De la difficulté historique du raisonnement sur les limites. Paris: Hermann.

Barrow-Green, June (1997): Poincarae and the three body problem. London: London Mathematical Society.

Belhoste, Bruno (1991): Augustin-Louis Cauchy. A Biography. New York [etc.]: Springer.

Berkeley, George; Breidert, Wolfgang (1985): Schriften über die Grundlagen der Mathematik und Physik. Frankfurt: Suhrkamp.

Bieberbach, Ludwig (1922): Über den Briefwechsel von Weierstraß und H. A. Schwarz. In: *Sitzungsberichte der Berliner Mathematischen Gesellschaft* 21, S. 47–52.

Biermann, Kurt-Reinhard (1988): Die Mathematik und ihre Dozenten an der Berliner Universität 1810-1933. Stationen auf dem Wege eines mathematischen Zentrums von Weltgeltung. Berlin: Akademie-Verlag.

Biermann, Kurt-Reinhard; Schubring, Gert (1996): Einige Nachträge zur Biographie von Karl Weierstraß. In: Joseph Warren Dauben (Hg.): History of mathematics. States of the art : flores quadrivii-studies in honor of Christoph J. Scriba. San Diego [etc.]: Academic Press, S. 65–91.

Björling, Emanuel Gabriel (1846): Doctrinae serierum infinitarum exercitationes. In: *Nova acta Regiae Societatis Scientiarum Upsaliensis* 13, S. 61-87, 143-187.

Björling, Emanuel Gabriel (1846): Sur une classe remarquable de séries infinies. In: *Journal de mathématiques pures et appliquées* 17 (1852), S. 454–472.

Björling, Emanuel Gabriel (1853): Om oändliga serier, hvilkas termer äro continuerliga functioner af en reel variabel mellan ett par gränser, mellan hvilka serierna äro convergerande. In: *Öfversigt af Kongl. Vetenskaps-akademiens forhandlingar* 10 (7 & 8), S. 147–159.

Bölling, Reinhard (1994): Karl Weierstrass – Stationen eines Lebens. In: *Jahresbericht der Deutschen Mathematiker-Vereinigung* 96 (2).

Bottazzini, Umberto (1986): The "higher calculus". A history of real and complex analysis from Euler to Weierstrass. New York: Springer-Verlag.

Bottazzini, Umberto (Hg.) (1992): "Editor's Introduction," A.-L. Cauchy Cours d'analyse de l'École Royale polytechnique. Première partie: analyse algébrique. [Nachdr. d. Ausg.] Paris, 1821. Bologna: Ed. CLUEB (Instrumenta rationis, 7).

Bottazzini, Umberto (1994): Three traditions in complex analysis: Cauchy, Riemann and Weierstrass. In: *Companion encyclopedia of the history and philosophy of the mathematical sciences, vol. 1.*

Bourbaki, Nicolas (1971): Elemente der Mathematikgeschichte. Aus dem Franz. übers. Göttingen: Vandenhoeck & Ruprecht (Studia mathematica, 23).

Boyer, Carl B. (1959): The history of the calculus and its conceptual development. (The concepts of the calculus). [New York]: Dover.

Bråting, Kajsa (2007): A new look at E.G. Björling and the Cauchy sum theorem. In: *Arch. Hist. Exact Sci.* 61 (5), S. 519–535. Online verfügbar unter http://www.springerlink.com/content/tt6132x78615n683/.

Bråting, Kajsa (2009): E.G. Björling's view of power series expansions of complex valued functions. In: Kajsa Bråting (Hg.): Studies in the Conceptual Development of Mathematical Analysis. Uppsala: Department of Mathematics, Uppsala Univ.

Briot, Charles; Bouquet, Jean Claude (1862): Theorie der doppelt-periodischen Functionen und insbesondere der elliptischen Transcendenten. Mit Benutzung dahin einschlagender Arbeiten deutscher Mathematiker. dargestellt von Hermann Fischer. Halle: H. W. Schmidt.

Burkhardt, Heinrich (1914): Trigonometrische Reihen und Integrale. In: *Encyklopädie der math. Wissenschaften* Bd. 3, II1.2, S. 819–1354.

Burn, Robert P. (2012): Another theorem of Cauchy which 'admits exceptions'. In: *Historia mathematica* 39 (2), S. 206–210.

Casorati, Felice (1868): Teoria delle funzioni di variabili complesse. Vol. 1. Pavia: Tip. Dei Fratelli Fusi.

Cauchy, Augustin Louis (1814, 1825 publ.): Mémoire sur les intégrales définies. In: *Oeuvres complètes d'Augustin Cauchy* série 1, tome 1, S. 319–506.

Cauchy, Augustin Louis (1821): Cours d'Analyse de L'École Royale Polytechnique. Première Partie. Analyse algébrique.

Cauchy, Augustin Louis (1823, 1827 publ.): Mémoire sur les développements des fonctions en séries périodiques. In: *Oeuvres complètes d'Augustin Cauchy* série 1, tome 2, S. 12–19.

Cauchy, Augustin Louis (1823): Résumé des leçons données à l'école Royale Polytechnique sur le calcul infinitésimal. In: *Oeuvres complètes d'Augustin Cauchy* série 2, tome 4, S. 9–261.

Cauchy, Augustin Louis (1833): Résumés analytiques. Turin.

Cauchy, Augustin Louis (1853): Note sur les séries convergentes dont les divers termes sont des fonctions continues d'une variable reèlle ou imaginaire, entre des limites données. In: *Oeuvres complètes d'Augustin Cauchy* (1), 12, 1900, S. 30–36.

Cauchy, Augustin Louis; Bradley, Robert E.; Sandifer, Charles Edward (2009): Cauchy's Cours d'analyse. An annotated translation. New York: Springer.

Cauchy, Augustin Louis; Itzigsohn, Carl (1885): Algebraische Analysis von Augustin Louis Cauchy. Deutsch herausgegeben von Carl Itzigsohn. Berlin: Springer.

Cauchy, Augustin Louis; Jiménez, Carlos Alvarez (1994): Curso de análisis. selección, traducción directa del francés y notas de Carlos Alvarez Jiménez, introducción Jean Dhombres. México D.F.: Servicios Editoriales de la Facultad de Ciencias, UNAM.

Cauchy, Augustin Louis; Huzler, C. L. B. (1828): Lehrbuch der algebraischen Analysis. Aus dem Französischen übersetzt von C. L. B. Huzler. Königsberg: Bornträger.

Cleave, John P. (1971): Cauchy, Convergence and Continuity. In: *The British Journal for the Philosophy of Science* 22 (1), S. 27–37.

Crowe, Michael J. (1975): Ten "laws" concerning patterns of change in the history of mathematics. In: *Donald Gillies (Hg.): Revolutions in mathematics. Oxford [England], New York: Clarendon Press; Oxford University Press*, S. 15–20.

Crowe, Michael J. (1992): Afterword (1992): a revolution in the historiography of mathematics? In: *Donald Gillies (Hg.): Revolutions in mathematics. Oxford [England], New York: Clarendon Press; Oxford University Press*, S. 306–316.

Dahan Dalmedico, Amy (1997): L'étoile «imaginaire» a-t-elle immuablement brillé? Le nombre complexe et ses differéntes interprétations dans l'oeuvre de Cauchy. In: Dominique Flament (Hg.): Le nombre, une hydre à n visages. Entre nombres complexes et vecteurs. Paris: Éd. de la Maison des sciences de l'homme.

Darboux, Gaston (1875): Mémoire sur les fonctions discontinues (1875). In: *Annales scientifiques de l'École Normale Supérieure* Sér. 2 (4), S. 57–112.

Dauben, Joseph (1984): Conceptual revolutions and the history of mathematics: two studies in the growth of knowledge. In: *Donald Gillies (Hg.): Revolutions in mathematics. Oxford [England], New York: Clarendon Press; Oxford University Press*, S. 49–71.

Dini, Ulisse (1878): Fondamenti per la teorica delle funzioni di variabili reali. Pisa: Tipografia T. Nistri e C.

Dini, Ulisse (1892): Grundlagen für eine Theorie der Functionen einer veränderlichen reellen Grösse. dt. bearb. von Jacob Lüroth u. Adolf Schepp. Leipzig: Teubner.

Dirichlet, Johann Peter Gustav Lejeune (1829): Sur la convergence des séries trigonométriques qui servent à représenter une fonction arbitraire entre des limites données. In: *Journal für die reine und angewandte Mathematik (Crelle's Journal)* 4, S. 157–169.

Dirksen, Enne Heeren (1829a): "A. L. Cauchy's Lehrbuch der algebraischen Analysis. Aus dem Französischen übersetzt von C.L.B. Huzler, Königsberg 1828" (Rezension). In: *Jahrbücher für wissenschaftliche Kritik* Bd. 2, S. 211–222.

Dirksen, Enne Heeren (1829b): Ueber die Convergenz einer nach den Sinussen und Cosinussen der Vielfachen eines Winkels fortschreitenden Reihe. In: *Journal für die reine und angewandte Mathematik (Crelle's Journal)* 4, S. 170–178.

Du Bois-Reymond, Paul (1871): Notiz über einen Cauchy'schen Satz, die Stetigkeit von Summen unendlicher Reihen betreffend. In: *Mathematische Annalen* 4.

Du Bois-Reymond, Paul (1874): Allgemeine Lehrsätze über den Gültigkeitsbereich der Integralformeln, die zur Darstellung willkürlicher Functionen dienen. In: *Journal für die reine und angewandte Mathematik (Crelle's Journal)* 79, 1875.

Du Bois-Reymond, Paul (1874): Versuch einer Classification der willkürlichen Functionen reeller Argumente nach ihren Aenderungen in den kleinsten Intervallen. In: *Journal für die reine und angewandte Mathematik (Crelle's Journal)* 79, 1875.

Du Bois-Reymond, Paul (1882): Die allgemeine Functionentheorie. In: Paul Du Bois-Reymond (Hg.): Metaphysik und Theorie der mathematischen Grundbegriffe (1968). Unveränd. reprograf. Nachdr. d. Ausg. Tübingen, 1882.

Du Bois-Reymond, Paul (1886): Über die Integration der Reihen. In: *Sitzungsberichte der Königlich Preußischen Akademie der Wissenschaften zu Berlin*. 1886 (I), S. 359–371.

Dugac, Pierre (1973): Eléments d'analyse de Karl Weierstrass. In: *Arch. Hist. Exact Sci.* 10 (1-2), S. 41–174.

Dugac, Pierre (2003): Histoire de l'analyse moderne. Autour de la notion de limite et de ses voisinages. Paris: Vuibert.

Edwards, Charles H. (1982): The historical development of the calculus. New York [u.a.]: Springer.

Feldhay, Rivka; Elkana, Yehuda (1989): Editors' Introduction. In: *SIC* 3 (01), S. 3–8.

Fisher, Gordon M. (1978): Cauchy and the infinitely small. In: *Acta mathematica* 5 (3), S. 313–331.

Fischer, Hans (2007): Die Geschichte des Integrals [...]. In: *Math. Semesterber*. 54 (1), S. 13–30.

Fried, Michael N. (2010): History of mathematics in mathematics education: Problems and Prospects. Edited by Evelyne Barbin, Manfred Kronfellner, Constantinos Tzanakis, Wien, Austria 19 - 23 July 2010. In: *History and Epistemology in Mathematics Education Proceedings of the Sixth European Summer University ESU 6*.

Gillies, Donald (Hg.) (1992): Revolutions in mathematics. Oxford [England], New York: Clarendon Press; Oxford University Press.

Gispert-Chambaz, Hélène (1982): Camille Jordan et les fondements de l'analyse. In: *Publications mathématiques d'Orsay* 82-05.

Giusti, Enrico (1984): Gli „errori" di Cauchy e i fondamenti dell'analisi. In: *Bolettino di Storia delle Scienze matematiche* 4 (1984), S. 24–54.

Grabiner, Judith (1974): Is Mathematical Truth Time-Dependent. In: *The American Mathematical Monthly* 81 (4), S. 354–365.

Grabiner, Judith (1981): The origins of Cauchy's rigorous calculus. Cambridge, Mass: MIT Press.

Grabiner, Judith (1983): Who Gave You the Epsilon? Cauchy and the Origins of Rigorous Calculus. In: *The American Mathematical Monthly* 91, S. 185–194.

Grattan-Guinness, Ivor (1986): The Cauchy - Stokes - Seidel story on uniform convergence again: was there a fourth man? In: *Bulletin de la Société Mathématique de Belgique* 38/39,B.

Grattan-Guinness, Ivor (2004): The mathematics of the past: distinguishing its history from our heritage. In: *Historia mathematica* 2004 (31), S. 163–185.

Grattan-Guinness, Ivor; Ravetz, Jerome R. (1972): Joseph Fourier, 1768-1830;. A survey of his life and work, based on a critical edition of his monograph on the propagation of heat, presented to the Institut de France in 1807. Cambridge: MIT Press.

Gudermann, Christoph (1825): Allgemeiner Beweis des polynomischen Lehrsatzes ohne die Voraussetzung des binomischen: Schulprogramm Gymnasium Cleve.

Gudermann, Christoph (1844): Theorie der Modular-Functionen. [Separatdruck seiner unter diesem Titel in Crelle's Journal von 1830 bis 1842 erschienenen Folge von Artikeln]. Berlin: Reimer.

Hardy, Godfrey Harold (1918): Sir George Stokes and the concept of uniform convergence. In: *Proceedings of the Cambridge Philosophical Society, Mathematical and physical sciences* V. 19-20 (1917-21), S. 148–156.

Harnack, Axel (1881): Die Elemente der Differential- und Integralrechnung. Zur Einführung in das Studium. Leipzig: Teubner.

Heine, Eduard (1869): Ueber trigonometrische Reihen. In: *Journal für die reine und angewandte Mathematik (Crelle's Journal)* 71.

Heine, Eduard (1872): Die Elemente der Functionenlehre. In: *Journal für die reine und angewandte Mathematik (Crelle's Journal)* 74.

Hettner, Georg; Weierstrass, Karl (1874): Einleitung in die Theorieen der analytischen Functionen von Prof. Dr. Weierstrass. Nach den Vorlesungen im SS 1874 ausgearb. von G. Hettner. Handschr. vervielf.

Hoppe, Reinhold (1865): Lehrbuch der Differentialrechnung und Reihentheorie mit strenger Begründung der Infinitesimalrechnung. Berlin: G. F. Otto Müller.

Jordan, Camille (1893): Cours d'analyse de l'École Polytechnique. 2. Aufl. 3 Bände. Paris: Gauthier-Villars (Calcul différentiel, 1).

Killing, Wilhelm; Weierstrass, Karl (1968): Einführung in die Theorie der analytischen Funktionen. Nach einer Vorlesungsmitschrift von Wilhelm Killing aus dem Jahr 1868. Münster (Schriftenreihe des Mathematischen Instituts der Universität Münster ; Ser. 2, H. 38).

Koenigsberger, Leo (1917): Weierstraß' erste Vorlesung über die Theorie der elliptischen Funktionen. In: *Jahresbericht der Deutschen Mathematiker-Vereinigung* 25, S. 393–424.

Kuhn, Thomas S. (1970): The structure of scientific revolutions. Second edition, enlarged. Chicago, London: University of Chicago Press.

Lakatos, Imre (1976): Proofs and refutations. The logic of math. discovery. Ed. by John Worrall and Elie Zahar. Cambridge: Cambridge Univ. Pr.

Lakatos, Imre (1978): Cauchy and the continuum: The Significance of Non-standard Analysis for the History and Philosophy of Mathematics. In: *The Mathematical Intelligencer* 1 (3), S. 151–161.

Liebmann, Heinrich (1900): Anmerkungen zu Seidels Note über eine Eigenschaft der Reihen, welche discontinuirliche Functionen darstellen. In: *Oswald's Klassiker der exakten Wissenschaften* 116.

Lindemann, Ferdinand (1898): Gedaechtnissrede auf Philipp Ludwig von Seidel. gehalten in d. oeffentl. Sitzung d. K.B. Akad. d. Wiss. zu Muenchen am 27. Maerz 1897. München: Verl. d. K.B. Akad.

Lützen, Jesper (1982): The prehistory of the theory of distributions. New York: Springer-Verlag.

Lützen, Jesper (1990): Joseph Liouville, 1809-1882, master of pure and applied mathematics. New York: Springer-Verlag.

Lützen, Jesper (2003): The foundation of Analysis in the 19th Century. In: Hans Niels Jahnke (Hg.): A History of analysis. Providence, [London]: American Mathematical Society; London Mathematical Society, S. 155–195.

Mehrtens, Herbert (1976): T. S. Kuhn's theories and mathematics: a discussion paper on the "new historiography" of mathematics. In: *Donald Gillies (Hg.): Revolutions in mathematics. Oxford [England], New York: Clarendon Press; Oxford University Press*, S. 21–41.

Mehrtens, Herbert (1992): Appendix (1992): revolutions reconsidered. In: *Donald Gillies (Hg.): Revolutions in mathematics. Oxford [England], New York: Clarendon Press; Oxford University Press*, S. 42–48.

Méray, Charles (1894): Leçons nouvelles sur l'analyse infinitésimale et ses applications géométriques. Bd. 1. Paris: Gauthier-Villars.

Merton, Robert King (1970): Science, technology & society in seventeenth-century England. lst Howard Fertig pbk. ed. New York: Howard Fertig.

Navier, Louis (1848): Lehrbuch der Differential- und Integralrechnung mit Zusätzen von Liouville, dt. Theodor Wittenstein. Band 1. Hannover: Hahn.

Newman, Francis W. (1848): On the values of a periodic series at certain limits. In: *Cambridge and Dublin Mathematical Journal* 3 (1848), S. 108–112.

Pensivy, Michel (1986): Jalons historiques pour une épistémologie de la série infinie du binôme. In: *Sciences et Techniques en Perspective* 14 (1987-88).

Pincherle, Salvatore (1880): Saggio di una introduzione alle theoria delle funzioni analytiche secondo i principii di Prof. C. Weierstrass. In: *Giornale di matematiche di Battaglini* XVIII.

Poggendorff, Johann C. (Hg.): Biographisch-literarisches Handwörterbuch der exakten Naturwissenschaften. Berlin: Akademie-Verl.

Poincaré, Henri (1882): Sur Les Séries Trigonométriques. In: *Oeuvres de Henri Poincaré* (Vol. IV), S. 585–587.

Poincaré, Henri (1883): Sur Les Séries Trigonométriques. In: *Oeuvres de Henri Poincaré* (Vol. IV), S. 588–590.

Poincaré, Henri (1884): Sur la convergence des séries trigonométriques. In: *Bulletin astronomique* 1, S. 319–327.

Poincaré, Henri (1885): Sur Les Séries Trigonométriques. In: *Oeuvres de Henri Poincaré* (Vol. I), S. 164–166.

Poincaré, Henri (1889): Sur le problème de trois corps et les équations de la dynamique. In: *Acta mathematica* 13, S. 1–270.

Pringsheim, Alfred (1894): Ueber die nothwendigen und hinreichenden Bedingungen des Taylor'schen Lehrsatzes für Functionen einer reellen Variablen. In: *Mathematische Annalen* 44.

Pringsheim, Alfred (1897): Ueber zwei Abelsche Sätze, die Stetigkeit von Reihensummen betreffend. In: *Sitzungsberichte der Königl. Bayerischen Akademie der Wissenschaften zu München* 27, S. 343–358.

Pringsheim, Alfred (1899): Grundlagen der allgemeinen Funktionenlehre. In: Enzyklopaedie der mathematischen Wissenschaften mit Einschluss ihrer Anwendungen. Algebra, 2-1-1 (1899/1917). Leipzig: Teubner, S. 1–53.

Raabe, J.-L (1833): Note sur la théorie de la convergence et de la divergence des séries. In: *Journal de mathématiques pures et appliquées* série 1, tome 6 (1841), S. 85–88.

Raabe, J.-L (1833): Note zur Theorie der Convergenz und Divergenz der Reihen. In: *Journal für die reine und angewandte Mathematik (Crelle's Journal)* 11 (1834), S. 309–310.

Reiff, Richard (1889): Geschichte der unendlichen Reihen. Neudruck Wiesbaden: Sändig, 1969. München.

Remmert, Reinhold (1984): Funktionentheorie. Berlin [etc.]: Springer.

Remmert, Reinhold; Schumacher, Georg (2002): Funktionentheorie. Fünfte, neu bearbeitete Auflage. New York (N.Y.), Heidelberg, Berlin: Springer.

Robinson, Abraham (1966): Non-standard analysis. Rev. ed. (1996). Princeton, N.J: Princeton University Press.

Schlömilch, Oscar (1847): Ueber eine eigenthümliche Erscheinung bei Reihensummirungen. In: *Grunert's Archiv der Mathematik und Physik* 10.

Schubring, Gert (1989): Pure and Applied Mathematics in Divergent Institutional Settings in Germany: The Role and Impact of Felix Klein. In: David E. Rowe und John MacCleary (Hg.): The history of modern mathematics. Proceedings of the Symposium on the History of Modern Mathematics, Vassar College, Poughkeepsie, New York, June 20-24, 1988. Boston [etc.]: Academic Press.

Schubring, Gert (1989): Warum Karl Weierstraß beinahe in der Lehrerprüfung gescheitert wäre. In: *Der Mathematikunterricht* 35 (1), S. 13–29.

Schubring, Gert (1990): Zur strukurellen Entwicklung der Mathematik an den deutschen Hochschulen 1800-1945. In: Winfried Scharlau (Hg.): Mathematische Institute in Deutschland 1800-1945. Braunschweig/Wiesbaden: Vieweg, S. 264–278.

Schubring, Gert (2000): Kabinett - Seminar - Institut: Raum und Rahmen des forschenden Lernen. In: *Berichte zur Wissenschaftsgeschichte* 23, S. 269–285.

Schubring, Gert (2001): Argand and the Early Work on Graphical Representation: New sources and interpretations. Around Caspar Wessel and the Geometric Representation of Complex Numbers. Proceedings of the Wessel Symposion. In: *The Royal Danish Academy of Sciences and Letters*, S. 125–146.

Schubring, Gert (2005): Conflicts between generalization, rigor, and intuition. Number concepts underlying the development of analysis in 17th-19th century France and Germany. New York: Springer.

Schubring, Gert (2012a): Exchanges between German and Italian Mathematicians: their first culmination during the 19th century. In: *Matematica e Risorgimento Italiano. Studi vol. 18, a cura di Luigi Pepe (Bologna: CLUEB, forthcoming)*, S. 27–36.

Schubring, Gert (2012b): Lettres de mathématiciens français à Weierstraß - documents de sa réception en France. In: *L'aventure de l'analyse, de Fermat à Borel. Mélanges en l'honneur de Christian Gilain, Éd. Suzanne Féry (Nancy: Presses Universitaires de Nancy)*, S. 567–594.

Schwarz, Hermann Amandus (1873): Beispiel einer stetigen nicht differentiierbaren Function. Gesammelte mathematische Abhandlungen, 2.

Seidel, Philipp Ludwig (1846): Untersuchungen über die Convergenz und Divergenz der Kettenbrüche. Habilitationsschrift. München: Franz.

Seidel, Philipp Ludwig (1847): Note über eine Eigenschaft der Reihen, welche discontinuirliche Functionen darstellen. In: *Abhandlungen der Mathem.-Physikalische Classe der Königlich Bayerischen Akademie der Wissenschaften* 5 (7), S. 381–394.

Seidel, Philipp Ludwig (1862): Ueber die Verallgemeinerung eines Satzes aus der Theorie der Potenzreihen. In: *Sitzungsberichte der Königl. Bayerischen Akademie der Wissenschaften zu München* 1862, S. 91–97.

Shapin, Steven (1988): Understanding the Merton Thesis. In: *Isis* 79 (4), S. 594–605.

Siegmund-Schultze, Reinhard (Hg.) (op. 1988): Ausgewählte Kapitel aus der Funktionenlehre. Vorlesung, gehalten in Berlin 1886, mit der akademischen Antrittsrede, Berlin 1857, und drei weiteren Originalarbeiten von K. Weierstrass aus den Jahren 1870 bis 1880-86. Leipzig: B. G. Teubner.

Sørensen, Henrik Kragh (2010): Throwing Some Light on the Vast Darkness that is Analysis: Niels Henrik Abel's Critical Revision and the Concept of Absolute Convergence. In: *Centaurus* 52 (1), S. 38–72.

Spalt, Detlef D. (1981): Vom Mythos der mathematischen Vernunft. Eine Archäologie zum Grundlagenstreit der Analysis oder Dokumentation einer vergeblichen Suche nach der Einheit der mathematischen Vernunft. Darmstadt: Wiss. Buchges.

Spalt, Detlef D. (2002): Cauchys Kontinuum. Eine historiografische Annäherung via Cauchys Summensatz. In: *Arch. Hist. Exact Sci.* 56, S. 285–338.

Spalt, Detlef D.; Laugwitz, Detlef (1988): Another View of Cauchy's Theorem on convergent series of functions - An essay on the methodology of historiography: Technische Hochschule, Darmstadt.

Stern, Moritz Abraham (1860): Lehrbuch der algebraischen Analysis. Leipzig und Heidelberg.

Stokes, George Gabriel (1847): On the critical values of the sums of periodic series. In: *Mathematical and physical papers*.

Stoll, Wilhelm (1966): About the Convergence of a power series. In: Heinrich Behnke (Hg.): Festschrift zur Gedächtnisfeier für Karl Weierstrass 1815 - 1965. Köln u. Opladen: Westdeutscher Verl., S. 523–529.

Stolz, Otto (Hg.) (1893, 1896): Grundzüge der Differential- und Integralrechnung,. 3 Bände. Leipzig: B. G. Teubner.

Struik, Dirk J. (1980): Abriss der Geschichte der Mathematik. 7., erg. Aufl. Berlin: Dt. Verl. d. Wiss.

Struik, Dirk J. (1989): Further Thoughts on Merton in Context. In: *SIC* 3 (01), S. 227–238.

Thiele, Rüdiger (2008): The Weierstrass-Schwarz letters. In: Hartmut Hecht (Hg.): Kosmos und Zahl. Beiträge zur Mathematik- und Astronomiegeschichte, zu Alexander von Humboldt und Leibniz. Stuttgart: Steiner, S. 395–410.

Thomé, Ludwig Wilhelm (1866): Ueber die Kettenbruchentwicklung der Gausschen Function F(a, 1, y, x). In: *Journal für die reine und angewandte Mathematik (Crelle's Journal)* 66, S. 322–336.

Ullrich, Peter (Hg.) (1988): Karl WEIERSTRASS: Einleitung in die Theorie der analytischen Funktionen. Vorlesung Berlin 1878. Eine Mitschrift von Adolf Hurwitz. Braunschweig: Deutsche Mathematiker-Vereinigung; F. Vieweg.

Wangerin, Albert (1928): Eduard Heine. In: *Mitteldeutsche Lebensbilder*, Bd. III. Magdeburg, S. 429-436.

Weber, Max (2010 [1904/5]): Die protestantische Ethik und der Geist des Kapitalismus. 3. Aufl. München: Beck.

Weierstraß, Karl (1840): Über die Entwicklung der Modularfunktionen. In: *Mathematische Werke I (1894)*, S. 1–49.

Weierstraß, Karl (1841): Zur Theorie der Potenzreihen. In: *Mathematische Werke I (1894)*, S. 67–74.

Weierstraß, Karl (1843): Bemerkungen über die analytischen Facultäten. In: *Mathematische Werke I (1894)*.

Weierstraß, Karl (1876): Zur Theorie der eindeutigen analytischen Functionen. In: *Abhandlungen der Königlichen Akademie der Wissenschaften in Berlin* 1876/77.

Weierstraß, Karl (1880): Zur Functionenlehre (Ausgewählte Kapitel aus der Funktionenlehre, Siegmund-Schultze (Hg.), 1988.).

Weierstrass, Karl (1885): Über die analytische Darstellbarkeit sogenannter willkürlicher Functionen einer Veränderlichen. In: *Sitzungsberichte der Königlich Preußischen Akademie der Wissenschaften zu Berlin*. 1885 (2).

Weierstraß, Karl (1886): Zur Theorie der eindeutigen analytischen Functionen. Erstmalig publ.: Abh. d. K.B. Akad. d. Wiss. 1876. In: Karl Weierstraß (Hg.): Abhandlungen aus der Functionenlehre. Berlin: Springer, S. 1–52.

Weierstraß, Karl; Knoblauch, Johannes (Hg.) (1915): Vorlesungen ueber die Theorie der elliptischen Funktionen. In: Karl Weierstraß (Hg.): Mathematische Werke. Reprint der Ausg. Berlin 1894 - 1927, Bd. 5. Hildesheim: Olms [u.a.].

Wußing, Hans; Brentjes, Sonja (1989): Vorlesungen zur Geschichte der Mathematik. 2. Aufl. Berlin: Dt. Verl. der Wiss.

Young, John Radford (1835): On the summation of slowly converging and diverging infinite series. In: *Philosophical Magazine*.

Young, John Radford (1846): On the Principle of Continuity, in refernce to certain Results of Analysis. In: *Transactions of the Cambridge Philosophical Society* 8, S. 429–440.

Young, William Henry (1903a): On non-uniform convergence and term-by-term integration of series. In: *Proceedings of the London Mathematical Society* 1 (1904) (2), S. 89–102.

Young, William Henry (1903b): On the distribution of the points of uniform convergence of a series of functions. In: *Proceedings of the London Mathematical Society* 1 (1904) (2), S. 356–360.

Young, William Henry (1907): On Uniform and Non-Uniform Convergence and Divergence of a Series of Continuous Functions and the Distinction of Right and Left. In: *Proceedings of the London Mathematical Society* 6 (1908) (2), S. 29–3

# Index

**Y**